"十四五"职业教育国家规划教材

浙江省高职院校"十四五"重点立项建设教材

智能制造专业群系列教材

液压与气动控制技术

主　编　郁元正　叶　俊

副主编　张伟中

参　编　金杜挺　张　静　郭伟强

主　审　王耀军

科学出版社

北　京

内 容 简 介

本书共 9 个项目，主要内容包括：液压传动系统搭建与工作介质选用及相关分析、计算，液压动力元件认知与拆装，液压执行元件认知与拆装，液压辅助元件认知与拆装，方向控制阀的拆装与方向控制回路的组建，压力控制阀的拆装与压力控制回路的组建，流量控制阀的拆装与速度控制回路的组建，液压传动系统的分析与设计，气压传动系统的认知与使用。

本书紧密结合目前高职高专院校的教学特点，内容充实，通俗易懂。书中穿插有丰富的二维码，通过扫描二维码可观看相关图片和动画。

本书可作为高等职业院校、专科学校，以及本科院校的二级职业技术学院、民办高校的机电类专业及工科其他专业的教材，也可供从事液压传动与气动控制技术工作的工程技术人员参考。

图书在版编目（CIP）数据

液压与气动控制技术 / 郁元正，叶俊主编. —北京：科学出版社，2025.2

浙江省高职院校“十四五”重点立项建设教材 智能制造专业群系列教材

ISBN 978-7-03-077845-1

Ⅰ. ①液…　Ⅱ. ①郁…　②叶…　Ⅲ. ①液压控制－高等职业教育－教材　②气动技术－高等职业教育－教材　Ⅳ. ①TH137　②TH138

中国国家版本馆 CIP 数据核字（2023）第 252707 号

责任编辑：张振华 / 责任校对：马英菊

责任印制：吕春珉 / 封面设计：东方人华平面设计部

科学出版社 出版

北京东黄城根北街 16 号

邮政编码：100717

http://www.sciencep.com

三河市骏杰印刷有限公司印刷

科学出版社发行　　各地新华书店经销

*

2025 年 2 月第 一 版　　开本：787×1092　1/16

2025 年 12 月第二次印刷　　印张：17

字数：400 000

定价：68.00 元

（如有印装质量问题，我社负责调换）

销售部电话 010-62136230　编辑部电话 010-62135120-2005

前　　言

教育是国之大计、党之大计。教育、科技、人才是全面建设社会主义现代化国家的基础性、战略性支撑。党的二十大报告深刻指出：“加快建设国家战略人才力量，努力培养造就更多大师、战略科学家、一流科技领军人才和创新团队、青年科技人才、卓越工程师、大国工匠、高技能人才。”为了适应国家装备制造业转型升级和教学改革的需要，编者根据二十大报告和《职业院校教材管理办法》《高等学校课程思政建设指导纲要》《“十四五”职业教育规划教材建设实施方案》等相关文件精神编写了本书。

本书是“十四五”职业教育国家规划教材、浙江省高职院校“十四五”重点立项建设教材，是在行业、企业专家和课程开发专家的指导下，由校企“双元”联合编写而成的。在编写过程中，编者紧紧围绕“培养什么人、怎样培养人、为谁培养人”这一教育的根本问题，以落实立德树人为根本任务，以学生综合职业能力培养为中心，以培养卓越工程师、大国工匠、高技能人才为目标。与同类图书相比，本书的体例更加合理和统一，概念阐述更加严谨和科学，内容重点更加突出，文字表达更加简明易懂，工程案例和思政元素更加丰富，配套资源更加完善。具体而言，本书具有以下突出特点。

1. 校企“双元”联合编写，行业特色鲜明

本书是在行业、企业专家和课程开发专家的指导下，由校企“双元”联合编写的。编者均来自教学或企业一线，具有多年的教学或实践经验。在编写过程中，编者紧扣该专业的培养目标，遵循教育教学规律和技术技能人才培养规律，将新理论、新标准、新规范和技能大赛所要求的知识、能力和素养融入教材，使之满足当前企业对人才综合素质的要求。

2. 项目引领，任务驱动，与实际工作岗位对接

本书基于“项目-任务”的编写理念，以真实生产和大赛项目、典型工作任务、案例等为载体组织教学内容，能够满足项目化、模块化等不同教学方式的要求。全书共设计 9 个项目、30 个任务，内容涵盖液压传动系统搭建与工作介质选用及相关分析、计算，液压动力元件认知与拆装，液压执行元件认知与拆装，液压辅助元件认知与拆装，方向控制阀的拆装与方向控制回路的组建，压力控制阀的拆装与压力控制回路的组建，流量控制阀的拆装与速度控制回路的组建，液压传动系统的分析与设计，气压传动系统的认知与使用。

3. 融入思政元素，落实课程思政、专业思政

为落实立德树人的根本任务，充分发挥教材承载的思政教育功能，本书凝练思政要素，将安全意识、质量意识、职业素养、工匠精神的培养与教材的内容相结合，使学生在学习专业知识的同时，潜移默化地提升思想政治素养。

4. 对接职业标准和大赛标准，体现“岗课赛证”融通

在编写过程中，紧密围绕“知识、技能、素养”三位一体的教学目标，注重对接 1+X

职业资格证书和国家职业技能标准及技能大赛要求，体现“书证”融通、“岗课赛证”融通。

5. 立体化资源配套，便于实施信息化教学

本书配套有大量数字化教学资源，包括教学仿真软件、课程教学视频、多媒体教学软件等；书中穿插有丰富的二维码，读者通过手机等终端扫描后可观看图片和动画。

本书由浙江机电职业技术大学牵头组织，全国技术能手、全国高校“黄大年”式教师团队核心成员、国家创新教学团队核心成员、省级“能工巧匠”、教学名师领衔编写。郁元正、叶俊担任主编，张伟中担任副主编，金杜挺、张静、郭伟强参与编写，王耀军对全书内容进行审定。

在编写本书的过程中，浙江天煌科技实业有限公司提供了技术指导和案例支持，在此表示感谢。

由于编者水平有限，书中难免存在不足之处，恳请广大读者批评指正。

目　录

项目 1

液压传动系统搭建与工作介质选用及相关分析、计算

项目目标

知识目标

1. 熟悉液压传动的工作过程、系统组成及应用；
2. 了解工作介质的性能参数；
3. 了解液压传动工作介质的确定方法和步骤；
4. 掌握压力、流量两个重要参数；
5. 掌握压力损失、孔口及缝隙的流量特性；
6. 能够描述液压冲击和气穴现象。

技能目标

1. 能够动手搭建简单的液压传动系统并说明操作过程；
2. 能够识别液压传动系统的图形符号；
3. 能够通过查阅相关手册及标准选用工作介质；
4. 能够计算液压系统的输出力。

素质目标

1. 坚定技能报国、民族复兴的信念，立志成为行业拔尖人才；
2. 树立正确的学习观，培养职业认同感、责任感和荣誉感。

任务 1.1 液压传动系统认知与搭建

微课：液压传动概述

任务目标

1. 熟悉液压传动的工作过程、系统组成及应用；
2. 能够识别液压传动系统的图形符号；
3. 能够描述液压传动技术的发展现状；
4. 能够动手搭建简单的液压传动系统并说明操作过程。

任务描述

搭建一个简单的液压传动系统。

相关知识：液压传动与液压传动系统

液压传动（hydraulic transmission）是机械设备中广泛采用的传动方式之一，先利用液压元件组成各种简单回路，再由若干回路有机组合成能完成一定控制功能的传动系统，以液压油为工作介质进行能量的传递、转换与控制，从而实现各种机械装置的传动和自动控制。

1. 液压传动的工作过程

微课：液压千斤顶

液压千斤顶是一种简单而完整的液压传动装置。分析其工作过程，以清楚地了解液压传动的工作原理。

图 1-1 所示为液压千斤顶的工作原理。由图可知，该系统由手动液压泵和举升液压缸两部分构成：杠杆手柄 1、小液压缸 2、小活塞 3、单向阀 4 组成手动液压泵；大液压缸 8、大活塞 9、单向阀 7 和截止阀 11 组成举升液压缸。由小活塞 3 和小液压缸 2、大活塞 9 和大液压缸 8 构成两个密封而又可以变化的容积。

向上拉起杠杆手柄 1，杠杆带动小活塞 3 向上移动，小液压缸 2 中的密封容积扩大，内部压力减小而形成负压，也就是所谓的“真空”。这时，油箱 12 内的工作液体在大气压力作用下，推开单向阀 4 流入小液压缸 2。单向阀 7 这时是关闭的。用力压下杠杆手柄 1，小活塞 3 下移，小液压缸 2 中的密封容积缩小，内部压力增大，单向阀 4 关闭。由于截止阀 11 处于关闭状态，于是工作液体就推开单向阀 7 流向大液压缸 8，并将大活塞 9 向上推起，升起重物 W。不停地拉、压杠杆手柄 1，可将工作液体源源不断地从油箱吸入小液压缸，又压向大液压缸，使大活塞带动重物上升到所需高度。当需要重物下降时，打开截止阀 11，大液压缸内的液体在重物 W 和大活塞 9 的推动下流回油箱，重物随大活塞 9 下降到所需的高度。这就是液压千斤顶的工作过程，也是简单液压系统的工作原理。

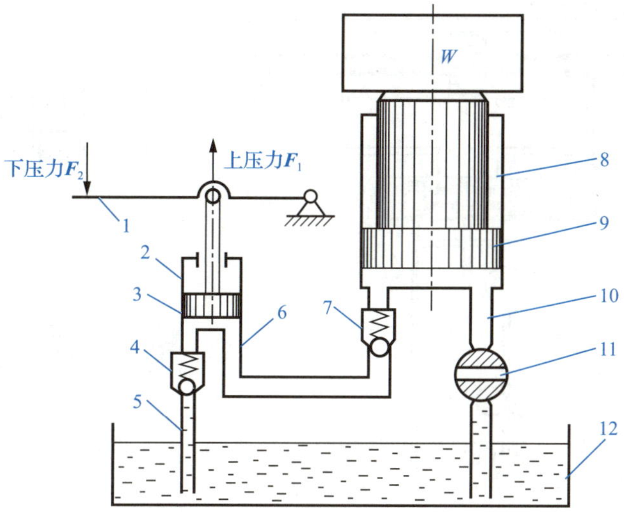

1—杠杆手柄；2—小液压缸；3—小活塞；4、7—单向阀；5—吸油管；6、10—管道；
8—大液压缸；9—大活塞；11—截止阀；12—油箱。

图 1-1　液压千斤顶的工作原理

通过上面对液压千斤顶工作过程的分析，可以初步了解液压传动的基本工作原理：

① 液压传动系统本质上是一种能量转换装置，由液压泵将原动机的机械能转换为工作液体的压力能，再通过液压缸将压力能转换成机械能，以驱动工作机构完成所要求的各种动作。

② 液压传动以液压油（有压力的油液）作为传递运动和动力的工作介质。

③ 液压传动依靠密封容器或密闭系统中密闭容积的变化来实现能量的转换与传递，故又称为容积式液压传动。

2. 液压传动系统的组成及图形符号

微课：液压传动系统的组成

图 1-2 所示为驱动机床工作台的液压传动系统原理图。该系统可使工作机构进行直线往复运动、克服各种阻力和调节工作机构的运动速度。

该系统的工作过程：电动机驱动液压泵，从油箱 1 经过过滤器 2 吸油并向上压送。当换向阀 6 处于如图 1-2（a）所示的位置时，来自液压泵的油液无法通过 P 口进入换向阀，这时工作台静止不动，油液流动受阻，产生的压力使溢流阀 5 开启，油液经过溢流阀回到油箱。当操作换向阀 6 的手柄使其转换成如图 1-2（b）所示的状态时，液压泵将油液经节流阀 4、换向阀 6 压送至液压缸 7 的左腔，推动活塞带动工作台 8 向右运动。这时液压缸 7 右腔的油液经换向阀 6 排回油箱。当将换向阀 6 转换成如图 1-2（c）所示的状态时，油液将推动活塞带动工作台 8 向左运动。可见，换向阀的作用就是控制活塞及工作台的运动方向。

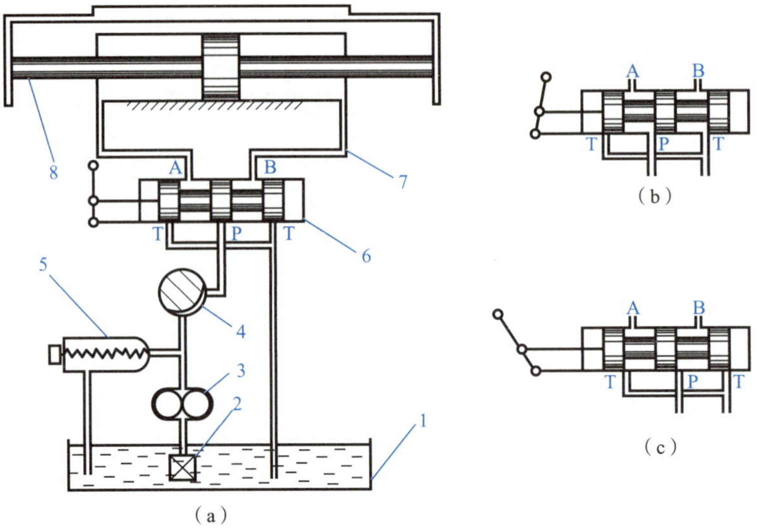

1—油箱；2—过滤器；3—液压泵；4—节流阀；5—溢流阀；6—换向阀；7—液压缸；8—工作台。

图 1-2　驱动机床工作台的液压传动系统原理图

工作台的运动速度是通过节流阀 4 来调节的，当节流阀的开口大时，进入液压缸的油液流量就大，工作台的运动速度就快；反之，工作台的运动速度就慢。因而，节流阀是通过控制流入液压缸的流量来调节活塞的运动速度（也就是工作台的运动速度）的。

从上面的实例分析可以看出，一个完整的液压传动系统主要由以下 5 个部分组成：

① 动力元件，把原动机机械能转换成液体压力能的装置。动力元件是液压系统的动力源。液压泵是液压系统的动力元件，其作用是使液压传动系统内的液压油发生流动。

② 执行元件，把液体压力能转换成机械能的装置，一般指做直线运动的液压缸、做回转运动的液压马达等。其作用是在工作介质的作用下，输出力和速度（或转矩和转速），以驱动工作机构对外做功。

③ 控制元件，对液体压力、流量、流动方向进行控制和调节的各种阀类元件，如溢流阀（压力控制阀）、节流阀（流量控制阀）、换向阀（方向控制阀）等。其作用是改变执行元件的作用力、运动速度和方向，以保证执行元件和工作机构按要求工作。

④ 辅助元件，除以上装置外的其他元件都称为辅助元件，如油箱、过滤器、蓄能器、压力表、管接头及各种信号转换器等。辅助元件从原理上看可有可无，但实际上它们在系统中对完成主运动起着必不可少的辅助作用。液压系统的许多故障是由于辅助元件失效引起的，因此不应忽视它们。

⑤ 工作介质，指传动介质，即液压油。工作介质既是转换、传递能量的介质，又起润滑、清洁、冷却的作用。

图 1-2 所示的驱动机床工作台的液压传动系统原理图比较直观，便于分析元件和系统的工作过程，但图形复杂，绘制困难。为了简化操作，一般采用只表示液压元件基本功能、不表示元件具体结构的特定图形符号，即职能符号，来表示液压元件及其构成的液压系统。我国现行的液压系统图形符号国家标准是《流体传动系统及元件　图形符号和回路图　第 1

部分：图形符号》（GB/T 786.1—2021）。图 1-3 所示就是用图形符号表示的驱动机床工作台的液压传动系统图。

微课：液压传动的特点

3. 液压传动的特点

（1）液压传动的优点

① 结构布局方面，在传递相同功率的情况下，质量小、体积小。借助油管连接可灵活布局，便于和其他传动方式联用。易实现远距离传动和操纵及自动控制。

② 工作性能方面，速度、转矩和功率均可无级调节，易改变运动方向和变速，调速范围宽。

③ 使用维护方面，液压元件自润滑性好，易实现系统过载保护和保压。液压元件已实现标准化、系列化和通用化，互换性好。

（2）液压传动的缺点

① 在传动过程中，能量要经过两次转换，损耗较大，传动效率低。

② 由于工作介质的可压缩性和泄漏等因素影响，其运动精度难以做到严格准确。

③ 工作介质的性能与温度有关，因此系统的工作稳定性易受温度变化的影响。

④ 液压元件制造精度高，使用和维护要求较高。

⑤ 工作介质污染对性能影响大，故障不易诊断。

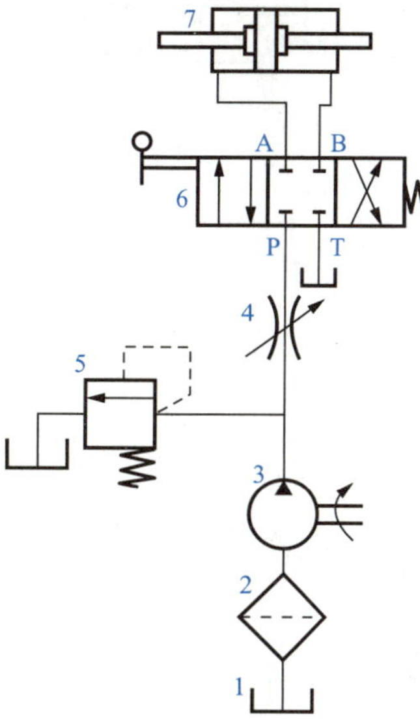

1—油箱；2—过滤器；3—液压泵；4—节流阀；5—溢流阀；6—换向阀；7—液压缸。

图 1-3　用图形符号表示的驱动工作台的液压传动系统图

4. 液压传动技术的应用与发展

液压传动技术已广泛应用于民用工业、机床、工程机械、冶金机械、塑料机械、农林机械、汽车、船舶等诸多领域，而且已发展成为包括传动、控制和检测在内的一门完整的自动化技术。发达国家生产的 95%的工程机械、90%的数控加工中心、95%以上的自动线采用液压传动技术。采用液压传动的程度已成为衡量一个国家工业水平的重要标志之一。

自动控制技术、计算机技术、微电子技术、摩擦磨损技术、可靠性技术及新工艺和新材料等高新技术成果的广泛应用，使液压传动技术有了新的发展，也使液压传动系统和元件的质量及水平有了显著提高。但是，液压传动技术没有取得惊人的技术突破，主要依靠现有技术的改进和扩展，不断扩大其应用领域。综合国内外专家的意见，其主要发展趋势集中在以下方面：

① 提高能量转换过程的效率，减少能耗。

② 开发液压传动系统故障预测技术和自补偿系统，实现主动维护。

③ 电子技术和液压传动技术相结合，实现液压传动系统的柔性化、智能化。

④ 积极采用新工艺、新材料和电子、传感等高新技术，向满足环保要求的方向发展。

任务实施：搭建一个简单的液压传动系统

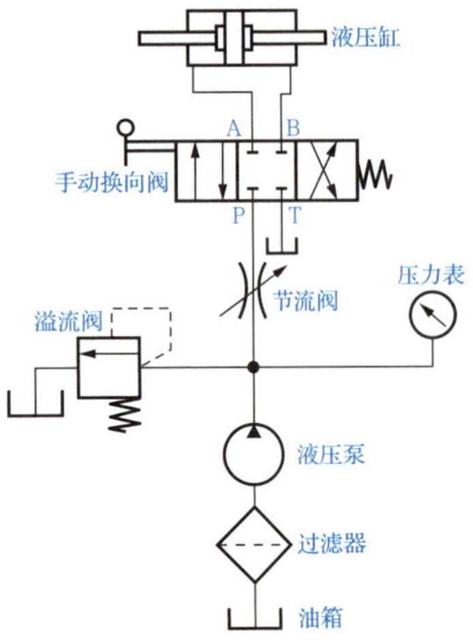

图 1-4　简单的液压传动系统

① 按图 1-4 所示选取所需液压元件，固定并连接各液压元件。

② 起动液压泵电动机。

③ 将溢流阀调整到一个合适的状态。

④ 改变手动换向阀的位置，并观察液压缸的运动方向，说明油液的流动路线。

⑤ 调节节流阀的开口大小，并观察液压缸的运动速度。

⑥ 调节溢流阀压力，并观察压力表的读数变化，听液压泵的声音，触摸管路感受振动。

⑦ 完成项目工单，清理现场。

注意事项：首次实践训练必须在教师指导监控下进行。

思考与练习

1. 简述液压传动的工作过程。
2. 举例说明液压传动技术在生产生活中的应用。

任务 1.2 工作介质认知与选用

任务目标

1. 能够说明工作介质的主要性能参数；
2. 能够按照正确方法和步骤选用液压传动工作介质；
3. 能够通过查阅手册及技术标准选用工作介质。

任务描述

选用工程机械液压油。

相关知识：液压油的一般特性与液压传动工作介质的选用

液体是液压传动的工作介质。在液压传动系统中，工作介质用来传递动力和信号，还起到润滑、冷却、清洁和防锈等作用。液压传动系统运转的可靠性、准确性和灵活性依赖于所用的工作介质是否合适。液体的压力、流速和温度往往变化很大，其质量的优劣又直接影响系统的工作性能，所以正确选用工作介质是相当重要的。

1. 液压油的一般特性

（1）密度

单位体积液体的质量称为液体的密度。体积为 V、质量为 m 的液体的密度为

$$\rho = \frac{m}{V} \tag{1-1}$$

式中，V——液压油的体积，m^3；

m——体积为 V 的液压油的质量，kg。

矿物油型液压油的密度随温度的上升有所减小，随压力的增大稍有增加，因为变化量很小，所以可以认为是常量。我国采用 20℃时的密度作为液压油的标准密度，以 ρ_{20} 表示。常用液压油和传动液的密度如表 1-1 所示。

表 1-1　常用液压油和传动液的密度　（单位：kg/m^3）

种类	ρ_{20}	种类	ρ_{20}
石油基液压油	850～900	增黏高水基液	1003
水包油乳化液	998	水-乙二醇液	1060
油包水乳化液	932	磷酸酯液	1150

（2）黏性

当液体在外力作用下流动或有流动趋势时，因液体内分子间的内聚力（液体内部分子之间引力的作用效果）而产生一种阻碍液体分子之间进行相对运动的内摩擦力，这种现象称为液体的黏性。黏性是液体的重要物理特性，是选择液压油的重要依据之一。

液体流动时，液体的黏性及液体和固体壁面间的附着力会使液体内部各液层间的流动速度大小不等。如图 1-5 所示，设两平行平板间充满液体，下平板不动，上平板以速度 u_0 向右平移。由于液体的黏性作用，紧贴下平板的液体层的速度为零，紧贴上平板的液体层的速度为 u_0，而中间各液层的速度则视其距下平板距离的大小按线性规律或曲线规律变化。

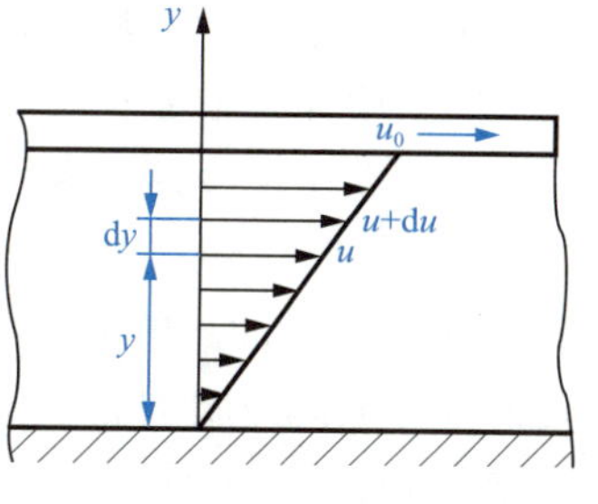

图 1-5　液体的黏性示意图

1）黏性的表示方法。液体黏性的大小用黏度来表示。常用的液体黏度的表示方法有 3 种，即动力黏度、运动黏度和相对黏度。

① 动力黏度 μ。动力黏度又称为绝对黏度，是表征液体黏性的内摩擦力因数。液体动力黏度的物理意义是液体在单位速度梯度（$du/dy=1$）下流动或有流动趋势时，相接触的液

层间单位面积上产生的内摩擦力。动力黏度的国际计量单位为 Pa·s（帕·秒），1Pa·s=1N·s/m^2。

② 运动黏度υ。液体的运动黏度是指在同一温度下该液体动力黏度μ与其密度ρ的比值，即

$$\upsilon=\frac{\mu}{\rho} \tag{1-2}$$

液体的运动黏度没有明确的物理意义，但它在工程实际中经常被用到。因为它的单位只有长度和时间的量纲，类似于运动学的量，所以被称为运动黏度。它的国际计量单位为 m^2/s。

运动黏度是划分液压油牌号的依据，我国国家标准《工业液体润滑剂　ISO 粘度分类》（GB/T 3141—1994）规定，液压油的牌号就是用该液压油在温度为 40℃时的运动黏度平均值来表示的。例如，L-HV32 号液压油，就是指这种油在 40℃时的运动黏度平均值为 32m^2/s。

③ 相对黏度。动力黏度和运动黏度是理论分析和计算时经常使用到的黏度，但它们都难以被直接测量，因此在工程上常常使用相对黏度。相对黏度又称为条件黏度，是采用特定黏度计在规定条件下测得的相对于蒸馏水黏度的大小。由于各国测量相对黏度的条件不同，所用相对黏度的单位也不同。我国采用的是恩氏黏度。温度为 t 时的恩氏黏度用 E_t 表示；恩氏黏度的单位为条件度，用符号 ^{0}E 表示。例如，在 50℃、100℃时测得某种液体的恩氏黏度分别表示为 E_{50}、E_{100}。

测量恩氏黏度的方法是将 200mL 温度为 t（单位为℃）的被测液体装入黏度计容器，经容器底部直径为 2.8mm 的小孔流出，测得液体流尽所需的时间 t_1，再测出 200mL 温度为 t 的蒸馏水在同一黏度计中流尽所需的时间 t_2。这两个时间的比值即为被测液体在温度 t 下的恩氏黏度，即

$$E_t=\frac{t_1}{t_2} \tag{1-3}$$

在实际工程应用中，人们通过以下公式将恩氏黏度换算成运动黏度或动力黏度：

$$\upsilon=\left(7.31E_t-\frac{6.31}{E_t}\right)\times10^{-6} \tag{1-4}$$

2）黏度与压力、温度的关系。液体的黏度随液体的压力和温度而变。压力增大时，液体分子间距减小，内摩擦力增大，宏观表现为黏度增大。在一般液压系统的工作压力范围内，工作介质黏度值变化很小，可忽略不计。

液压传动工作介质的黏度对温度的变化十分敏感，温度升高，黏度显著下降，反之亦然。液压油的黏度随温度变化的特性称为液压油的黏温特性。黏温特性常用黏度指数（VI）表示，VI 越大，油液的黏温特性曲线斜率就越小，表明油液黏度对温度越不敏感。几种常见液压传动工作介质的黏温特性如图 1-6 所示。

（3）压缩性和膨胀性

液体受到压力作用体积发生变化的性质称为液体的可压缩性。液体受到温度的影响体积发生变化的性质称为液体的膨胀性。液体的压缩性和膨胀性很小，当压力和温度变化不大时，可以认为液体的体积不发生变化，既不可压缩又不可膨胀。但是当液体中混入空气时，抗压缩、抗膨胀能力将大大弱化，导致液压传动系统运动不稳定、不均匀，严重的甚

至会破坏液压元件。在动作精度要求较高或压力变化较大的液压系统中，应尽可能减少液体中空气及其他易挥发物质的含量。

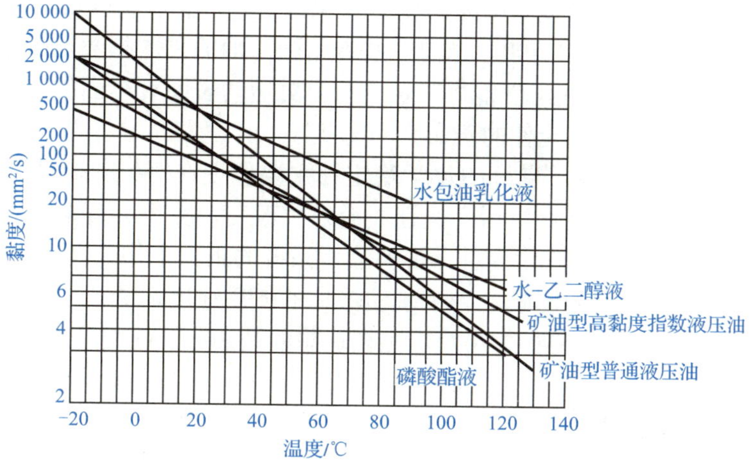

图 1-6　几种常见液压传动工作介质的黏温特性

（4）闪点

将规定容量的油液加热到其蒸发产生的油气与空气混合后，在与规定火焰接触时能够产生闪光的最低油样温度，称为该油液的闪点。闪点可以反映油液中低沸点可燃成分的含量。闪点高，表明油液所产生的低沸点可燃成分少，因此在高温环境下工作的安全性高；相反，闪点低的油液则不宜在高温环境下工作。

（5）倾点

倾点是油液在规定的试验条件下冷却到能够流动的最低温度。倾点对于在低温条件下工作的液压油至关重要。一般而言，当油液温度降低到倾点以上 10℃时，其低温流动性会变差，导致液压泵起动困难。因此，对于在低温环境下工作的液压设备，应选用低温流动性良好的液压油，其倾点应低于环境最低温度 10℃以上。

（6）中和值与腐蚀性

油液如果精制得不好，会含有少量活性的含硫化合物和水溶性低分子有机酸。此外，油液在氧化过程中会产生氧化物，这些物质对金属具有腐蚀性。中和值是衡量液压油使用性能的重要指标之一。中和值大的油液容易引起液压元件和系统的腐蚀，而且还会加速油液变质，从而增加磨损。然而，有些油液中添加了酸性添加剂，这使得油液的中和值增加，但由于这些添加剂不溶于水，因此它们基本上没有腐蚀作用。在使用油液过程中应注意区分这一点。

2. 对液压传动工作介质的要求及其选用

（1）液压传动系统对工作介质的要求

不同的液压传动系统、不同的使用条件对液压工作介质的要求也不相同，为了更好地传递动力和运动，液压传动系统所使用的工作介质有以下要求：

① 适宜的黏度和良好的黏温特性。黏度是工作液体的重要性质，黏度越大，液体流动

阻力越大，压力损失也越大，严重时会造成液压泵吸油困难；黏度过小，容易造成液体泄漏，降低系统的容积效率，因此液压传动工作介质必须具有适宜的黏度。

在液压系统工作时，希望黏度随温度的变化尽量小，黏温特性好，以保证传动性能的稳定，一般要求黏度指数 VI≥90。当前一些专用液压油的黏度指数已超过 100。

② 良好的润滑性能。润滑性能好，表明油膜对运动表面有牢固的附着能力，并且可保证摩擦因数很小，从而增加元件的寿命。

③ 良好的化学稳定性。良好的化学稳定性主要体现在对氧化和热都有良好的抵抗能力。当工作液体受热和氧化变质后，其性质会发生改变，颜色会逐渐变深，杂质增多，黏度增大，酸性值升高，从而产生腐蚀，影响液压系统的正常工作。规定液压设备定期换油，正是考虑了工作液体变质的影响。为了减缓液体的变质速度，液压系统的工作温度范围应限制在 15～60℃内，短时不超过 70℃，比较理想的是 30～55℃。

④ 良好的抗乳化性。抗乳化性是指液压油抵抗遇水乳化变质的能力。水能引起金属锈蚀，降低润滑性和使用寿命，因此应尽可能防止水混入油中（乳化液例外）。

⑤ 抗泡沫性。抗泡沫性是指混入气体时，液体内不易生成微小气泡和泡沫，即使生成也会迅速分离升出液面自行破灭。游离在液体中的气泡将增加液体的压缩性，恶化系统的动态特性，且会促使气穴现象发生。

⑥ 闪点要高，倾点要低，腐蚀性要小，质地要纯净。

（2）液压传动工作介质的选用

各种液压油都有其特性，都有一定的适用范围。正确而合理地选用液压油，可提高液压传动系统工作的可靠性，延长液压元件的使用寿命。

1）液压油品种的选择。液压系统工作介质的品种在国家标准《润滑剂、工业用油和相关产品（L 类）的分类　第 2 部分：H 组（液压系统）》（GB/T 7631.2—2003）中规定了产品符号和适用场合。产品符号以代号和后面的数字组成，代号中 L 表示石油产品中的润滑剂和有关产品，H 表示液压系统用工作介质，数字表示该工作介质的黏度等级。

GB/T 7631.2—2003 规定的产品符号举例，如 L-HM32：

L-HM 32

32 —— 黏度等级，即油的牌号

HM —— 改善了防锈、抗氧化、抗磨性能的精制矿物油

L —— 润滑剂、工业用油和相关产品

液压油品种很多，主要可分为矿油型、乳化型和合成型。液压油的主要品种及其特性和用途如表 1-2 所示。

表 1-2　液压油的主要品种及其特性和用途

类型	名称	代号	特性和用途
矿油型	精制矿物油	L-HH	无抗氧化剂，主要用于机械润滑，可用于要求不高的低压系统
	普通液压油	L-HL	L-HH 加添加剂，提高抗氧化和防锈性能，适用一般液压系统
	抗磨型液压油	L-HM	L-HH 加添加剂，改善抗磨性能，适用于工程机械液压系统
	低温液压油	L-HV	L-HM 加添加剂，改善黏温特性，可用于环境温度在-40～-20℃的高压系统
	高黏度指数液压油	L-HR	L-HL 加添加剂，改善黏温特性，黏温特性优于 L-HV，可用于对黏温特性有特殊要求的低压系统，如数控机床液压系统
	液压导轨油	L-HG	L-HM 加添加剂，改善黏温性能，适用于机床中液压和导轨润滑合用系统

续表

类型	名称	代号	特性和用途
乳化型	水包油型乳化液	L-HFAE	适用于有抗燃要求的系统
	油包水乳化液	L-HFB	
合成型	水-乙二醇液	L-HFC	
	磷酸酯无水合成液	L-HFDR	

除依据液压油的特性和用途选择液压油外，具体还应根据液压传动系统所处的工况条件（主要是温度、压力和液压泵类型等）来选用。

① 工作温度：主要对液压油的黏温特性和热稳定性提出要求，选用时可参照表 1-3。

表 1-3　按工作温度选择液压油的品种

液压油工作温度/℃	<-10	-10～+80	>80
液压油品种	HR、HV	HH、HL、HM	优等 HM、HV

② 工作压力：主要对液压油的润滑性（抗磨性）提出要求，选用时可参照表 1-4。

表 1-4　按工作压力 p 和温度 t 选择液压油的品种

工作环境	液压油品种		
	$p\leqslant7.0$MPa $t<50$℃	7.0MPa$<p\leqslant14.0$MPa $t<50$℃	$p>14.0$MPa 50℃$\leqslant t\leqslant100$℃
室内、固定液压设备	HL	HL、HM	HM
露天寒冷和严寒地区	HV	HV	HV
高温热源或明火附近	HFAE	HFB、HFC	HFDR

③ 液压泵类型：液压泵类型较多，常见的有齿轮泵、叶片泵和柱塞泵。一般而言，齿轮泵对液压油的抗磨性要求比叶片泵和柱塞泵低，因此齿轮泵可选用 L-HL 液压油或 L-HM 液压油，而叶片泵和柱塞泵一般选择 L-HM 液压油。

2）黏度等级的选择。在液压油的品种选定之后，还必须确定其黏度等级。黏度对液压系统的工作稳定性、可靠性、效率、温升及磨损都有影响。高黏度油液有利于改善润滑性能，但会增加流体阻力，使得系统压力损失增大，效率降低；低黏度油液密封性差，会增加设备外泄漏，导致系统工作压力不稳定，严重时会使泵的磨损加剧。因此，选择液压油的黏度等级时应注意结合以下几方面综合考虑：

① 工作压力：工作压力较高的液压系统宜选用黏度较高的液压油，以减少泄漏；反之，选用黏度较低的液压油。

② 环境温度：环境温度较高的液压系统宜选用黏度较高的液压油，以减少泄漏；反之，选用黏度较低的液压油。

③ 运动速度：当液压系统的运动部件的运动速度较高时，宜选用黏度较低的液压油，以减少液流摩擦损失；反之，选用黏度较高的液压油。

在液压系统中，液压泵对液压油的性能最为敏感，因为其零件之间相对运动速度高，工作压力大，持续工作时间长，温度也较高，因此常根据液压泵的类型及其要求来选择液压油的黏度。各类液压泵适用的黏度范围如表 1-5 所示。

表 1-5 各类液压泵适用的黏度范围

<table>
<tr><th rowspan="2" colspan="2">液压泵类型</th><th colspan="2">黏度/（mm^2/s）</th><th rowspan="2">液压泵类型</th><th colspan="2">黏度/（mm^2/s）</th></tr>
<tr><th>系统温度为 5～40℃</th><th>系统温度为 40～80℃</th><th>系统温度为 5～40℃</th><th>系统温度为 40～80℃</th></tr>
<tr><td colspan="2">齿轮泵</td><td>30～70</td><td>95～165</td><td>径向柱塞泵</td><td>30～50</td><td>65～240</td></tr>
<tr><td rowspan="2">叶片泵</td><td>p<7.0MPa</td><td>30～50</td><td>40～75</td><td>轴向柱塞泵</td><td>30～70</td><td>70～150</td></tr>
<tr><td>p≥7.0MPa</td><td>50～70</td><td>50～90</td><td>螺杆泵</td><td>30～50</td><td>40～80</td></tr>
</table>

3. 液压油污染及控制

合理选择液压油是工作介质应用的前提，维护管理则是工作介质应用的基础。据统计，液压设备故障约有 70%是由于工作介质的选择、使用、管理不当造成的，其中又有 85%是由污染、老化引起的。因此，工作介质的正确使用和管理及污染控制是提高液压系统的可靠性和延长液压元件使用寿命的重要手段。

（1）液压油污染的来源

① 固有污染物，主要来自液压系统的管道、液压元件等。液压系统使用前未被冲洗干净，工作时污染物就会进入液压油中。

② 从外界侵入的污染物，主要包括外界的空气、水、灰尘、固体颗粒等。液压系统工作时，污染物通过液压缸、管接头、油箱等元件进入液压油中。

③ 内部生成的污染物，主要是在工作过程中因液压油变质而产生的胶状物、涂料及密封件老化脱落的碎屑、金属氧化后剥落的微粒等。

④ 维护、维修、保养时造成的污染物，主要是在设备正常维护保养中更换滤芯和液压油、清洗油箱、拆装维修液压缸和阀等过程中，固体颗粒、水、空气、纤维等进入液压油。

（2）液压油污染的危害

污染物混入液压系统后，会加速液压元件磨损、增大噪声、引起阀的动作失灵，严重的还会损坏元件。污染物会堵塞液压元件的节流孔或节流缝隙，引起其动作失调甚至完全失灵，产生误动作造成事故。灰尘颗粒在液压缸内会加速密封件损坏、划伤缸筒内壁，从而使泄漏增大，导致推力不足或者动作不稳定、爬行、速度下降，产生异响与振动，还可能引起滤网堵塞，液压泵吸油困难，回油不畅而产生气蚀、振动和噪声，堵塞严重时会因阻力过大而将滤网击穿，使其完全丧失过滤作用，造成液压系统的恶性循环。

（3）液压油污染的控制

为确保液压系统工作正常、可靠，减少故障，延长其使用寿命，必须采取有效措施控制液压油的污染。

1）控制油温。油温过高通常会给液压系统带来以下不利影响：①油液黏度下降，机件活动部位的油膜因强度不足而被破坏，摩擦阻力增大，引起系统发热、执行元件（如液压缸）爬行，进而导致泄漏增加，系统工作效率显著降低；②油液黏度下降后，经过节流器时其特性会发生变化，从而引起执行元件运动速度不稳定；③油温过高会引起机件热膨胀，使运动副间隙发生变化，造成动作不灵或卡死，使其工作性能和精度下降；④当油温超过

55℃时，油液氧化加剧，其使用寿命明显缩短。据相关资料介绍，当油温超过 55℃后，温度每升高 9℃，油液的使用寿命缩短一半。不同用途和不同工作条件的机器，有不同的允许工作油温。工程机械液压系统允许的正常工作油温为 35～55℃，最高为 70℃。必要时，应采取适当措施（如风冷、水冷等）控制系统油温。

2）控制过滤精度。为了控制油液的污染度，要根据系统和元件的不同要求，分别在吸油口、压力管路、伺服调速阀的进油口等处，按照要求的过滤精度设置过滤器，以控制油液中的颗粒污染物，使液压系统性能可靠、工作稳定。过滤精度一般按照系统中对过滤精度敏感性最大的元件来参照选择。

3）强化现场维护管理。强化现场维护管理是防止外界污染物侵入系统和滤除系统中污染物的有效措施，主要有以下 3 种：①检查油液的清洁度；②建立液压系统一级保养制度；③定期对油液进行取样化验。

4）定期清洗。控制油液污染的另一个有效方法是定期清除滤网、滤芯、油箱、油管及元件内部的污垢。在拆装元件、油管时也要注意清洁，对所有油口都要加堵头或塑料布密封，防止污染物侵入系统。

5）定期过滤油液、控制其使用期限。油液的使用寿命或更换周期取决于很多因素，其中包括设备的环境条件与维修保养、液压系统油液的过滤精度和允许污染等级等因素。如果油液使用时间过长，油、水、灰尘、金属微粒等会使油液变成含有多种污染物的混合液体，若不及时更换，将会影响系统正常工作，并导致事故。过滤是控制油液污染的重要手段，是一种强迫去除油液中杂质颗粒的方法。经过多次强迫过滤，能使油液中杂质颗粒含量控制在要求的等级范围内，所以对各类液压设备需制定出强迫过滤油液的精度，以确保油液的清洁度。在控制油液使用期限方面，是否换油取决于油液污染的程度，目前有以下 3 种确定换油期的方法。

① 目测换油法。凭维修人员的经验，通过目测观察油液的常规状态变化（如油液变黑、发臭、变成乳白色等），决定是否换油。

② 定期换油法。根据设备所在场地的环境条件、工作条件和所用油品的换油周期，到期就进行更换。这种方法适合液压设备较多的企业。

③ 取样化验法。定期对油液进行取样化验，测定必要的项目（如黏度、酸值、水分、颗粒大小和含量、腐蚀等）及其指标，将油质的实际测量值与规定的油液标准进行对比，确定是否换油。取样化验法适用于关键设备和大型液压设备。

任务实施：选用汽车起重机液压油

1）一般情况下，汽车起重机制造商在产品说明书或使用手册中规定了该设备系统使用的液压油品种、牌号和黏度级别，首先应根据设备制造商的推荐选用液压油。

2）若设备工况和使用环境与制造商所规定的有明显区别，则需要自行另选。此时，除考虑工程机械液压油的使用要求外，一般可根据下列原则来选用液压油：

① 分析液压系统的工作条件，按系统中液压元件，主要是液压泵来确定工作介质的黏度，同时，要考虑工作压力范围、润滑性、系统升温程度、工作介质与密封材料和涂料是否相容等。针对汽车起重机的工作条件和载荷特征，根据表 1-2 可选择矿油型普通液压油（L-HL）、抗磨型液压油（L-HM），或者乳化液。

② 分析液压系统的工作环境，主要是环境的温度变化范围，有无严寒、高温和明火、抗燃性等要求，还要考虑环境污染、毒性和气味等因素。汽车起重机在露天作业，工作温度变化较大，一般为-10～50℃，遇雨雪天气有水侵入，根据表1-4及设备功率大小可选用L-HM46或L-HM68液压油；如果在严寒地区作业，则选用L-HV46或L-HV68液压油，满足抗冻要求。

③ 综合经济分析，选择工作介质时要通盘考虑价格和使用寿命，综合分析高质量的液压油的成本与使用寿命、元件更换、运行维护、生产效率的提高。

3）完成项目工单，清理现场。

思考与练习

1. 液压油的牌号和黏度有什么关系？如何选择液压油的黏度等级？
2. 为什么要限定液压油的工作温度？
3. 使用液压油时应注意哪些事项？

任务1.3 液压传动系统理论分析与计算

任务目标

1. 掌握压力、流量两个重要参数；
2. 能够计算压力损失、小孔及缝隙的流量；
3. 能够描述液压冲击和气穴现象；
4. 能够确定液压系统的输出力。

任务描述

液压传力计算。

微课：液压传力计算

相关知识：压力、流量计算分析及液压冲击现象与气穴现象

1. 压力

（1）液体静压力及特性

液体静力学是研究液体处于相对平衡时的规律。所谓相对平衡，是指液体内部各个质点间没有相对运动。静压力是指静止液体单位面积上所受的法向力，用 p 表示，这一定义在物理中称为压强，但在液压传动中习惯称为压力。静压力表示为

$$p = \frac{F}{A} \tag{1-5}$$

式中，A——液体有效作用面积，m^2；

F——液体有效作用面积 A 上所受的法向力，N。

压力的国际计量单位为 N/m^2 或 Pa，$1Pa=1N/m^2$。由于此单位很小，工程上使用不便，因此常以 MPa（兆帕）为单位，$1MPa=10^6$ Pa。

液体静压力具有以下两个重要特征：

① 液体静压力垂直于作用面，其方向与该面的内法线方向一致，即静止液体只承受法向压力，不承受剪切力和拉力，否则就破坏了液体静止的条件。

② 在静止液体中，任何一点所受到的各方向的静压力都相等。如果液体中某点受到的各个方向的压力不相等，那么该点就会产生运动，也就破坏了液体静止的条件。

由上述性质可知，静止液体总是处于受压状态，并且其内部任何质点都受到平衡压力的作用。

（2）液体静力学基本方程

如图 1-7（a）所示，假设容器中装满密度为 ρ 的液体，其受到的力有液体的重力、液面上的压力和容器壁面对液体的压力，使液体处于静止状态。

在任意一点 A 处取一微小面积 dA，该点距液面深度为 h。为了求得任意一点 A 的压力，可取 $h \cdot dA$ 这个液柱为分离体，如图 1-7（b）所示。根据静压力的特性，作用于这个液柱上的力在各个方向都平衡，现求各作用力在 Z 方向的平衡方程。微小液柱顶面上的作用力为 $p_0 dA$，液柱本身的重力 $G=\rho ghdA$，液柱底面对液柱的作用力为 pdA，则平衡方程为

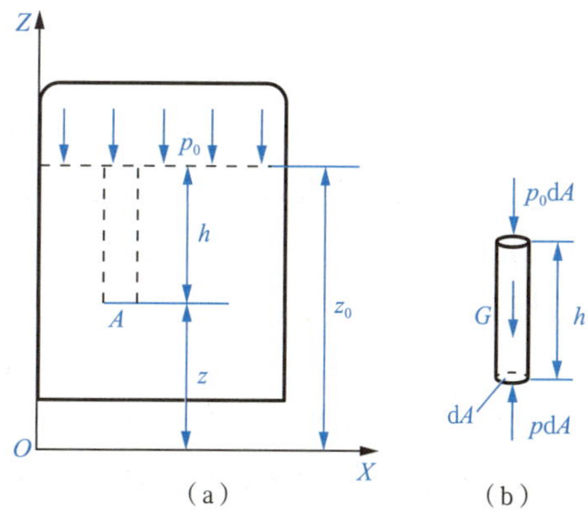

图 1-7　重力作用下静止液体的受力分析

$$pdA=p_0 dA+\rho ghdA \tag{1-6}$$

故

$$p=p_0+\rho gh \tag{1-7}$$

式（1-7）即为液体静压力基本方程，由此式可知，重力作用下的静止液体，其压力分布有如下特征：

① 静止液体内任一点处的压力由两部分组成：一部分是液面上的压力 p_0，另一部分是液面至该点深度 h 的压力 ρgh。当液面只受大气压力 p_a 作用时，则液体内任一点的静压力为 $p=p_a+\rho gh$。

② 液体内的静压力随液体深度的增加而线性增加。

③ 液体内深度相同处的压力都相等。由压力相等的点组成的面称为等压面。重力作用下，静止液体中的等压面是一个水平面。

（3）压力的传递

图 1-7（a）所示为盛放在密闭容器内的液体，其外加压力 p_0 发生变化时，只要液体仍保持其原来的静止状态不变，液体中任一点的压力将发

微课：压力的传递

生同样大小的变化，即在密闭容器内，施加于静止液体上的压力将等值地同时传递到液体内各点。这就是静压传递原理，或称为帕斯卡原理。

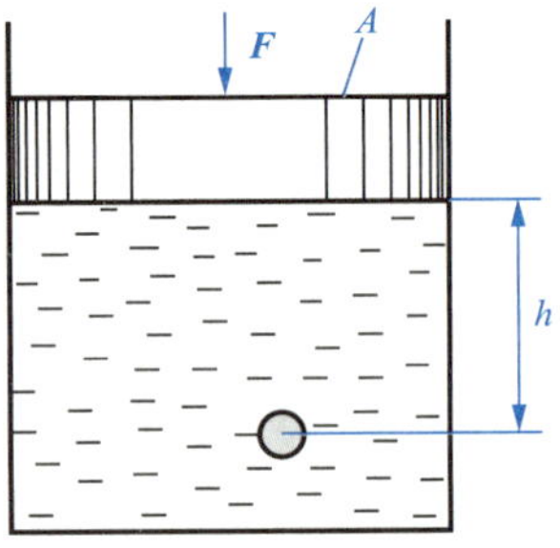

图 1-8　静止液体内的压力

如图 1-8 所示，活塞上的作用力 F 对液面产生外加压力，A 为活塞横截面面积，根据静压传递原理，容器内液体的压力 p 与负载 F 的关系是

$$p=\frac{F}{A} \tag{1-8}$$

当活塞横截面面积 A 一定时，由式（1-8）可知压力 p 与负载 F 之间总保持着正比关系。若 $F=0$，则 $p=0$；F 越大，液体内的压力也越大。由此可见，液体内的压力是由外界负载作用形成的，液压系统内工作压力的大小取决于负载的大小，这是液压传动中一个重要的基本概念。

（4）压力的表示方法

压力的表示方法有两种：一种是以绝对真空作为基准所表示的压力，称为绝对压力；另一种是以大气压力作为基准所表示的压力，称为相对压力。由于大多数测压仪表所测得的压力都是相对压力，故相对压力也称为表压力。绝对压力与相对压力的关系为

微课：压力的表示方法

绝对压力=相对压力+大气压力

当绝对压力低于大气压力时，习惯上称为出现真空。如果液体中某点处的绝对压力小于大气压力，则此时该点的绝对压力比大气压力小的那部分数值称为真空度，即

真空度=大气压力−绝对压力

由此可知，当以大气压力为基准计算压力时，基准以上的正值是表压力，基准以下的负值就是真空度。绝对压力、相对压力和真空度的相互关系如图 1-9 所示。

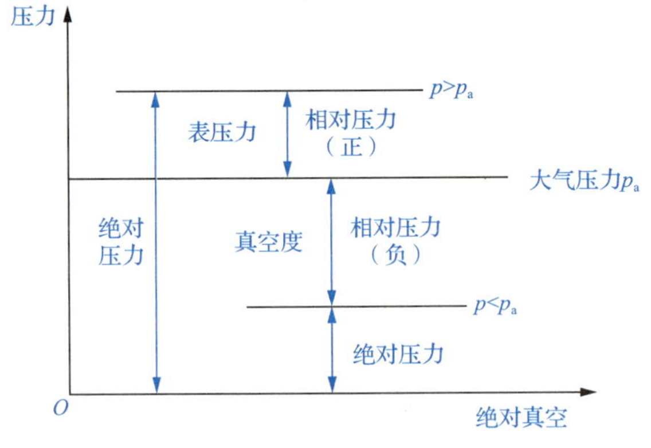

图 1-9　绝对压力、相对压力和真空度的相互关系

2．流量

(1) 流量与平均流速

微课：流量与平均流速

1）理想液体和稳定流动。

液体所具有的黏性和可压缩性，给液体运动的研究带来困难。为此，引入理想液体的概念。所谓理想液体，是指不存在黏性和压缩性的液体。客观存在的液体称为实际液体。进行研究分析时，先假定液体为理想液体，然后根据实验结果，对所得到的液体运动的基本规律、能量转换关系等进行修正，使之比较符合实际液体流动时的情况。

液体流动时，若液体中任一点处的压力、流速和密度不随时间变化而变化，则这种流动就称为稳定流动（恒定流动）；反之，只要运动要素中有一个参数随时间而变化，液体就是做非稳定流动（非恒定流动）。

2）流量与平均流速的计算。

流量和平均流速是描述液体流动时的两个主要参数。液体在管道内流动时，常将垂直于液体流动方向的截面称为通流截面，或称为过流断面。

流量是指单位时间内通过通流截面的液体的体积，用 q 表示，即

$$q=\frac{V}{t} \tag{1-9}$$

式中，q ——流量，m^3/s；

V ——液体通过通流截面的体积，m^3；

t ——液体通过通流截面的时间，s。

流量的国际计量单位为 m^3/s，工程上常用单位为 L/min（升/分）或 mL/s（毫升/秒）。

在实际液体流动中，由于黏性摩擦力的作用，通流截面上流速的分布规律难以确定，计算比较困难。为了便于计算，引入平均流速的概念，即认为通流截面上各点的流速相同，均为平均流速，用 v 表示，则通过通流截面的流量就等于平均流速乘以通流截面面积，即 $q=vA$，则平均流速为

$$v=\frac{q}{A} \tag{1-10}$$

式中，v ——平均流速，m/s；

q ——流量，m^3/s；

A ——通流截面面积，m^2。

平均流速不是通流截面上各质点的实际流速，它是在保持实际流量的条件下所取得的平均值，是一个假想的流速，按此流速计算的流量恰好等于通流截面上以实际流速所通过的流量。除特别说明外，以后所指的流速均按平均流速处理。

3）活塞（或液压缸）运动速度与流量的关系。

如图 1-10 所示，活塞（或液压缸）的运动是由流入液压缸的液体迫使密封容积增大所导致的结果。

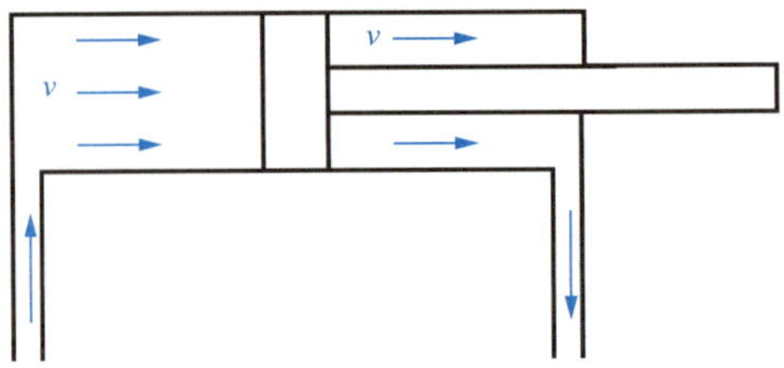

图 1-10　液压缸的运动速度

按平均流速的概念，活塞（或液压缸）的运动速度就等于液压缸内液体的平均流速，所以可以通过平均流速的公式来计算活塞（或液压缸）的运动速度，即

$$v=\frac{q}{A} \tag{1-11}$$

式中，A ——液压缸的有效作用面积，m^2；

q ——流入液压缸内的流量，m^3/s；

v ——平均流速，m/s。

由式（1-11）可知：

① 活塞（或液压缸）的运动速度与液压缸的有效面积、流入液压缸内的流量两个因素有关，而与液压缸内的压力大小无关。

② 当液压缸的有效面积一定时，活塞（或液压缸）的运动速度由流入液压缸内液体的流量决定。若要改变速度，只需改变流入液压缸的流量即可。

4）液流连续性原理。

根据质量守恒定律，液体流动时既不能增多，也不会减少，而液体又被认为几乎是不可压缩的。因此，当液体流经无分支的管道时，通过每一个通流截面的流量一定是相等的，这就是液流连续性原理。

设液体在如图 1-11（a）所示的管道中做稳定流动，若任取两个通流截面面积 A_1 和 A_2，平均流速为 v_1 和 v_2，液体的密度为 ρ_1 和 ρ_2，则在 Δt 时间内流过这两个通流截面的液体质量相等，即

$$\rho_1 v_1 A_1 \Delta t=\rho_2 v_2 A_2 \Delta t \tag{1-12}$$

因 $\rho_1=\rho_2$，故式（1-12）简化为

$$v_1 A_1=v_2 A_2 \tag{1-13}$$

式（1-13）即为液流的连续性方程，它表明在稳定流动条件下，流过各个通流截面上的流量是相等的（即流量是连续的），它是质量守恒定律的具体体现。

式（1-13）表明，速度不仅可以传递，而且可以放大（当 $A_1>A_2$ 时）或缩小（当 $A_1<A_2$ 时）。如图 1-11（b）所示，面积为 A_1 的活塞以速度 v_1 输送液体，而面积为 A_2 的活塞必将产生速度 v_2，且 $v_2=v_1(A_1/A_2)$，此时若 v_1 发生变化，v_2 必将随之变化；若在两缸之间增加一个可以调节的支路，如图 1-11（c）所示，根据连续性方程

$$v_1 A_1=v_2 A_2+q_3 \tag{1-14}$$

有

$$v_2 = \frac{v_1 A_1 - q_3}{A_2} \tag{1-15}$$

由此可见，当速度 v_1（流量 q_1）不可调节时，只要调节 q_3 也能使 v_2 获得相应的调节，这就是液压传动中速度调节的基本原理。

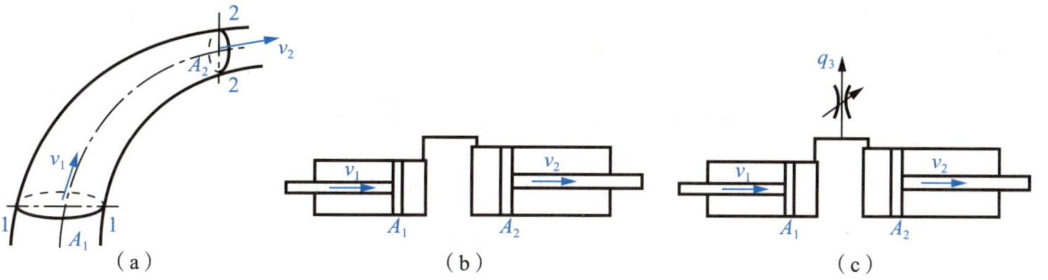

图 1-11　液流连续性原理及应用示意图

（2）液体的能量方程

运动液体各质点沿流程的位置、压力和速度之间存在着相依变化的关系，这说明液体内部各种能量是可以相互转换的。液体内部的能量转换规律称为能量方程式，又称为伯努利方程式。伯努利方程式是能量转换与守恒定律在流体力学中的具体应用。

微课：液体的能量方程

如图 1-12 所示，在稳定流动的倾斜管道中取截面 1—1、2—2 之间的一段液流作为研究对象，设截面 1—1、2—2 中心到基准面 0—0 的高度分别为 z_1 和 z_2，流通截面上的平均流速为 v_1 和 v_2，面积为 A_1 和 A_2，压力为 p_1 和 p_2。当液体为理想液体且稳定流动时，有

$$p_1 + \rho g z_1 + \frac{1}{2}\rho v_1^2 = p_2 + \rho g z_2 + \frac{1}{2}\rho v_2^2 \tag{1-16}$$

也可写成

$$p + \rho g z + \frac{1}{2}\rho v^2 = 常数 \tag{1-17}$$

式（1-17）为液体的能量方程，左边 3 项依次为单位液体的压力能、位能和动能。该能量方程的物理意义：在密闭管道内稳定流动的液体具有 3 种形式的能量，即压力能、位能和动能。在流动过程中，3 种能量可以相互转换，但各个通流截面上 3 种能量之和为定值。

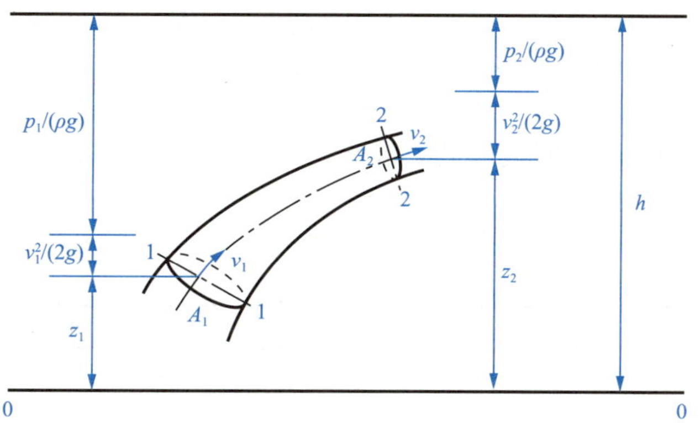

图 1-12　能量方程各参量示意图

一方面，实际液体在管道内流动时，由于液体存在黏性，会产生内摩擦力，消耗能量；同时管道局部开关和尺寸的突然变化也会使液流产生扰动，消耗能量。因此，实际液体流动有能量损失存在，设单位体积液体在两截面间流动的能量损失为Δp_w。

另一方面，由于实际液体在管道通流截面上的流速分布是不均匀的，在用平均流速代替实际流速计算动能时，必然会产生误差，为了修正这个误差，需引入动能修正系数α。

因此，实际液体的能量方程为

$$p_1+\rho g z_1+\frac{\alpha_1}{2}\rho v_1^2=p_2+\rho g z_2+\frac{\alpha_2}{2}\rho v_2^2+\Delta p_w \tag{1-18}$$

式中，动能修正系数α_1、α_2的值与流速分布有关，流速分布越不均匀，α值越大。

能量方程揭示了液体流动过程中的能量变化规律，因此它不仅是进行液压分析的理论基础，而且还可用来对多种液压问题进行研究和计算。

应用能量方程时必须注意：

① 截面 1—1、2—2 须顺流向选取（否则Δp_w为负值），且应选在缓变（沿流程各断面的形状、大小和流动方向没有突变）的通流截面上。

② 截面中心在基准面以上时，h取正值，反之取负值。通常选取特殊位置的水平面作为基准面。

3. 管路内液体流动时的压力损失计算

实际液体具有黏性，在流动时就有阻力，为了克服阻力，就必然要消耗能量，这样就有能量损失。在液压传动中，能量损失主要表现为压力损失，这就是实际液体流动的能量方程式（1-18）中Δp_w项的含义。液压系统中的压力损失分为两类：一类是沿程压力损失，另一类是局部压力损失。

（1）液体流动状态的判断

英国物理学家雷诺通过大量实验发现，水在圆管内流动时，当流速变化时，流动状态也发生变化。在低速流动时，着色液流的线条在注入点下游很长距离都能被清楚看到，当流动受到干扰时，在扰动衰减后流动还能保持稳定；当流速大时，由于流动是不规则的，故着色液体会迅速扩散和混合。前一种状态称为层流，在层流时，液体质点互不干扰，液体的流动呈线性或层状，且平行于管道轴线；后一种状态称为紊流，在紊流时，液体质点的运动杂乱无章，除做平行于管道轴线的运动外，还存在着剧烈的横向运动。图 1-13（a）所示为层流；图 1-13（b）中色线开始折断，表明层流开始被破坏；图 1-13（c）中色线上下波动，并出现断裂，表明液体流动已趋于紊流；图 1-13（d）中色线消失，表明液体流动是紊流。

微课：液体流动状态的判断

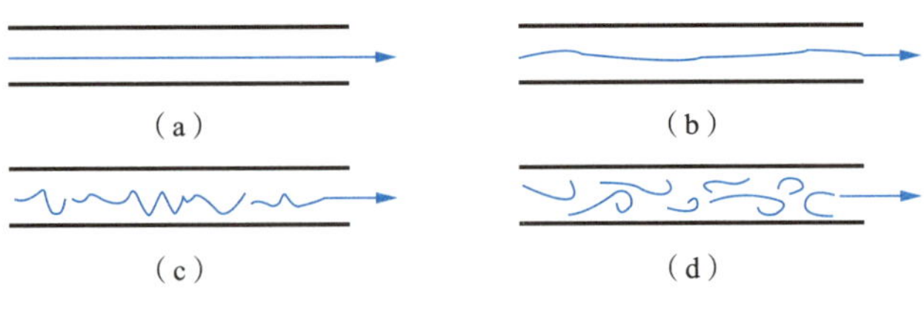

图 1-13　液流状态图

层流和紊流是两种不同性质的流动状态。层流时，液体流速较低，质点受黏性制约，不能随意运动，黏性力起主导作用；紊流时，因液体流速较高，黏性的制约作用减弱，因而惯性力起主导作用。液体的流动状态需用雷诺数来判别。

实验表明，液体在圆管中的流动状态不仅与管内的平均流速 v 有关，还和管径 d、液体的运动黏度 υ 有关，但是真正决定液流流动状态的是这 3 个数所组成的一个称为雷诺数 Re 的量纲为 1 的数，即

$$Re = \frac{vd}{\upsilon} \tag{1-19}$$

这就是说，一方面，当液体流动时，若雷诺数相同，则流动状态也相同；另一方面，液流由层流转变为紊流时的雷诺数（称为上临界雷诺数）和由紊流转变为层流时的雷诺数（称为下临界雷诺数）是不同的。下临界雷诺数数值小，所以一般用其作为判别液流状态的依据，简称为临界雷诺数。当液流实际流动时的雷诺数小于临界雷诺数时，液流为层流；反之液流为紊流。

常见的液流管道的临界雷诺数可由实验求得，如表 1-6 所示。

表 1-6　常见液流管道的临界雷诺数

管道的形状	临界雷诺数	管道的形状	临界雷诺数
光滑的金属圆管	2000～2300	有环槽的同心环状缝隙	700
橡胶软管	1600～2000	有环槽的偏心环状缝隙	400
光滑的同心环状缝隙	1100	圆柱形滑阀阀口	260
光滑的偏心环状缝隙	1000	锥阀阀口	20～100

对于非圆截面管道来说，Re 可用下式来计算：

$$Re = \frac{4vR}{\upsilon} \tag{1-20}$$

式中，R——通流截面的水力半径。它等于液流的有效截面面积 A 和它的湿周（通流截面上与液体接触的固体壁面的周长）χ 之比，即

$$R = \frac{A}{\chi} \tag{1-21}$$

一般液压传动系统所用液体为矿物油，黏度较大，且管中流速不大，所以流动状态多为层流，只有流经阀口或弯头等处时才会形成紊流。设计液压传动系统时，应考虑尽可能使液体在管道中流动时为层流状态，以减少能量损失。

（2）液体在直管中流动时的压力损失计算

液体在直管中流动时由内、外摩擦力所引起的压力损失称为沿程压力损失。沿程压力损失除与管路的长度、内径、液流的流速和黏度等有关外，还与液体的流动状态有关。

1）层流时的沿程压力损失计算。

液体在圆管中的层流流动是液压传动中最常见的现象。当液体在等直径直管中做层流流动时，其沿程压力损失可以用下面的公式计算：

$$\Delta p_{\lambda} = \frac{64}{Re}\frac{l}{d}\rho g\frac{v^2}{2g} = \lambda\frac{l}{d}\rho\frac{v^2}{2} \tag{1-22}$$

式中，λ——沿程阻力系数。对于圆管层流，其理论值 $\lambda=64/Re$；考虑到实际的圆管截面可能有变形，以及靠近管壁处的液层可能冷却，阻力略有增大，故实际计算时，金属管取 $\lambda=75/Re$，橡胶管取 $\lambda=80/Re$。

l——管道长度，m。

d——管道内径，m。

ρ——液流的密度，kg/m^3。

v——管道中液流的平均流速，m/s。

2）紊流时的沿程压力损失计算。

紊流时的沿程压力损失计算公式在形式上与层流时的计算公式［式（1-22）］相同，但式中的阻力系数 λ 除与雷诺数 Re 有关外，还与管壁的表面粗糙度有关。实际计算时，对于光滑管，当 $2.32\times10^3\leqslant Re<10^5$ 时，$\lambda=0.3164Re^{-0.25}$；对于粗糙管，λ 的值要根据雷诺数 Re 和管壁的相对表面粗糙度 Δ/d（Δ 表示绝对粗糙度）从相关资料的关系曲线中查取。若粗略计算，一般可取 $\lambda=0.02\sim0.03$。

（3）局部压力损失计算

液体流经如阀口、弯管等通流截面突变的局部装置时，由于液流方向和速度均发生变化，形成局部旋涡，使液流质点间及质点与管壁间相互碰撞和剧烈摩擦而造成的压力损失，称为局部压力损失。当液流通过上述局部装置时，发生强烈的紊流现象，流动状态极为复杂，影响因素较多。局部损失可以用下面的公式计算：

$$\Delta p_{\xi}=\xi\frac{\rho v^2}{2} \tag{1-23}$$

式中，ξ——局部阻力系数，通过实验求得。各种局部装置的 ξ 可查相关手册。

v——液体在该局部装置中的平均流速，一般情况下指局部装置后部的流速，m/s。

对于液流通过各种标准液压元件的局部损失，一般可从产品技术规格表中查得，但所查到的数据是在额定流量 q_n 时的压力损失 Δp_n，当实际通过流量 q 与其不一致时，可按下式计算：

$$\Delta p=\left(\frac{q}{q_n}\right)^2\Delta p_n \tag{1-24}$$

（4）管路系统中的总压力损失计算

管路系统中的总压力损失等于所有直管中的沿程压力损失和局部压力损失之和，即

$$\sum\Delta p=\sum\Delta p_{\lambda}+\sum\Delta p_{\xi}=\sum\lambda\frac{l}{d}\frac{\rho v^2}{2}+\sum\xi\frac{\rho v^2}{2} \tag{1-25}$$

必须指出，应用式（1-25）计算总压力损失时，只有在两相邻局部损失之间的距离大于管道直径的 10～20 倍时才成立，否则液流受前一个局部阻力的干扰还没稳定下来，又经历一个局部阻力，它所受的扰动将更为严重，因而会使式（1-25）算出的压力损失值比实际数值小很多。

压力损失越大，液压系统的功率损耗就越大。损耗的能量转换成热能，将导致油液温度升高加快、泄漏量增加，系统工作性能变差，因此应尽量减少压力损失。式（1-25）表明，降低流速、缩短管道长度、减少管道的截面突变和管道弯曲、适当增加管道内径、合理选用阀类元件等都可使压力损失减小。

4. 液体流经小孔及缝隙的流量计算

（1）小孔流量计算

在液压系统管路中，装设的截面突然收缩的装置称为节流装置（如节流阀）。突然收缩处的流动称为节流，一般采用各种形式的小孔来实现节流。节流孔分为薄壁小孔和细长小孔。当小孔的通流长度 l 与孔径 d 之比（即长径比）$l/d \leqslant 0.5$ 时，称为薄壁小孔；当小孔的长径比 $l/d>4$ 时，称为细长小孔。流经小孔的流量 q 可用下式计算：

$$q=KA\Delta p^{m} \tag{1-26}$$

式中，A ——孔口截面面积，m^2。

Δp ——孔口前后的压力差，N/m^2。

m ——由孔口形状决定的指数，$0.5 \leqslant m \leqslant 1$。当孔口为薄壁小孔时，$m=0.5$；当孔口为细长小孔时，$m=1$。

K——孔口的形状系数。当孔口为薄壁小孔时，$K = C_{\mathrm{d}}\sqrt{\dfrac{2}{\rho}}$（$C_{\mathrm{d}}$ 为流量系数）；当孔口为细长小孔时，$K=d^2/(32\mu l)$（μ 为液体动力黏度）。

式（1-26）在分析不同孔口的流量及其特性时经常被用到。薄壁小孔由于流程很短，流量对油温变化不敏感，因而流量稳定，宜做节流器用。但薄壁小孔加工困难，实际应用中多为短孔，短孔的流量公式依然用式（1-26），流量系数 C_{d} 一般取 0.82。细长小孔的流量和油液黏度有关，当油温变化时，流量随之发生变化。

（2）缝隙流量计算

液压装置的各个零件之间，特别是有相对运动的各零件之间，一般都存在缝隙（或称为间隙）。油液流过缝隙就会产生泄漏，这就是缝隙流量。由于缝隙通道狭窄，液流受壁面影响较大，故缝隙液流的流态均为层流。

缝隙流动有两种状况：一种是由缝隙两端的压力差造成的流动，称为压差流动；另一种是形成缝隙的两壁面做相对运动所造成的流动，称为剪切流动。这两种流动经常会同时存在。

1）平行平板缝隙的流量计算。

平行平板缝隙可以由固定的两平行平板形成，也可由相对运动的两平行平板形成。图 1-14 所示为固定平行平板缝隙的液流。在压力作用下液体在固定平行平板缝隙中做压差流动的流量为

$$q=\frac{b\delta^3}{12\mu l}\Delta p \tag{1-27}$$

式中，b ——液流的宽度，m；

l ——液流沿流向的长度，m；

δ ——平行平板间隙，m；

μ ——液体动力黏度，Pa・s；

Δp ——缝隙两端压力差，Pa。

从式（1-27）可以看出，在压差作用下，流过固定平行平板缝隙的流量与缝隙厚度 δ 的三次方成正比，这说明液压元件内缝隙的大小对其泄漏量的影响是很大的。

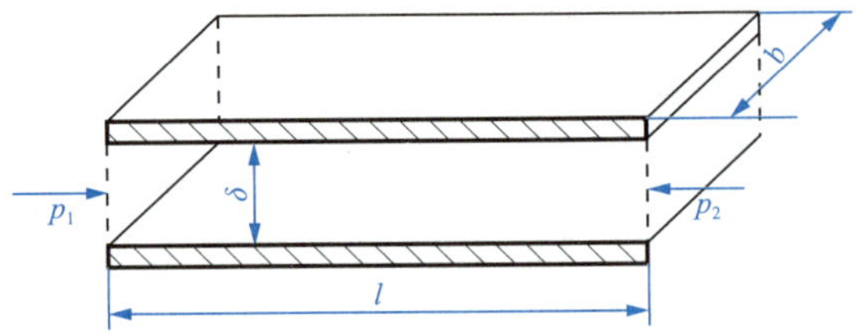

图 1-14　固定平行平板缝隙的液流

当一平板固定，另一平板以速度 v_0 做相对运动时，液体流过缝隙的流量为

$$q=\frac{v_0}{2}b\delta \tag{1-28}$$

式（1-28）为液体在平行平板缝隙中做剪切流动时的流量。

在一般情况下，相对运动平行平板缝隙中既有压差流动，又有剪切流动。因此，流过相对运动平板缝隙的流量为压差流量和剪切流量二者的代数和，即

$$q=\frac{b\delta^3}{12\mu l}\Delta p\pm\frac{v_0}{2}b\delta \tag{1-29}$$

式中，“±”号的确定方法如下：当运动平板的移动方向和压差方向相同时，取“+”号；方向相反时，取“−”号。

2）圆环缝隙的流量计算。

在液压元件中，如液压缸的活塞和缸孔之间、液压阀的阀芯和阀孔之间，都存在圆环缝隙。圆环缝隙有同心和偏心两种情况。

将同心圆环缝隙沿圆周方向展开，就相当于一个平行平板缝隙，如图 1-15 所示，因此流过同心圆环缝隙的流量为

$$q=\frac{\pi d\delta^3}{12\mu l}\Delta p\pm\frac{v_0}{2}\pi d\delta \tag{1-30}$$

当相对运动速度 v_0=0 时，即为内外表面之间无相对运动的同心圆环缝隙流量公式。

若圆环的内外圆不同心，偏心距为 e（图 1-16），形成偏心圆环缝隙。其流量公式为

$$q=\frac{\pi d\delta^3\Delta p}{12\mu l}(1+1.5\varepsilon^2)\pm\frac{\pi d\delta v_0}{2} \tag{1-31}$$

式中，δ——内外圆同心时的缝隙厚度；

ε——相对偏心率，是两圆偏心距 e 和同心环缝隙厚度 δ 的比值，即 $\varepsilon=e/\delta$。

由式（1-31）可以看到，当 ε=0 时，它就是同心圆环缝隙的流量公式；当 ε=1 时，即在最大偏心情况下，其压差流量为同心圆环缝隙压差流量的 2.5 倍。可见，在液压元件中，为了减少圆环缝隙的泄漏，应使相互配合的零件尽量处于同心状态。

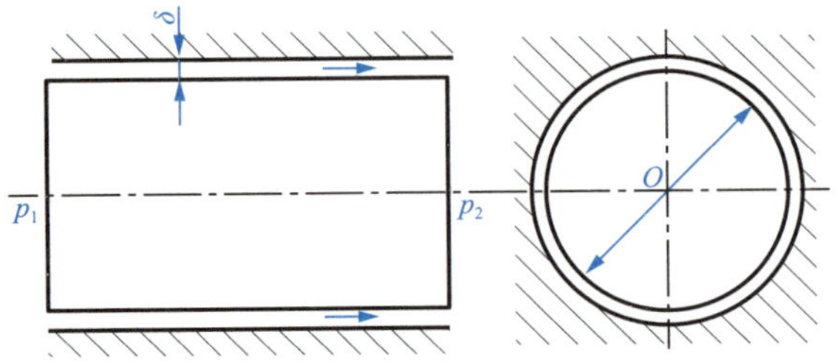

图 1-15　同心圆环缝隙的液流

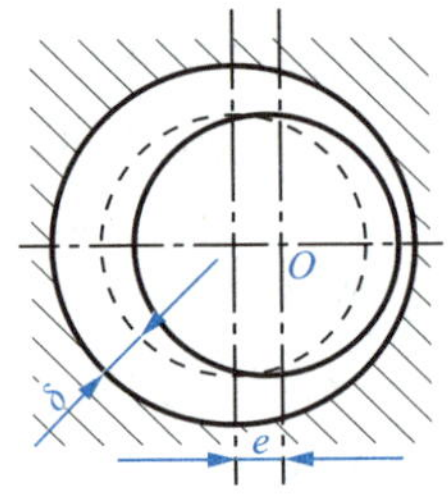

图 1-16　偏心圆环缝隙的液流

5. 液压冲击现象

在液压系统中，由于某种原因，液体压力在一瞬间会突然升高，产生很高的压力峰值，这种现象称为液压冲击。液压冲击的压力峰值往往比正常工作压力高好几倍，且常伴有巨大的扰动和噪声，使液压系统产生温升，有时会使一些液压元件或管件损坏，并使某些液压元件（如压力继电器、液压控制阀等）产生误动作，导致设备损坏，因此有必要弄清楚液压冲击的本质，并研究抑制措施。

（1）液压冲击产生的原因

如图 1-17 所示，有一较大的容腔（如液压缸或蓄能器）和在另一端装有阀门的管道相连，容腔的体积较大，认为其中的压力值是恒定的，阀门开启时，管道内的液体以流速 v 流过，当不考虑管道中的压力损失时，即均等于 p。当阀门 K 瞬间关闭时，管道中便产生液压冲击，实质主要是管道中的液体因突然停止运动而导致动能向压力能的瞬时转换。

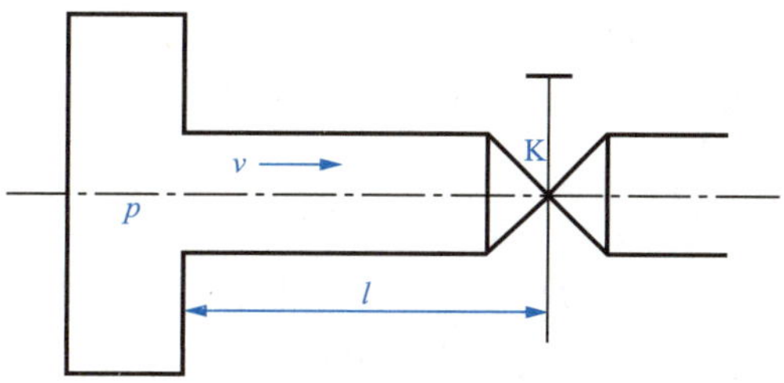

图 1-17　液压冲击示意图

另外，液压系统中运动着的工作部件突然制动或换向时，工作部件的动能将引起液压执行元件的回油腔和管路内的油液产生液压激振，导致液压冲击。

液压系统中某些元件的动作不够灵敏，也会产生液压冲击，如系统压力突然升高，但溢流阀反应迟钝，不能迅速打开时，便产生压力超调，也称为压力冲击。

（2）减小液压冲击的措施

由以上分析可知，采取以下措施可减小液压冲击：

① 延长阀门关闭时间和运动部件制动换向的时间。

② 尽量缩短管道长度，减小冲击波的传递距离和传播时间。

③ 限制管中油液的流速及运动部件的速度。

④ 用橡胶软管或在冲击源处设置蓄能器，以吸收液压冲击的能量。

⑤ 在容易出现液压冲击的地方，安装限制压力升高的溢流阀。

6. 气穴现象

气体可以溶于液体，溶解度随压力升高而增大。当液体某处的压力低于空气分离压时，原先溶解在液体中的空气就会分离出来，于是液体中会出现大量气泡，这种现象称为气穴现象。当液体压力进一步降低到饱和蒸气压时，液体将迅速汽化，产生大量蒸气泡，这时气穴现象将会更加严重。

微课：气穴现象分析

当液压系统中出现气穴现象时，大量气泡会破坏液流的连续性，造成流量和压力脉动，气泡随液流进入高压区时又急剧破灭，引起局部液压冲击，发出噪声并引起振动。当附着在金属表面上的气泡破灭时，它所产生的局部高温和高压会对金属表面产生洞穴状腐蚀破坏，这种由气穴造成的腐蚀作用称为气蚀。气蚀会降低液压元件的工作性能，并大大缩短其使用寿命。

气穴多发生在阀口和液压泵的进口处。阀口的通道狭窄，因此液流速度增大，压力相应大幅度下降，导致产生气穴。液压泵吸油口有一定真空度。当泵的安装高度过大、吸油管直径不足、吸油阻力太大，或泵的转速过高时，进口处就会产生过大的真空度而导致气穴现象。

为减少气穴现象和气蚀的危害，通常采取下列措施：

① 减小小孔或缝隙前后的压力差。一般希望小孔或缝隙前后的压力比值小于 3.5。

② 降低泵的吸油高度，适当加大吸油管的内径，限制吸油管的流速，尽量减少吸油管路中的压力损失。对于自吸能力差的泵，需用辅助泵供油。

③ 管路密封良好，防止空气进入。

④ 提高零件的机械强度，采用耐蚀性强的金属材料。

任务实施：液压传力计算

【实例 1】 图 1-18 所示为相互联通的两个液压缸。已知大缸内径 D=100mm，小缸内径 d=20mm，大活塞上放置的重物的质量为 5000kg。问：

1）在小活塞上施加的力 F 要多大才能使大活塞顶起重物？

2）若小活塞的移动速度为 0.2m/s，则此时大活塞的移动速度是多少？

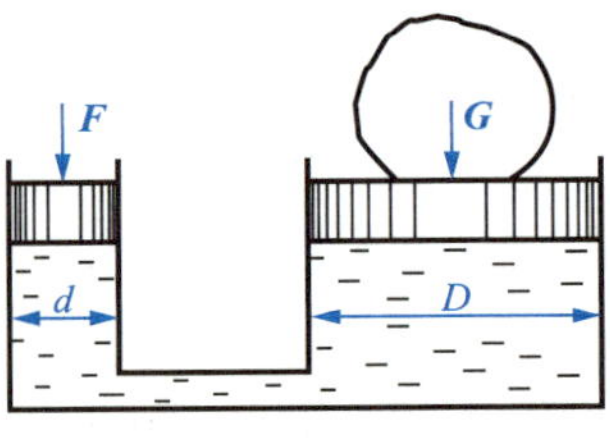

图 1-18　实例 1 图

解： 1）重物的重量为

$$G = mg = 5000 \times 9.8 = 49\,000\ (\mathrm{kg \cdot m/s^2}) = 49\,000\ (\mathrm{N})$$

根据帕斯卡原理，由外力产生的压力在两液压缸内相等，即

$$\frac{F}{\frac{\pi d^2}{4}} = \frac{G}{\frac{\pi D^2}{4}}$$

故为了顶起重物，应在小活塞上施加的力为

$$F = \frac{d^2}{D^2} G = \frac{20^2}{100^2} \times 49\,000 = 1960\ (\mathrm{N})$$

2）设小活塞的移动速度为 v_1，大活塞的移动速度为 v_2，根据液流连续性原理，通过小缸横截面的流量等于通过大缸横截面的流量，即

$$\frac{\pi d^2}{4}v_1=\frac{\pi D^2}{4}v_2$$

故大活塞的移动速度为

$$v_2=\frac{d^2}{D^2}v_1=\frac{20^2}{100^2}\times 0.2=0.008\text{（m/s）}$$

本例说明了液压千斤顶等液压起重机械的工作原理，体现了液压装置的力放大作用。

【实例 2】 如图 1-19 所示，已知水泵的流量 Q=27.7L/s，吸水管直径 d=100mm，吸水管能量损失 Δp_w=0.03MPa，若水泵最大允许吸上真空度 H_s=7m，试确定水泵的安装高度 H_g。

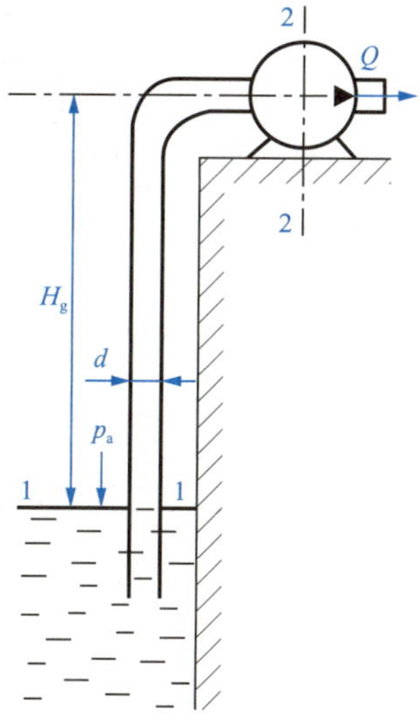

图 1-19　水泵安装图

解：设水面为基准面，基准面 1—1 和泵进水口处的管道截面 2—2 之间的实际液体的能量方程为

$$p_1+\rho g z_1+\frac{\alpha_1}{2}\rho v_1^2=p_2+\rho g z_2+\frac{\alpha_2}{2}\rho v_2^2+\Delta p_w$$

式中，$p_1=p_a$，$z_1=0$。由于水池面积较大，流速 $v_1=0$，$\alpha_2=1$，$z_2=H_g$，故

$$p_a=p_2+\rho g H_g+\frac{1}{2}\rho v_2^2+\Delta p_w$$

又因为

$$p_a-p_2=H_s\rho g$$

所以

$$H_g=H_s-\frac{v_2^2}{2g}-\frac{\Delta p_w}{\rho g}$$

代入本例数据

$$v_2=\frac{Q}{A_2}=\frac{27.7\times 10^{-3}}{\pi\times(0.1/2)^2}\approx 3.53\text{（m/s）}$$

$$H_g=7-\frac{3.53^2}{2\times 9.8}-3\approx 3.36\text{（m）}$$

即水泵在该流量下，安装高度不得超过 3.36m。

通过本例可知，要提高水泵的吸水能力，就要设法降低水的流动速度 v_2 和管道压力损失 Δp，因此一般采用直径较粗的吸水管。

思考与练习

1．当液压系统中液压缸的有效面积一定时，其内的工作压力的大小由什么参数决定？活塞运动的速度由什么参数决定？

2．为什么要限制液体在管道内的流速？

3．怎样避免气穴现象？

4．如图 1-20 所示的液压系统，已知使活塞 1、2 向左运动所需的压力分别为 p_1、p_2，阀门 T 的开启压力为 p_3，且 $p_1<p_2<p_3$。问：

① 哪个活塞先动？此时的系统压力是多少？

② 另一个活塞何时才能动？这个活塞动时的系统压力是多少？

③ 阀门 T 何时才会开启？此时的系统压力又是多少？

④ 若 $p_3<p_2<p_1$，此时两个活塞能否运动？为什么？

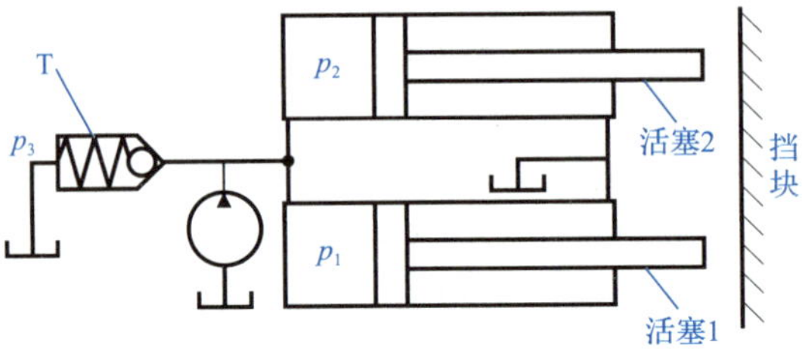

图 1-20　某液压系统

项目2 液压动力元件认知与拆装

项目目标

知识目标

1. 了解液压泵的工作过程；
2. 掌握液压泵的工作性能参数和图形符号；
3. 了解齿轮泵的工作过程，理解外啮合齿轮泵的共性问题；
4. 了解单、双作用叶片泵的工作过程；
5. 了解限压式变量叶片泵的工作过程；
6. 了解径向和轴向柱塞泵的工作过程；
7. 掌握液压泵的选用原则。

技能目标

1. 能够识读液压泵的铭牌参数；
2. 能够动手拆装齿轮泵、叶片泵、柱塞泵，并说明操作过程；
3. 能够正确使用和维护各种液压泵；
4. 能够选用液压泵。

素质目标

1. 牢固树立质量第一、信誉第一的意识；
2. 遵规守纪，安全生产，爱护设备，钻研技术。

任务 2.1 液压泵认知与识别

任务目标

1. 能够描述液压泵的工作过程；
2. 能够说明液压泵的工作性能参数。

任务描述

识读液压泵的铭牌参数。

相关知识：液压泵的工作过程、性能参数与图形符号

在液压传动系统中，液压动力元件是把原动机输入的机械能转换成液压能输出的装置。液压传动系统中使用的液压泵都是容积式液压泵，它是依靠周期性变化的密闭容积和配流装置来工作的，其主要形式有齿轮泵、叶片泵和柱塞泵。

微课：液压泵的工作过程

1. 容积式液压泵的工作过程、结构特点及性能分析

（1）容积式液压泵的工作过程

图 2-1 所示的是单柱塞液压泵的工作原理示意图，图中柱塞 2 装在缸体 3 中形成一个密闭容积 a，柱塞在弹簧 4 的作用下始终压紧在偏心轮 1 上。其工作过程是，原动机驱动偏心轮 1 旋转使柱塞 2 沿缸体轴线做往复运动，使密闭容积 a 的大小发生周期性交替变化。当 a 由小变大时就形成部分真空，使油箱中油液在大气压作用下，经吸油管顶开单向阀 6 进入油腔 a 而实现吸油；反之，当 a 由大变小时，a 腔中的油液顶开单向阀 5 流入系统而实现压油。这样液压泵就将原动机输入的机械能转换成液体的压力能，原动机驱动偏心轮不断旋转，液压泵就不断吸油和压油。这种依靠密闭容积的大小周期性变化来完成吸、压油液的液压泵称为容积式液压泵。

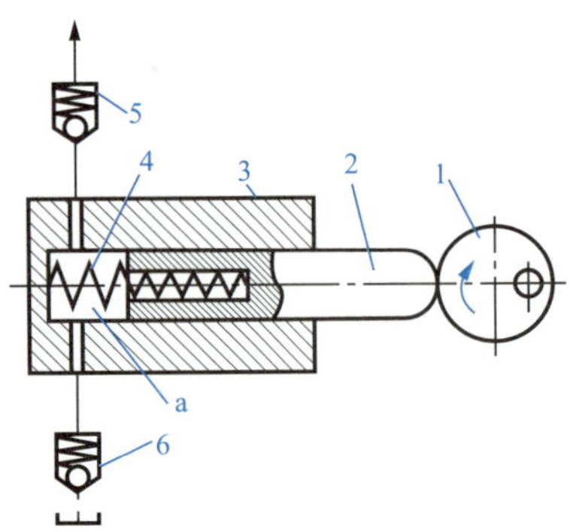

1—偏心轮；2—柱塞；3—缸体；4—弹簧；5、6—单向阀。

图 2-1 单柱塞液压泵的工作原理示意图

（2）容积式液压泵的结构特点分析

① 具有若干个密闭且可以周期性变化的空间。

② 油箱必须与大气相通，保证液压泵正常吸油，这是容积式液压泵能够吸入油液的外部条件。

③ 具有相应的配流机构，将吸油腔和压油腔隔开，保证液压泵有规律地连续吸、压油液。液压泵的

结构原理不同，其配流机构也不相同。图 2-1 所示的单柱塞液压泵的配流机构就是单向阀 5、6。

（3）容积式液压泵的性能分析

① 容积式液压泵中的油腔处于吸油时称为吸油腔，处于压油时称为压油腔。吸油腔的压力决定于吸油高度和吸油管路的阻力。吸油高度过高或吸油管路阻力太大，会使吸油腔真空度过高而影响液压泵的自吸性能。压油腔的压力则取决于压油时所遇到的阻碍，包括负载和压油管路的压力损失，从理论上讲压油压力与液压泵的流量无关。

② 容积式液压泵压油的理论流量取决于液压泵的有关几何尺寸和转速，而与压油压力无关，但压油压力影响泵的内泄漏和油液的压缩量，从而影响泵的实际输出流量，所以液压泵的实际输出流量随压油压力的升高而降低。

2. 液压泵的性能参数

微课：液压泵的工作性能参数

微课：工作压力

（1）压力

液压泵的压力有工作压力、额定压力和最高压力。

1）工作压力。液压泵实际工作时的输出压力称为工作压力。工作压力取决于外负载的大小和压油管路上的压力损失，而与液压泵的流量大小无关。

2）额定压力。液压泵在正常工作条件下，按试验标准规定，连续运转的最高压力称为额定压力。实际使用的压力应该低于额定压力，使泵有一定的压力储备。

3）最高压力。在超过额定压力的条件下，根据试验标准规定，允许液压泵短暂运行的最高压力值称为最高允许压力，简称最高压力。超过这个压力，液压泵就很容易损坏。

（2）排量与流量

1）排量 V。液压泵每转一周，由其密封容积几何尺寸变化计算而得的排出液体的体积称为液压泵的排量，单位为 m^3/r。它是衡量和比较不同泵的供液能力的统一标准，是液压泵的一个特征参数。

2）理论流量 q_t。理论流量是指不考虑流量泄漏的情况下，液压泵在单位时间内所排出的液体体积的平均值。如果液压泵的排量为 V，其主轴转速为 n，则该液压泵的理论流量 q_t 为

$$q_t = Vn \tag{2-1}$$

式中，V——液压泵的排量，m^3/r；

n——主轴转速，r/s。

3）实际流量 q。液压泵在某一具体工况下，单位时间内所排出的液体体积称为实际流量，它等于理论流量 q_t 减去泄漏流量 q_1，即

$$q = q_t - q_1 \tag{2-2}$$

4）额定流量。液压泵在正常工作条件下，按试验标准规定（如在额定压力和额定转速下）必须保证的流量。

（3）功率与效率

1）液压泵的功率损失。液压泵的功率损失包括容积损失和机械损失两部分。

微课：泵的效率

微课：液压泵的功率损失

① 容积损失：指液压泵在流量上的损失。液压泵的实际输出流量总是小于其理论流量，其主要原因是液压泵内部高压腔的泄漏、油液的压缩，以及在吸油过程中吸油阻力大、油液黏度大及液压泵转速高等因素导致油液不能完全充满密封工作腔。液压泵的容积损失用容积效率来表示，它等于液压泵的实际输出流量 q 与其理论流量 q_t 之比，即

$$\eta_v = \frac{q}{q_t} = \frac{q_t - q_l}{q_t} = 1 - \frac{q_l}{q_t} \tag{2-3}$$

因此，液压泵的实际输出流量 q 为

$$q = q_t\eta_v = Vn\eta_v \tag{2-4}$$

液压泵的容积效率随液压泵工作压力的增大而减小，且随液压泵的结构类型不同而异。

② 机械损失：指液压泵在转矩上的损失。液压泵的实际输入转矩 T_i 总是大于理论上所需要的转矩 T_t，其主要原因是实际输入转矩还包括由于液压泵泵体内相对运动部件之间因机械摩擦而引起的摩擦转矩损失及液体的黏性而引起的摩擦损失。液压泵的机械损失用机械效率表示，它等于液压泵的理论转矩 T_t 与实际输入转矩 T_i 之比，即

$$\eta_m = \frac{T_t}{T_i} \tag{2-5}$$

2）液压泵的功率。

① 输入功率 P_i：指作用在液压泵主轴上的机械功率，当输入转矩为 T_i、角速度为 ω 时，有

$$P_i = T_i\omega \tag{2-6}$$

② 输出功率 P：指液压泵在工作过程中的实际吸、压油口间的压力差 Δp 和输出流量 q 的乘积，即

$$P = \Delta pq \tag{2-7}$$

式中，Δp——液压泵吸、压油口之间的压力差，N/m^2；

q——液压泵的输出流量，m^3/s；

P——液压泵的输出功率，W。

在实际的计算中，若油箱通大气，液压泵吸、压油口间的压力差 Δp 往往用液压泵出口压力 p 代入。

③ 液压泵的总效率：指液压泵的实际输出功率与其输入功率的比值，即

$$\eta = \frac{P}{P_i} = \frac{\Delta pq}{T_i\omega} = \frac{\Delta pq_t\eta_v}{\dfrac{T_t\omega}{\eta_m}} = \eta_v\eta_m \tag{2-8}$$

式中，$\Delta pq_t = T_t\omega$，结合式（2-6）和式（2-7）可得。

由式（2-8）可知，液压泵的总效率等于其容积效率与机械效率的乘积，所以液压泵的输入功率也可写成

$$P_i = \frac{\Delta pq}{\eta} \tag{2-9}$$

式中，η——总效率。

液压泵各个工作参数和压力的关系如图 2-2 所示。

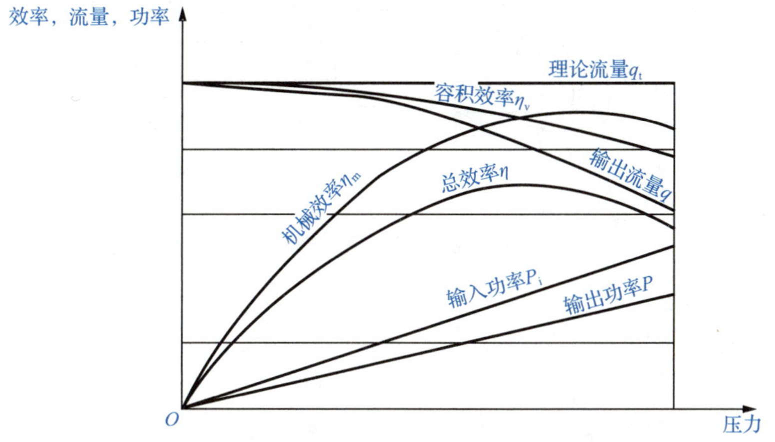

图 2-2　液压泵各个工作参数和压力的关系

由图 2-2 可知，液压泵在零压时流量为 q_t。由于泵的泄漏量随压力的升高而增大，因此泵的容积效率 η_v 及实际输出流量 q 随泵的工作压力升高而降低，压力为零时的容积效率 η_v 为 100%，这时的实际流量 q 等于理论流量 q_t。总效率开始随压力的增大很快上升，接近液压泵的额定压力时总效率最大，达到最大值后，又逐步降低。由容积效率和总效率两条曲线的变化可以看出机械效率的变化情况。泵在低压时，机械摩擦损失在总损失中所占的比例较大，其机械效率 η_m 很低。随着工作压力的提高，机械效率很快上升。在达到某一值后，机械效率大致保持不变，从而表现出总效率曲线几乎和容积效率曲线平行下降的变化规律。

3. 液压泵的分类和图形符号

（1）液压泵的分类

① 液压泵按排量是否可调节分为定量泵和变量泵，定量泵的工作容积变化量为常数，而变量泵的工作容积变化量可以调节。

② 液压泵按结构型式可分为齿轮泵、叶片泵和柱塞泵三大类，如图 2-3 所示。

③ 液压泵按泵的吸、压油口是否可以互换分为单向泵和双向泵。单向泵的吸、压油口是固定不变的，而双向泵的吸、压油口是可以互换的。

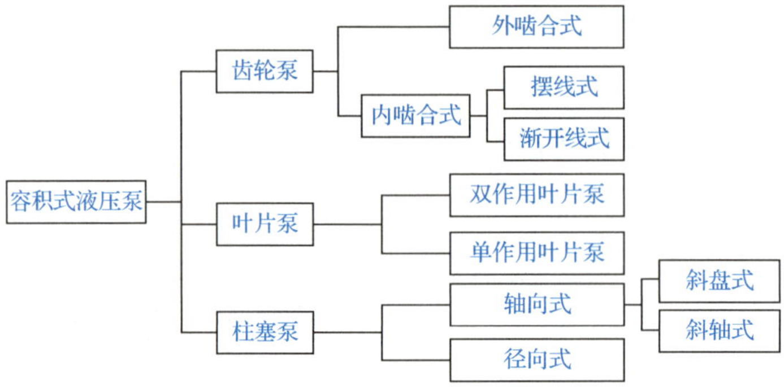

图 2-3　液压泵按结构型式分类

（2）液压泵的图形符号

液压泵的图形符号如图 2-4 所示。

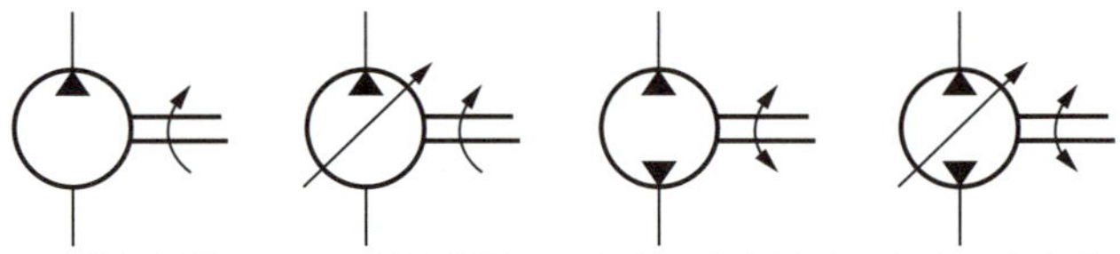

（a）单向定量泵　（b）单向变量泵　（c）双向定量泵　（d）双向变量泵

图 2-4　液压泵的图形符号

微课：液压泵的图形符号

任务实施：识读液压泵的铭牌参数

液压泵产品的铭牌一般包括：液压泵的名称、型号及图形符号，泵的主要技术参数（额定压力、排量、转速驱动率，制造厂名称，出厂年月）等。

① 记录液压泵的铭牌参数。

② 查阅技术手册确定各项参数的含义。

③ 完成项目工单。

思考与练习

1．容积式液压泵要正常工作有哪些必要条件？

2．如何理解液压泵的额定压力与工作压力？

3．某排量 V=10mL/r 的液压泵输出压力 p=6MPa，此时转速 n=1450r/min，容积效率 η_v=0.9，机械效率 η_m=0.9。试求：

① 该泵的输出功率 P。

② 驱动该泵的电动机功率 P_i。

任务 2.2 齿轮泵认知与拆装

任务目标

1. 能够描述齿轮泵的工作过程；
2. 能够解释外啮合齿轮泵的共性问题及解决措施；
3. 能够正确使用与维护齿轮泵；
4. 能够按标准操作程序拆装齿轮泵。

任务描述

拆装齿轮泵。

相关知识：齿轮泵的工作过程及装调、使用与维护

齿轮泵是液压系统中广泛采用的一种泵，一般不可调节排量。按结构型式，齿轮泵分为外啮合齿轮泵和内啮合齿轮泵，其中外啮合齿轮泵的应用最为广泛。

1. 外啮合齿轮泵的工作过程及结构特点分析

微课：外啮合齿轮泵的工作过程

（1）外啮合齿轮泵的工作过程

图 2-5 为外啮合渐开线齿轮泵的结构简图。外啮合渐开线齿轮泵主要由一对几何参数完全相同的相互啮合的齿轮 6，传动轴 10，泵体 7，前、后泵盖 4 和 8 等主要零件组成。

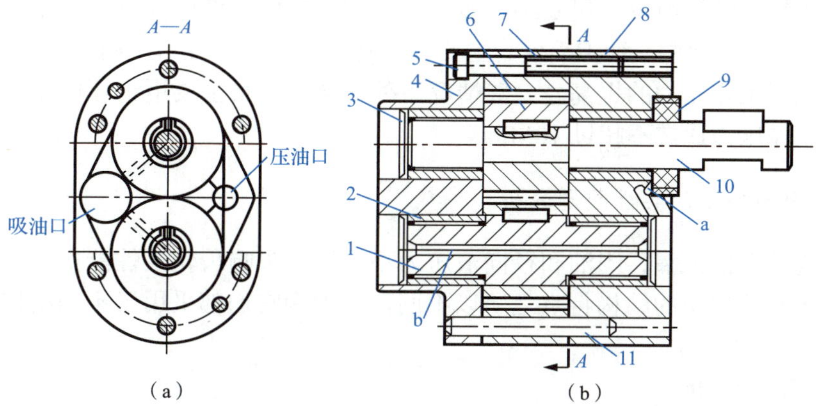

1—从动轴；2—滚针轴承；3—油堵；4、8—前、后泵盖；5—螺钉；
6—齿轮；7—泵体；9—密封圈；10—传动轴；11—定位销；a、b—孔道。

图 2-5　外啮合渐开线齿轮泵的结构简图

外啮合齿轮泵的工作原理示意图如图 2-6 所示。在泵体内有一对模数、齿数、齿宽相等的齿轮，当吸油口和压油口分别通过油管连接至油箱和系统，齿轮各齿槽、泵体、齿轮两侧端面贴合的前、后泵盖间形成密封工作腔，而两齿轮的啮合线又把它们分隔成两个互不相通的吸油腔和压油腔。当齿轮按图 2-6 所示方向旋转时，右侧轮齿脱开啮合，让出空间使密封容积增大而形成真空，在大气压作用下从油箱吸进油液，并被旋转的齿轮带到左侧。在左侧，轮齿进入啮合，使密封容积减小，压力增大，通过压油口把油液压到系统中。

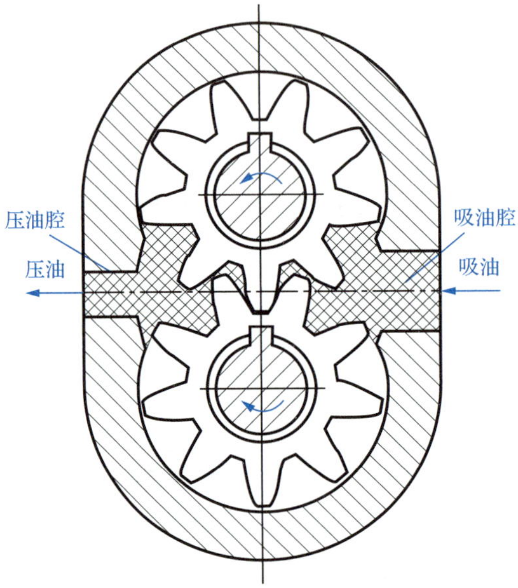

图 2-6　外啮合齿轮泵的工作原理示意图

在齿轮泵的工作过程中，只要两齿轮的旋转方向不变，其吸、压油腔的位置也就确定不变。这里啮合点处的齿面接触线一直分隔高、低压两腔，起着配油作用，因此在齿轮泵中不需要设置专门的配流机构，这是它和其他类型容积式液压泵的不同之处。

（2）外啮合齿轮泵的结构特点分析

外啮合齿轮泵结构简单，尺寸小，质量小，制造方便，价格低廉，工作可靠，自吸能力强，对油液污染不敏感，维护简便。主要缺点是部分机件承受不平衡径向力，磨损严重，泄漏大，限制了工作压力的提高。一般情况下外啮合齿轮泵主要用于环境差、精度要求不高的场合，工作压力通常不超过 10MPa。

2. 外啮合齿轮泵的共性问题分析

外啮合齿轮泵的泄漏、困油和径向液压力不平衡是影响齿轮泵性能指标和寿命的三大共性问题。各种齿轮泵的结构特点之所以不同，是因为它们都采用了不同结构措施来解决这三大问题。

（1）泄漏问题分析

外啮合齿轮泵存在以下 3 条泄漏途径。

① 径向泄漏：通过齿轮外圆与泵体内壁配合面径向间隙（齿顶间隙）的泄漏。

② 啮合线泄漏：由于有齿向误差，通过两个齿轮的啮合线处齿侧间隙的泄漏。

③ 轴向泄漏：通过齿轮端面与前、后泵盖之间的轴向间隙（端面间隙）的泄漏。

在这 3 种泄漏中，轴向泄漏对泵的容积效率影响最大，约占总泄漏量的 80%。普通齿轮泵通过采用控制轴向间隙的办法来保证一定的容积效率。高压齿轮泵采用轴向间隙自动补偿装置来减少轴向泄漏，从而提高容积效率。

（2）困油问题分析

齿轮泵要能连续供油，则要求齿轮啮合的重叠系数 $\varepsilon>1$，也就是前一对齿轮尚未脱开啮合时，后一对齿轮已进入啮合，这样就出现同时有两对齿轮啮合的瞬间，在两对齿轮的齿向啮合线之间形成一个封闭容积，一部分油液就被困在这一封闭容积中，如图 2-7（a）所示。当齿轮继续旋转时，这个空间的容积逐渐减小，直到图 2-7（b）所示位置，这时封闭容积减至最小。由于齿轮旋转速度快，封闭容积瞬间减小，困于其中的油液压力急剧上升，使齿轮轴突然受到很大的冲击载荷，泵会剧烈振动；当齿轮继续旋转时，这个封闭容积又瞬间增大到图 2-7（c）所示的最大位置，由于没有油液补充，又会产生气穴，引起噪声、气蚀等一系列不良影响。该现象就是齿轮泵困油现象，其对泵的工作平稳性和使用寿命影响极为严重。

解决困油问题的办法是在前、后泵盖或浮动轴套上开卸荷槽，如图 2-7（d）所示。卸荷槽的位置应该满足：当困油腔由大变小时，能通过卸荷槽与压油腔相通，以便将封闭容积的油液排到压油腔；而当困油腔由小变大时，能通过另一卸荷槽与吸油腔相通，补入油液，避免产生真空。两卸荷槽之间的距离必须保证在任何时候都不会通过卸荷槽使吸、压油腔相通。

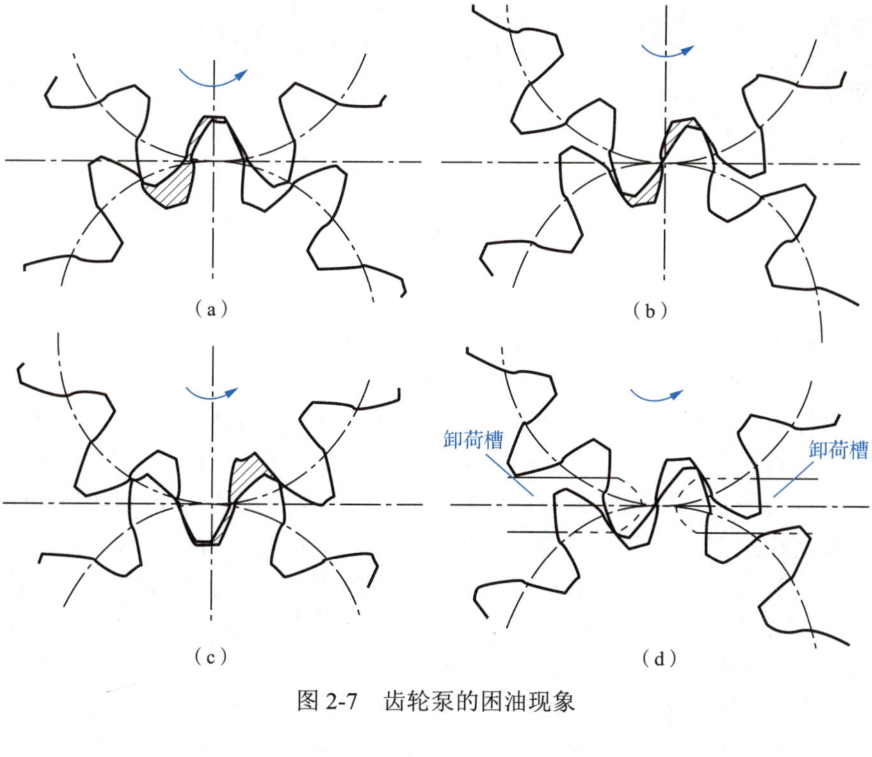

图 2-7　齿轮泵的困油现象

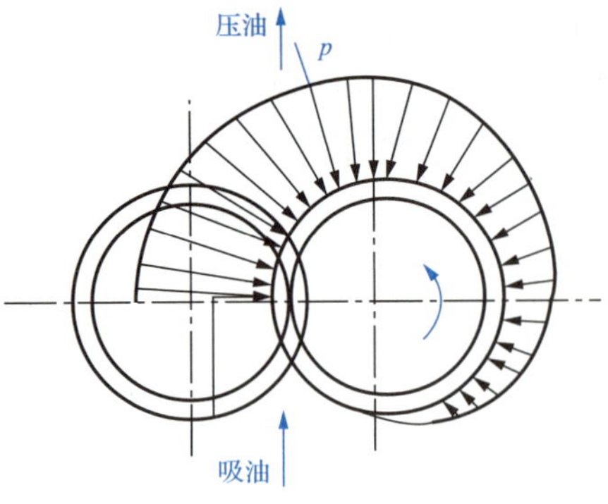

图 2-8　齿轮泵径向不平衡力

（3）径向液压力不平衡问题分析

如图 2-8 所示，在齿轮泵中，作用在齿轮外圆上的压力是不相等的，在压油腔和吸油腔处齿轮外圆和齿廓表面承受着工作压力和吸油腔压力，在齿轮和壳体内孔的径向间隙中，可以认为压力由压油腔压力逐渐分级下降到吸油腔压力。这些液体压力综合作用的结果，相当于在齿轮上施加一个径向作用力（不平衡力）使齿轮和轴承受载。工作压力越大，径向不平衡力也越大，严重时能使轴发生明显弯曲，导致齿顶与泵体内壁产生接触，同时加速轴承的磨损，降低轴承寿命。为了减小径向不平衡力的影响，有的泵上采取了缩小压油口的办法，使液压油仅作用在一个齿到两个齿的范围内，同时适当增大径向间隙，使齿轮在压力作用下，齿顶不和泵体接触。

3. 内啮合齿轮泵的工作过程

内啮合齿轮泵的工作原理也是利用齿间密封容积的变化来实现吸油、压油。内啮合齿轮泵有渐开线齿轮泵和摆线齿轮泵两种，如图 2-9 所示。

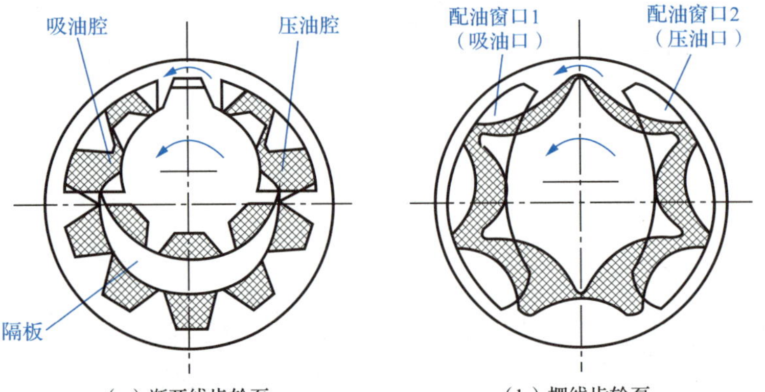

（a）渐开线齿轮泵　　（b）摆线齿轮泵

图 2-9　内啮合齿轮泵的工作原理示意图

微课：内啮合摆线齿轮泵

微课：内啮合渐开线齿轮泵

在渐开线齿轮泵中，小齿轮和内齿轮之间安装有一块月牙形的隔板，以便把吸油腔和压油腔隔开，如图 2-9（a）所示。摆线齿轮泵由配油盘（前、后盖）、外转子（从动轮）和偏心安置在泵体内的内转子（主动轮）等组成，内、外转子相差一个齿，如图 2-9（b）所示。由于内、外转子是多齿啮合，这就形成了若干密封容积。当内转子围绕中心旋转时，带动外转子绕外转子中心做同向旋转。随着转子的转动，由内转子齿顶和外转子齿谷间形成的密封容积就逐渐扩大，于是就形成局部真空，油液从配油窗口 1（吸油口）被吸入密封腔。当转子继续旋转时，充满油液的密封容积便逐渐减小，油液受挤压，经配油窗口 2（压油口）排出。内转子每旋转一周，由内转子齿顶和外转子齿谷所构成的每个密封腔均完成一次吸油与压油过程，内转子连续转动，即实现了泵的连续吸油与压油工作。

内啮合齿轮泵具有结构紧凑、体积小、零件少、转速可高达 10 000r/min、运动平稳、噪声低、容积效率较高等诸多优点；缺点是流量脉动大、转子的制造工艺复杂等。

4. 齿轮泵的安装注意事项与调试

（1）齿轮泵的安装注意事项

① 齿轮泵轴与电动机轴的同心度要求较高，即使是挠性联轴节也要尽量同心。

② 泵轴端一般不得承受径向力，不得将带轮、齿轮等传动零件直接安装在泵的轴上。

③ 泵的支座或法兰与电动机应有共同的安装基础。

④ 在底座下面及法兰与支架之间装上橡胶隔振垫，以降低噪声。

⑤ 安装在油箱上方的自吸泵，泵中心至油箱液面的垂直距离一般不大于 500mm。

⑥ 安装在油箱下方或旁边的泵，为了便于检修，吸油管道上应安装截止阀。

⑦ 吸、压油口的位置和旋转方向应符合产品标识要求，不得接反。

⑧ 拧紧进、出油口管接头连接螺钉，密封装置要可靠，以免引起吸空、漏油，影响泵的工作性能。

（2）齿轮泵的调试

泵安装完成后，必须进行检查与调试，观察泵的工作是否正常，具体步骤与要求如下：

① 用手转动联轴节，应感觉轻快、受力均匀。

② 检查泵的旋转方向，应与泵体上标牌所指示的方向相符合。

③ 检查液压系统是否有卸荷回路，防止满载起动和停车。

④ 检查液压系统中的安全阀是否在调定的许可压力上。

⑤ 在压油口灌满油液，以免泵起动时因干摩擦损坏元件。

⑥ 空载运行不少于 2min，检查泵的运转声音是否正常、液流方向是否正确。

⑦ 将溢流阀的压力调整到 1.0MPa 以下转动 5～10min，检查系统的动作、外泄漏、噪声、温升等是否正常。

⑧ 将溢流阀的压力调整至液压系统的安全保护压力运行。

5. 齿轮泵的合理使用

齿轮泵通用性好，除了用在拖拉机、推土机、叉车、自卸车、装载机等移动式设备上，也用在工作压力不太高的固定设备上，如简易小型油压机、液压千斤顶，以及一些自制的简易液压设备上。

齿轮泵可以在低压状态下用作液压马达。额定压力为 10MPa 的齿轮泵，一般可在 2～3MPa 压力下正常工作。

6. 齿轮泵的常见故障及其产生原因

齿轮泵的常见故障及其产生原因如表 2-1 所示。

表 2-1　齿轮泵的常见故障及其产生原因

故障	故障产生原因
不出油	1．泵轴旋转方向不正确 2．齿轮泵进油口端的过滤器堵塞
油封被冲出	1．齿轮泵轴承受到轴向力 2．齿轮泵承受过大的径向力

续表

故障	故障产生原因
压力不足	多与液压油的清洁度有关，如油液选用不正确或油液清洁度达不到标准要求，均会加速泵内部机件磨损，导致内泄。应选用含有添加剂的矿物液压油，防止油液氧化和产生气泡
流量不达标准	1. 进油滤芯太脏，吸油不足 2. 泵的安装高度高于泵的自吸高度 3. 吸油管过细造成吸油阻力大。一般最大吸油流速为 0.5～1.5m/s 4. 吸油口接头漏气造成吸油不足。观察油箱，如果油液含有大量气泡即可判定系统存在漏气
齿轮泵炸裂	在无制造缺陷的前提下，齿轮泵炸裂肯定是由瞬间高压所致 ① 出油管道有异物堵住，造成压力无限上升 ② 安全阀压力调整过高，或者安全阀的启闭特性差，反应滞后，不能提供有效过载保护
发热	1. 系统过载，主要表现在压力或转速过高 2. 油液清洁度差，内部磨损加剧，容积效率下降，油从内部间隙泄漏节流而产生热量 3. 出油管过细，油流速过高，一般出油流速为 3～8m/s
噪声严重及压力波动	1. 过滤器污物阻塞不能起滤油作用；或油位不足，吸油位置太高，吸油管露出油面 2. 泵体与泵盖的两侧未加纸垫导致硬物冲击；泵体与泵盖不垂直密封，旋转时吸入空气 3. 泵的主动轴与电动机联轴器不同心，有扭曲摩擦；或泵齿轮啮合精度不够

任务实施：拆装齿轮泵

拆装 CB-B 型外啮合齿轮泵。

微课：齿轮泵的拆装

1. 实训步骤

① 观察外部形状、油口的位置与大小，确定进、出油口，记录铭牌标记。用手转动主动轴，体会转动的轻重、声音；正反转动，体会齿轮泵啮合间隙。

② 按拆卸步骤逐个拆下齿轮泵各零件并编号。

③ 清洗各零件。

④ 按装配步骤装配各零件。

⑤ 完成项目工单，清理现场。

2. 拆装注意事项

① 预先准备好拆卸工具：内六角扳手、内卡簧钳、活扳手、螺钉旋具、铜棒等。

② 装配前，必须仔细清洗各零件，并用干净软布擦去积油，不得有切屑磨粒或其他污物。

③ 螺钉要对称松卸，紧固件应借助专用工具拆卸，不得任意敲打。

④ 拆卸时，要轻拿轻放元件，并注意做好记号。

⑤ 装配时，遵循后拆的零部件先安装、先拆的零部件后安装的原则。

⑥ 安装完毕后试转动泵轴，应灵活平稳，没有阻滞、卡死现象。

3. 齿轮泵的拆装步骤

（1）拆卸步骤

① 用内六角扳手对称地松开并卸下泵盖上的紧固螺栓。

② 用螺钉旋具轻轻沿前端盖与泵体的结合面处将端盖撬松，卸下前端盖，取下密封胶圈。注意观察泵内结构及零件的相互位置。

③ 用手转动主动轴，根据进、出油口的位置，确定输入轴齿轮工作的旋转方向；观察密封容积的大小变化情况、困油密封容积的大小变化情况，找到困油卸荷槽的位置。

④ 将端盖板拆下，从泵体中取出主、从动齿轮，卸下后端盖。

⑤ 拆卸后清洗、检验、分析，准备装配。

（2）装配步骤

① 在轴与泵盖之间、齿轮与泵体之间的配合表面涂润滑液。

② 将啮合良好的主、从动齿轮两轴装入左侧端盖的轴承中，再装上泵体。装配时，应按拆卸时所做的记号对应安装，切勿装反。

③ 装配密封件，其位置要正确、松紧合适。

④ 对准定位销与定位孔后，装右侧端盖，旋紧螺栓，应一边转动主动轴一边拧紧，并遵循对称紧固的原则。

4. 齿轮泵的清洗

在拆卸完成后或装配前，必须彻底清洗液压元件，以除去零部件表面黏附的防锈油、锈迹、铁屑、油泥等污物。不同零部件可以根据具体情况采取不同的清洗方法。例如，对于泵体等外部较粗糙的部件表面，可以用钢丝刷、毛刷等工具进行刷洗，以去除黏附的铁锈、油泥等污物；对于啮合齿轮，可以使用棉纱、抹布等进行擦洗；对于形状复杂的零件或者黏附的污垢比较顽固、难以用以上方法除去的零件，可采用浸洗的方法，即把零件先放在清洗液中浸泡一段时间，再进行清洗。

常用清洗液有汽油、煤油、柴油及氢氧化钠溶液等。因柴油不易挥发，成本低廉，故一般选用柴油作为清洗液。

清洗顺序如下：

① 清洗一对相互啮合的齿轮。

② 清洗齿轮轴。

③ 清洗密封圈和轴承。

④ 清洗泵体、泵盖和螺栓等。

5. 问题分析

① 油液从吸油腔流至压油腔的油路途径是怎样的？

② 齿轮泵的困油现象是如何产生的？困油现象会产生什么后果？如何减少或消除困油现象？

思考与练习

1．齿轮泵存在哪 3 个共性问题？通常采用什么措施解决？

2．外啮合齿轮泵中存在几种可能产生泄漏的途径？为了减小泄漏，应采取哪些措施？

3．齿轮泵压力的提高主要受哪些因素制约？为了提高齿轮泵的压力可采取哪些措施？

4．齿轮泵的齿轮、轴、轴承所受的径向液压不平衡力是怎样形成的？如何解决？

任务 2.3 叶片泵认知与拆装

任务目标

1．能够描述单作用、双作用叶片泵的工作过程；

2．能够描述限压式变量叶片泵的工作过程；

3．能够正确使用与维护叶片泵；

4．能够手动拆装叶片泵，并说明操作过程。

任务描述

拆装叶片泵。

相关知识：叶片泵的工作过程及装调、使用与维护

叶片泵是机床液压系统中应用较广泛的一种液压泵，相对齿轮泵而言，叶片泵输出流量均匀、脉动小、噪声低，主要缺点是结构较复杂、对油液清洁度要求较高，主要用于对速度平稳性要求较高的中低压系统。叶片泵按每转吸、压油次数分为单作用和双作用两大类，前者是变量泵，后者是定量泵。

1．单作用叶片泵的工作过程及结构特点分析

（1）单作用叶片泵的工作过程

微课：单作用叶片泵

如图 2-10 所示，单作用叶片泵主要由泵体、定子、转子、叶片、配流盘和端盖（图中未画出）等组成。定子内表面为圆形，与转子有一偏心距，叶片装在转子槽内，可沿径向自由滑动，两侧配流盘上开有两个配油窗口，一个为吸油口，另一个为压油口，吸、压油口之间的区段为过渡密封区。

转子由传动轴带动绕自身中心旋转，定子固定不动，其中心在转子中心正上方。当转子旋转时，叶片受离心力或底槽液压油的作用，背离转子中心移动，直至外端紧贴定子内表面。此时，转子外表面、定子内表面，以及任意两相邻叶片之间就构成了一个个密封的工作容积，当转子按图示方向旋转时，右半部各密封容积不断增大，形成局部真空，从配流盘的吸油窗口吸油；左半部各密封容积不断缩小，油液经配流盘的压油窗口排出。在吸油区与压油区之间各有一段封油区将它们相互隔开，当前一个叶片离开封油区时，与之相邻的后一个叶片进入封油区，以保证吸油区与压油区始终隔离。转子每转一周，各密封容

积均完成一次吸、压油循环，故称为单作用叶片泵。若改变偏心距的大小，则可以调节泵的排量，所以单作用叶片泵可设计为变量泵，变量方式有手动和自动调节两种。

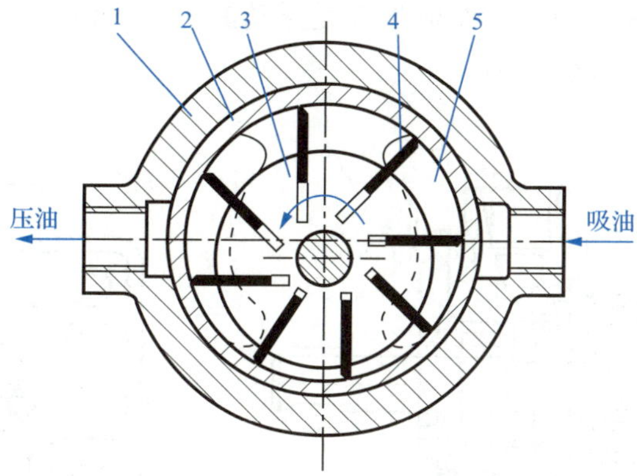

1—泵体；2—定子；3—转子；4—叶片；5—配流盘。

图 2-10　单作用叶片泵工作原理图

（2）单作用叶片泵的结构特点分析

1）间隙密封。单作用叶片泵工作时，压油腔的液压油有可能通过径向间隙和轴向间隙向吸油腔泄漏。径向间隙是指叶片顶端与定子内表面的间隙，液压油通过位于过渡密封区的叶片顶端间隙向吸油腔泄漏，其泄漏途径很短，所以影响最大。为保证叶片与定子内表面接触，通常采用以下两条措施：

① 利用离心力使叶片贴紧定子内表面。这种方法最简单，但不大可靠，当叶片位于过渡密封区时，一侧的液压油通过径向间隙泄漏，同时给叶片一个回缩的压力，有可能克服离心力而使叶片与定子内表面脱离接触，导致泄漏增大。

② 向叶片底槽引入液压油，使叶片可靠伸出。由于在吸油区，叶片顶、底两侧压力差很大，故会加速叶片与定子内表面的磨损。为了解决这个问题，通常只在压油区和过渡密封区向叶片底槽通入液压油，而在吸油区叶片底槽则与吸油腔相通，使叶片上下液压力平衡，减小叶片与定子间的磨损。

2）径向液压力。单作用叶片泵一侧为压油腔，另一侧为吸油腔，始终存在不平衡的径向液压力。由于存在径向液压力，泵轴和轴承要承受很大的径向载荷，这一缺点限制了单作用叶片泵工作压力的提高，因而通常为中低压泵，其压力一般不超过 7.0MPa。

3）过渡密封区与困油。为防止叶片泵吸、压油腔串通，过渡密封区的包角应等于或大于相邻两叶片的夹角。因此，当两叶片位于过渡密封区时，会形成一个闭死容积，导致困油现象。由于单作用叶片泵偏心距较小，闭死容积的变化不大，因此困油现象不严重，无须采用专门的卸荷措施。

2. 双作用叶片泵的工作过程及结构特点分析

微课：双作用叶片泵

（1）双作用叶片泵的工作过程

图 2-11 所示为我国自主设计生产的 YB1 型双作用叶片泵的结构简图，由前、后泵体 7 和 6，左、右配流盘 1 和 5，定子 4，转子 12 等组成。为了便于装配和使用，两个配流盘与定子、转子和叶片可组装成一个部件，用两个长

螺钉 13 紧固。转子 12 上开有 12 个径向槽，槽内装有叶片 11。为了使叶片顶部与定子内表面紧密接触，叶片根部通过配流盘的环槽与压油腔相通。转子安装在传动轴 3 上，传动轴由两个滚珠轴承 2 和 8 支撑。右配流盘 5 是浮动的，可以自动补偿与转子之间的轴向间隙，从而保证可靠密封，减少泄漏。

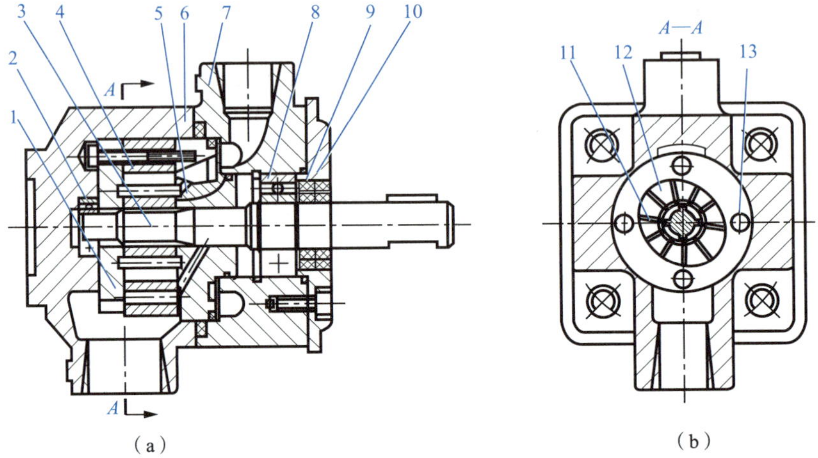

1—左配流盘；2、8—滚珠轴承；3—传动轴；4—定子；5—右配流盘；6—后泵体；7—前泵体；9—油封；10—压盖；11—叶片；12—转子；13—螺钉。

图 2-11　YB1 型双作用叶片泵的结构简图

图 2-12 为双作用叶片泵的工作原理示意图。转子与定子同心，定子内表面近似椭圆状。当转子转动时，叶片受离心力和底槽液压油的作用，紧贴在定子内表面上。当叶片由短半径向长半径移动时，叶片之间的工作容积逐渐增大而吸油；当叶片从长半径向短半径移动时，其工作容积逐渐变小而压油。转子每旋转一周，每个工作容腔完成两次吸、压油循环，故称为双作用叶片泵。因转子与定子同心，所以只能作定量泵使用。

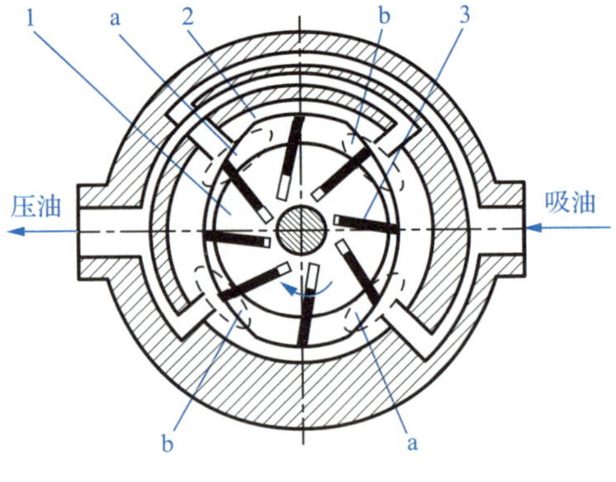

1—转子；2—定子；3—叶片；a—吸油窗口；b—压油窗口。

图 2-12　双作用叶片泵的工作原理示意图

（2）双作用叶片泵的结构特点分析

1）定子工作表面曲线。定子工作表面曲线如图 2-13 所示。它是由 2 段长半径为 R 的圆弧和 2 段短半径为 r 的圆弧，以及圆弧间的 4 段过渡曲线组成的。图中 2 段长半径圆弧和 2 段短半径圆弧对应的中心角均为 β，为了保证吸、压油腔不相连通，中心角 β 必须大于或等于两叶片间的夹角，即 $\beta>2\pi/Z$。大、小半径之差越大，泵的排量也越大，但差值过大，叶片从转子叶片槽滑出的长度越大，受液压作用力所产生的弯矩越大，会引起叶片折断、卡死等现象。另外，差值越大，过渡曲线的斜率也越大，当泵起动时，由于叶片的离心力不足，无法将叶片紧贴在定子的过渡曲线上，即产生脱空现象（叶片顶部短时间与定子表面不接触）而不能正常建立油压。

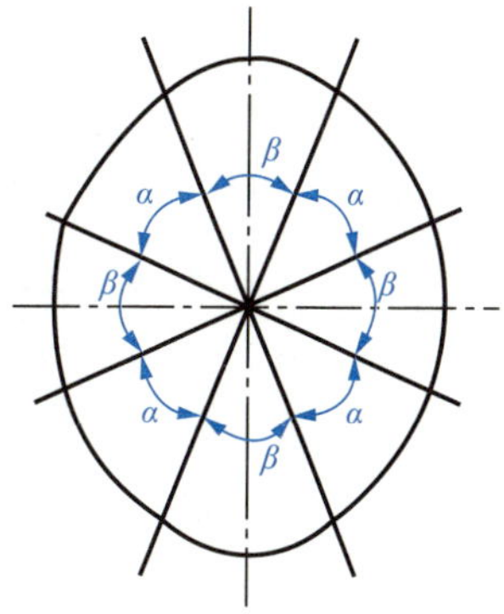

图 2-13　双作用叶片泵定子工作表面曲线

YB1 型双作用叶片泵的定子工作表面采用等加速、等减速曲线。

2）间隙密封。径向间隙密封通常采用向叶片底槽通液压油的办法而使叶片紧贴定子。轴向间隙密封，高压系统采用浮动配流盘自动补偿的办法来解决。

3）径向力平衡。双作用叶片泵两个压油腔对称于转子中心，两个吸油腔也如此，因此转子所受的径向液压力是平衡的，又称平衡式叶片泵。

4）过渡密封区与液压冲击。在过渡密封区，定子圆弧与转子外圆同心，所以两叶片位于此区时，其间的闭死容积不变化，理论上不会产生困油现象。但在由吸油区向压油区过渡时，闭死容积内的压力等于吸油压力，当转子转过一个角度，使这部分容积与压油区相通时，其压力便突然上升到压油压力，导致体积瞬时收缩产生局部液压冲击，引起压力和流量脉动及噪声。为消除这种现象，一般在配流盘的压油窗口一端开有尖角槽，使闭死容积内的液体在还没有接通压油区前就通过尖角槽与液压油相通，使其压力逐渐上升。

3. 限压式变量叶片泵的工作过程与应用

限压式变量叶片泵是利用负载压力的变化来实现自动变量的，根据控制方式有内反馈限压式和外反馈限压式两种。

（1）内反馈限压式变量叶片泵的工作过程

内反馈限压式变量叶片泵依靠液压力直接作用在定子上来控制排量，其工作原理示意图如图 2-14 所示。转子的中心 O_1 是固定的，定子可以左右移动，在弹簧的作用下，定子被推向右端，使定子中心 O_2 与转子中心 O_1 有一初始最大偏心距 e_{max}。配流盘偏转放置，吸油窗口和压油窗口的对称线相对于定子和转子的中心连线存在一个偏转角 θ，因此工作时压油腔的压力对定子的液压作用力 $\boldsymbol{F}$ 不是垂直向上的，而是与垂直方向也有一个偏角 θ，力 $\boldsymbol{F}$ 的水平分量 $\boldsymbol{F}_2$ 则对定子左边弹簧产生作用。压油腔压力越高，力 $\boldsymbol{F}$ 也就越大，当 $\boldsymbol{F}_2$ 足以克服弹簧的预压缩力时，定子将向左移动，于是偏心距减小，泵的排量也随之减小。定子偏心距开始减小时压油腔的压力称为拐点压力，表示为 p_B。随着压油腔压力的继续升高，定子偏心距继续减小，当偏心距接近为零时，泵的排量为零。此时泵的压力不再升高，即限定为最高压力，称为极限压力，表示为 p_C。泵的限压弹簧一经调好，p_B 和 p_C 就调定了，泵的工作压力就受到了限制，因此称为限压式变量叶片泵。

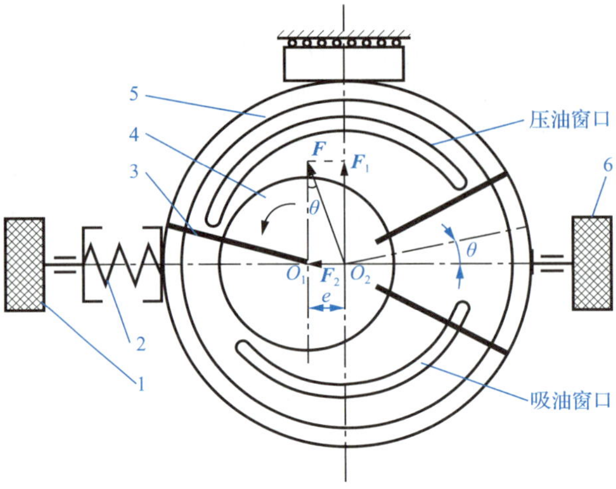

1—压力调节螺钉；2—限压弹簧；3—叶片；4—转子；5—定子；6—流量调节螺钉。

图 2-14　内反馈限压式变量叶片泵的工作原理示意图

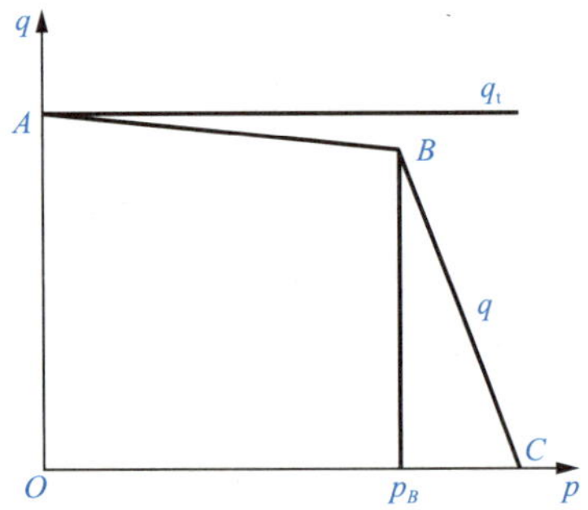

q_t—理论流量；p_B—调整压力。

图 2-15　压力-流量特性曲线

限压式变量叶片泵的压力-流量特性曲线如图 2-15 所示，*AB* 段表示当泵的工作压力小于拐点压力 p_B 时，定子不会移动，偏心距 *e* 固定，最大输出流量基本不变。如果单独调节流量螺钉，可以改变定子偏移的极限位置，即定子的最大偏心距 e_{max}，从而改变泵在低于压力 p_B 时的最大输出流量，曲线 *AB* 段相应在垂直方向平移。至于 *AB* 段略有倾斜，则是由于随着工作压力的提高，泵的泄漏略有增大所致。

泵的限定压力通过压力调节螺钉调节弹簧预压缩量进行调节。弹簧预压缩量改变时，曲线 *BC* 段将沿水平方向平移。*BC* 段斜率与弹簧刚度有关，弹簧刚度越大，*BC* 段斜率越小。

（2）外反馈限压式变量叶片泵的工作过程

外反馈限压式变量叶片泵的工作原理与内反馈限压式的区别在于，外反馈限压式的配流盘并不偏转放置，作用在定子环上的液压力不能产生调节力。图 2-16 是外反馈限压式变量叶片泵的工作原理示意图。压油腔与泵腔外的反馈柱塞 7 相通，工作时压油腔的压力作用于反馈柱塞，对定子环产生向限压弹簧 2 压缩方向的推力。当推力能够克服限压弹簧的弹力及定子移动的摩擦力时，就会推动定子环，改变它对转子 4 的偏心距，从而实现变量。由于定子环的偏心量由设在泵腔外的反馈柱塞控制，故称为外反馈式。定子压油侧外面设有滚针轴承，可减小定子移动时的摩擦力。

外反馈与内反馈限压式变量叶片泵的压力流量特性完全相同。

（3）限压式变量叶片泵的应用

由于限压式变量叶片泵具有上述特点，因此常用于执行机构需要快慢速变化的液压系统。例如，用于组合机床动力滑台的进给系统，用来实现快进、工进、快退等工作循环。

当执行机构快进或快退时，负载（工作压力）一般很小，但需要较大流量，正好利用限压式变量叶片泵压力-流量特性曲线（图 2-15）中的 *AB* 段；在工作进给时，需要较小流量和较大的工作压力，这时可利用 *BC* 段。也可用于定位、夹紧系统，运动部件快速移动时需要低压大流量，即可用 *AB* 段；进行定位、施加夹紧力时，仅需要维持较大的压力和补偿泄漏的流量，则可以利用特性曲线 *C* 点的特性。

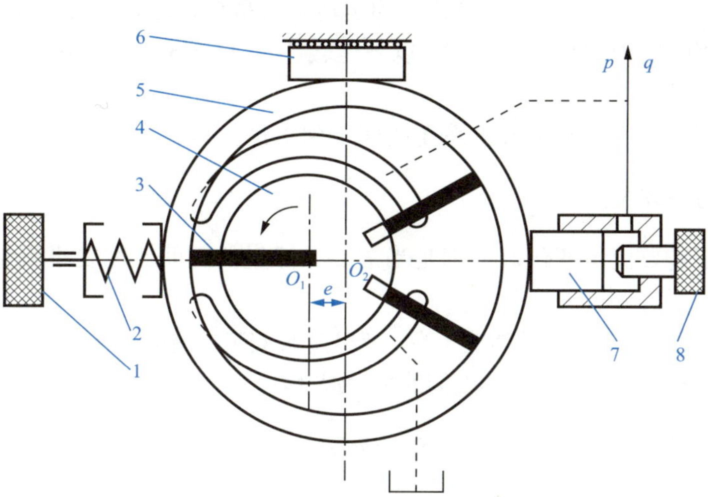

1—压力调节螺钉；2—限压弹簧；3—叶片；4—转子；5—定子；
6—滚针轴承；7—反馈柱塞；8—流量调节螺钉。

图 2-16　外反馈限压式变量叶片泵的工作原理示意图

4. 叶片泵的安装注意事项与调试

（1）叶片泵的安装注意事项

① 对于叶片泵，一般要求同轴度不得大于 0.1mm，且与电动机之间应采用挠性连接。

② 进油管的安装高度不得大于 0.5m。进油管必须清洗干净，与泵进油口配合处要紧密结合，必要时可加上密封胶，以免空气进入液压系统中。

③ 尽量减少进油管道的弯头，进油管道口应接有过滤器，过滤器不允许露出油箱的油面。当泵正常运转后，其油面离过滤器顶面至少应有 100mm，以免空气进入。过滤器应经常清洗，以免堵塞。

④ 液压泵吸油口的过滤器应根据设备的精度要求而定。为避免泵抽空，严禁使用精密过滤器。吸油口过滤器的正确选择和安装可明显减少液压故障，大大延长各元件的使用寿命。

⑤ 吸入管、压出管和回油管的通径不应小于规定值。

⑥ 为了防止泵的振动和噪声沿管道传至系统引起振动、噪声，在泵的吸入口和压出口可各安装一段软管，但压出口软管应垂直安装，长度不应超过 400mm；吸入口软管要有一定的强度，以避免由于管内真空度使其出现变扁现象。

（2）叶片泵的调试

泵安装完成后，必须进行检查与调试，观察泵的工作是否正常，具体步骤与要求如下：

① 用手转动联轴节，应感觉轻快、受力均匀。

② 检查泵的旋转方向，应与泵体标牌所指示的方向一致。

③ 检查液压系统是否有卸荷回路，以防止满载起动和停车。

④ 检查液压系统中的安全阀是否在调定的许可压力上。

⑤ 在压油口灌满油液，以免泵起动时因干摩擦损坏元件。

⑥ 空负荷运转不少于10min，检查泵的运转声音是否正常、液流方向是否正确。

⑦ 将溢流阀的压力调整到2.0MPa以下运转10～15min，检查系统动作、外泄漏、噪声、温升等是否正常。

⑧ 将溢流阀的压力调整至液压系统的安全保护压力运行。

5. 叶片泵的合理使用

① 液压系统需要流量变化，特别是当需要大流量的时间比需要小流量的时间要短时，最好采用变量泵。

② 将泵体、泵盖和其他元件清洗干净，是叶片泵安装、调试顺利进行的保证。严格控制每台泵的叶片长度、转子厚度和定子厚度间的配合尺寸。

6. 叶片泵常见故障产生原因及其排除方法

叶片泵常见故障产生原因及其排除方法如表2-2所示。

表2-2　叶片泵常见故障产生原因及其排除方法

故障	故障产生原因	故障排除方法
吸不上油或无压力	1. 原动机与液压泵旋转方向不一致	纠正原动机旋转方向
	2. 液压泵传动键脱落	重新安装传动键
	3. 进、出油口接反	按说明书选用正确接法
	4. 油箱内油面过低，吸入管口露出油面	补充油液至最低油标线以上
	5. 转速太低、吸力不足	提高转速达到液压泵最低转速以上
	6. 油黏度过高使叶片运动不灵活	选用推荐黏度的工作油
	7. 油温过低，使油黏度过高	加温至推荐的正常工作油温
	8. 油液过滤精度过低导致叶片在槽内卡住	拆洗、修磨液压泵内脏件，仔细重装并更换油液
	9. 吸入管道或过滤装置堵塞造成吸油不畅	清洗管道或过滤装置，除去堵塞物，更换或过滤油箱内的油液
	10. 吸入口过滤器过滤精度过高造成吸油不畅	按说明书正确选用过滤器
	11. 吸入管道漏气	检查管道各连接处，并予以密封、紧固
	12. 小排量液压泵吸力不足	向泵内注满油
流量不足，达不到额定值	1. 转速未达到额定转速	按说明书指定额定转速选用电动机转速
	2. 系统中有泄漏	检查系统，修补泄漏点
	3. 泵长时间工作、振动使泵盖螺钉松动	拧紧螺钉
	4. 吸入管道漏气	检查各连接处，并予以密封、紧固
	5. 吸油不充分	
	① 油箱内油面过低	补充油液至最低油标线以上
	② 入口过滤器堵塞或通流量过小	清洗过滤器或选用通流量为泵流量2倍以上的过滤器
	③ 吸入管道堵塞或通径小	清洗管道，选用不小于泵入口通径的吸入管
	④ 油黏度过高或过低	选用推荐黏度的工作油
	6. 变量泵流量调节不当	重新调节至所需流量

续表

故障	故障产生原因	故障排除方法
压力升不上去	1. 泵不上油或流量不足	同前述排除方法
	2. 溢流阀调整压力太低或出现故障	重新调试溢流阀压力或修复溢流阀
	3. 系统中有泄漏	检查系统，修补泄漏点
	4. 泵长时间工作、振动使泵盖螺钉松动	拧紧螺钉
	5. 吸入管道漏气	检查各连接处，并予以密封、紧固
	6. 吸油不充分	同前述排除方法
	7. 变量泵压力调节不当	重新调节至所需压力
噪声过大	1. 吸入管道漏气	检查管道各连接处，并予以密封、紧固
	2. 吸油不充分	同前述排除方法
	3. 泵轴和原动机轴不同心	重新安装，以达到说明书要求的精度
	4. 油中有气泡	补充油液或采取结构措施，把回油口浸入油面以下
	5. 泵转速过高	选用推荐的转速范围
	6. 泵压力过高	降压至额定压力以下
	7. 轴密封处漏气	更换油封
	8. 油液过滤精度过低导致叶片在槽中卡住	拆洗、修磨泵内脏件，仔细重装并更换油液
	9. 变量泵止动螺钉调整失当	适当调整螺钉至噪声达到正常
过度发热	1. 油温过高	改善油箱散热条件或增设冷却器，使油温控制在推荐的正常工作油温范围内
	2. 油黏度太低，内泄过大	选用推荐黏度的工作油
	3. 工作压力过高	降压至额定压力以下
	4. 回油口直接接到泵入口	回油口接至油箱液面以下
振动过大	1. 泵轴与电动机轴不同心	重新安装，以达到说明书要求的精度
	2. 安装螺钉松动	拧紧螺钉
	3. 转速或压力过高	调整至许用范围以内
	4. 油液过滤精度过低，导致叶片在槽中卡住	拆洗、修磨泵内污损件，仔细重新组装，并更换油液或重新过滤油箱内油液
	5. 吸入管道漏气	检查管道各连接处，并予以密封、紧固
	6. 吸油不充分	同前述排除方法
	7. 油液中有气泡	补充油液或采取结构措施，把回油口浸入油面以下
外泄漏	1. 密封老化或损伤	更换密封
	2. 进、出油口连接部位松动	紧固螺钉或管接头
	3. 密封面磕碰	修磨密封面
	4. 外壳体砂眼	更换外壳体

任务实施：拆装叶片泵

拆装 YB1 型双作用叶片泵。

1. 实训步骤

① 观察叶片泵的外部形状，记录铭牌标记。用手转动传动轴，体会转动的轻重，观察泵体上的两个油口，确定吸油口和压油口，并做记号。

② 按拆卸步骤逐个拆下液压泵各零件并编号。

③ 清洗各零件。

④ 按装配步骤装配各零件。

⑤ 完成项目工单，清理现场。

2. 拆装注意事项

① 预先准备好拆卸工具：内六角扳手、内卡簧钳、活扳手或呆扳手、螺钉旋具、铜棒等。

② 装配前，必须仔细清洗干净各零件，用干净布擦去积油，不得有切屑磨粒或其他污物。

③ 螺钉要对称松卸，紧固件应借助专用工具拆卸，不得任意敲打。

④ 拆卸时元件要轻拿轻放，应注意做好记号。

⑤ 装配时，按拆卸的逆序组装，注意配流盘、定子、转子、叶片应保持正确装配方向，叶片在槽内滑动轻松，各处密封正常，防止密封件翻转、歪斜、破损。安装完毕后应保证泵轴转动灵活，无卡滞、刮擦等不正常现象。

3. 叶片泵的拆装步骤

（1）拆卸步骤

① 对称松开并卸下左、右泵体上的固定螺钉，将液压泵翻转，使左泵体在下，右泵体在上。

② 用木槌轻击右泵体并正反方向旋转，边转边往外拉，卸下右泵体。

③ 松开泵盖与右泵体的固定螺钉，拆下泵盖，用专用工具取出油封。

④ 用卡簧钳拆下轴承挡圈，拆下泵轴，取出轴承。

⑤ 将右泵体翻转放在工作台上，观察其上的油道与油口连通情况。

⑥ 观察左泵体内泵芯组件的安装位置，并从左泵体内取出泵芯。

⑦ 拆卸泵芯组件。

⑧ 拆卸后清洗、检验、分析，准备装配。

（2）装配步骤

① 将泵芯组件按标记装配在一起，拧入固定螺钉。注意叶片的安装方向。

② 将轴承、油封、泵轴依次装入泵盖，拧入泵盖与右泵体的固定螺钉。

③ 将泵芯组件装入左泵体，装上右泵体与泵盖，拧入并旋紧泵体固定螺钉。

4. 叶片泵的清洗

清洗顺序如下：

① 清洗叶片和转子。

② 清洗定子。

③ 清洗密封圈和配流盘。

④ 清洗轴承。

⑤ 清洗泵体、泵盖和螺栓。

5. 问题分析

① 配油除开有通油窗口外，还开有与压油腔相通的环形槽，试分析环形槽的作用。

② 装配时如何保证配流盘吸、压油窗口的位置与定子内表面曲线一致？

提示： 叶片泵的转子与其两侧的配流盘由长销连接与定位，长销固定在左泵体内，故能保证配流盘吸、压油窗口的位置与定子内表面曲线一致。左泵体相对于右泵体可以在 90° 范围内任意回转安装，以便于用户选择合适的吸、压油口位置。

思考与练习

1．单作用叶片泵和双作用叶片泵在结构上有什么区别？

2．试说明限压式变量叶片泵的压力-流量特性曲线的物理意义。如何调节限定压力和最大流量？调节时压力-流量特性曲线将如何变化？

任务 2.4　柱塞泵认知与拆装

任务目标

1. 能够描述径向柱塞泵的工作过程；
2. 能够描述轴向柱塞泵的工作过程；
3. 能够正确使用与维护柱塞泵；
4. 能够动手拆装柱塞泵。

任务描述

拆装柱塞泵。

相关知识：柱塞泵的工作过程及装调、使用与维护

柱塞泵是靠柱塞在缸体中做往复运动造成密封容积变化来实现吸油与压油的液压泵。柱塞泵按柱塞的排列和运动方向不同可分为径向柱塞泵和轴向柱塞泵。

1. 径向柱塞泵的工作过程

微课：径向柱塞泵

径向柱塞泵的柱塞往复运动方向与缸体回转轴线垂直，按配油方式不同可分为轴配流和阀配流两种。

（1）轴配流径向柱塞泵的工作过程

图 2-17 为轴配流径向柱塞泵的工作原理示意图。在转子（缸体 2）上径向均匀排列着

柱塞孔，孔中装有柱塞 1，柱塞可在柱塞孔中自由滑动。衬套 3 固定在转子孔内并随转子一起旋转。配流轴 5 固定不动，配流轴的中心与定子中心有偏心距 e，定子能左右移动。在径向柱塞泵工作过程中，转子按顺时针方向转动时，柱塞在离心力（或低压油）的作用下压紧在定子 4 的内壁上，当柱塞转到上半周，柱塞向外伸出，径向孔内的密封工作容积不断增大，产生局部真空，将油箱中的油液经配流轴上的吸油口 a 进入 b 腔；当柱塞转到下半周，柱塞被定子的表面向里推入，密封工作容积不断减小，将 c 腔的油从配流轴上的压油口 d 向外压出。转子每转一周，柱塞在每个径向孔内吸、压油各一次。

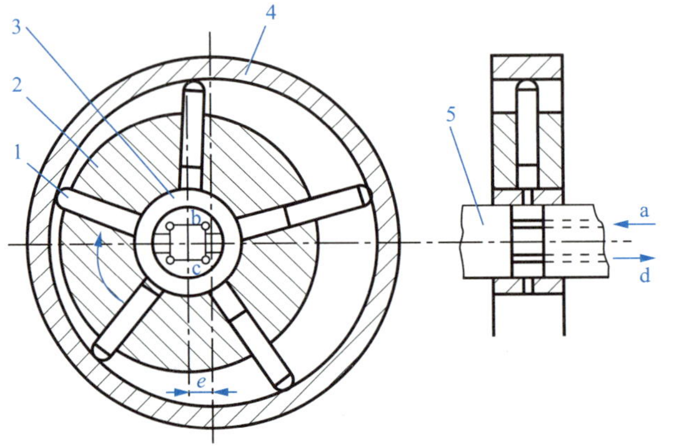

1—柱塞；2—缸体；3—衬套；4—定子；5—配流轴。

图 2-17　轴配流径向柱塞泵的工作原理示意图

径向柱塞泵的流量因偏心距 e 的大小而不同，若设有偏心距调节机构，就可以改变泵的排量，成为变量泵。当改变偏心距 e 的方向，使偏心距 e 从正值变为负值时，泵的吸、压油方向发生变化，进油口和压油口互相变换，这就是双向变量泵。

（2）阀配流径向柱塞泵的工作过程

图 2-18 是阀配流径向柱塞泵的工作原理示意图，其工作过程是柱塞 2 装在定子内，当转子（偏心轮 1）旋转时，柱塞在弹簧 3 和偏心轮凸轮的共同作用下做往复运动。当柱塞向下运动时，柱塞腔容积增大形成局部真空，油箱的油液在大气压作用下顶开吸油阀 5 吸油；当柱塞向上运动时，柱塞腔的容积减小，油液受到挤压顶开压油阀 4 压油，偏心轮连续旋转，吸、压油口连续吸、压油。

阀配流径向柱塞泵密封性能好，可以达到很高的压力（>32MPa），但阀配流泵一般只能做定量泵，且不能反向旋转。另外，在该泵的吸、压油过程中，当柱塞从吸油过程转换到压油过程时，柱塞在开始往上运动的瞬间，吸油阀尚未关闭，压油阀还未打开，这样，柱塞将油压到吸油腔。同理，当柱塞从压油过程转换到吸油过程时，在柱塞开始往下运动的瞬间，压油阀尚未关闭，吸油阀还未打开，这样柱塞将从压油腔吸油。泵的吸、压油对柱塞的运动有一定的滞后，这就是阀配流径向柱塞泵的滞后现象。

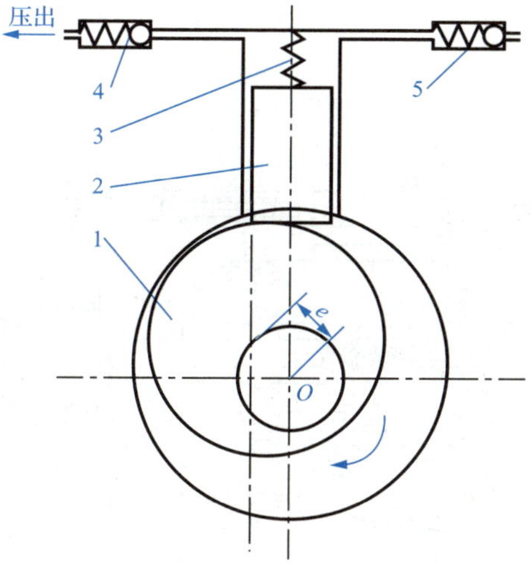

1—偏心轮；2—柱塞；3—弹簧；4—压油阀；5—吸油阀。

图 2-18　阀配流径向柱塞泵的工作原理示意图

（3）径向柱塞泵的结构特点分析

1）径向力不平衡。如图 2-17 所示，由于连心线上半部分、下半部分分别为低压和高压，因此作用在定子、转子及配流轴上的液压径向力不平衡。解决办法是在配流轴上与吸、压油窗口对应的方向开平衡油槽，使作用在配流轴上的液压径向力得以平衡。

2）额定压力不大。径向柱塞泵配流轴与转子之间存在运动间隙，且间隙磨损无法补偿，加上柱塞头部与定子内圆为点接触，因此额定压力不大于 20MPa。解决办法是在柱塞头部加装滑履，将点接触改为面接触，这样泵的额定压力可增至 28MPa。

2. 轴向柱塞泵的工作过程

轴向柱塞泵的柱塞往复运动方向与缸体的回转轴线平行。当缸体轴线与传动轴轴线重合时，称为斜盘式（直轴式）轴向柱塞泵；当缸体轴线与传动轴轴线成一个夹角时，称为斜轴式轴向柱塞泵。

（1）斜盘式轴向柱塞泵的工作过程

图 2-19 为斜盘式轴向柱塞泵的结构简图。该泵由主体结构和变量机构两部分组成。其主体结构部分由前泵体 5、中间泵体 1、传动轴 6、配油盘 4、缸体 3、中心弹簧 2、柱塞 7、滑履 9、回程盘 10 等零件组成。每个柱塞的头部都装有滑履，滑履与柱塞球铰连接。

微课：斜盘式轴向柱塞泵

中心弹簧 2 的作用：①将缸体 3 压向配油盘 4，以保证它们之间的初始密封；②通过回程盘 10，保证缸体 3 和配油盘 4 之间的初始密封；③通过回程盘 10 将滑履 9（连同柱塞 7）压向斜盘 11。

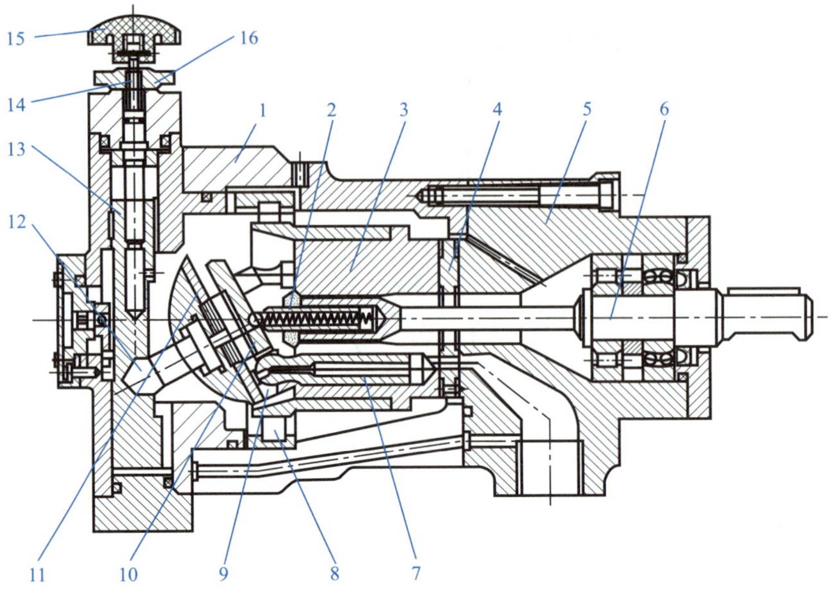

1—中间泵体；2—中心弹簧；3—缸体；4—配油盘；5—前泵体；6—传动轴；7—柱塞；8—轴承；9—滑履；10—回程盘；11—斜盘；12—轴销；13—变量活塞；14—丝杆；15—手轮；16—螺母。

图 2-19　斜盘式轴向柱塞泵的结构简图

图 2-20 为斜盘式轴向柱塞泵的工作原理示意图。传动轴 1 带动缸体 4 旋转，斜盘 2 和配流盘 5 是固定不动的。柱塞 3 均布于缸体内，并且柱塞头部靠机械装置或在低压油作用下紧压在斜盘上。斜盘的法线和缸体的轴线夹角为 β。当传动轴按图示方向旋转时，柱塞一方面随缸体转动，另一方面在机械装置或低压油作用下，在缸体内做往复运动，柱塞在其自下而上的半圆周内旋转时逐渐向外伸出，使缸体内孔和柱塞形成的密封工作容积不断增加，产生局部真空，从而将油液经配流盘的吸油口 a 吸入；柱塞在其自上而下的半圆周内旋转时又逐渐压入缸体内，使密封容积不断减小，将油液从配流盘窗口的压油口 b 向外压出。缸体每转一周，每个柱塞往复运动一次，完成吸、压油一次。如果改变斜盘 2 倾斜角 β 的大小，就能改变柱塞行程长度，也就改变了泵的排量；如果改变斜盘 2 倾斜角 β 的方向，就能改变吸、压油的方向，此时就成为双向变量轴向柱塞泵。

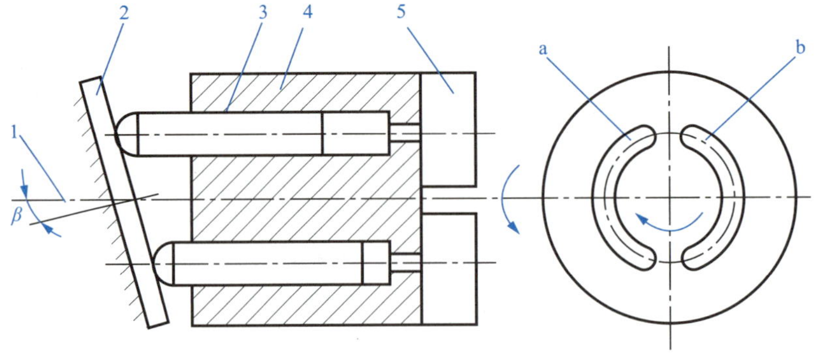

1—传动轴；2—斜盘；3—柱塞；4—缸体；5—配流盘。
a—吸油口；b—压油口。

图 2-20　斜盘式轴向柱塞泵的工作原理示意图

（2）斜轴式轴向柱塞泵的工作过程

图 2-21 为斜轴式轴向柱塞泵的结构简图。传动轴 1 通过径向轴承和推力轴承支撑在泵座内，它的右端圆盘上周向均布球窝，与连杆 2 的大端球头相铰接，每根连杆的小端球头则与柱塞 3 的球窝相铰接，柱塞 3 安装在缸体 4 上均布的轴向柱塞孔中。传动轴旋转时，一方面通过连杆的侧面、柱塞带动缸体一起旋转，另一方面由于传动轴与缸体两者的轴线成夹角 β，柱塞就在缸体柱塞孔内做往复运动。

微课：斜轴式轴向柱塞泵

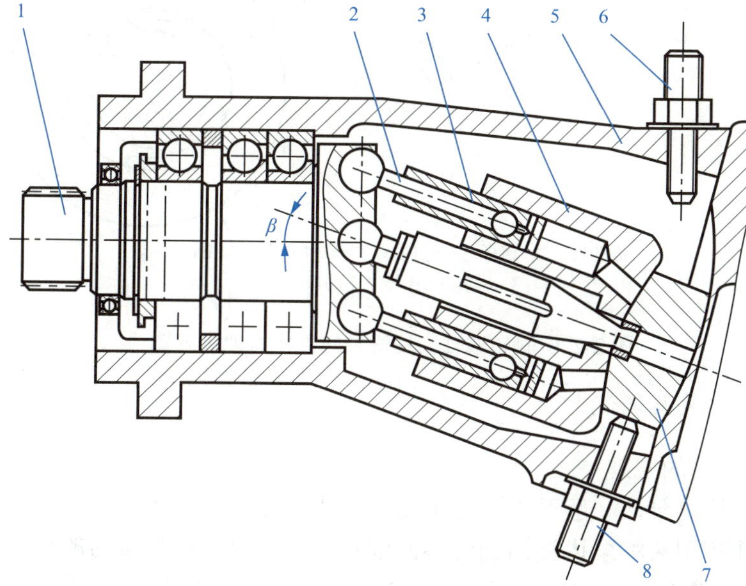

1—传动轴；2—连杆；3—柱塞；4—缸体；5—配流盘；6—最小摆角限位螺钉；7—配流盘；8—最大摆角限位螺钉。

图 2-21　斜轴式轴向柱塞泵的结构简图

图 2-22 为斜轴式轴向柱塞泵的工作原理示意图。斜轴式轴向柱塞泵当传动轴 1 在电动机的带动下按图示方向转动时，连杆 2 推动柱塞 3 在缸体 4 中做往复运动，同时连杆的侧面带动柱塞连同缸体一同旋转。利用固定不动的平面配流盘 5 的吸油口 a 和压油口 b 进行吸、压油。若改变缸体的倾斜角 β，则可改变泵的排量；若改变缸体的倾斜方向，则可成为双向变量轴向柱塞泵。

（3）轴向柱塞泵的结构特点分析

1）静压支承结构。轴向柱塞泵柱塞的头部装有滑履，使两者之间为球面接触，而滑履与斜盘之间为平面接触，从而改善了柱塞的工作受力状况。为了减小滑履与斜盘面的滑动摩擦，利用流体力学中的平面间隙流动原理，建立了一定厚度的油膜，形成静压支承结构。

2）变量机构。轴向柱塞泵可按工况需要安装各种变量控制机构来改变斜盘倾角 β，以达到调节流量的目的。常用的变量机构是手动变量机构和伺服变量机构。

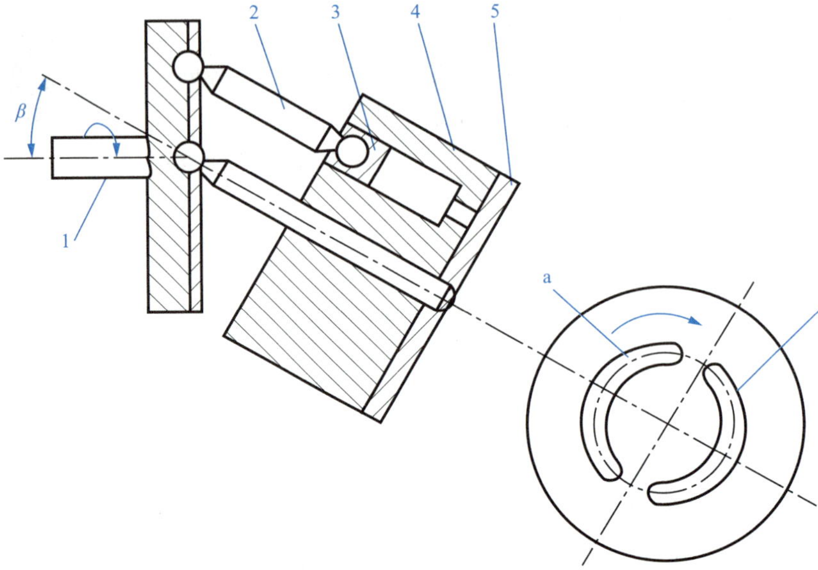

1—传动轴；2—连杆；3—柱塞；4—缸体；5—平面配流盘。
a—吸油口；b—压油口。

图 2-22　斜轴式轴向柱塞泵的工作原理示意图

3. 柱塞泵的安装与调试

（1）轴向柱塞泵的安装

① 对于轴向柱塞泵，一般要求其同轴度不得大于 0.1mm。

② 泵的回油管用来将泵内漏出的油排回油箱，同时起冷却和排污的作用。通常泵壳体内的回油压力不得大于 0.05MPa。因此，泵的泄漏回油管不宜与液压系统其他回油管连在一起，以免系统压力冲击波传入泵壳体内，破坏泵的正常工作或使泵壳体内缺润滑油，形成干摩擦，烧坏元件。应将泵的泄漏回油管单独通入油箱，并插入油箱液面以下，以防止空气进入液压系统。

③ 为了防止泵的振动和噪声沿管道传至系统引起振动、噪声，在泵的吸入口和压出口可各安装一段软管，但压出口软管应垂直安装，长度不应超过 400mm，吸入口软管要有一定的强度，以避免管内有真空度而使其出现变扁现象。

④ 油液的清洁度应达到国家标准等级或说明书的要求。

（2）轴向柱塞泵的调试

泵安装完成后，必须经过泵的检查与调试，观察泵的工作是否正常，有关步骤与要求如下：

① 用手转动联轴节，应感觉轻快、受力均匀。

② 检查泵的旋转方向，应与泵体上标牌所指示的方向相符合。

③ 检查液压系统有没有卸荷回路，以防止满载起动和停车。

④ 检查液压系统中的安全阀是否在调定的许可压力上，检查吸油压力是否正常。

⑤ 在压油口灌满油液，以免泵起动时因干摩擦损坏元件。

⑥ 空负荷运转不少于 10min，检查泵的运转声音是否正常、液流方向是否正确。

⑦ 将溢流阀的压力调整到 30MPa 以下转动 10～15min，检查系统的动作、外泄漏、噪声、温升等是否正常。

⑧ 将溢流阀的压力调整至液压系统的安全保护压力运行。

4. 轴向柱塞泵的合理使用

① 在油路中，斜轴式和斜盘式轴向柱塞泵在额定转速或超过额定转速使用时，泵的进油口均需压力注油，以保证液压泵的进油口压力为 0.2～0.4MPa，也就是说，需用一个低压补油泵供油，其流量应为主泵流量的 120%以上。在降速使用时，进油允许自吸。

② 斜轴式和斜盘式轴向柱塞泵，壳体上均有 2 个泄油孔，其作用是泄油和冷却，使用方法为使用前将高处的 1 个泄油孔接上油管，使壳体内的泄漏油能通畅地流回油箱；把 2 个泄油口均接上油管，使低处油管输入冷却油，高处油管回油箱。

③ 在闭式油路中，管路最高处应装有排气孔，用以排除油液中的空气，避免产生振动和噪声。

④ 在使用过程中，要注意检查以下方面：

a．要经常检查液压泵的壳体温度，壳全外露的最高温度一般不得超过 80℃。

b．要定期检查工作油液的质量，若水分、机械杂质、黏度、酸值等指标超过规定值，则应采取净化措施或更换新油。绝对禁止使用未经净化处理的废油，以及净化后未达到规定标准的假冒伪劣油液。

c．及时更换堵塞的过滤器的滤芯。必须确认新滤芯的过滤精度，不得使用不达过滤精度要求的滤芯。

d．主机在进行定期检修时，不要轻易拆开液压泵。当确定发生故障要拆开时，务必注意拆装工具和拆装环境的清洁，拆下的零件要严防划伤碰毛，装配时，各个零件要清洗干净，加油润滑，并注意安装部位，不要装错。

e．液压泵长期不用时，应将原壳体内的油液放出，再灌满含酸值较低的油液，外露加工面涂上防锈油，各油口须用螺堵封好，以防污物进入。

5. 轴向柱塞泵常见故障产生原因及其排除方法

轴向柱塞泵常见故障产生原因及其排除方法如表 2-3 所示。

表 2-3　轴向柱塞泵常见故障产生原因及其排除方法

故障	故障产生原因	故障排除方法
流量不够	1. 油箱油面过低、油管及过滤器堵塞或阻力太大及漏气等	检查储油量，把油加至油标规定线，排除油管堵塞，清洗过滤器，紧固各连接处的螺钉，排除漏气
	2. 泵壳内预先没有充好油，留有空气	排除泵内空气
	3. 液压泵中心弹簧折断，使柱塞回程不够或不能回程，引起缸体和配油盘之间失去密封性能	更换中心弹簧
	4. 配油盘及缸体或柱塞与缸体之间磨损	磨平配油盘与缸体的接触面，单缸研配，更换柱塞
	5. 对于变量泵有两种可能：若为低压，则可能是液压泵内部摩擦等原因，使变量机构不能达到极限位置造成偏角小所致；若为高压，则可能是调整误差所致	低压时，使变量活塞及变量头活动自如；高压时，纠正调整误差
	6. 油温太高或太低	根据温升选用合适的油液

续表

故障	故障产生原因	故障排除方法
压力脉动	1. 配油盘与缸体或柱塞与缸体之间磨损，内泄或外漏过大	磨平配油盘与缸体的接触面，单缸研配，更换柱塞，紧固各连接处的螺钉，排除漏损
	2. 对于变量泵可能由于变量机构的偏角太小，使流量过小，内泄相对增大，因此不能连续对外供油	适当加大变量机构的偏角，排除内部漏损
	3. 伺服活塞与变量活塞运动不协调，出现偶尔或经常性的脉动	偶尔脉动，多因油脏，可更换新油；经常脉动，可能是配合件研伤或别劲，应拆下修研
	4. 进油管堵塞、阻力大及漏气	疏通进油管及清洗进口过滤器，紧固进油管段的连接螺钉
噪声过大	1. 泵体内留有空气	排除泵内的空气
	2. 油箱油面过低、吸油管堵塞及阻力大，以及漏气等	按规定加足油液，疏通进油管，清洗过滤器，紧固进油管连接螺钉
	3. 泵和电动机不同心，使泵和传动轴受径向力	重新调整，使电动机与泵同心
发热	1. 内部漏损过大	修研各密封配合面
	2. 运动件磨损	修复或更换磨损件
漏损	1. 轴承回转密封圈损坏	检查密封圈及各密封环节，排除内漏
	2. 各接合处 O 形密封圈损坏	更换 O 形密封圈
	3. 配油盘和缸体或柱塞与缸体之间磨损	磨平接触面，配研缸体，单配柱塞
	4. 变量活塞或伺服活塞磨损	严重时更换
变量机构失灵	1. 控制油道上的单向阀弹簧折断	更换弹簧
	2. 变量头与变量壳体磨损	配研两者的圆弧配合面
	3. 伺服活塞、变量活塞及弹簧心轴卡死	机械卡死时，用研磨的方法使运动件灵活
	4. 个别通油道堵死	油脏时，更换新油
泵不能转动（卡死）	1. 柱塞与液压缸卡死（可能是油脏或油温变化引起的）	油脏时，更换新油；油温太低时，更换黏度较小的机械油
	2. 滑靴落脱（可能是柱塞卡死，或由负载引起的）	更换或重新装配滑靴
	3. 柱塞球头折断（原因同上）	更换零件

任务实施：拆装柱塞泵

拆装 YCY14-1B 型轴向柱塞泵。

1. 实训步骤

微课：柱塞泵的拆装

① 观察轴向柱塞泵的外部形状，记录铭牌标记。注意辨清变量泵体、中间泵体和前泵体三大部分，用记号笔在连接位置做标记。

② 松开变量机构与泵的主体部分固定螺钉，将泵分开为变量机构和泵主体两部分。

③ 按拆卸步骤逐个拆下液压泵各零件并编号。

④ 清洗各零件。

⑤ 按装配步骤装配各零件。

⑥ 完成项目工单，清理现场。

2. 拆装注意事项

① 预先准备好拆卸工具：内六角扳手、内卡簧钳、活扳手或呆扳手、螺钉旋具、铜

棒等。

② 装配前，必须仔细清洗干净各零件，用干净布擦去积油，不得有切屑磨粒或其他污物。

③ 螺钉要对称松卸，紧固件应借助专用工具拆卸，不得任意敲打。

④ 拆卸时，元件要轻拿轻放，并应注意做好记号。

⑤ 装配时，先装中间泵体和前泵体，注意装好配流盘之后装上弹簧、套筒、钢球、压盘、柱塞；在变量机构上装好斜盘，最后用螺栓把泵主体和变量机构连接为一体。

⑥ 装配中，注意不能最后把花键装入缸体的花键槽中，更不能猛烈敲打花键轴，避免花键轴推动钢球顶坏压盘。

⑦ 安装时，遵循先拆的零部件后安装，后拆的零部件先安装的原则，安装完毕后应使花键轴带动缸体灵活，没有卡死现象。

3. 柱塞泵的拆装步骤

（1）拆卸步骤

1）拆卸泵主体部分。

① 在滑履及压盘上做好标记，轻轻向上提取压盘，不要歪斜，柱塞随即从缸体孔中取出，将取下的柱塞与滑履组件、压盘按顺序放好，防止装配时搞错。

② 取出钢球、中心内套、中心弹簧及中心外套，检查它们是否正常。

③ 柱塞孔与滑履对应编号，缸体和传动轴花键对应编号，以免装配时错位。

④ 翻转柱塞泵，使传动轴伸出端向上，卸下前泵体的连接螺钉，将中间泵体和前泵体分开，此时可见缸体和配油盘。将滚柱轴承外圈从壳体孔中取出，卸下轴承和缸体。

⑤ 取出配油盘。要注意配油盘盘面缺口槽对应的定位销位置。

⑥ 卸掉前泵体端盖上的固定螺钉，取下前壳体上的端盖、密封圈、传动轴总成。

⑦ 拆卸传动轴总成。拆开弹性挡圈，依次取下传动轴上的轴承等。

⑧ 拆卸后清洗、检验、分析，准备装配。

2）拆卸泵变量部分。

① 将推力板、变量头从变量壳体上取下。

② 拆下固定下法兰盘固定螺钉，取下下法兰及止回阀组件。

③ 拆下上法兰盘固定螺钉，取下上法兰、限位螺钉、调节套筒，取出内、外弹簧。

④ 拆卸流量指示盘组件。

⑤ 拆下拨叉滑销，将随动滑阀组件及变量活塞取出。

⑥ 将芯轴、随动滑阀从变量活塞中取出，并将其分解。

⑦ 拆卸后清洗、检验、分析，准备装配。

（2）装配步骤

1）装配泵主体。

① 装配传动轴部件。

② 装配传动轴与（外壳体）泵体。翻转前泵体，安装油盘的一面朝下，用软金属垫好。将装好轴承等零件的传动轴压入泵体。

③ 对接外壳体与中壳体，使传动轴伸出端向下，竖直安放外壳体，用螺钉对接两壳体。

④ 将配油盘缺口对准销钉，安装配油盘。

⑤ 将缸体安放到中壳体。

⑥ 依次放入中心外套、中心弹簧、内套及钢球。

⑦ 将柱塞、滑履组按顺序置于压盘上，然后垂直地按柱塞对号放入缸体孔内。

2）装配变量机构。

① 装配变量活塞组件。

② 将变量壳体端面向上水平安放，自上而下缓慢放入变量活塞组件。

③ 装配流量指示盘组件，将指示盘穿过压盖的内孔用连接锁与拨叉组装后，一并装入变量壳体的孔内，并把拨叉口横向安放。

④ 在变量活塞上装入并旋紧拨叉滑销螺钉，然后转动变量活塞，使滑销螺钉滑入拨叉槽内。

⑤ 在芯轴上放入内、外弹簧，将组合套筒旋入上法兰并旋至其行程最上端位置，然后将上法兰与变量壳体连接，并确保有关密封圈安装到位，最后装上限位螺钉等附件。

⑥ 装配止回阀组件和下法兰。

⑦ 将变量头、推力板置于竖直安放的液压泵主体的压盘上。

⑧ 合装主体与变量机构。

⑨ 旋紧螺钉时，一面转动传动轴，一面均匀紧固，应做到转动灵活，无卡滞。

4. 柱塞泵的清洗

清洗顺序如下：

① 清洗柱塞、滑履和缸体。

② 清洗变量机构阀芯。

③ 清洗斜盘、压盘和密封圈。

④ 清洗轴承。

⑤ 清洗泵体、泵盖和螺栓。

思考与练习

1. 柱塞泵是如何实现配流的？
2. 斜盘式轴向柱塞泵和斜轴式轴向柱塞泵分别是如何调节排量的？
3. 为什么轴向柱塞泵适用于高压场合？

任务 2.5　液压泵的选用

任务目标

1. 掌握液压泵的选用原则；
2. 能够根据工作要求选择合适的液压泵。

任务描述

选用液压泵。

相关知识：液压泵的选用原则

液压泵是向液压系统提供一定流量和压力的油液的动力元件，它是每个液压系统不可缺少的核心元件，合理选择液压泵对于降低液压系统的能耗、提高系统的效率、降低噪声、改善工作性能和保证系统可靠工作都十分重要。

液压泵的选用原则：根据主机工况、功率大小和系统对工作性能的要求，首先确定液压泵的类型，然后按系统所要求的工作压力、流量大小确定其规格型号。

1. 液压泵类型的选择

选择液压泵的类型时可根据表 2-4 和表 2-5 进行综合比较。

表 2-4　液压泵的技术性能

类型			性能											
			压力范围/MPa	排量范围/（mL/r）	转速范围/（r/min）	最大功率/kW	容积效率/%	自吸能力/kPa	流量脉动/%	功率质量比	对污染敏感性	流量调节	噪声	价格
齿轮泵	外啮合式		2.5～25	2.5～210	1450～4000	187.2	70～95	50	11～27	中	小	不能	大	低
	内啮合式	渐开线式	10	1.76～63.6	2000～3000	16.8	90		1～3	中	小	不能	大	低
		摆线式	6	16	1500～2000	4	90		≤3	中	小	不能	大	低
叶片泵	单作用		6.3～10	10～125	600～1800	53	60～90	33.5		小	中	能	小	中
	双作用		6.3～28	2.5～237	600～2800	49	85～95	33.5		中	中	不能	小	中低
柱塞泵	轴向式	斜盘式	7～40	2.5～237	1000～3600	148	90～97	16.5	1～5	大	大	能	大	高
		斜轴式	16～40	9.4～915	970～3750	583	90～97	16.5	<14	中	大	能	大	高
	径向式		100	0.25～188	1500	46	95	16.5	<2	小	中	能	大	高

表 2-5　液压泵的适用工况及应用举例

类型			适用工况	应用举例
齿轮泵	外啮合式		一般适用于中低压（8MPa 以下）工况，在高压（25MPa 以下）时要选用高压齿轮泵。自吸能力好，抗污染能力强，但噪声大，流量脉动大	用于机床、工程机械、农业机械、航空。外啮合齿轮泵还用于矿山机械、起重运输机械等设备的液压系统中。内啮合齿轮泵还广泛用于高压作业设备的液压系统中。摆线转子泵还用于大、中型车辆的液压转向系统、柴油机润滑系统中
	内啮合式	渐开线式	适用于中低压工况，转速较高，流量脉动相对较小，抗污染能力强，噪声较小	
		摆线式	使用压力不超过 6MPa，排量范围较小，流量脉动相对较小，抗污染能力强，噪声较小	
叶片泵	单作用		使用压力不超过 10MPa，可以变量，自吸能力一般，噪声较低，对油液污染较敏感，寿命较低	用于机床、注塑机、液压机、起重机、工程机械、航空、船舶、压铸机等设备的液压系统中
	双作用		一般适用于中低压（8MPa 以下）工况，在中高压（8～16MPa）时要选用高压叶片泵，自吸能力一般，噪声较低，对油液污染较敏感	
柱塞泵	轴向式	斜盘式	适用于中高压（8～32MPa）工况，容积效率高，有多种变量形式，自吸能力差，对油液污染敏感，噪声较大	多用于农业机械、工程机械、船舶、冶金机械、飞机，尤其适用于闭式回路或需要经常改变泵排量的系统中
		斜轴式	适用于中高压工况，最低转速不低于 50r/min，其定量泵自吸能力好，效率高。作为变量泵时相应转速慢，对油液污染敏感，噪声较大	
	径向式		适用于超高压（32～100MPa）工况，效率高，抗污染能力差，自吸能力强，径向尺寸较大	适合用于锻压机械、工程机械、运输机械、矿山机械、轧钢机械等设备的液压系统

各类液压泵的结构、功用、运转方式及性能特点各不相同，一般负载小、功率小的机械设备，可选用齿轮泵或双作用叶片泵；运动精度要求较高的设备，可选用双作用叶片泵；负载较大并有快慢速行程要求的机械设备，可选用限压式变量叶片泵；负载大、功率大的机械设备，可选用柱塞泵；在筑路机械、港口机械及小型工程机械中往往选择抗污染能力强的齿轮泵。

2. 液压泵的工作压力和流量的确定

选定液压泵的类型后，再根据液压泵所应保证的工作压力和流量来确定它的具体规格。

液压泵的工作压力是根据执行元件的最大工作压力来确定的，考虑到各种压力损失，泵的最大工作压力 $p_{\text{泵}}$ 可按下式确定：

$$p_{\text{泵}} \geqslant K_{\text{压}} p_{\text{缸}}$$

式中，$p_{\text{泵}}$——液压泵所需的最大工作压力，Pa；

$K_{\text{压}}$——系统压力损失系数，一般取 1.3～1.5；

$p_{\text{缸}}$——液压缸所提供的最大工作压力，Pa。

液压泵的输出流量取决于系统所需最大流量及泄漏量，即有

$$q_{\text{泵}} \geqslant K_{\text{流}} q_{\text{缸}}$$

式中，$q_{\text{泵}}$——液压泵所需输出的最大流量，m^3/min。

$K_{\text{流}}$——系统的泄漏系数，一般取 1.1～1.3。

$q_{\text{缸}}$——液压缸所提供的最大流量，m^3/min。若为多液压缸同时动作，$q_{\text{缸}}$ 应为同时动作的几个液压缸所需的最大流量之和。

在 $p_泵$、$q_泵$ 求出以后，即可具体选择液压泵的规格。选择时，应使实际选用的额定压力大于所求出的 $p_泵$ 值，通常可放大 25%；泵的额定流量一般选择略大于或等于所求出的 $q_泵$ 值即可。

3. 液压泵驱动电动机参数的选择

液压泵是由电动机驱动的，可根据液压泵的功率计算出驱动液压泵的电动机所需要的功率，再考虑液压泵的转速，然后从样本中合理地选定标准的驱动电动机。如果驱动电动机功率不足，就会出现“小马拉大车”的情况，作业速度下降，工作效率低下，电动机有可能因长时间过载而烧毁；如果驱动电动机功率过大，则是“大马拉小车”，制造成本和使用成本高，造成资源浪费，同样得不偿失。

驱动液压泵所需的电动机功率可按下式确定：

$$P_M = \frac{p_泵 q_泵}{\eta}$$

式中，P_M——电动机所需的最大功率，W；

$p_泵$——泵所需的最大工作压力，Pa；

$q_泵$——泵所需输出的最大流量，m^3/s；

η——泵的总效率（各种泵的总效率参考数据大致为：齿轮泵的总效率是 0.6～0.7，叶片泵的总效率是 0.6～0.75，柱塞泵的总效率是 0.8～0.85）。

任务实施：选用液压泵

【实例】 某液压升降机的工作状态如图 2-23 所示，工作时活塞上所受的外载荷为 F=12 000N，活塞有效工作面积 A=0.008m^2，活塞运动速度 v=0.05m/s，则应为该设备选择多大额定压力和额定流量的液压泵？匹配多大功率的驱动电动机？

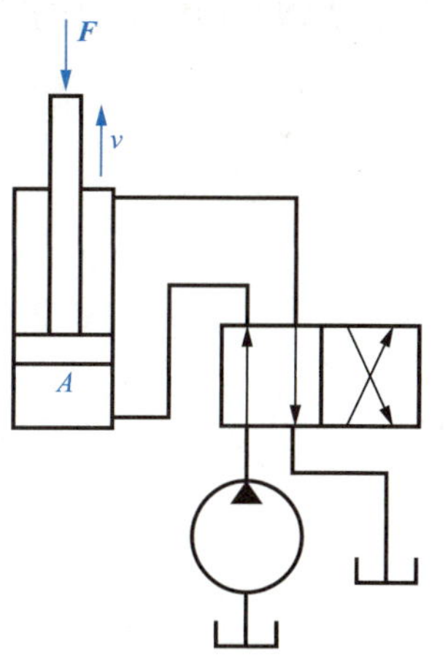

图 2-23　某液压升降机的工作状态

解：① 确定液压缸的最大工作压力 $p_缸$ 为

$$p_缸 = \frac{F}{A} = \frac{12\,000}{0.008} = 1.5\times10^6 (\text{Pa}) = 1.5 (\text{MPa})$$

取 $K_压 = 1.4$，计算液压泵所需的最大工作压力，为

$$p_泵 = 1.4\times1.5 = 2.1 \ (\text{MPa})$$

② 根据运动速度计算液压缸中所提供的最大流量，为

$$q_缸 = vA = 0.05\times0.008 = 4\times10^{-4} \ (\text{m}^3/\text{s})$$

选取 $K_流 = 1.2$，计算泵所需的最大流量，为

$$q_泵 = K_流 q_缸 = 1.2\times4\times10^{-4} = 4.8\times10^{-4} \ (\text{m}^3/\text{s}) = 28.8 \ (\text{L/min})$$

该液压升降机设备功率较小，对运动精度无特殊要求，考虑到经济性，选择 CB-B 系列低压外啮合齿轮泵。查阅产品技术参数，初选 CB-B32 型。该泵的额定压力为 2.5MPa，满足工作压力要求；额定流量为 32L/min，满足工作流量要求，故可以使用。

取泵的总效率 $\eta = 0.7$，则驱动电动机功率（即泵的输入功率）为

$$P_{\mathrm{M}}=\frac{p_{泵}q_{泵}}{\eta}=\frac{2.1\times10^{6}\times\left(\frac{32}{60}\times10^{-3}\right)}{0.7}=1600\ (\mathrm{W})=1.6\ (\mathrm{kW})$$

上式在计算电动机功率时用的是泵的额定流量，而不是满足系统所需的最大流量，这是因为所选择的齿轮泵是定量泵，无法调节流量。

思考与练习

1．某液压泵排量 $V=0.2\mathrm{L/r}$，以转速 $n=1440\mathrm{r/min}$、输出压力 $p=2\mathrm{MPa}$ 工作时，容积效率 $\eta_{\mathrm{v}}=0.9$，机械效率 $\eta_{\mathrm{m}}=0.84$。求以下参数：

① 泵的理论流量。

② 泵的实际流量。

③ 泵的输出功率。

④ 泵的输入功率。

2．某液压泵排量 $V=0.2\mathrm{L/r}$，在转速 $n=980\mathrm{r/min}$、输出压力 $p=30\mathrm{MPa}$ 工作时，测得实际流量为 $q=150\mathrm{L/min}$。若当前工况下总效率为 $\eta=0.87$，求以下参数：

① 泵的理论流量。

② 泵的容积效率和机械效率。

③ 所需驱动电动机的功率。

项目 3 液压执行元件认知与拆装

项目目标

知识目标

1. 能够描述液压缸的工作过程；
2. 能够分析液压缸的结构特性，理解设计液压缸结构需注意的问题；
3. 能够说明液压马达的工作性能参数；
4. 能够描述液压马达的工作过程。

技能目标

1. 能够动手拆装液压缸；
2. 能够正确使用和维护液压缸；
3. 能够计算液压缸的主要尺寸；
4. 能够动手拆装液压马达；
5. 能够正确使用和维护液压马达。

素质目标

1. 培养解决问题、勇于探究的工匠精神；
2. 树立质量意识、效率意识，精益求精，讲求实效。

任务 3.1 液压缸认知与拆装

任务目标

1. 能够说明液压缸的类型、特点;
2. 能够描述常用液压缸的工作过程;
3. 能够分析液压缸的结构特性;
4. 能够正确使用与维护液压缸;
5. 能够手动拆装液压缸。

任务描述

拆装液压缸。

相关知识:液压缸的基本知识

在液压系统中，执行元件是把通过回路输入的液压能转换为机械能输出的装置。液压执行元件有液压缸和液压马达两种类型。

1. 液压缸

液压缸是液压系统中一种重要的执行元件，按结构特点可以分为活塞缸和柱塞缸，功能是将液压能转换成直线往复式的机械运动，输出推力和速度。如图 3-1 所示，液压缸输出的往复运动可直接应用于推拉、升降动作，也可以通过驱动连杆机构实现摆动、挤压等动作，或通过齿轮齿条机构输出旋转运动。

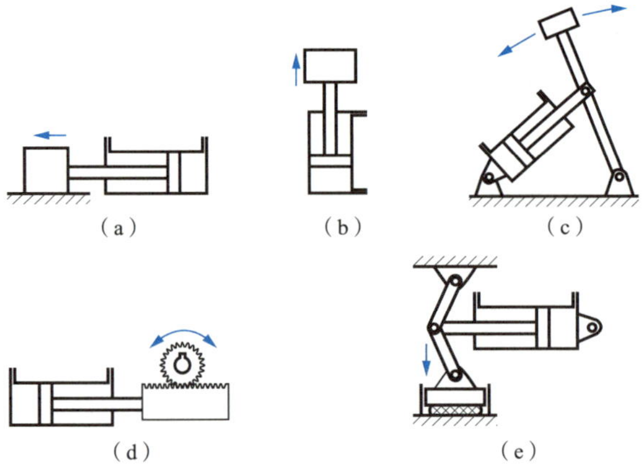

图 3-1 液压缸的典型应用

液压缸按其作用方式的不同，可分为单作用式和双作用式两种，分别如图 3-2（a）、（b）所示。单作用式液压缸中液压力只能使活塞（或柱塞）单方向运动，反方向运动必须靠外力（如弹簧力或自重等）实现；双作用式液压缸可由液压力实现两个方向的运动。

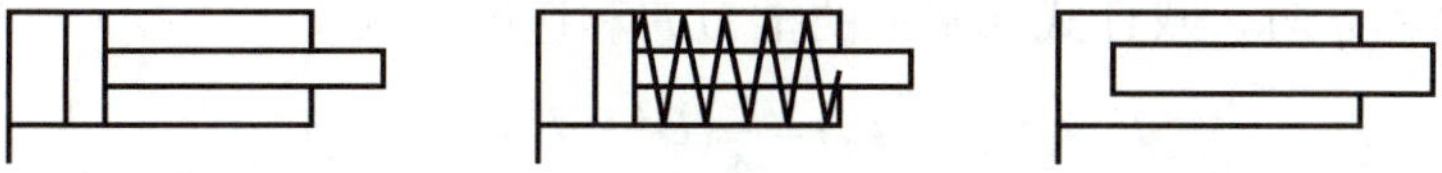

（a）单作用式液压缸

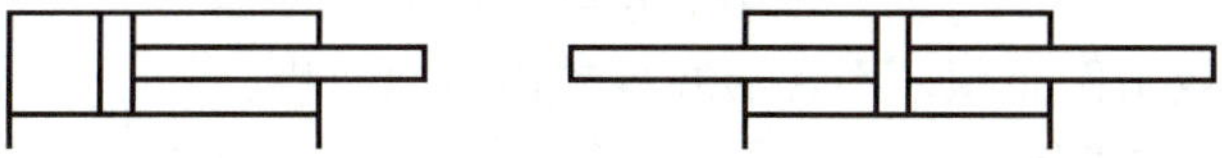

（b）双作用式液压缸

图 3-2　单作用式液压缸和双作用式液压缸

2. 液压缸的工作过程

（1）活塞缸的工作过程

1）双杆式活塞缸的工作过程。双杆式活塞缸是活塞两端都有一根直径相等的活塞杆伸出的液压缸。根据安装方式不同，其又可分为缸筒固定式和活塞杆固定式两种。图 3-3（a）所示为缸筒固定式的双杆活塞缸。它的进、出油口布置在缸筒两端，活塞通过活塞杆带动工作台移动，当活塞的有效行程为 l 时，整个工作台的运动范围为 $3l$，因此占地面积大，一般适用于小型机床。图 3-3（b）所示为活塞杆固定式双杆活塞缸，当工作台行程要求较长时，其活塞杆通过支架固定在机床上，其缸体与工作台相连，动力由缸体传出。在这种安装形式中，工作台的移动范围只等于液压缸有效行程 l 的两倍（$2l$），因此占地面积小。进、出油口可以设置在固定不动的空心活塞杆的两端，使油液从活塞杆中进出，也可设置在缸体的两端，但必须使用软管连接。由于这种结构型式复杂，移动部分（缸体）的质量大，惯性大，因此只用于大中型机床。

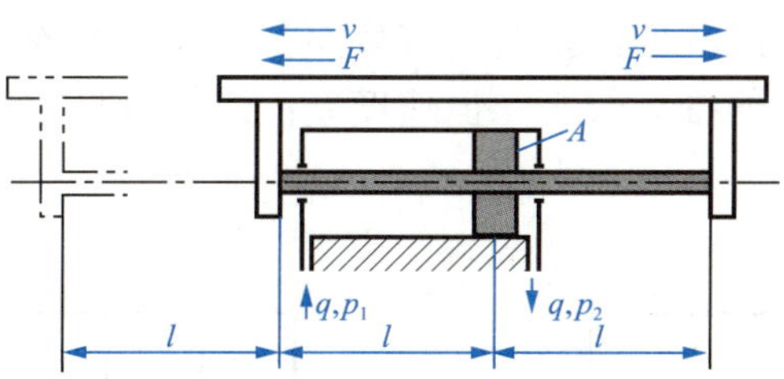

（a）

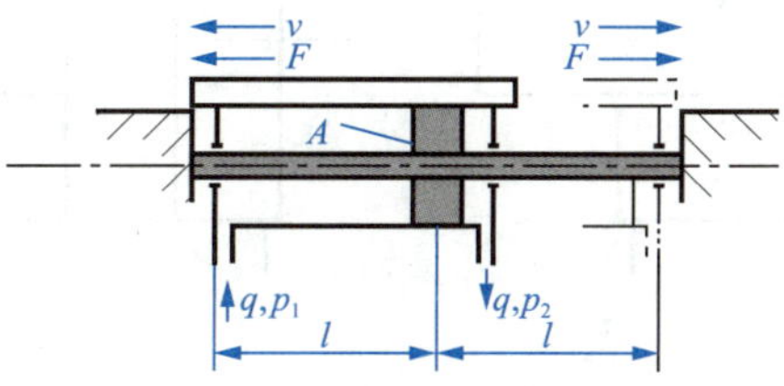

（b）

图 3-3　双杆式活塞缸

由于双杆式活塞缸两端的活塞杆直径通常是相等的，因此它左、右两腔的有效面积也相等。当分别向左、右两腔输入相同压力和相同流量的油液时，液压缸左、右两个方向的推力和速度相等，当活塞的直径为 D，活塞杆的直径为 d，液压缸进、出油腔的压力为 p_1 和 p_2，输入流量为 q 时，双杆式活塞缸的推力 F 和速度 v 为

$$F = A(p_1 - p_2) = \frac{\pi}{4}(D^2 - d^2)(p_1 - p_2) \tag{3-1}$$

$$v = \frac{q}{A} = \frac{4q}{\pi(D^2 - d^2)} \tag{3-2}$$

式中，A 为活塞的有效工作面积，不含活塞杆的横截面面积。

2）单杆式活塞缸的工作过程。如图 3-4 所示，活塞一侧带活塞杆，单杆液压缸也有缸体固定和活塞杆固定两种方式，工作台移动范围都是有效行程的两倍。

微课：单杆活塞缸的工作过程

如图 3-4（a）所示，当输入液压缸左腔（无杆腔）的液压油流量为 q，液压缸进、出油口压力分别为 p_1 和 p_2 时，其活塞上所产生的推力 F_1 和速度 v_1 为

$$F_1 = A_1 p_1 - A_2 p_2 = \frac{\pi}{4}[(p_1 - p_2)D^2 + p_2 d^2] \tag{3-3}$$

$$v_1 = \frac{q}{A_1} = \frac{4q}{\pi D^2} \tag{3-4}$$

当油液从图 3-4（b）所示的右腔（有杆腔）输入时，其活塞上所产生的推力 F_2 和速度 v_2 为

$$F_2 = A_2 p_1 - A_1 p_2 = \frac{\pi}{4}[(p_1 - p_2)D^2 - p_1 d^2] \tag{3-5}$$

$$v_2 = \frac{q}{A_2} = \frac{4q}{\pi(D^2 - d^2)} \tag{3-6}$$

可见，活塞上产生的推力与进油腔的有效面积成正比；活塞移动速度与进油腔的有效面积成反比。单杆式液压缸的活塞两端有效面积不等，油液进入无杆腔时，由于活塞的有效面积大，因此产生的推力较大，但速度慢；进入有杆腔时，活塞的有效面积小，速度较快，但推力较小。

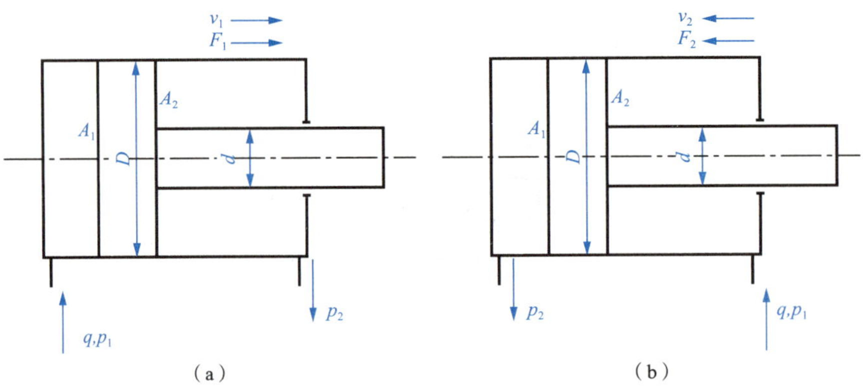

图 3-4　单杆式活塞缸

由式（3-3）～式（3-6）可知，由于 $A_1>A_2$，所以 $F_1>F_2$，$v_1<v_2$。若把两个方向上的输出速度 v_1 和 v_2 的比值称为速度比，记作 λ_v，则

$$\lambda_v=\frac{v_2}{v_1}=\frac{1}{1-\left(\frac{d}{D}\right)^2} \tag{3-7}$$

因此，活塞杆直径越小，λ_v 越接近于 1，活塞两个方向的速度差值也就越小；如果活塞杆较粗，则活塞两个方向的速度差值也就越大。在已知 D 和 λ_v 的情况下，也就可以较方便地确定 d。

微课：差动液压缸的工作过程

3）差动液压缸的工作过程。如果向单杆式活塞缸的左、右两腔同时通液压油，如图 3-5 所示，即所谓的差动连接，做差动连接的单杆液压缸称为差动液压缸。此时左、右两腔的油压相同，但是由于左腔（无杆腔）的有效面积大于右腔（有杆腔）的有效面积，故活塞向右运动，同时使右腔中排出的油液（流量 q'）也进入左腔，加大了注入左腔的流量（$q+q'$），从而加快了活塞移动的速度。

实际上，差动缸的活塞在运动时，由于两腔间的管路中有压力损失，因此右腔的油压略大于左腔，但是差值较小，一般忽略不计，则差动缸活塞推力 F_3 和运动速度 v_3 为

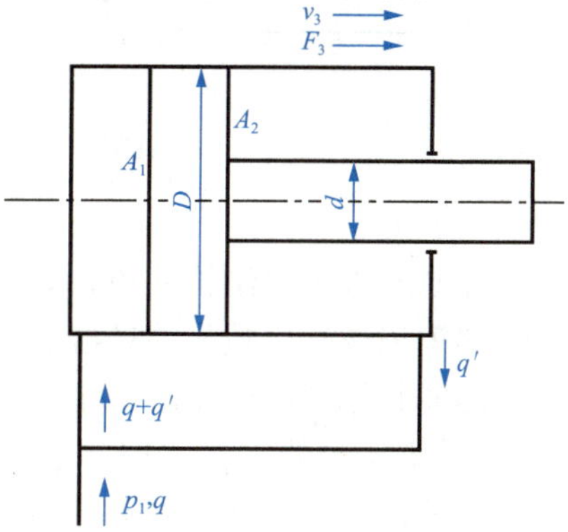

图 3-5　差动缸

$$F_3=p_1(A_1-A_2)=p_1\frac{\pi}{4}d^2 \tag{3-8}$$

$$v_3=\frac{q+q'}{A_1}=\frac{q+\frac{\pi}{4}(D^2-d^2)v_3}{\frac{\pi}{4}D^2}$$

$$v_3=\frac{4q}{\pi d^2} \tag{3-9}$$

由式（3-8）和式（3-9）可知，差动连接的性能特点是推力比非差动连接时小，而速度比非差动连接时大，因此被广泛应用于组合机床的液压动力滑台和其他机械设备的快速运动中。

如果要求快速运动和快速回退速度相等，即使 $v_3=v_2$，则由式（3-6）和式（3-9）可得

$$D=\sqrt{2}d \tag{3-10}$$

（2）柱塞缸的工作过程

前面讨论的活塞式液压缸，由于缸筒内壁加工精度要求很高，当工作行程较长时，加工难度大，制造成本高。柱塞式液压缸能以相对低廉的成本满足长行程的使用要求。

柱塞缸是一种单作用液压缸，其工作原理如图 3-6（a）所示，柱塞与工作部件连接，缸筒固定在机体上。当液压油进入缸筒时，推动柱塞带动运动部件向右运动，但反向退回时必须靠其他外力或自重驱动。为了实现双向运动，柱塞缸通常成对反向布置使用，如图 3-6（b）

所示。当柱塞的直径为 d，输入液压油的流量为 q，压力为 p 时，其柱塞上所产生的推力 F 和速度 v 为

$$F = pA = p\frac{\pi}{4}d^2 \tag{3-11}$$

$$v = \frac{q}{A} = \frac{4q}{\pi d^2} \tag{3-12}$$

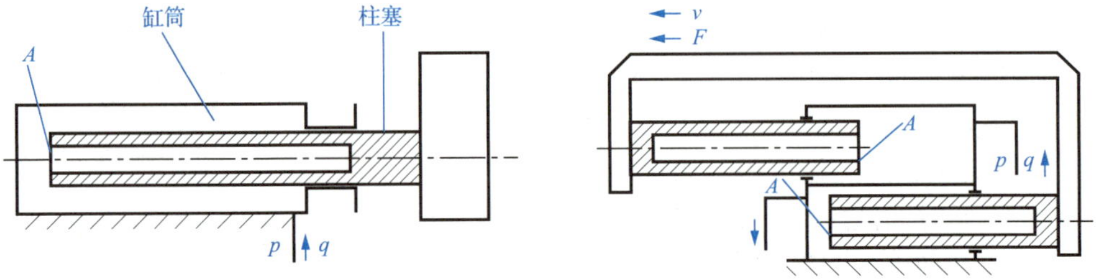

（a）单柱塞式　　（b）双柱塞式

图 3-6　柱塞缸

柱塞式液压缸结构简单，缸筒内壁无须精加工，制造方便，常用于大型拉床、矿用液压支架等工作行程较长的场合。

（3）其他常用液压缸的工作过程

1）增压缸的工作过程。增压缸常与低压大流量泵配合作用，满足液压系统短时或局部所需的高压。单作用式增压缸如图 3-7（a）所示，当低压 p_1 的油液推动增压缸的大活塞时，大活塞推动与其连成一体的小活塞输出压力为 p_2 的高压液体。当大活塞直径为 D，小活塞直径为 d 时，有

$$p_2 = p_1\left(\frac{D}{d}\right)^2 = Kp_1 \tag{3-13}$$

式中，$K=D^2/d^2$，称为增压比，它代表其增压能力。显然，增压能力是在降低有效流量的基础上得到的。也就是说，增压缸仅仅是增大输出的压力，并不能增大输出的能量。

单作用增压缸在小活塞运动到终点时，不能再输出高压液体，需要将活塞退回到左端位置，再向右行时才又输出高压液体，即只能在一次行程中输出高压液体。为了克服这一缺点，可采用双作用式增压缸，如图 3-7（b）所示，由两个高压端连续向系统供油。

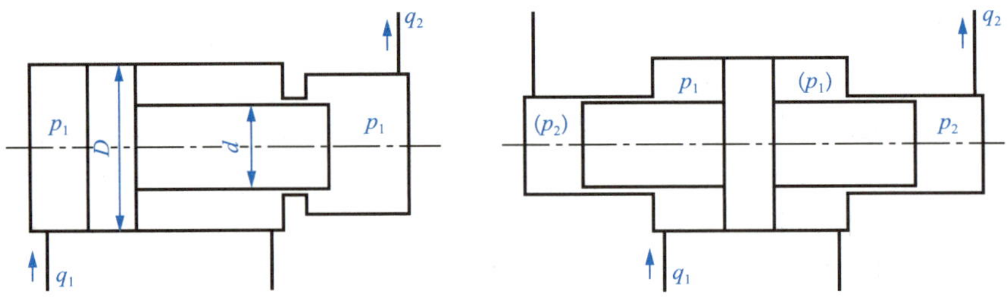

（a）单作用式　　（b）双作用式

图 3-7　增压缸

2）伸缩缸的工作过程。伸缩式液压缸简称伸缩缸，由两个或多个活塞式液压缸套装而

成，前一级活塞缸的活塞是后一级活塞缸的缸筒，可获得很长的工作行程，缩回时长度又很小。伸缩缸被广泛用于起重运输车辆上。

图 3-8 是伸缩缸的示意图。伸缩缸的外伸动作是逐级进行的：首先是最大直径的缸筒以最低的油液压力开始外伸；当到达行程终点后，稍小直径的缸筒开始外伸；直径最小的末级最后伸出。随着工作级数增多，外伸缸筒直径越来越小，工作油液压力随之升高，工作速度变快。伸缩缸可以是图 3-8（a）所示的单作用式，也可以是图 3-8（b）所示的双作用式，前者靠外力回程，而后者靠液压回程。

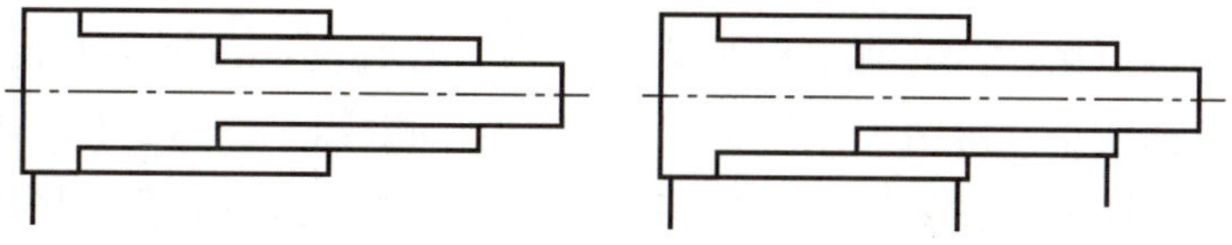

（a）单作用式　　（b）双作用式

图 3-8　伸缩缸的示意图

3. 液压缸的结构特性分析

图 3-9 所示为单杆液压缸的结构，主要由缸底 1、缸筒 7、缸头 17、活塞 20、活塞杆 8、导向套 12、缓冲套 6、无杆端缓冲套 23、缓冲节流阀 11、带放气孔的单向阀 2 及密封装置等组成。缸筒与法兰 3、10 焊接成一个整体，然后通过螺钉与缸底、缸头连接。图中用组合半剖视的方法表示了活塞与缸筒、活塞杆与缸盖之间的两种密封形式。上部为橡塑组合密封，下部为唇形密封。该液压缸具有双向缓冲功能，工作时液压油经进油口、单向阀进入工作腔，推动活塞运动，当活塞运动到终点前，缓冲套切断油路，排油只能经节流阀排出，起节流缓冲作用（图中左端只画了单向阀，右端只画了节流阀）。

微课：液压缸结构特性

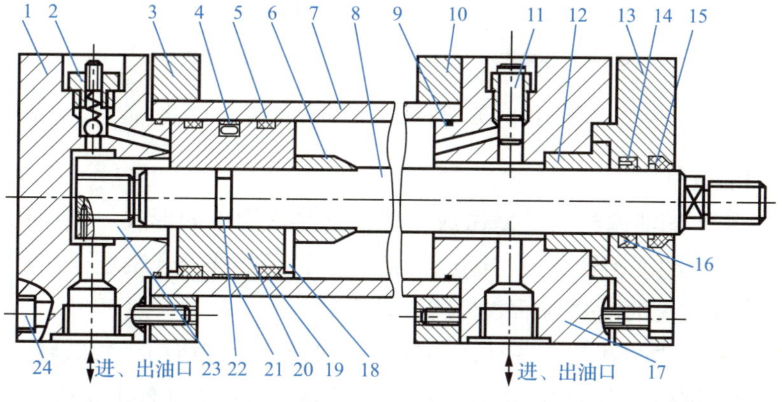

1—缸底；2—单向阀；3、10—法兰；4—格来圈密封；5、21—导向环；6—缓冲套；7—缸筒；8—活塞杆；9、22—O 形密封圈；11—缓冲节流阀；12—导向套；13—缸盖；14—斯特圈密封；15—防尘圈；16、19—Y 形密封圈；17—缸头；18—护环；20—活塞；23—无杆端缓冲套；24—连接螺钉。

图 3-9　单杆液压缸的结构

从上面所述的液压缸的典型结构中可以看到，液压缸的基本结构一般由缸筒和缸盖、活塞和活塞杆、密封装置、缓冲装置等组成。

（1）缸筒和缸盖

一般来说，缸筒和缸盖的结构形式和其使用的材料有关。当工作压力 $p<10$MPa 时，使用铸铁；当 $p<20$MPa 时，使用无缝钢管；当 $p>20$MPa 时，使用铸钢或锻钢。图 3-10 所示为缸筒和缸盖的常见结构形式。图 3-10（a）所示为法兰连接式，其结构简单，容易加工，也容易拆装，但外形尺寸和质量都较大，常用于铸铁制的缸筒上。图 3-10（b）所示为半环连接式，其缸筒壁部因开了环槽而降低了强度，为此有时要加厚缸壁。缸壁容易加工和拆装，质量较小，常用于无缝钢管或锻钢制的缸筒上。图 3-10（c）所示为螺纹连接式，其缸筒端部结构复杂，外径加工时要求保证内、外径同心，拆装要使用专用工具，它的外形尺寸和质量都较小，常用于无缝钢管或铸钢制的缸筒上。图 3-10（d）所示为拉杆连接式，其结构的通用性大，容易加工和拆装，但外形尺寸较大且较重。图 3-10（e）所示为焊接连接式，其结构简单，尺寸小，但缸底处内径不易加工，且可能引起变形。

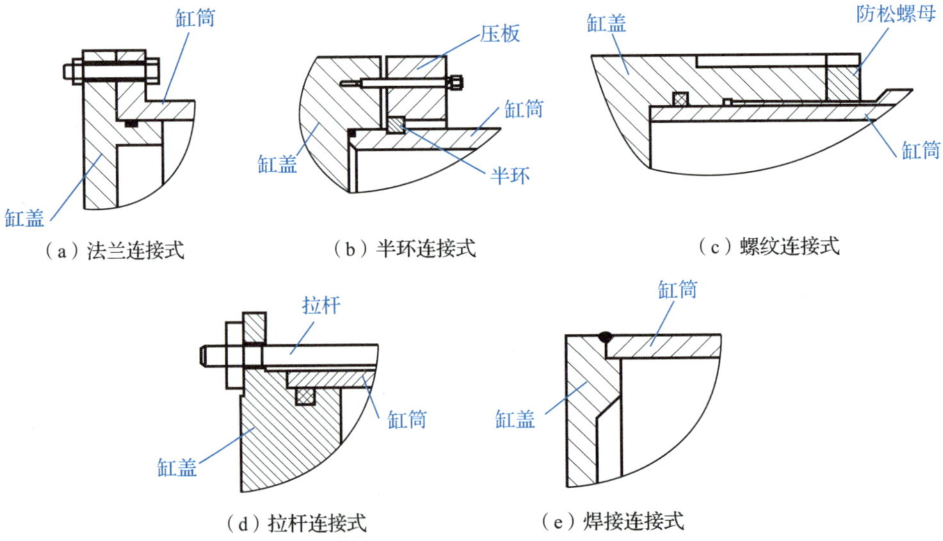

（a）法兰连接式　（b）半环连接式　（c）螺纹连接式

（d）拉杆连接式　（e）焊接连接式

图 3-10　缸筒和缸盖的常见结构形式

（2）活塞和活塞杆

把短行程液压缸的活塞杆与活塞做成一体，这是最简单的形式。但当行程较长时，这种整体式活塞组件的加工比较费事，因此常把活塞与活塞杆分开制造，然后连接成一体。图 3-11 所示为几种常见的活塞与活塞杆的连接形式。

图 3-11（a）所示为活塞与活塞杆之间采用螺纹连接，它适用于负载较小、受力无冲击的液压缸中。螺纹连接虽然结构简单，安装方便可靠，但在活塞杆上车螺纹将削弱其强度。图 3-11（b）、（c）所示为卡环式连接。图 3-11（b）中活塞杆上开有一个环形槽，槽内装有两个半环以夹紧活塞，半环由轴套套住，而轴套的轴向位置用弹簧卡圈固定。图 3-11（c）中的活塞杆，使用了两个半环，它们分别由两个密封圈座套住，半圆形的活塞安放在密封圈座的中间。图 3-11（d）所示是一种径向销式连接，用锥销把活塞固定在活塞杆上，这种连接方式特别适用于双出杆式活塞。

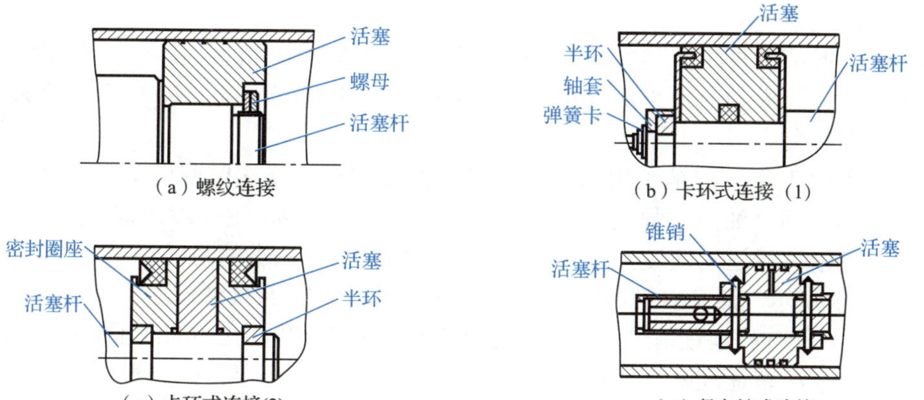

（a）螺纹连接　（b）卡环式连接（1）　（c）卡环式连接(2)　（d）径向销式连接

图 3-11　常见的活塞与活塞杆的连接型式

（3）密封装置

液压缸中常见的密封装置如图 3-12 所示。图 3-12（a）所示为间隙密封，依靠运动间的微小间隙来防止泄漏。为了提高密封能力，常在活塞表面上制出几条细小的环形槽，以增大油液通过间隙时的阻力。间隙密封结构简单，摩擦阻力小，可耐高温，但泄漏较大，加工要求高，磨损后无法恢复原有能力，只在尺寸较小、压力较低、相对运动速度较高的缸筒和活塞间使用。图 3-12（b）所示为摩擦环密封，它依靠套在活塞上的摩擦环（尼龙或其他高分子材料制成）在弹力作用下紧贴缸壁而防止泄漏。摩擦环密封效果较好，摩擦阻力较小且稳定，可耐高温，磨损后有自动补偿能力，但加工要求高，拆装较不便，适用于缸筒和活塞之间的密封。图 3-12（c）、（d）所示为密封圈（O 形密封圈、V 形密封圈等）密封，它利用橡胶或塑料的弹性使各种截面形状的环形密封圈紧贴在静、动合面之间来防止泄漏。其结构简单，制造方便，磨损后有自动补偿能力，性能可靠，在缸筒和活塞之间、缸盖和活塞杆之间、活塞和活塞杆之间、缸筒和缸盖之间都能使用。

微课：密封装置

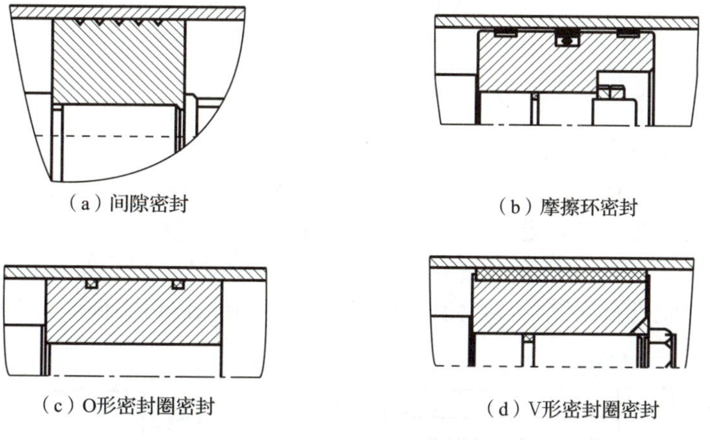

（a）间隙密封　（b）摩擦环密封　（c）O形密封圈密封　（d）V形密封圈密封

图 3-12　密封装置

活塞杆外伸部分很容易把脏物带入液压缸，使油液受到污染，使密封件磨损，因此常需在活塞杆密封处增添防尘圈，并放在向着活塞杆外伸的一端。

（4）缓冲装置

液压缸一般都设置缓冲装置，特别是大型、高速或要求高的液压缸，为了防止活塞在行进到行程终点时和缸盖相互撞击，引起噪声、冲击，则必须设置缓冲装置。

微课：缓冲装置

缓冲装置的工作过程是利用活塞或缸筒在其走向行程终端时封住活塞和缸盖之间的部分油液，强迫它从小孔或细缝中挤出，以产生很大的阻力，使工作部件受到制动，逐渐减慢运动速度，达到避免活塞和缸盖相互撞击的目的。

如图 3-13 所示，活塞向左正常运动时，液压缸左腔的油直接通过出油口排出。当活塞接近行程终点时，缓冲柱塞逐渐进入与其相配的缸盖上的配合孔，孔中的液压油只能通过间隙 δ 流向出油口，使活塞速度降低。当活塞到达行程最后阶段时，缓冲柱塞完全进入配合孔，此时油腔中的油只能经节流阀排出，起到缓冲作用。

系统换向时，液压油从进油口流入，单向阀开启，压力同时作用于缓冲柱塞左侧和活塞左侧，推动活塞向右正常移动，不会因流量过小、推力不足而产生起动缓慢或移动困难等现象。

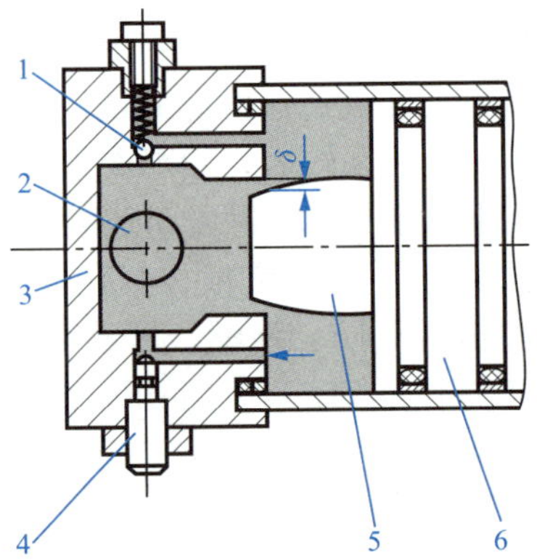

1—单向阀；2—进、出油口；3—缸盖；4—节流阀；5—缓冲柱塞；6—活塞。

图 3-13　液压缸的缓冲装置

4. 液压缸的拆装注意事项与维护

（1）液压缸的拆装注意事项

① 液压缸的基座必须有足够的刚度，否则加压时缸筒成弓形向上翘，使活塞杆弯曲。

② 缸的轴向两端不能固定死。如图 3-14（a）所示，当液压缸的运动方向与缸筒的轴线不重合时，活塞杆将产生挠度，使导向套、活塞产生偏载，导致缸盖密封损坏、漏油。因此，液压缸两端一般设有安装耳环，允许液压缸在一定范围内自由偏转，如图 3-14（b）所示。

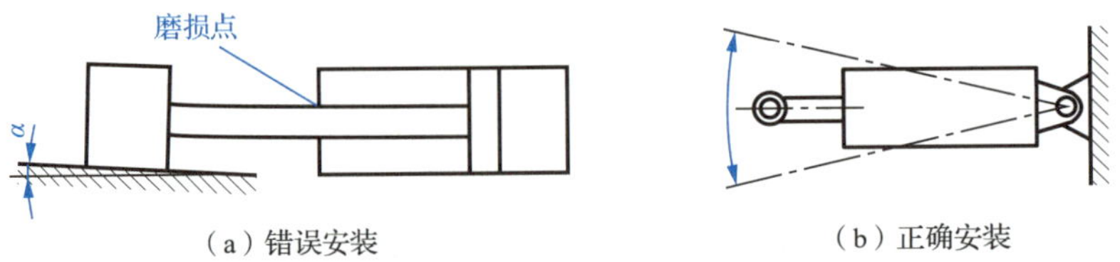

（a）错误安装　　（b）正确安装

图 3-14　液压缸的安装要求

③ 拆装液压缸时，严禁用锤敲打缸筒和活塞表面，若缸孔和活塞表面有损伤，则不允许用砂纸打磨，要用细油石精心研磨。导向套与活塞杆的间隙要符合要求。

④ 液压缸及周围环境应清洁。油箱要保证密封，防止污染。管路和油箱应进行清理，防止有脱落的氧化铁皮及其他杂物。清洗时要用无绒布或专用纸。不能使用麻线和胶黏剂做密封材料。液压油按设计要求选用，注意油温和油压的变化。空载时，拧开排气螺栓进行排气。

⑤ 拆装液压缸时，严防损伤活塞杆顶端的螺纹、缸口螺纹和活塞杆表面。更应注意，不能将活塞从缸筒中强行敲出。

（2）液压缸的检查与维护

① 密封件的检查与维护。活塞密封件是防止液压缸内泄的主要元件。对于唇形密封件，应重点检查唇边有无伤痕和磨损情况；对于组合密封件，应重点检查密封面的磨损量，然后判定密封件是否可使用。另外，还需检查活塞与活塞杆间隙密封圈有无挤伤情况。活塞杆的密封应重点检查密封件和支承环的磨损情况。一旦发现密封件和导向支承环存在缺陷，则应根据被修液压缸密封件的结构型式，选用相同结构型式和适宜材质的密封件进行更换，这样能最大限度地降低密封件与密封表面之间的油膜厚度，减少密封件的泄漏量。

② 缸筒的检查与维护。液压缸缸筒内表面与活塞密封是引起液压缸内泄的主要因素。如果缸筒内产生纵向拉痕，即使更换新的活塞密封，也不能有效地排除故障。缸筒内表面主要检查尺寸公差和几何公差是否满足技术要求，有无纵向拉痕，并测量纵向拉痕的深度，以便采取相应的解决方法。当缸筒存在微量变形和浅状拉痕时，采用强力研磨工艺修复缸筒。当缸筒内表面磨损严重，存在较深纵向拉痕时，则按照实物进行测绘，由专业生产厂按缸筒的制造工艺重新生产进行更换。

③ 活塞杆、导向套的检查与维护。活塞杆与导向套间的相对运动副是引起外漏的主要因素，当活塞杆表面镀铬层因磨损而剥落或产生纵向拉痕时，将直接导致密封件的失效。因此，应重点检查活塞杆的表面粗糙度和几何公差是否满足技术要求。如果活塞杆弯曲，则应校直达到要求；如果活塞杆表面镀层磨损、滑伤、局部剥落，则可采取磨去镀层，重新镀铬表面加工处理工艺。

④ 缓冲阀的检查与维护。对于阀缓冲液压缸，应重点检查缓冲阀阀芯与阀座的磨损情况。一旦发现磨损量加大、密封失效，则应进行更换。

（3）液压缸气蚀的预防

对液压缸进行维修时，经常可以看到液压缸内壁、活塞或活塞杆表面有一些蜂窝状的孔穴，这都是由气蚀所致的。对液压缸的气蚀做针对性的预防是十分必要的。具体预防气蚀的措施有：

① 严把液压油选用关。严格按照用油标准选用液压油。选用质量好的液压油，可以有效地防止液压系统在工作过程中出现气泡。在选用液压油时，应根据不同地区的最低气温进行选择，并按油尺标准加注液压油，同时还应保持液压系统的清洁（加注液压油时，应防止将水分和其他杂质带入），经常检查液压油的油质、油位和油色。当发现液压油中出现水泡、泡沫，或液压油变成乳白色时，应认真查找液压油中空气的来源，并及时加以消除。

② 防止油温过高，减少液压冲击。合理设计散热系统，应使系统的温度保持在合适的范围内，以降低气泡破裂时释放的能量。在不影响冷却液正常循环的同时，可以适当地添加一定量的防腐添加剂来抑制锈蚀。在操纵液压系统时，要力求平稳，不宜过快、过猛，

尽量减轻液压油对液压元件的冲击。

③ 保持各液压元件结合面的正常间隙。在制造或修理液压缸的主要零件（如缸体、活塞杆等）时，应按照装配尺寸的公差下限值进行装配，这样可以很好地减少气蚀现象的发生。如果液压元件已经出现气蚀现象，则只能采用金相砂纸抛光技术除去气蚀的麻点和表面积炭，切不可用一般的细砂纸进行打磨处理。

④ 维修时要注意排气。液压缸在维修后，应使液压系统平稳地运转一定的时间，以使液压系统中的液压油得到充分循环；必要时，可将液压缸进油管（或回油管）拆开。使液压油溢出，以达到排气的效果。

（4）液压缸常见故障产生原因及其排除方法

液压缸常见故障产生原因及其排除方法如表 3-1 所示。

表 3-1　液压缸常见故障产生原因及其排除方法

故障	故障产生原因	故障排除方法
液压缸不能动作	1. 执行运动部件的阻力太大	排除执行机构中存在的卡死、楔紧等问题；改善运动部件的导轨接触与润滑状态
	2. 进油口油液压力太低，达不到规定值	检查有关油路系统的泄漏情况并排除泄漏；检查活塞与活塞杆处密封圈有无损坏、老化、松脱等现象；检查液压泵、压力阀是否有故障
	3. 油液未进入液压缸	检查油管、油路，特别是软管接头是否已被堵塞，应依次检查从缸到泵的有关油路并排除堵塞；检查溢流阀的锥阀与阀座间的密封是否良好；检查电磁阀弹簧是否损坏或电磁铁线圈是否烧坏；检查油路是否切换不灵敏
	4. 液压缸本身滑动部件的配合过紧，密封摩擦力过大	活塞杆与导向套之间应选用 H8/f8 配合；检查密封圈的尺寸是否严格按标准加工；如采用的是 V 形密封圈，则应将密封摩擦力调整到适中程度
	5. 由于设计和制造不当，当活塞行至终点后回程时，液压油作用在活塞的有效工作面积过小	改进设计、重新制造
	6. 活塞杆承受的横向载荷过大，特别别劲或拉缸、咬死	安装液压缸时，使缸筒轴线与运动方向一致；使液压缸承受的负载尽量通过缸轴线，以避免产生偏心现象；当液压缸水平旋转时，活塞杆因自重产生挠度，使导向套、活塞产生偏载，导致缸盖密封损坏、漏油，活塞卡在缸筒内，对此可采取如下措施：加大活塞直径，并将活塞外圆加工成鼓凸形，使活塞能够在缸筒内自动对中，以改善受力状况，减少和避免拉缸；活塞与活塞杆的连接采用球形接头
	7. 液压缸的背压太大	减少背压
动作不灵敏（有阻滞现象）	1. 液压缸内有空气	通过排气阀排气。检查活塞杆往复运动部位的密封圈处有无吸入空气，若有，则更换密封圈
	2. 液压泵运转有不规则现象，泵转动有阻滞或有轻度咬死现象	根据液压泵的类型，按其故障形成的原因分别加以解决，具体方法请参看有关资料
	3. 带缓冲装置的液压缸反向起动时，常出现活塞暂时停止或逆退现象	单向阀的孔口太小，使进入缓冲腔的油量太少，甚至出现真空，因此在缓冲柱塞离开端盖的瞬间会出现左侧故障现象。对此，应加大单向阀的孔口
	4. 活塞运动速度高时，单向阀的钢球跟随油流流动，以致堵塞阀孔，致使液压缸动作不规则	将钢球换成带导向肩的锥阀或阀芯
	5. 橡胶软管内层剥离，使油路时通时断，造成液压缸动作不规则	更换橡胶软管
	6. 液压缸承受一定的横向载荷	与“液压缸不能动作”故障的排除方法相同

续表

故障	故障产生原因	故障排除方法
运动有爬行现象	1. 液压缸之外的原因 ① 运动机构刚度太小，形成弹性系统 ② 液压缸的安装位置精度差 ③ 相对运动件间的静摩擦因数与动摩擦因数差别太大，即摩擦力变化太大 ④ 导轨的制造与装配质量差，使摩擦力增加，受力情况不好	适当提高有关组件的刚度，以减小弹性变形 提高液压缸的装配质量 在相对运动表面之间涂一层防爬油（如二硫化钼润滑油），并保证有良好的润滑条件 提高制造与装配质量
	2. 液压缸自身原因 ① 液压缸内有空气，使工作介质形成弹性体 ② 密封摩擦力过大	充分排除空气，检查液压泵吸油管直径是否太小，吸油管接头密封是否良好，以防止泵吸入空气 活塞杆与导向套的配合采用 H8/f8 的配合，密封圈的尺寸应严格按标准加工；采用 V 形密封圈时，应将密封摩擦力调整到适中程度

任务实施：拆装液压缸

1. 实训步骤

① 观察液压缸的外部形状，记录铭牌标记。

② 按拆卸步骤逐个拆下液压缸各零件并编号；指出所拆液压缸的密封方式、活塞连接方式、端盖连接形式及液压缸的固定安装特点。

③ 清洗各零件。

④ 按装配步骤装配各零件。

⑤ 完成项目工单，清理现场。

2. 拆装注意事项

① 预先准备好拆卸工具：内六角扳手、内卡簧钳、活扳手或呆扳手、螺钉旋具、铜棒、木槌等。

② 螺钉要对称松卸。

③ 拆卸时应注意做好记号。

④ 注意勿碰伤或损坏零件和轴承等。

⑤ 紧固件应借助专用工具拆卸，不得任意敲打。

3. 液压缸的拆装步骤

（1）拆卸步骤

① 松开并卸下液压缸两端的端盖与缸筒上的固定螺钉。

② 拆下液压缸端盖。

③ 拆下活塞杆与活塞之间的锁定装置，旋转活塞杆将活塞与活塞杆分离。

④ 取出密封圈。

⑤ 拆卸后清洗、检验、分析，准备装配。

（2）装配步骤

① 在缸头上安装活塞杆密封圈。安装密封圈时必须使用专用工具。

② 将活塞旋紧或用锁母旋紧，安装在活塞杆上。

③ 安装缸头、缸底的密封圈。
④ 将缸底对正安装在缸筒上，拧紧螺栓。
⑤ 将安装好活塞的活塞杆对正装入缸筒。
⑥ 在缸筒内孔上和缸头杆密封处涂液压油，将缸头对正活塞杆位置装入缸筒，拧紧螺栓。

4. 问题分析

① 活塞式、柱塞式液压缸各有什么特点？
② 液压缸的哪些位置设有密封装置？常见的密封方法有哪些？

思考与练习

1. 什么是差动连接？应用在什么场合？
2. 试分析液压缸缓冲装置的工作过程。

任务3.2 液压缸的设计与计算

任务目标

1. 能够说明设计液压缸结构时需注意的问题；
2. 能够设计与计算液压缸的主要尺寸。

任务描述

液压缸的设计与计算。

相关知识：液压缸结构设计的基本知识

液压缸设计是整个液压系统设计的重要内容之一。对于不同的设备及其工作机构，液压缸具有不同的用途和工作要求，因此在设计液压缸之前，应做好充分的调查研究，收集必要的原始资料和设计依据，包括：设备用途、性能和工作条件；工作机构的形式、结构特点、负载情况、行程大小和动作要求；液压缸所选定的工作压力和流量；同类型液压缸的技术资料和使用情况，以及有关国家标准和技术规范等。

1. 液压缸的结构设计

不同的液压缸有不同的设计内容和要求，一般在设计液压缸的结构时应注意下列问题：
① 在保证满足设计要求的前提下，尽量使液压缸的结构简单紧凑、尺寸小，尽量采用

标准形式和标准件，使设计、制造容易，装配、调整、维护方便。

② 应尽量使活塞杆在受拉力的情况下工作，以免产生纵向弯曲。为此，在双出杆活塞式液压缸中，活塞杆与支架连接处的螺栓紧固螺母应安装在支架外侧。

③ 当确定液压缸在机床上的固定形式时，必须考虑缸体受热后的伸长问题。为此，缸体只应在一端用定位销固定，而让另一端能自由伸缩。双出杆液压缸的活塞杆与支架之间不能采用刚性连接。

④ 当液压缸很长时，应防止活塞杆由于自重产生过大的下垂而使局部磨损加剧。

⑤ 应尽量避免用软管连接。

2. 液压缸主要尺寸的计算

在计算中，活塞缸直径是指其内径。缸内径 D 和活塞杆直径 d 可根据最大总负载和选取的工作压力来确定。对于单杆缸，当无杆腔进液体时，由式（3-3）可得

$$D=\sqrt{\frac{4F_1}{\pi(p_1-p_2)}-\frac{d^2p_2}{p_1-p_2}} \tag{3-14}$$

当有杆腔进液体时，由式（3-5）可得

$$D=\sqrt{\frac{4F_2}{\pi(p_1-p_2)}+\frac{d^2p_1}{p_1-p_2}} \tag{3-15}$$

式中，p_2——背压，一般选取背压 $p_2=0$。

当 $p_2=0$ 时，式（3-14）和式（3-15）便可简化，即当无杆腔进液体时，有

$$D=\sqrt{\frac{4F_1}{\pi p_1}} \tag{3-16}$$

当有杆腔进液体时，有

$$D=\sqrt{\frac{4F_2}{\pi p_1}+d^2} \tag{3-17}$$

若综合考虑排液腔对活塞产生的背压、活塞和活塞杆处密封及导套产生的摩擦力，以及运动件质量产生的惯性力等的影响，一般取机械效率 η_m=0.8～0.9。

式（3-3）中的活塞杆直径 d 可根据工作压力或设备类型选取，如表3-2和表3-3所示。

表3-2 液压缸工作压力与活塞杆直径

液压缸工作压力 p/MPa	<5	5～7	>7
推荐活塞杆直径 d	（0.5～0.55）D	（0.6～0.7）D	0.7D

表3-3 设备类型与活塞杆直径

设备类型	磨床、珩磨及研磨机	插、拉、刨床	钻、镗、车、铣床
活塞杆直径 d	（0.2～0.3）D	0.5D	0.7D

当对液压缸的往复运动速度比有一定要求时，由式（3-7）得杆径 d 为

$$d=D\sqrt{\frac{\lambda_v-1}{\lambda_v}} \tag{3-18}$$

液压缸的往复运动速度比过大会使无杆腔产生过大的背压；过小，则活塞杆太细，稳定性不好。液压缸往复运动速度比推荐值如表3-4所示。

表 3-4　液压缸往复运动速度比推荐值

工作压力 p/MPa	≤10	1.25～20	>20
往复运动速度比	1.33	1.46～2	2

计算所得的液压缸内径 D 和活塞杆直径 d 应圆整为标准系统（可查液压设计手册）。

液压缸的缸筒长度由活塞最大行程、活塞长度、活塞杆导向套长度、活塞杆密封长度和特殊要求的其他长度确定。其中，活塞长度 B=（0.6～1.0）D，导向套长度 A=（0.6～1.5）d。为减少加工难度，一般液压缸的缸筒长度不应该大于内径的 20 倍。

缸的进出口直径 d_0 可用下式求得：

$$d_0=\sqrt{\frac{4q}{\pi v}} \tag{3-19}$$

式中，q ——液压缸配管内的流量；

v ——液压缸配管内液体的平均流速（一般取 v=4～5m/s）。

计算得出的数值需按液压相差标准进行圆整。

3. 液压缸的强度、稳定性验算

缸筒是液压缸的重要零件，它承受液体作用的压力，需进行强度的计算与校核。活塞杆受轴向压缩负载时，为避免发生纵向弯曲，还要进行压杆的稳定性验算。有关校核验算的方法参考材料力学的有关公式。

任务实施：液压缸的设计与计算

【实例】 为图 3-15 所示液压回路设计一单杆活塞液压缸，要求快进时为差动连接，快进和退回的速度相等，均为 6m/min。工进时可驱动的负载 F=28 000N，背压为 0.3MPa。系统采用额定压力为 6.3MPa、额定流量为 25L/min 的液压泵驱动。试确定液压缸的缸筒内径和活塞杆直径。

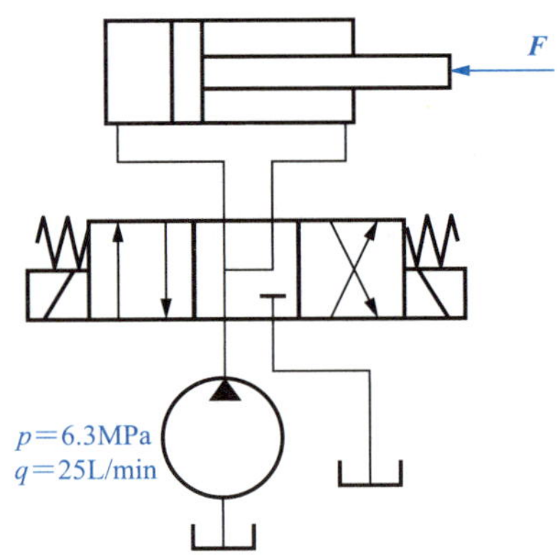

图 3-15　实例图

解： 快进时为差动连接，由式（3-9）可得活塞杆直径 d 为

$$d=\sqrt{\frac{4q_1}{\pi v_3}}=\sqrt{\frac{4\times 25\times 10^{-3}}{3.14\times 6}}\approx 0.07\text{（m）}$$

机械效率取 η_m=0.85，则需提供的推力为

$$F_1=\frac{F}{\eta_m}=\frac{28\,000}{0.85}\approx 32\,941\text{（N）}$$

工进时是无杆腔进油，由式（3-14）可得缸筒内径 D 为

$$D=\sqrt{\frac{4F_1}{\pi(p_1-p_2)}-\frac{d^2 p_2}{p_1-p_2}}$$

$$=\sqrt{\frac{4\times 32\,941}{3.14\times(6.3-0.3)\times 10^6}-\frac{0.07^2\times 0.3\times 10^6}{(6.3-0.3)\times 10^6}}\approx 0.08\text{（m）}$$

上式所求得的缸径为满足液压泵在额定压力下能驱动负载的最小值，在此前提下，还应满足运动速度要求。根据题意，快进和退回速度相等，可由式（3-10）求得缸筒内径D为

$$D=\sqrt{2}d=\sqrt{2}\times 0.07\approx 0.1\text{（m）}$$

思考与练习

1．图3-16为一液压千斤顶的结构示意图，画出该千斤顶的液压回路图。当负载W=20 000N时，需多大的作用力F才能将其顶起。

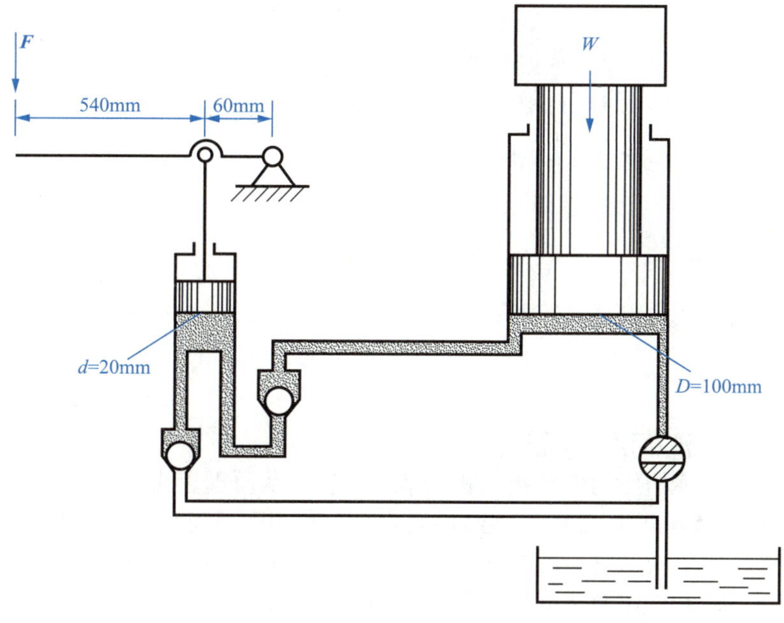

图3-16　题1图

2．设计差动连接液压缸，要求快进速度$v_{进}$为快退速度$v_{退}$的2倍，求缸筒内径D与活塞杆直径d之比。

3．如图3-17所示，已知活塞直径D、活塞杆直径d、进油压力p、进油流量q，各缸上负载F相同。试求活塞1和活塞2的运动速度v_1、v_2和负载F。

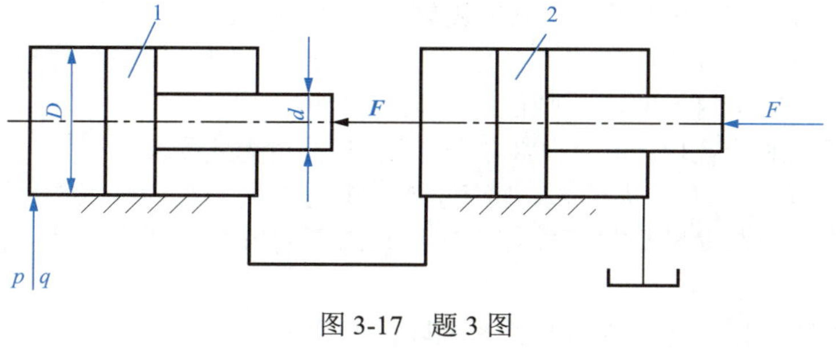

图3-17　题3图

任务 3.3 液压马达认知与拆装

任务目标

1. 能够描述液压马达的工作性能参数;
2. 能够描述液压马达的工作过程;
3. 能够正确使用与维护液压马达;
4. 能够动手拆装液压马达。

任务描述

拆装液压马达。

相关知识：液压马达的基本知识

1. 液压马达认知

（1）液压马达与液压泵的比较

液压马达是把液体的压力能转换为机械能的装置，从原理上讲，液压泵与液压马达是可逆工作的液压元件，都具有同样的基本结构要素——密闭而又可以周期变化的容积和相应的配流机构。但是，由于液压马达和液压泵的工作条件不同，对它们的性能要求也不一样，所以同类型的液压马达和液压泵之间仍存在许多差别。例如：

① 液压马达一般需要正反转，因此内部结构应具有对称性，而液压泵一般要求是单方向旋转。

② 为了减小径向力，一般液压泵的吸油口比出油口的尺寸大，而液压马达进、出油口的尺寸相同。

③ 液压马达要求能在很宽的转速范围内正常工作，因此应采用液动轴承或静压轴承。因为当马达速度很低时，若采用动压轴承，则不易形成润滑油膜。

④ 叶片泵依靠叶片跟转子一起高速旋转而产生的离心力使叶片始终紧贴定子的内表面实现封油，形成工作容积。若将其当作液压马达使用，则必须在叶片根部装上弹簧，以保证叶片始终紧贴定子内表面，否则低速时无法封油。

⑤ 液压泵在结构上需保证具有自吸能力，而液压马达无此要求。

⑥ 液压马达必须具有较大的起动转矩。该转矩通常大于在同一工作压差时处于运行状态下的转矩，为了使起动转矩尽可能接近运行状态下的转矩，要求马达内部摩擦小，转矩脉动小。

上述分析说明液压马达和液压泵并不能随意互逆使用。

（2）液压马达的分类及图形符号

液压马达与液压泵一样，按其结构型式可分为齿轮式、叶片式和柱塞式；按其排量是否可调可分为定量式和变量式。

液压马达根据其转速可分为高速液压马达和低速液压马达两类。一般认为，额定转速高于 500r/min 的马达属于高速液压马达；额定转速低于 500r/min 的马达属于低速液压马达。高速液压马达的主要特点是转速高、转动惯量小，便于起动、制动、调速和换向。通常高速液压马达的输出转矩不大，因此其又称为高速小转矩液压马达。低速液压马达的主要特点是排量大、低速稳定性好和具有较大的起动转矩，因此可以直接与工作机构连接，不需要减速机构，从而大大减少了机械的传动装置。低速液压马达的输出转矩较大，因此其又称为低速大转矩液压马达。

液压马达的图形符号如图 3-18 所示。

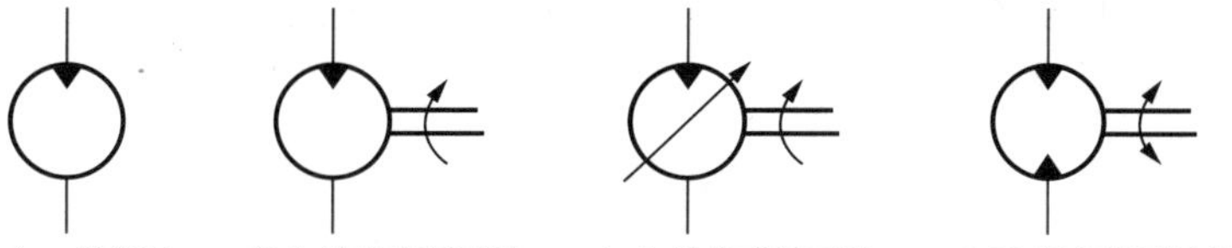

（a）一般符号　（b）单向定量马达　（c）单向变量马达　（d）双向定量马达

图 3-18　液压马达的图形符号

（3）工作性能参数分析

1）液压马达的排量和输出转矩。液压马达在工作中输出的转矩大小是由负载转矩所决定的。但是，推动同样大小负载，工作容腔大的马达的压力要低于工作容腔小的马达的压力，所以工作容腔的大小是液压马达工作能力的重要标志。

液压马达工作容腔大小的表示方法和液压泵相同，也用排量 V 表示。排量是液压马达的重要参数。根据排量大小可以计算给定压力下液压马达所能输出的转矩大小，也可以计算在给定负载转矩下马达的工作压力。当液压马达进、出油口之间的压力差为 Δp，输入液压马达的流量为 q，液压马达输出的理论转矩为 T_t，角速度为 ω，如果不计损失，液压泵输出的液压功率应当全部转换为液压马达输出的机械功率，即

$$\Delta pq = T_t\omega \tag{3-20}$$

又因为 $\omega=2\pi n$，$q=Vn$，所以液压马达的理论转矩为

$$T_t = \frac{\Delta pV}{2\pi} \tag{3-21}$$

2）液压马达的机械效率和起动机械效率。由于液压马达内部不可避免地存在各种摩擦，实际输出的转矩 T 总要比理论转矩 T_t 小些，即

$$T = \frac{\Delta pV\eta_m}{2\pi} \tag{3-22}$$

式中，η_m——液压马达的机械效率。

另外，在同样的压力下，液压马达由静止到开始转动过程中的输出转矩要比运转中的转矩小，因为静止状态下机件间的摩擦因数大于相对滑动时的摩擦因数。对于液压马达，静止状态下润滑油膜被挤掉，接近干摩擦，而液压马达开始运动后就会建立起润滑油膜，摩擦阻力立即下降，并随着滑动速度增大和油膜变厚而减小。这给液压马达带负载起动造成了困难，所以起动性能对液压马达十分重要。

液压马达的起动性能指标为起动机械效率 η_{m0}，其表达式为

$$\eta_{m0}=\frac{T_0}{T} \tag{3-23}$$

式中，T_0——液压马达的起动转矩。

不同类型的液压马达，其内部受力部件的力平衡情况不同，摩擦力的大小不同，所以 η_{m0} 也不尽相同。同一类型的液压马达，摩擦副的力平衡设计不同，η_{m0} 也有很大差异。例如，有的齿轮液压马达 η_{m0} 只有 0.6 左右，而高性能低速大转矩液压马达 η_{m0} 却可达到 0.9 左右。因此，对需要带载起动的应用场合，必须注意所选择的液压马达的起动性能。

微课：液压马达的低速稳定性

3）液压马达的转速和低速稳定性。液压马达的转速取决于供液流量 q 和液压马达本身的排量 V。由于液压马达内部有泄漏，进入液压马达的一小部分液体不推动液压马达做功，所以液压马达的实际转速要比理论转速稍低，实际转速为

$$n=\frac{q}{V}\eta_v \tag{3-24}$$

式中，η_v——液压马达的容积效率；

n——液压马达的实际转速，r/min。

当液压马达工作转速过低时，往往保持不了均匀的速度，进入时动时停的不稳定状态，这就是所谓的爬行现象。若要求高速液压马达以不超过 10r/min 的速度工作，低速大转矩液压马达以不超过 3r/min 的速度工作，则并不是所有的液压马达都能满足要求，这就需要在选择液压马达时注意低速稳定性。

4）调速范围。当负载从低速到高速在很宽的转速范围内工作时，也要求液压马达能在较大的调速范围内工作，否则需要连接换挡变速机构，这将使传动机构复杂化。液压马达的调速范围以允许的最大转速和最低稳定转速之比表示，即

$$i=\frac{n_{max}}{n_{min}} \tag{3-25}$$

显然，调速范围宽的液压马达应当既能达到高速，又有良好的低速稳定性。

2. 液压马达的工作过程

（1）叶片式液压马达的工作过程

微课：叶片式液压马达

图 3-19 所示为叶片式液压马达的工作原理示意图。其工作过程是当压力为 p 的油液从进油口经配油窗口 a 输入转子与相邻两叶片间的密封容腔，进入叶片 1 和 3 之间时，叶片 2 因两面均受液压油的作用所以不产生转矩。叶片 1、3，一面受液压油作用，另一面通过配油窗口 b 与回油口相通，受低压油作用。由于叶片 3 伸出的面积大于叶片 1 伸出的面积，因此作用于叶片 3 上的总液压力大于作用于叶片 1 上的总液压力，于是压力差使转子产生顺时针的转矩。同样道理，液压油进入叶片 5 和 7 之间时，叶片 7 伸出的面积大于叶片 5 伸出的面积，也产生顺时针转矩。这样就把油液的压力能转换成了机械能，这就是叶片式液压马达的工作原理。当输油方向改变时，液压马达就反转。

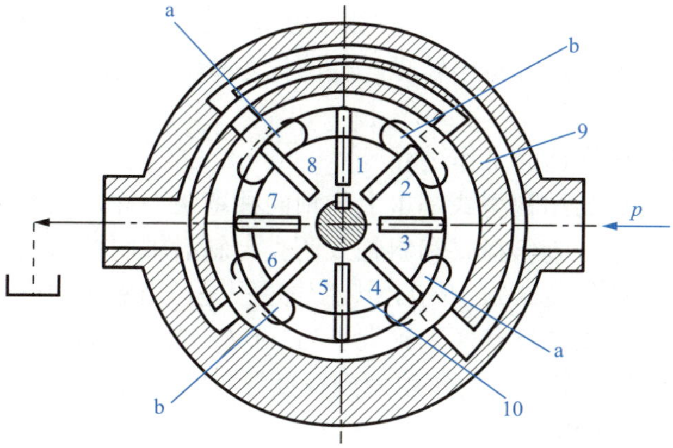

1～8—叶片；9—定子；10—转子；a、b—配油窗口。

图 3-19　叶片式液压马达的工作原理示意图

由于液压马达一般都要求能正反转，因此叶片式液压马达的叶片要径向放置。为了使叶片根部始终通有液压油，在回、进油腔通入叶片根部的通路上应设置单向阀，为了确保叶片式液压马达在液压油通入后能正常起动，必须使叶片顶部和定子内表面紧密接触，以保证良好的密封，因此在叶片根部应设置预紧弹簧。

叶片式液压马达的体积小，转动惯量小，因此动作灵敏，可适应的换向频率较高。但泄漏较大，不能在很低的转速下工作，因此叶片式液压马达一般用于转速高、转矩小和动作灵敏的场合。

（2）径向柱塞式液压马达的工作过程

图 3-20 为径向柱塞式液压马达的工作原理示意图。其工作过程是，当液压油经固定的配流轴 4 的窗口进入缸体 2 内柱塞 1 的底部时，柱塞向外伸出，紧紧顶住定子 3 的内壁；由于定子与缸体存在一偏心距 e，在柱塞与定子接触处，定子对柱塞的反作用力沿圆周切线方向的分力 $\boldsymbol{F}$ 对缸体产生一转矩，使缸体旋转；缸体再通过端面连接的传动轴向外输出转矩和转速。

微课：径向柱塞式液压马达

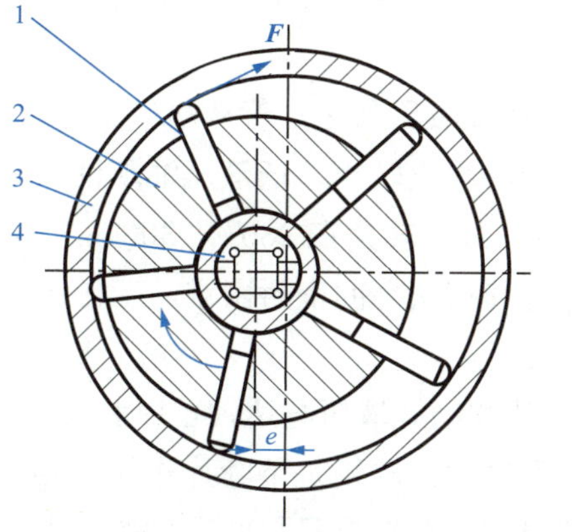

1—柱塞；2—缸体；3—定子；4—配流轴。

图 3-20　径向柱塞式液压马达的工作原理示意图

以上分析的是一个柱塞产生转矩的情况。在压油区有多个柱塞同时作用，每个柱塞上所产生的转矩都使缸体旋转，并输出转矩。径向柱塞式液压马达多用于低速大转矩工况。

微课：轴向柱塞式液压马达

（3）轴向柱塞式液压马达的工作过程

轴向柱塞式液压马达的结构型式基本上与轴向柱塞泵一样，故其种类与轴向柱塞泵相同，也分为斜盘式和斜轴式两类。斜盘轴向柱塞式液压马达的工作原理示意图如图 3-21 所示。其工作过程是，当液压油进入液压马达的高压腔之后，工作柱塞便受到大小为 pA（p 为油压力，A 为柱塞面积）的油压作用力，压向倾角为ϕ的斜盘，其反作用力沿垂直方向的分力 $\boldsymbol{F}$ 使柱塞对缸体中心产生转矩 $\boldsymbol{T}$，带动液压马达逆时针旋转。

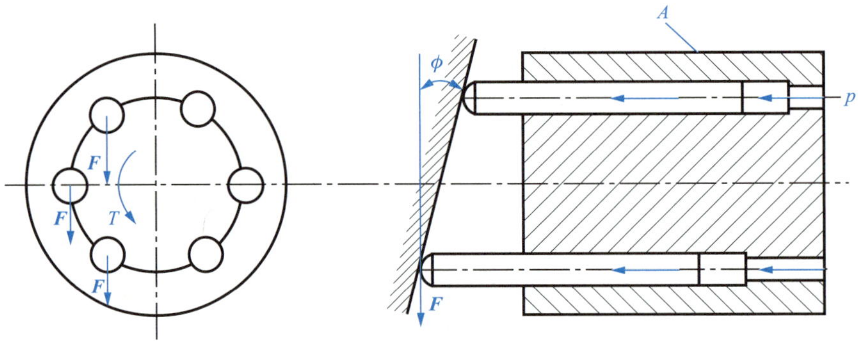

图 3-21　斜盘轴向柱塞式液压马达的工作原理示意图

一般来说，轴向柱塞式液压马达都是高速马达，输出转矩小，因此必须通过减速器来带动工作机构。

（4）摆动式液压马达的工作过程

摆动式液压马达主要用来驱动间歇回转的工作机构，如回转夹具、分度机构、送料、夹紧等机床辅助装置，也有用在周期性进给的系统中的。常用的摆动式液压马达有单叶片式和双叶片式两种结构。

图 3-22（a）是单叶片摆动式液压马达，若从油口 I 通入液压油，叶片在油压作用下，带动输出轴做逆时针回转，同时输出转矩，低液压油从油口 II 排出。单叶片摆动马达的优点是结构较简单、摆动角度大，最大转角在 280°～300°；缺点是液压心轴所受的径向液压力不平衡，叶片和壳体、叶片和挡块之间密封困难，工作压力难以突破 10MPa，输出的转矩较小。

图 3-22（b）所示为双叶片摆动式液压马达，心轴上固定有两个叶片，因此在同样大小的结构尺寸和工作压力下，所产生的转矩是单叶片式的 2 倍，而且径向液压力得到平衡。但双叶片摆动马达在相同流量下，角速度是单叶片式的一半，转角一般小于 150°。

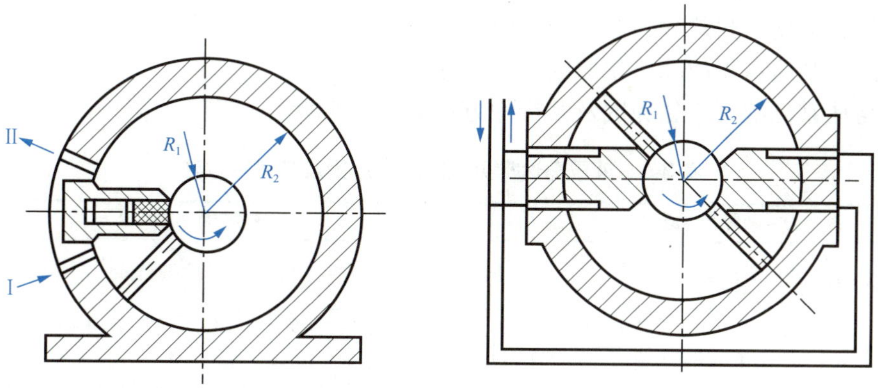

（a）单叶片式　　（b）双叶片式

图 3-22　摆动式液压马达的工作原理示意图

3. 液压马达的使用与维护

（1）液压马达的安装与维护

1）安装注意事项。

① 液压马达的传动轴与其他机械连接时要保证同心，或采用挠性连接。

② 液压马达的轴承受径向力的能力，对于不能承受径向力的液压马达，不得将传动带轮等传动件直接装在主轴上。

③ 液压马达泄漏油管要畅通，一般不接背压，当泄漏油管太长或因某种需要而接背压时，其大小不得超过低压密封所允许的数值。

④ 外接的泄漏油应能保证液压马达的壳体内充满油，防止停机时壳体里的油全部流回油箱。

⑤ 对于停机时间较长的液压马达，不能直接满载运转，应空运转一段时间后再正常使用。

微课：液压马达的主要参数

微课：液压马达的计算公式

微课：液压马达的计算应用

2）使用与维护注意事项。

① 转速和压力不能超过规定值。

② 通常对低速液压马达的回油口应有足够的背压。一般背压值为 0.3～1.0MPa，转速越高，背压值应越高。

③ 避免在系统有负载的情况下突然起动或停止，这是因为在系统有负载的情况下突然起动或停止制动器会造成压力尖峰，泄压阀不可能反应得那么快，液压马达易受损害。

④ 使用具有良好安全性能的润滑油。

⑤ 经常检查油箱的油量。这是一种简单但重要的防患措施。

⑥ 尽可能使液压油保持清洁。

⑦ 声音、振动和热度的微小变化都意味着液压马达存在问题。发出咔嗒声意味着存在空隙，坏的轴承或套管可能会发出一种不寻常的嗡嗡声，同时有振动。当液压马达摸起来很热时，往往预示着存在故障。如果机器早晨运行良好，但在这一天里逐渐丧失动力，就是液压马达性能变差的一个迹象。老旧的液压马达内部的泄漏量会随温度的升高而增加，

由于内部泄漏会使密封垫和衬圈变形，所以还会导致发生外部泄漏。

（2）液压马达常见故障产生原因及其排除方法

液压马达常见故障产生原因及其排除方法如表 3-5 所示。

表 3-5　液压马达常见故障产生原因及其排除方法

故障	故障产生原因	故障排除方法
液压马达旋向不对	控制阀的油管接错	查看设备的原始资料，并按要求纠正回路管路
液压马达不能反转或不能达到应有的速度和转矩	1. 被驱动装置由于安装误差别劲 2. 油自由循环流回油箱 3. 溢流阀卡在打开位置 4. 液压马达变量机构不是设定在相应的角度位置 5. 超载溢流阀的压力设定不够高 6. 泵不能传送足够的压力或流量	拆下液压马达，并检查被驱动装置的传动轴转动需要多大转矩 检查回路、开关及阀门的工作位置 从溢流阀压力调节机构的钢球或柱塞下排除脏物，清洗和抛光受卡阀芯 调节手轮，将液压马达调到相应排量的倾角位置，起动时间调到最大倾角，然后减小倾角，以输出所要的转速和转矩 检查系统压力，并重新设定溢流阀 检查泵的流量、压力和液压马达的速度
液压马达不转	1. 液压马达的内部机构受卡 2. 进油无压力 3. 油液被污染 4. 传动轴由于各种原因被卡 5. 油液黏度不对	排除障碍物，在可能时重新垫片 检查和修理被堵塞及有泄漏或破裂的油管、油路 检查和清洗进油系统，查找污染源，重新灌入合适质量的干净油液 检查负载、油面高度、油的质量，更换传动轴，检查油管、油路 重新灌入合适数量和质量的干净油
液压马达工作速度慢	1. 油温高 2. 液压马达磨损 3. 过滤器堵塞	检查油管是否阻塞、黏度是否合适、油面是否太低 检查泵和液压马达的特性参数，必要时更换或修理 检查并清洗或更换滤芯
向外漏油	密封垫泄漏	更换密封垫

任务实施：拆装液压马达

拆装柱塞马达。

1. 实训步骤

① 观察液压马达的外部形状，记录铭牌标记。

② 按拆卸步骤逐个拆下液压缸各零件并编号；指出所拆液压马达配流装置的结构和进出油液流动路线。

③ 清洗各零件。

④ 按装配步骤装配各零件。

⑤ 完成项目工单，清理现场。

2. 拆装注意事项

① 预先准备好拆卸工具：内六角扳手、内卡簧钳、活扳手或呆扳手、螺钉旋具、铜棒、木槌等。

② 螺钉要对称松卸。

③ 拆卸时应注意做好记号。

④ 注意勿碰伤或损坏零件和轴承等。

⑤ 紧固件应借助专用工具拆卸，不得任意敲打。

3. 液压马达的拆装步骤

（1）拆卸步骤

① 拆下螺栓，将冲洗阀拆下，取出右泵盖。

② 取出配流盘、泵体上的密封圈。

③ 取出回转缸体。

④ 拆卸压板安装螺钉后，取出压板和柱塞。

⑤ 从泵体左侧拆卸输出轴。

⑥ 拆卸后清洗、检验、分析，准备装配。

（2）装配步骤

① 将输出轴从左端装入。

② 将柱塞套入回转缸体内，安装柱塞球铰。

③ 装入配流盘。

④ 将密封圈装入泵盖内，连接泵盖和泵体。

⑤ 将冲洗阀阀芯装入阀体内，安装单向阀和螺母，将冲洗阀装在泵盖上。

⑥ 装进、出油口盖板。

思考与练习

1．液压马达和液压泵在结构上有哪些区别？

2．用某液压泵带动一台排量为 80mL 的液压马达。当负载转矩为 120N • m 时，该液压马达的机械效率为 0.94，转速为 1100r/min。此时液压泵出口压力为 10MPa，输出流量为 94L/min。求此时该液压马达的容积效率。

项目4 液压辅助元件认知与拆装

项目目标

知识目标

1. 了解油管的作用及选用方法；
2. 了解管接头的形式；
3. 了解油箱的功用和结构；
4. 了解过滤器的结构和性能；
5. 了解蓄能器的结构和性能；
6. 了解密封装置的基本要求和结构特性。

技能目标

1. 能够正确选用油管；
2. 能够动手连接管路；
3. 能够设计、安装油箱；
4. 能够正确选用、安装和维护过滤器；
5. 能够正确使用和维护蓄能器；
6. 能够正确选用和维护密封件。

素质目标

1. 培养一丝不苟的工作态度和善于分析问题、解决问题的能力；
2. 发扬吃苦耐劳、专注执着的工匠精神，提升职业素养和信息素养。

任务 4.1 蓄能器认知与拆装

任务目标

1. 能够说明蓄能器的结构；
2. 能够描述蓄能器的功能特性；
3. 能够正确使用与维护蓄能器。

任务描述

拆装蓄能器，认识其内部结构。

相关知识：蓄能器的结构、功能与使用

蓄能器是液压系统中的一种能量储蓄装置，它能储存液压油液，将系统中的能量转换为压缩能或位能储存起来，并在需要时释放出来供系统使用。此外，蓄能器还能在系统压力波动时吸收部分能量，以保证整个系统压力正常。

1. 蓄能器的结构

蓄能器按加载方式可分为充气式、重锤式、弹簧式 3 类，其结构形式和相应图形符号如图 4-1 所示。其中，充气式最为常用，它利用气体的压缩和膨胀储存和释放压力能。根据气、液的隔离方式不同，又可细分为活塞式、气囊式、隔膜式 3 种。下面主要介绍常用的活塞式和气囊式两种。

微课：蓄能器的结构

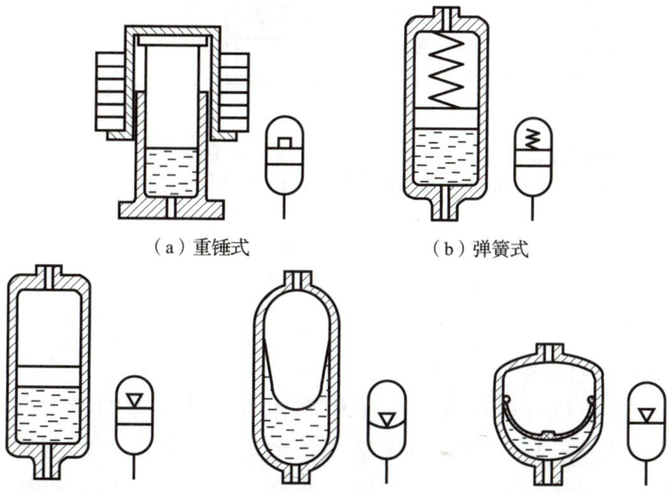

（a）重锤式　（b）弹簧式

（c）活塞式　（d）气囊式　（e）隔膜式

图 4-1　蓄能器的结构形式及图形符号

（1）活塞式蓄能器

活塞式蓄能器的结构如图 4-2（a）所示，用壳体 1 内浮动的活塞 2 将气体与油液隔开，气体（一般为氮气）经充气阀 3 进入上腔，活塞 2 的凹部面向充气端，以增加气室容积，蓄能器的下腔油口 a 充液压油。活塞式蓄能器结构简单，安装和维修方便，寿命长，但由于活塞惯性和密封件的摩擦力影响，其动态响应较慢，适用于压力低于 20MPa 的系统储能或吸收压力脉动。各种不同的蓄能器均可使用简化的通用图形符号，如图 4-2（c）所示。

（2）气囊式蓄能器

气囊式蓄能器的结构如图 4-2（b）所示，耐油橡胶制成的气囊 4 内腔充入一定压力的氮气，气囊外部液压油经壳体 1 底部的菌形阀 5 通入，菌形阀还保护气囊不被挤出容器之外。气囊式蓄能器的气液压完全隔开，气囊受压缩储存压力能，具有惯性小、动作灵敏的特点，适用于储能和吸收压力冲击，工作压力可达 32MPa。

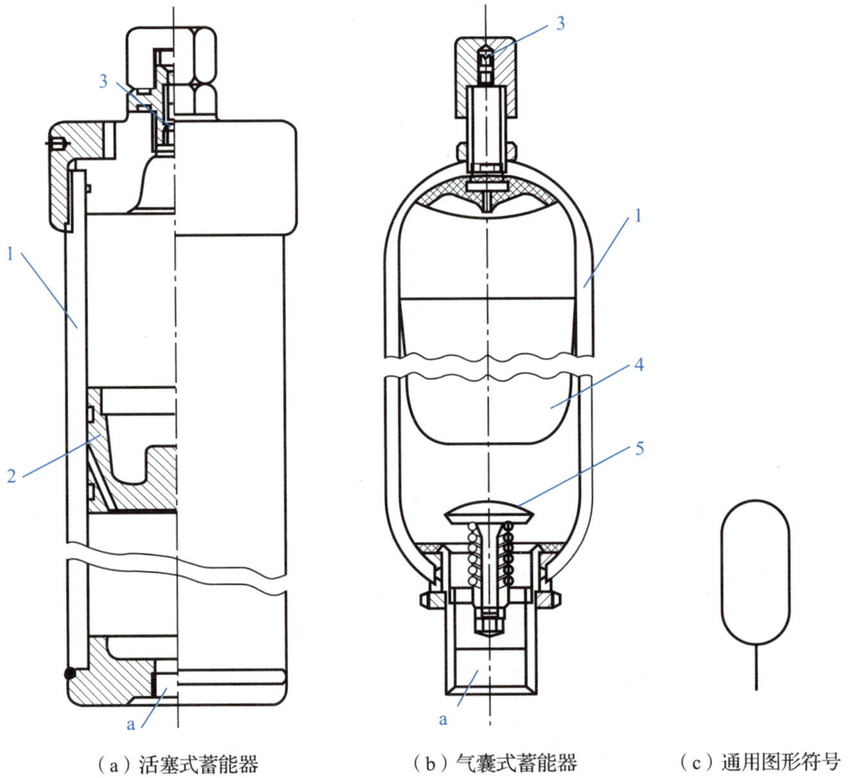

（a）活塞式蓄能器　（b）气囊式蓄能器　（c）通用图形符号

1—壳体；2—活塞；3—充气阀；4—气囊；5—菌形阀。a—下腔油口。

图 4-2　充气式蓄能器

2. 蓄能器的功能

（1）作为辅助动力源使用

液压系统工作时，若执行机构在一个工作循环内的速度差别很大，所需的流量变化比较明显，可采用一个蓄能器与一个较小流量（整个工作循环的平均流量）的泵，当执行机构需要较小流量时，液压泵的多余流量便储存在蓄能器中；当执行机构需要较大流量时，蓄能器和泵同时供给液压油，使执行机构获得短时间的高速度，这样便可利用较小的液压泵满足工作的需要，从而节省能源，降低温升。另外，在某些特殊的场合，如停电或驱动液压泵的原动力发生故障时，蓄能器可做应急能源短期使用。

（2）用于保压和补充泄漏

若液压缸需要在相当长的一段时间内保压而无动作（如液压支架处于支撑阶段），如图 4-3 所示，这时可使泵卸荷，单向阀关闭，用蓄能器保压并补充系统泄漏。这样可以减少电动机的功率损耗。

（3）吸收压力脉动，缓和液压冲击

一般液压泵输出的液压油都存在压力脉动，在脉动源处设置一个蓄能器，可以有效地吸收压力脉动。执行元件的往复运动的突然停止、控制阀的突然切换或关闭、液压泵的突然起动或停止往往都会产生液压冲击，引起机械振动，严重时还会造成系统的损坏。将蓄能器设置在易产生压力冲击的部位，可缓和压力冲击，从而提高液压系统的稳定性。做这方面应用的蓄能器要求惯性小、灵敏度高，且应尽可能安装在靠近冲击源的地方，如图 4-4 所示。

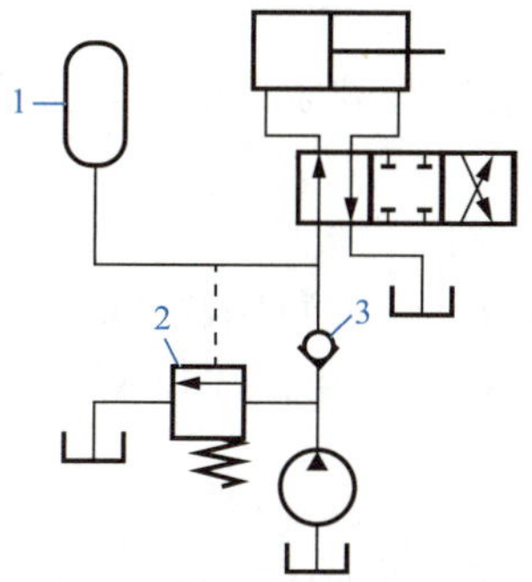

1—蓄能器；2—卸荷阀；3—单向阀。

图 4-3　蓄能器停泵保压

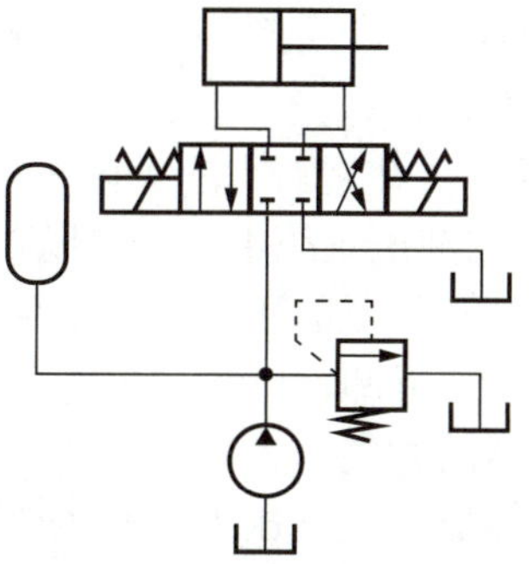

图 4-4　蓄能器用于吸收冲击压力

3. 蓄能器的使用与维护

（1）蓄能器的安装

1）蓄能器安装前的检查。为了确保安全，蓄能器在安装前应进行如下检查：产品是否与选择规格相同，充气阀是否紧固，有无运输造成影响使用的损伤，进油阀进油口是否堵好。

2）蓄能器的基本安装要求。

① 蓄能器的工作介质黏度和使用温度均应与液压系统工作介质的要求相同。

② 蓄能器应安装在便于检查、维修的位置。

③ 用于吸收冲击、脉动时，蓄能器要紧靠振源，安装在易发生冲击处。

④ 安装位置应远离热源，以防因气体受热膨胀造成系统压力升高。

⑤ 固定要牢固，但不允许焊接在主机上，应牢固地支持在托架上或壁面上。径长比过大时，还应设置抱箍加固。

⑥ 气囊式蓄能器原则上应该油口向下垂直安装，一般不采用倾斜或卧式安装的方法，以防气囊因受浮力与壳体单边接触而引起妨碍正常伸缩运行、加快气囊损坏、降低蓄能器机能等风险。隔膜式蓄能器无特殊安装要求，可油口向下垂直安装、倾斜或卧式安装。

⑦ 泵和蓄能器之间应安装单向阀，以免泵停止工作时，蓄能器中的油液倒灌入泵内流回油箱，发生事故。

⑧ 蓄能器与系统之间应装设截止阀，以供充气、调整、检查、维修或者长期停机使用。

⑨ 蓄能器装好后应填充化学性质稳定的气体（如氮气），严禁充氧气、氢气、压缩空气或其他易燃性气体。

⑩ 装拆和搬运时，必须放出气体。

（2）蓄能器的维护检查

1）蓄能器在使用过程中，须定期对气囊进行气密性检查。对于新使用的蓄能器，第一周检查一次，第一个月内还要检查一次，然后半年检查一次。对于用作应急动力源的蓄能器，为了确保安全，更应经常检查与维护。

2）蓄能器充气后，各部分绝对不允许随意拆开，也不能松动，以免发生危险。需要拆开时应先放尽气体，再进行拆卸。

3）在有高温辐射热源环境中使用的蓄能器，可在蓄能器的旁边装设两层铁板和一层石棉组成的隔热板，起隔热作用。

4）安装蓄能器后，系统的刚度降低，因此对于有刚度要求的装置，必须充分考虑这一因素的影响程度。

5）在长期停止使用后，应关闭蓄能器与系统管路间的截止阀。

6）蓄能器在液压系统中属于危险部件，因此在操作中要特别注意。当出现故障时，切记一定要先卸掉蓄能器的压力，然后用充气工具排尽气囊中的气体，使系统处于无压力状态方可进行维修或拆卸，以防发生意外事故。

（3）蓄能器的充气

活塞式蓄能器的充气压力一般为液压系统最低工作压力的 80%～90%，气囊式蓄能器的充气压力一般为系统最低工作压力的 70%～90%。

蓄能器充气时，一般可按蓄能器使用说明书及设备使用说明书上所介绍的方法进行。

（4）蓄能器常见故障产生原因及其排除方法

以 NXQ 型气囊式蓄能器为例，说明蓄能器常见故障产生原因及其排除方法，如表 4-1 所示，其他类型的蓄能器可参考进行。

表 4-1　蓄能器常见故障产生原因及其排除方法

故障	故障产生原因	故障排除方法
气囊式蓄能器压力下降严重，经常需要补气	1．气囊式蓄能器中气囊的充气阀为单向阀的形式，靠密封锥面密封。当蓄能器在工作过程中受到振动时，有可能使阀芯松动，密封锥面不密合，导致漏气 2．阀芯锥面上拉有沟槽，导致漏气 3．阀芯锥面上沾有污物，导致漏气	可在充气阀的密封盖内垫入厚 3mm 左右的硬橡胶垫，以及采取修磨密封锥面使之密合等措施解决
气囊使用寿命短	1．气囊质量不好 2．使用的工作介质与气囊材质相容 3．有污物混入 4．选用的蓄能器公称容量不合适 5．油温太高或过低 6．安装不当 7．配管设计不合理等	针对故障产生原因进行故障排除即可

续表

故障	故障产生原因	故障排除方法
蓄能器不起作用	1. 气阀漏气严重 2. 气囊内无氮气 3. 气囊破损进油	针对故障产生原因进行故障排除即可
吸收压力脉动的效果差	1. 蓄能器与主管路分支点的连接管道不够短 2. 通径不够大 3. 蓄能器安装位置不合适	蓄能器与主管路分支点的连接管道要短 通径要适当大些 安装在靠近脉动源的位置

任务实施：拆装蓄能器

1）拆卸调节螺钉，取下上盖。

2）观察蓄能器的内部结构。

3）完成项目工单，清理现场。

思考与练习

1. 简述蓄能器在液压系统中的功用。
2. 蓄能器在安装使用中应注意哪些问题？

任务 4.2 油箱认知与拆装

任务目标

1. 了解油箱的功用和结构；
2. 能够进行油箱的设计和安装。

任务描述

拆装油箱。

相关知识：油箱的结构与安装

1. 油箱的功用和结构

（1）油箱的功用

油箱主要用于储存油液。此外，还起着散发油液中的热量、逸出混在油液中的气体、沉淀油中的污染物等作用。

微课：油箱的功用和结构

（2）油箱的结构

液压系统中的油箱有整体式和分离式两种。整体式油箱利用主机的内腔作为油箱，这种油箱结构紧凑，各处漏油易于回收，但增加了设计和制造的复杂性，维修不便，散热条件不好，且会使主机产生热变形。分离式油箱单独设置，与主机分开，减少了油箱发热和液压振动对主机工作精度的影响，因此得到了普遍的采用，特别是在精密机械上。

油箱的典型结构如图 4-5 所示。油箱内部用隔板 6 将吸油管 3 与回油管 2 隔开，防止吸入回油气泡。底部设有过滤油中固体杂质的过滤器 8 和排放污油的放油口 7。侧面设有更换油液时用的注油口 1 和液位指示器 9。安装液压泵及其驱动电动机的上盖（安装板）5 则固定在油箱顶部，便于开启检修。油箱顶部上盖旁留有安装空气过滤器的孔 4。

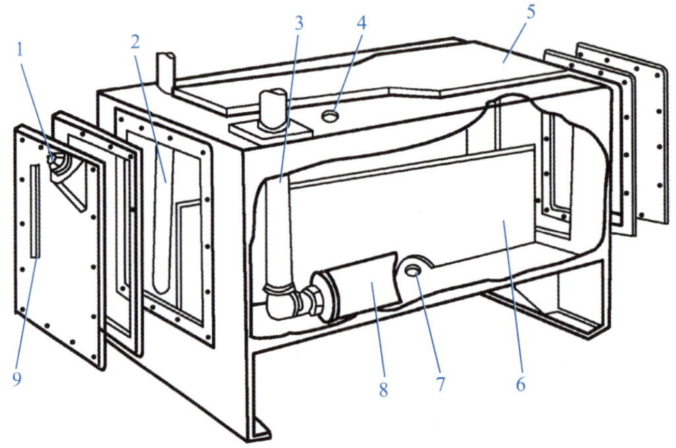

1—注油口；2—回油管；3—吸油管；4—空气过滤器安装孔；
5—上盖；6—隔板；7—放油口；8—过滤器；9—液位指示器。

图 4-5　油箱的典型结构

此外，近年来又出现了充气式闭式油箱，如图 4-6 所示。它不同于开式油箱之处在于整个油箱是封闭的，顶部有一个充气管，可送入 0.05～0.07MPa 过滤纯净的压缩空气。空气或直接与油液接触，或被输入蓄能器式的皮囊内不与油液接触。这种油箱的优点是改善了液压泵的吸油条件，但它要求系统中的回油管、泄油管承受背压。油箱本身还须配置安全阀、电接点压力表等元件，以稳定充气压力，因此它只在特殊场合下使用。

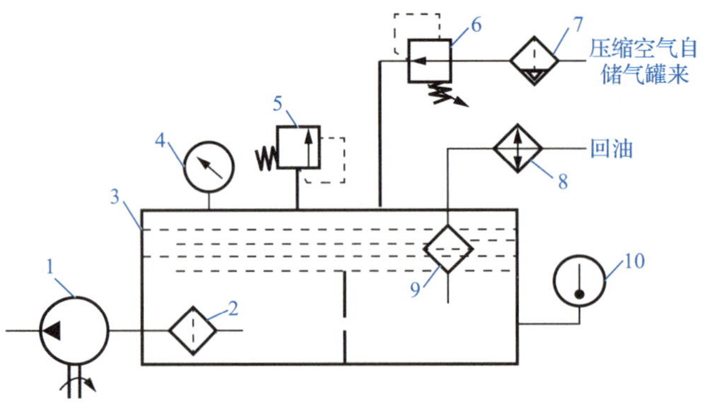

1—液压泵；2—粗过滤器；3—液压油箱；4—电接点压力表；5—安全阀；
6—减压阀；7—分水过滤器；8—冷却器；9—精过滤器；10—电接点温度表。

图 4-6　充气式闭式油箱

2. 油箱的设计

为了保证油箱的功用，在结构设计上应注意以下方面：

1）为便于清洗，油箱底部应有适当斜度，并在最低处设置油塞，换油时可使油液和污物顺利排出。

2）在易见的油箱侧壁上设置液位指示器（俗称油标），以指示油位高度。

3）油箱注油口应装滤油网，口上应有带通气孔的盖。

4）吸油管与回油管应尽量远离，并采用隔板隔开，分成吸油区和回油区，隔板高度约为油面高度的 3/4。

5）吸油管口离油箱底面的距离应大于 2 倍的油管外径，离油箱箱边的距离应大于 3 倍的油管外径。吸油管和回油管的管端应切成斜口，回油管的斜口应朝向箱壁。

设计油箱容量时必须保证：液压设备停止工作时，系统中的全部油液流回油箱时不会溢出，而且还有一定的预备空间，即油箱液面不超过油箱高度的 80%。液压设备管路系统内充满油液工作时，油箱内应有足够的油量，使液面不致太低，以防液压泵吸油管处的过滤器吸入空气。通常油箱的有效容量为液压泵额定流量的 2.6 倍。一般随着系统压力的升高，油箱的容量应适当增加。

油箱的有效容量 V 可按下述经验公式确定：

$$V=mq \tag{4-1}$$

式中，q——液压泵的流量。

m——经验系数。对于低压系统，m=2～4；对于中压系统，m=5～7；对于高压系统，m=8～12。

对功率较大且连续工作的液压系统，必要时还要进行热平衡计算，以此确定油箱容量。

3. 油箱的安装

油箱的液压泵和电动机的安装有卧式和立式两种形式，如图 4-7 所示。卧式安装时，液压泵及油管接头露在油箱外面，安装和维修较方便；立式安装时，液压泵和油管接头均在油箱内部，便于收集漏油，油箱外形整齐，但维修不便。

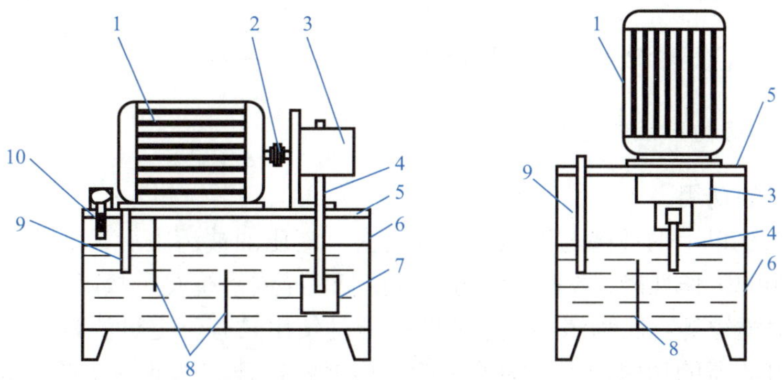

（a）油箱卧式安装示意图　　（b）油箱立式安装示意图

1—电动机；2—联轴器；3—液压泵；4—吸油管；5—盖板；
6—油箱体；7—过滤器；8—隔板；9—回油管；10—加油口。

图 4-7　油箱的安装形式

任务实施：拆装油箱

1）拆卸油箱上盖连接螺栓。
2）观察油箱的内部结构。
3）完成项目工单，清理现场。

思考与练习

1. 油箱有哪些功用？结构设计方面应注意哪些问题？
2. 确定油箱容积时应考虑哪些因素？

任务 4.3 过滤器认知与识别

任务目标

1. 能够说明过滤器的形式和性能；
2. 能够选用和安装过滤器；
3. 能够正确使用和维护过滤器。

任务描述

认识各种过滤器。

相关知识：过滤器的结构、装调与维护

1. 过滤器的结构和性能分析

微课：过滤器的结构和性能分析

（1）过滤器的功用

液压系统 75%以上的故障与液压油污染有关。液压油被污染后，直接影响液压系统的工作性能，致使系统可靠性降低，导致系统发生故障、元件的使用寿命缩短等。控制污染最主要的措施是使用具有一定过滤精度的过滤器。过滤器的功用在于将油液中的杂质滤除，使进入液压系统的油液的污染度降低，保证系统正常工作。

（2）对过滤器的基本要求

1）有足够的过滤精度。过滤器的滤除能力一般用过滤精度来评定。过滤精度是指过滤器滤芯滤去最小杂质的粒度大小，以其直径的公称尺寸（μm）表示。粒度越小，精度

越高。过滤器按精度可分为粗过滤器（$d \geqslant 100\mu m$）、普通过滤器（$10\mu m \leqslant d < 100\mu m$）、精过滤器（$5\mu m \leqslant d < 10\mu m$）、特精过滤器（$1\mu m \leqslant d < 5\mu m$）。

各种液压系统的过滤精度要求如表 4-2 所示。

表 4-2　各种液压系统的过滤精度要求

系统类别	润滑系统	传动系统			伺服系统
工作压力/MPa	0～2. 5	<14	14～32	>32	≤21
精度 d/μm	≤100	25～50	≤25	≤10	≤5

2）有足够的过滤能力。过滤能力即一定压力降下允许通过过滤器的最大流量，一般用过滤器的有效过滤面积（滤芯上能通过油液的总面积）来表示。对过滤器能力的要求，应结合过滤器在液压系统中的安装位置来考虑。

3）过滤器应有一定的机械强度，不因油液压力的作用而破坏。

4）滤芯耐蚀性好，并能在规定的温度下持久地工作。

5）滤芯要利于清洗和更换，便于拆装和维护。

（3）过滤器的形式

过滤器按其滤芯材料的过滤机制不同，可分为表面型过滤器、深度型过滤器和吸附型过滤器 3 种。

1）表面型过滤器。表面型过滤器的滤芯表面与液压介质接触，过滤材料像筛网一样把杂质颗粒阻留在其表面上，因此它很容易被堵塞。较常见的是网式过滤器和线隙式过滤器。

① 网式过滤器如图 4-8（a）所示，是一种以铜网作为过滤材料构成的过滤器。这是一种粗过滤器，结构简单，通过性能好，过滤精度低，压力损失小，可以放在液压系统吸油管路入口处，保护液压泵不受大粒度机械杂质的损坏，又不影响泵吸入。

② 线隙式过滤器如图 4-8（b）所示，是用铜线或铝线绕在筒形骨架上，利用线间隙过滤油液，也属于粗过滤器。主要用于压油管路中，若用于液压泵吸油口，则只允许通过其额定流量的 1/2～2/3，以防泵的吸油口压力损失过大。这种过滤器结构简单，过滤精度比网式过滤器高，但过滤材料强度较低，不易清洗。

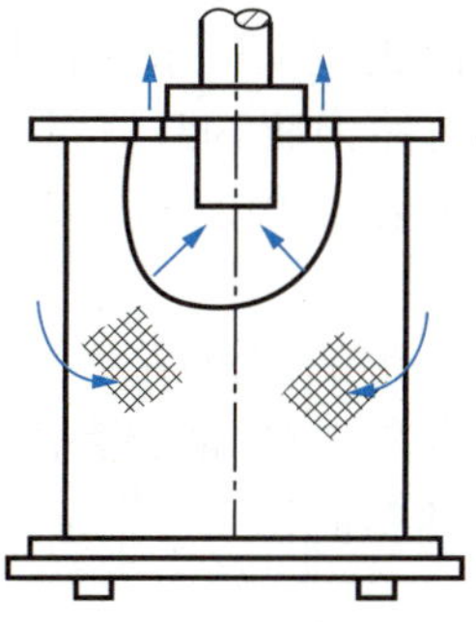

（a）网式过滤器

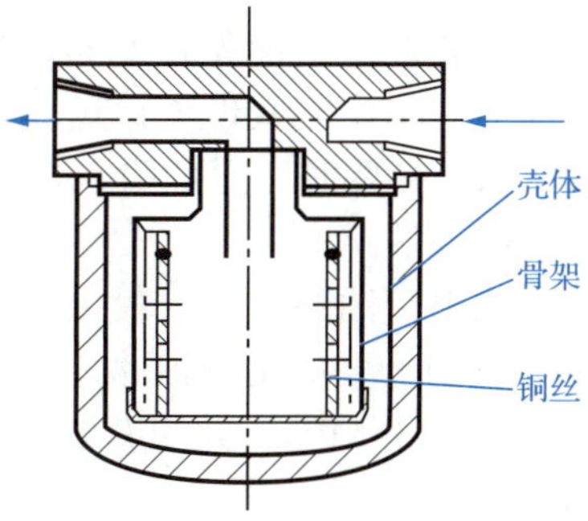

（b）线隙式过滤器

图 4-8　表面型过滤器

2）深度型过滤器。深度型过滤器利用油液流经复杂缝隙达到过滤的目的。常见的有纸芯式过滤器和烧结式过滤器。

① 纸芯式过滤器如图 4-9（a）所示，其滤芯为由平纹或波纹的酚醛树脂或木浆微孔滤

纸制成的纸芯，将纸芯围绕在带孔的镀锡铁做成的骨架上，以增大强度。为增加过滤面积，纸芯一般做成折叠形。其过滤精度较高，一般用于油液的精过滤，但堵塞后无法清洗，须经常更换滤芯。

② 烧结式过滤器如图 4-9（b）所示，其滤芯用金属粉末烧结而成，利用颗粒间的微孔来挡住油液中的杂质通过。其滤芯能承受高压，耐蚀性好，过滤精度高，可满足高压、高温液压系统的精滤要求。

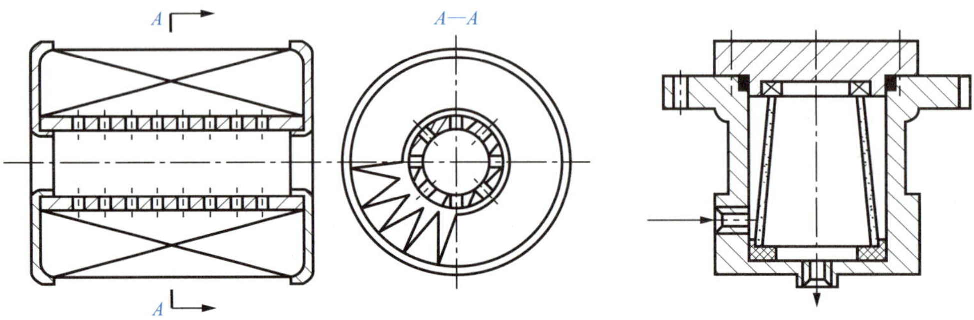

（a）纸芯式过滤器　　（b）烧结式过滤器

图 4-9　深度型过滤器

3）吸附型过滤器。吸附型过滤器利用滤芯材料把油液中的有关杂质吸附在其表面上。常见的是磁性过滤器。磁性过滤器靠磁性材料把混在油中的铁屑、铸铁粉之类的杂质吸住，过滤效果好。此种过滤器常与其他种类的过滤器配合使用。

2. 过滤器的选用和安装

根据所设计的液压系统的技术要求，按过滤精度、通流能力（流量）、工作压力、油液的黏度和工作温度等来选用不同类型的过滤器及其型号。过滤器在液压系统中的安装位置，通常有下列几种：

（1）安装在泵的吸油口

泵的吸油路上一般安装有表面型过滤器，目的是滤去较大的杂质微粒以保护液压泵，为不影响泵的吸油性能，防止气穴现象，过滤器的过滤能力应为泵流量的 2 倍以上，压力损失不得超过 0.02MPa。必要时，泵的吸入口应置于油箱液面以下，如图 4-10 中 1 所示。

（2）安装在泵的出口油路上

过滤器安装在泵的出口油路中，一般采用 10～15μm 的过滤精度，主要用来滤除可能侵入阀类等元件的污染物。泵的出口油路压力较大，此处过滤器应能承受工作压力和冲击压力，压力损失应小于 0.35MPa，并应有安全阀和堵塞状态发信装置，以防泵过载和滤芯损坏，如图 4-10 中 2 所示。

（3）安装在系统的回油路上

这种安装方式只能间接地过滤。由于回油路压力低，故可采用强度低的过滤器，其压力降对系统影响不大。一般过滤器与一单向阀并联安装，当过滤器堵塞达到一定压力损失时，单向阀会打开以保证油路畅通，但此时无过滤效果，如图 4-10 中 3 所示。

（4）安装在系统的分支油路上

当液压泵的流量较大时，若采用上述各种方式过滤，过滤器的规格可能会很大。为此，可在只有泵流量 20%～30%的支路上安装一小规格过滤器，对油液起过滤作用，如图 4-10 中 4 所示。

（5）单独过滤系统

大型液压系统可单独设一液压泵和过滤器组成独立的过滤回路，专门用来清除系统中的杂质，还可与加热器、冷却器、排气器等配合使用，如图 4-10 中 5 所示。

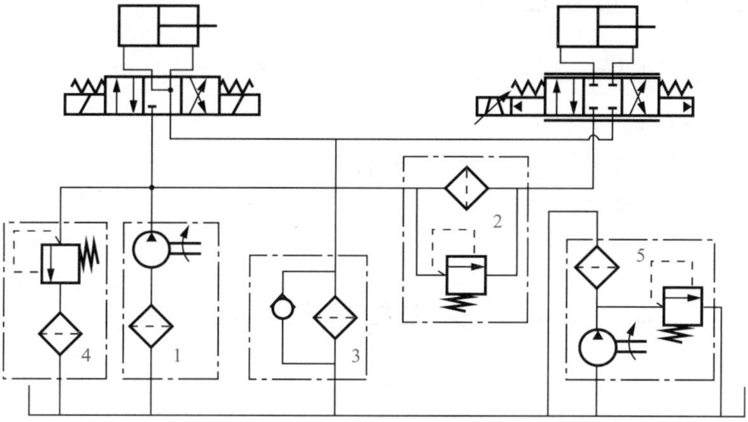

图 4-10　过滤器在液压系统中的安装位置

3. 过滤器的选用

各种过滤器的过滤机理各有特性，使用性能各不相同，在选择和设计过滤器的过程中应注重考虑过滤材料的相容性、流量压差特性、过滤精度、滤芯强度等主要参数。

（1）过滤材料的相容性

纤维类过滤材料有植物纤维、玻璃纤维、石英纤维、人造纤维、合成纤维、金属纤维、化学纤维等。烧结而成的过滤材料有不锈钢粉末烧结体，铜、镍、钛、铁、蒙乃尔合金、塑料颗粒、沙石、玻璃微珠烧结体等。由各种不同原材料制成的过滤材料与不同过滤介质的相容性存在显著差异。

滤芯过滤材料的相容性指过滤介质与工作液体的相容性。例如，由于受工作液体的热影响，过滤材料是否出现软化和熔融，以及在酸、碱影响和其他化学药剂影响下，过滤材料的机能是否发生变质，如变脆、发胀变软分解等。

滤芯过滤材料与液体相容性的验证：国际标准（ISO 2943）中规定，滤芯材料与某一指定液体相容要在高温下将滤芯浸泡在系统液体中，以验证滤芯保持它的抗破裂性额定值的能力。

（2）液压系统过滤器过滤精度的选择

1）吸入过滤器。吸油管路中的过滤器的过滤精度为 $\eta \geqslant 50\%$ 左右，其初始压差应不超过 35kPa，使用中最大压差一般为 15～35kPa。

2）高压管路过滤器。其作用是在系统中保护对污染物特别敏感的液压元件，其特点是过滤精度高、纳污容量大、过滤材料强度好，结构设计要增加强度性能。

3）回油过滤器。其设置在系统的回油管路上，是控制系统污染浓度比较有效的过滤器之一。虽然其设置在低压管路上，但实际上由于液压马达或液压缸在回油过程中流量的波动，可能出现脉动或压力冲击，这些因素使过滤器常常处于不利的工作状态，从而降低其过滤性能。因此，在回油过滤器的设计制造中，不仅要考虑过滤材料的过滤精度和强度，还要考虑其结构的抗冲击性。

4）循环过滤器。其设置在油箱循环的回路上，也是控制系统污染物浓度最有效的过滤器之一。其特点是过滤精度高、纳污容量大，并且可以与除空气、除水、加热和冷却等装置结合起来，实现对系统油液的调节和控制。它最大的特点是不受主油系统流量变化的影响，要求设计强度低，一般为0.2～0.35MPa。

任务实施：认识过滤器

1）认识各种过滤器。

2）熟悉各种过滤器的使用方法及适用场合。

3）完成项目工单，清理现场。

思考与练习

1. 过滤器在液压系统中的常见安装位置有哪几种？主要防护对象分别是什么？
2. 为什么过滤器不能安装在换向阀和执行元件之间的油路上？

任务4.4 油管和管接头认知与计算

任务目标

1. 能够说明油管的类型和作用及安装要求；
2. 能够正确计算并选用油管；
3. 能够说明管接头的形式；
4. 能够动手连接管路。

任务描述

1. 连接管路；
2. 根据液压系统设定要求，确定管道尺寸。

相关知识：油管与管接头的类型与使用

液压系统中的管道、管接头和法兰等通称为管件。其作用是：保证油路的连通，并便于拆卸、安装；根据工作压力、安装位置确定管件的连接结构；与泵、阀等连接的管件应由其接口尺寸确定管径。

1. 油管的类型与使用

（1）油管的类型与作用

在液压传动中，油管常用材料有钢、纯铜、尼龙、橡胶、塑料。

1）钢管：能承受高压，不易使油液氧化，价格低廉，但装配弯形较困难。常用的有10号、16号冷拔无缝钢管，主要用于中、高压系统。

2）纯铜管：装配弯形方便，且内壁光滑，摩擦阻力小，但易使油液氧化，耐压力较低，抗振能力差。一般适用于中、低压系统。

3）尼龙管：弯形方便，价格低廉，但寿命较短，可在中、低压系统中部分替代纯铜管。

4）橡胶软管：由耐油橡胶夹以1～3层钢丝编织网或钢丝绕层制成，装配方便，能吸收振动、减轻液压系统的冲击，但制造困难，价格较高，寿命短。一般用于有相对运动部件间的连接。

5）耐油塑料管：价格低廉，装配方便，但耐压力低。一般用于回油管和泄油管。

（2）油管的选用

1）液压油管尺寸的确定。油管的内径 d 根据管内允许流速和所通过的流量来确定，即

$$d=\sqrt{\frac{4q}{\pi v}} \tag{4-2}$$

式中，q ——通过油管的流量。

v ——油管中的允许流速。在吸油管道内，液体的流速 $v \leqslant 1.5\text{m/s}$；在压力管道内，液体的流速 v 为5m/s左右。

由计算所得的油管内径，应圆整至相近的标准管径尺寸。

2）液压油管壁厚的计算。液压油管的壁厚 δ 可按下式计算：

$$\delta=\frac{pd}{2[\sigma]} \tag{4-3}$$

式中，p ——管内油液的最大工作压力；

d ——油管内径；

$[\sigma]$ ——油管材料的许用应力。

对于钢管：

$$[\sigma]=\frac{\sigma_{\text{b}}}{n}$$

式中，σ_{b} ——抗拉强度。

n ——安全系数。当 $p<7\text{MPa}$ 时，取 $n=8$；当 $7\text{MPa} \leqslant p \leqslant 17.5\text{MPa}$ 时，取 $n=6$；当 $p>17.5\text{MPa}$ 时，取 $n=4$。

对于铜管：

$$[\sigma] \leqslant 25\text{MPa}$$

选择油管壁厚时，还应考虑到加工螺纹引起的壁厚减小和应力集中现象。

3）油管的选用原则。

① 在液压传动系统中，吸油管路和回油管路一般用低压的有缝钢管，也可使用塑料管；在控制油路中流量小，多用小直径铜管；考虑配管和工艺的方便，在中、低压油路中也常常使用铜管，高压油路一般使用冷拔无缝钢管，必要时也采用价格较高的高压软管。

② 管径不宜选得过大，以免使液压装置的结构庞大，但也不能选得过小，以免管内液

体流速加大，使系统压力损失增加或产生振动和噪声，影响正常工作。

③ 在保证强度的情况下，管壁尽量选得薄些。因为薄壁管易于弯曲，规格较多，装接较易，可减少管系接头数量，有助于解决系统的泄漏问题。

（3）油管的安装要求

1）管道应尽量短，拐弯少，最好横平竖直；管道装配的弯曲半径要足够大，以避免管道皱褶造成的压力损失；管道悬伸较长时要适当设置管夹及支架。

2）管道尽量避免交叉，平行管间距应大于 10mm，以防干扰和振动，并便于安装管接头。

3）软管直线安装时要有一定的余量，以适应油温的变化及受拉和振动产生的-2%～4%的长度变化。软管弯曲半径应大于 10 倍的外径，弯曲处到管接头的距离至少等于 6 倍的外径。

2. 管接头的类型与使用

管接头是油管与油管、油管与液压元件之间的可拆式连接件，它必须具有装拆方便、连接牢固、密封可靠、外形尺寸小、通流能力大、压降小、工艺性好等条件。

管接头的种类很多，按管接头的通路数量和流向不同，可分为直通、弯头、三通和四通；按连接方式不同，可分为扩口式、焊接式、卡套式等，其规格品种可查阅有关手册。图 4-11 所示为几种常见的管接头结构。

图 4-11（a）所示为扩口式薄壁管接头。接管穿入导套后扩成喇叭口，再用螺母把导套连同接管一起压紧在接头体的锥面上形成密封。扩口式薄壁管接头适用于连接铜管或薄壁钢管，也可用于连接尼龙管和塑料管，在一般压力不高的机床液压系统中应用较为普遍。

图 4-11（b）所示为卡套式管接头。卡套是一个在内圆端部带有锋利刃口的金属环，刃口在装配时切入被连接的油管而起连接和密封作用，当旋紧管接头的螺母时，利用卡套两端的锥面使卡套产生弹性变形来夹紧油管。

图 4-11（c）所示为焊接式钢管接头。它是把相连管子的一端与管接头的接管焊接在一起，通过螺母将接管与接头体压紧。焊接式钢管接头适用于连接管壁较厚的钢管，用在压力较高的液压系统中。

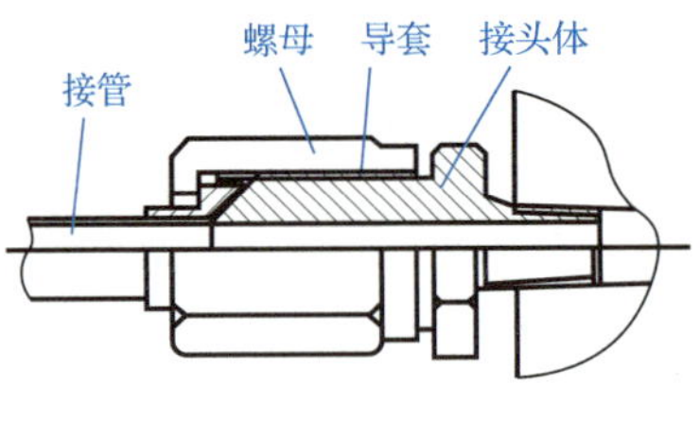

（a）扩口式薄壁管接头

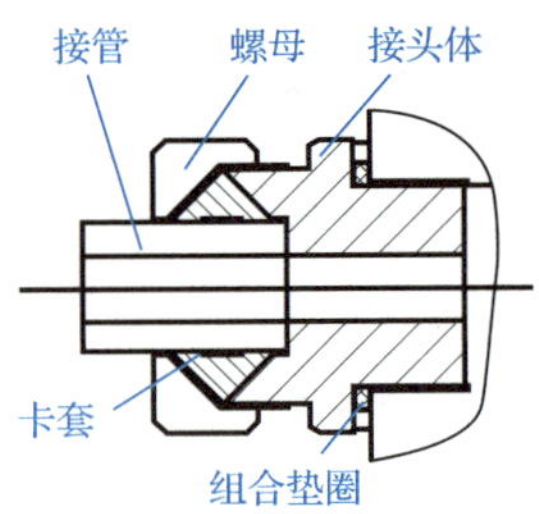

（b）卡套式管接头

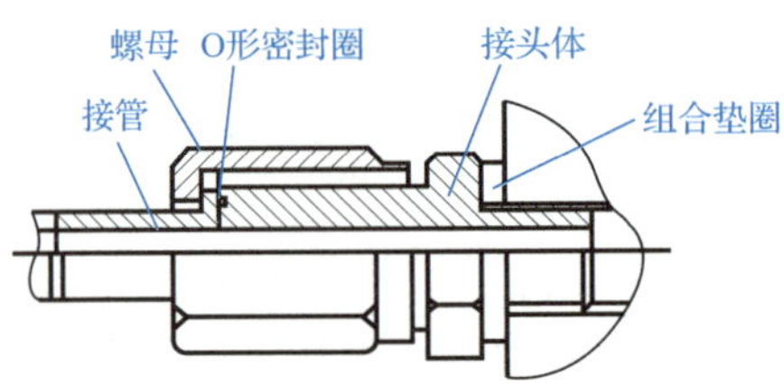

（c）焊接式钢管接头

图 4-11　管接头的结构

任务实施：管路的连接与计算

训练任务 1：管路的连接

1）熟悉典型油管和管接头。

2）在教师指导下，完成系统管路的连接。

3）检查连接情况。

4）完成项目工单，清理现场。

训练任务 2：油管尺寸的计算与选用

【实例】 某液压系统使用 YB 型叶片泵，最大压力为 6.3MPa，流量为 25L/min。吸、压油管采用抗拉强度为 400MPa 的钢管，试选管道的尺寸。

解：

1）油管内径的确定。对于吸油管道，流速取 1.5m/s，根据式（4-2）得

$$d=\sqrt{\frac{4q}{\pi v}}=\sqrt{\frac{4\times 25\times 10^6}{3.14\times 1.5\times 10^3\times 60}}\approx 18.81(\text{mm})$$

按标准尺寸圆整后，吸油管道的油管内径为 19mm。

对于压力管道，流速取 5m/s，根据式（4-2）得

$$d=\sqrt{\frac{4q}{\pi v}}=\sqrt{\frac{4\times 25\times 10^6}{3.14\times 5\times 10^3\times 60}}\approx 10.3(\text{mm})$$

按标准尺寸圆整后，压力管道的油管内径为 10mm。

2）油管壁厚的确定。系统最大压力小于 7MPa，故安全系数取 n=8，可求得该种钢质油管的许用应力

$$[\sigma]=\frac{\sigma_b}{n}=\frac{400}{8}=50(\text{MPa})$$

对于吸油管道，根据式（4-3）得

$$\delta=\frac{pd}{2[\sigma]}=\frac{6.3\times 19}{2\times 50}=1.197(\text{mm})$$

按标准尺寸圆整后，吸油管道的油管壁厚为 1.2mm。

对于压力管道，根据式（4-3）得

$$\delta=\frac{pd}{2[\sigma]}=\frac{6.3\times 10}{2\times 50}=0.63(\text{mm})$$

按标准尺寸圆整后，压力管道的油管壁厚为 0.6mm。

思考与练习

1．油管常用哪些材料制造？分别适用于哪些场合？

2．常用的管接头有哪几种？分别适用于哪些场合？

3．某液压系统中，泵出口压力最大为 6MPa，流量为 30L/min，进、出口油管均采用铜管，试选择油管内径及壁厚。

任务 4.5 密封装置的设计与识别

任务目标

1. 能够说明密封装置的基本要求;
2. 能够描述密封装置的结构特性;
3. 能够设计与选用密封件;
4. 能够正确使用与维护密封装置。

任务描述

认识各类密封装置。

相关知识：密封装置的结构、设计、使用与维护

密封是解决液压系统泄漏问题最重要、最有效的手段。液压系统如果密封不好，可能出现不允许的外泄漏，外漏的油液将会污染环境，还可能使空气进入吸油腔，影响液压泵的工作性能和液压执行元件运动的平稳性；泄漏严重时，系统容积效率过低，甚至工作压力达不到要求值。如果密封过度，虽可防止泄漏，但会增大液压元件内的运动摩擦阻力，降低系统的机械效率，还会造成密封部位过度磨损，缩短密封件的使用寿命。因此，合理选用和设计密封装置在液压系统的设计中十分重要。

1. 对密封装置的要求

① 在工作压力和一定的温度范围内，应具有良好的密封性能，并能随压力的增加自动提高密封性能。

② 密封装置和运动件之间的摩擦力要小，摩擦因数要稳定。

③ 耐蚀性强，不易老化，工作寿命长，耐磨性好，磨损后在一定程度上能自动补偿。

④ 结构简单，使用、维护方便，价格低廉。

2. 密封装置的结构特点分析

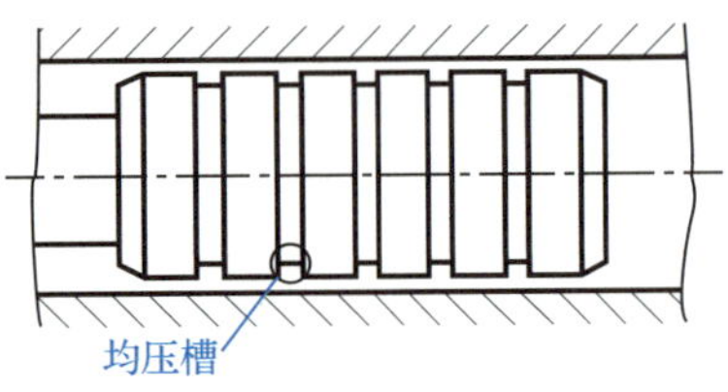

图 4-12 间隙密封

(1) 间隙密封

间隙密封是靠相对运动件配合面之间的微小间隙来进行密封的，如图 4-12 所示。间隙密封常用于柱塞、活塞或阀的圆柱配合副中，一般在阀芯的外表面开有几条等距离的均压槽，其主要作用是使径向压力分布均匀，减少液压卡紧力，同时使阀芯在孔中的对中性好，以减小间

隙的方法来减少泄漏。同时，槽所形成的阻力对减少泄漏也有一定的作用。均压槽一般宽 0.3～0.5mm，深 0.5～1.0mm。圆柱面的配合间隙与直径大小有关，阀芯与阀孔一般取 0.005～0.017mm。

这种密封的优点是摩擦力小，缺点是磨损后不能自动补偿，主要用于直径较小的圆柱面之间，如液压泵内的柱塞与缸体之间、滑阀的阀芯与阀孔之间的配合。

（2）O 形密封圈

O 形密封圈一般用耐油橡胶制成，其横截面呈圆形。它具有良好的密封性能，内、外侧和端面都能起密封作用，结构紧凑，运动部件的摩擦阻力小，制造容易，拆装方便，成本低，且高、低压均可以使用，因此在液压系统中得到了广泛应用。

图 4-13 所示为 O 形密封圈的结构和工作情况。图 4-13（a）所示为其外形；图 4-13（b）所示为装入密封沟槽的情况，δ_1、δ_2 为 O 形密封圈装配后的预压缩量，通常用压缩率 w 表示，即 $w=(d_0-h)/d_0\times100\%$。对于固定密封、往复运动密封和回转运动密封，w 应分别达到 15%～20%、10%～20%和 5%～10%，才能获得满意的密封效果。当油液的工作压力超过 10MPa 时，O 形密封圈在往复运动中容易被油液压力挤入间隙而提早损坏，如图 4-13（c）所示。为此，要在它的侧面安放 1.2～1.5mm 厚的挡圈，单向受力时在受力侧的对面安放一个挡圈，如图 4-13（d）所示；双向受力时，则在两侧各放一个挡圈，如图 4-13（e）所示。

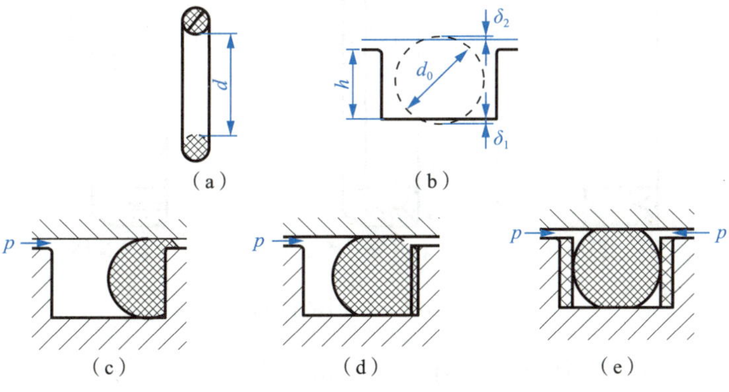

图 4-13　O 形密封圈的结构和工作情况

O 形密封圈的安装沟槽，除矩形外，还有 V 形、燕尾形、半圆形和三角形等，在实际应用中可查阅有关手册及国家标准。

（3）唇形密封圈

唇形密封圈根据截面的形状可分为 Y 形、V 形、U 形和 L 形等，其工作原理如图 4-14 所示。液压力将密封圈的两唇边 h_1 压向形成间隙的两个零件的表面。这种密封作用的特点是能随着工作压力的变化自动调整密封性能，压力越高，则唇边被压得越紧，密封性越好；当压力降低时，唇边压紧程度也随之降低，从而减少摩擦阻力和功率消耗。除此之外，还能自动补偿唇边的磨损，保持密封性能不降低。

目前，液压缸中普遍使用图 4-15 所示的小 Y 形密封圈，作为活塞和活塞杆的密封。其中图 4-15（a）所示为轴用密封圈，图 4-15（b）所示为孔用密封圈。这种小 Y 形密封圈的特点是断面宽度和高度的比值大，增加了底部的支撑宽度，可以避免摩擦力造成的密封圈的翻转和扭曲。

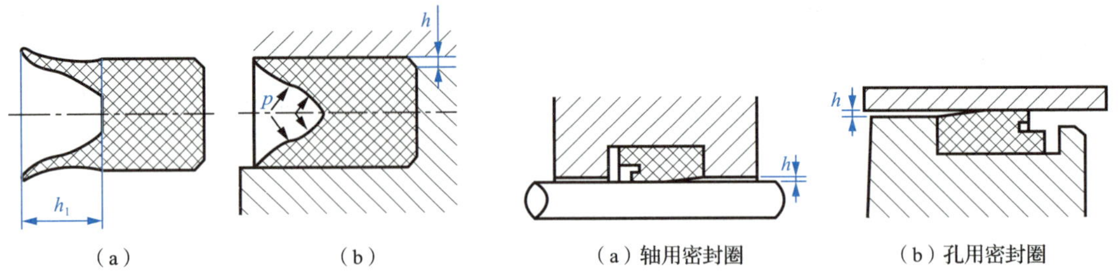

图 4-14　唇形密封圈的工作原理

图 4-15　小 Y 形密封圈

在高压和超高压情况下（压力大于 25MPa），可应用 V 形密封圈，如图 4-16 所示。V 形密封圈由多层涂胶织物压制而成，通常由压环、密封环和支撑环 3 个圈叠在一起使用，以保证良好的密封性。增加中间密封环的数量，还可应对更高的油压。V 形密封圈在安装时要预压紧，所以摩擦阻力较大。

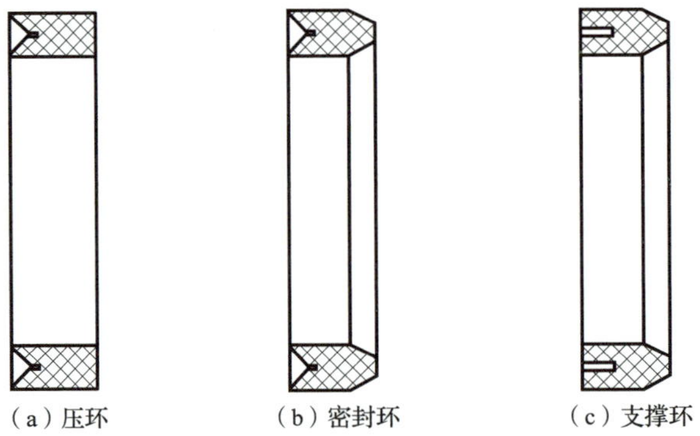

图 4-16　V 形密封圈

安装唇形密封圈时，应使其唇边开口面对液压油，使两唇张开，分别贴紧在机件的表面上。

（4）组合式密封装置

随着液压技术的应用日益广泛，系统对密封的要求越来越高，普通的密封圈单独使用已不能很好地满足密封性能要求，特别是使用寿命和可靠性方面的要求，因此，研究和开发了由包括密封圈在内的两个以上元件组成的组合式密封装置。

图 4-17 所示为两种组合式密封装置。图 4-17（a）为 O 形密封圈与截面为矩形的聚四氟乙烯塑料集电环组成的组合密封装置。其中，集电环紧贴密封面，O 形密封圈为集电环提供弹性预压力，在介质压力等于零时构成密封。由于密封间隙靠集电环，而不是 O 形密封圈，因此摩擦阻力小而且稳定，可以用于 40MPa 的高压；往复运动密封时，速度可达 15m/s；往复摆动与螺旋运动密封时，速度可达 5m/s。矩形集电环组合密封的缺点是抗侧倾能力稍差，在高低压交变的场合下工作容易漏油。图 4-17（b）为由支撑环和 O 形密封圈组成的轴用组合密封装置。由于支撑环与被密封件之间为线密封，其工作原理类似唇边密封。支撑环采用一种经特别处理的化合物，具有极佳的耐磨性、低摩擦和保形性，不存在

橡胶密封低速时易产生的爬行现象，工作压力可达 80MPa。

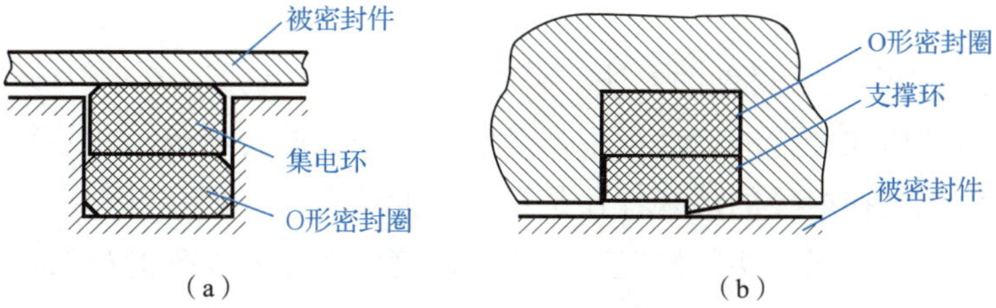

图 4-17　组合式密封装置

组合式密封装置由于充分发挥了橡胶密封圈和集电环（支撑环）的长处，因此不仅工作可靠，摩擦力低而稳定，而且使用寿命比普通橡胶密封提高了近百倍，工程应用日益广泛。

（5）回转轴的密闭装置

回转轴的密封装置类型很多，图 4-18 所示是一种耐油橡胶制成的回转轴用密封圈，它的内部由直角形圆环铁骨支撑，密封圈的内边围着一条螺旋弹簧，把内边收紧在轴上来进行密封。这种密封圈主要用于液压泵和液压马达伸出轴的密封，防止油液从轴和轴孔的间隙渗漏到壳体外部，它的工作压力一般不超过 0.1MPa，允许最大线速度为 8m/s，必须在有润滑的情况下工作。

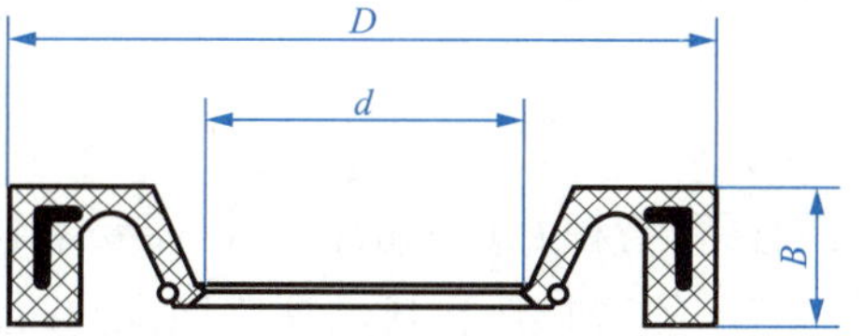

图 4-18　回转轴用密封圈

3. 密封件的设计与选用

（1）设计与选用密封件时需考虑的因素

① 密封材料要与所选用的工作液体有很好的相容性。

② 弹性好，永久变形小。

③ 有适当的机械强度，耐热耐磨性好，摩擦因数小。

④ 与金属接触不会互相黏着和腐蚀，容易制造，成本低。

（2）选用密封件时防止出现的情况

① 挤出。当密封件承受过大压力时，被挤出到金属机件间隙内，导致损坏而产生泄漏。这种情况的发生与密封件本身的硬度及金属机件间隙的大小有关。如果在设计选型、加工或安装上处理不当，都会出现这种情况。

② 磨损。密封件的磨损涉及配合零件的表面粗糙度、运动速度及工作介质，不同的密封材料适应不同的运动速度。

③ 硬化（老化）。密封材料在高温作用下会发生硬化。当密封件的硬度过高时就不能填满它与配合零件之间的间隙，从而产生泄漏。

④ 腐蚀。密封件材质选择不当，与工作介质发生了化学反应，导致密封件软化甚至溶解，失去密封作用。

（3）维修时正确选用密封件的方法

① 判明密封件所在位置的运动类型，是往复运动、旋转运动，还是螺旋或固定运动。

② 判明活动点是在内径的活塞杆还是在外径的活塞。

③ 查阅设备手册或根据实际情况评估工作温度以决定密封件的材料。

④ 查阅设备手册或通过观察原密封件的软硬度和结构，推断机械的工作压力等级。

⑤ 度量密封件所在位置的金属沟槽尺寸，以此来确定密封件的形状和尺寸。需要注意的是，密封件在使用一段时间后会受温度、压力及磨损等因素的影响而改变尺寸，因此如果按使用过的旧样品选择尺寸，则准确性不高，只能作为辅助参考。

4. 密封装置的使用与维护

（1）密封件的装配注意事项

① 运动密封处应具有良好的密封性，同时摩擦力要小。密封件与液压油间应具有良好的相容性。在密封件装配过程中，经过的零件尖角应去毛刺、倒角。

② 在密封件装配过程中，经过的螺纹需进行防护，以防损伤密封件的唇边。

③ 不允许使用带尖角的工具装配密封圈。

④ 更换新密封圈时，应清除干净密封槽内的锈迹、脏物、碎片。

（2）密封材料与工作介质

密封材料与工作介质之间存在着相互适应的问题，需要了解密封材料及其特性。

① 丁腈橡胶：应用最为广泛的密封件材料，具有优良的耐油性能。可在 100℃工作环境下长期工作，但不能在磷酸酯系液压油中及含极压添加剂的齿轮油中使用。

② 硅橡胶：具有卓越的耐高、低温性能，在所有橡胶材料中具有最宽广的工作温度范围，一般的硅橡胶对于低质量分数的酸、碱有一定的耐蚀性。

③ 氟橡胶：最大特点是具有极强的耐蚀性，其耐热性能可与硅橡胶媲美，可在 250℃下长期工作。

④ 三元乙丙橡胶：耐老化性和耐热性优良，但不适宜一般矿物油系润滑油及液压油。其制品可以在 120℃环境中长期使用。

⑤ 聚四氟乙烯：具有很高的化学稳定性和良好的自润滑特性。适用于一般的液压系统，也可用于恶劣工况及某些特殊介质环境。

⑥ 聚氨酯橡胶：具有优异的耐磨性和良好的不透气性。其制成的往复运动密封产品常用于石油基液压油、难燃液压油的中高压液压缸等。

⑦ 丙烯酸酯橡胶：耐热、耐老化性能和耐油性能优异。最高使用温度可达 180℃，对含极压添加剂的油十分稳定。

各种液压油（液）与常用密封材料的相容性如表 4-3 所示。

表 4-3　各种液压油（液）与常用密封材料的相容性

密封材料	相容性			
	普通矿物液压油	水-乙二醇液压液	磷酸酯液压液	油包水乳化液
丁腈橡胶	适应	适应	不适应	适应
硅橡胶	适应	适应	适应	适应
氟橡胶	适应	适应	适应	适应
乙丙橡胶	不适应	适应	适应	不适应
天然橡胶	不适应	适应	不适应	不适应
氯丁胶	适应	适应	不适应	适应
聚四氟乙烯	适应	适应	适应	适应
尼龙	适应	适应	适应	适应
聚氯乙烯塑料	适应	适应	不适应	适应
丙烯酸塑料	适应	适应	不适应	适应
苯乙类塑料	适应	适应	适应	适应
环氧塑料	适应	适应	不适应	适应

任务实施：认识密封装置

① 认识各类密封装置。

② 熟悉各类密封装置的使用方法及适用场合。

③ 完成项目工单，清理现场。

思考与练习

1．液压系统对密封装置有哪些基本要求？

2．液压系统的密封装置有哪些类型？分别适用于什么场合？

3．更换老旧密封件时，如何确定其尺寸？

5

项　目

方向控制阀的拆装与方向控制回路的组建

项目目标

知识目标

1．熟悉液压控制阀的工作原理、类型及工作要求；
2．掌握液压控制阀的工作性能参数；
3．了解单向阀、换向阀等方向控制阀的工作过程；
4．熟悉换向阀的结构性能；
5．掌握换向和锁紧等方向控制基本回路的特性。

技能目标

1．能够识读液压控制阀的铭牌参数；
2．能够动手拆装各种方向控制阀；
3．能够正确使用和维护方向控制阀；
4．能够组装、分析各种方向控制基本回路。

素质目标

1．培养创新思维，能够举一反三解决实际问题；
2．强化规范意识、质量意识，自觉践行行业道德规范。

任务 5.1 液压控制阀认知与识别

任务目标

1. 能够描述液压控制阀的工作机理；
2. 能够说明液压控制阀的类型及工作要求；
3. 能够说明液压控制阀的工作性能参数。

任务描述

识读液压控制阀的铭牌参数。

相关知识：液压控制阀的工作原理与性能参数

液压控制阀简称控制阀，是液压控制系统中通过接收外部信号（如机械动作、电气信号、压力信号等）而产生相应动作，从而控制液体流动方向、压力和流量，并借以控制执行元件运动方向、输出力（力矩）和运动速度的元件。液压控制阀性能的优劣和工作可靠性直接影响整个液压系统能否正常工作。

1. 液压控制阀的工作原理

液压控制阀主要由阀芯、阀体和驱动阀芯在阀体内做相对运动的装置组成。阀芯的主要形式有滑阀、锥阀和球阀。阀体上有与阀芯配合的阀体孔，还有外接油管的进、出油口。驱动阀芯在阀体内做相对运动的装置有手动、弹簧、电磁铁或液压力驱动机构。

液压控制阀利用阀芯在阀体内的相对运动来控制阀口的通断及开口大小，来实现压力、流量和方向的控制。阀口的开口大小，进、出油口间的压力差及通过阀的流量之间的关系都符合孔口流量特性，只是不同阀控制的参数不同。

2. 液压控制阀的分类

根据液压控制阀用途、操纵方式和连接方式等方面的不同，可将液压控制阀按不同方式进行分类，如表 5-1 所示。

表 5-1　液压控制阀的分类

分类方法	种类	详细分类
按用途分	方向控制阀	单向阀、液控单向阀、换向阀、比例方向控制阀
	压力控制阀	溢流阀、减压阀、顺序阀、比例压力控制阀、压力继电器等

续表

分类方法	种类	详细分类
按用途分	流量控制阀	节流阀、调速阀、分流阀、比例流量控制阀等
按操纵方式分	人力操纵阀	手把及手轮、踏板、杠杆
	机械操纵阀	挡块、弹簧、液压、气动
	电动操纵阀	电磁铁控制、电-液联合控制
按连接方式分	管式连接	螺纹式连接、法兰式连接
	板式及叠加式连接	单层连接板式、双层连接板式、集成块连接、叠加阀
	插装式连接	螺纹式插装、法兰式插装

3. 液压控制阀的工作要求

① 油液流过的压力损失小，密封性能好。
② 动作灵敏，使用可靠，工作时冲击和振动小。
③ 结构简单紧凑、安装维护方便，通用性好。

4. 液压控制阀的工作性能参数

阀的性能参数反映了阀的规格大小和工作特性，是对阀进行评价和选用的重要依据。阀的规格大小用通径表示，主要性能参数有额定压力和额定流量。

① 通径表示阀尺寸规格的大小，也代表阀通流能力的大小，对应于阀的额定流量。阀工作时的实际流量应小于或等于其额定流量，最大不得大于额定流量的 1.1 倍。

② 额定压力是液压控制阀连续工作所允许的最高工作压力。压力控制阀的实际最高压力有时与阀的调压范围有关。

任务实施：识读液压控制阀的铭牌参数

① 记录液压控制阀的铭牌参数。
② 查手册确定各参数的含义。
③ 完成项目工单。

思考与练习

1. 简述液压控制阀在液压系统中起什么作用。
2. 如何选择液压控制阀的通径？

任务 5.2　方向控制阀认知与拆装

任务目标

1. 能够描述单向阀的工作过程；
2. 能够描述换向阀的工作过程；
3. 能够描述常用换向阀的结构性能；
4. 能够正确使用与维护方向控制阀；
5. 能够动手拆装方向控制阀。

任务描述

拆装方向控制阀。

相关知识：方向控制阀的工作过程应用、性能分析及使用与维护

液压系统中的方向控制阀是用于控制油路接通、切断或改变液流方向的控制阀，主要用于实现对执行元件的起动、停止或运动方向的控制。常用的方向控制阀有单向阀和换向阀两类。

1. 单向阀的工作过程及应用

单向阀的主要作用是控制油液的单向流动，它分为普通单向阀和液控单向阀两种。

（1）普通单向阀的工作过程及应用

普通单向阀简称单向阀，因为只允许油液单方向通过，而反方向不能流通，所以又称逆止阀。对单向阀的主要性能要求是：油液通过时压力损失要小，反向截止时密封性要好，动作灵敏，工作时没有撞击和噪声。

微课：普通单向阀

1）单向阀的工作过程。图 5-1（a）所示为一种管式普通单向阀的结构原理。其工作过程是液压油从阀体左端的进油口 P_1 流入时，克服弹簧作用在阀芯上的力，使阀芯向右移动，打开阀口，并通过阀芯上的径向孔 a、轴向孔 b 从阀体右端的出油口 P_2 流出。但是液压油从阀体右端的出油口 P_2 流入时，液压力和弹簧力一起使阀芯压紧在阀座上，使阀口关闭，油液无法通过。单向阀的图形符号如图 5-1（b）所示。

单向阀中的弹簧主要用来克服阀芯的摩擦阻力和惯性力，使单向阀工作灵敏可靠，因此普通单向阀的弹簧刚度一般选得较小，以免油液流动时产生较大的压力降。一般单向阀的开启压力为 0.035～0.05MPa，通过其额定流量时的压力损失不应超过 0.3MPa。若将单向阀置于回油路中做背压阀使用，可选刚度较大的弹簧，其开启压力为 0.2～0.6MPa。

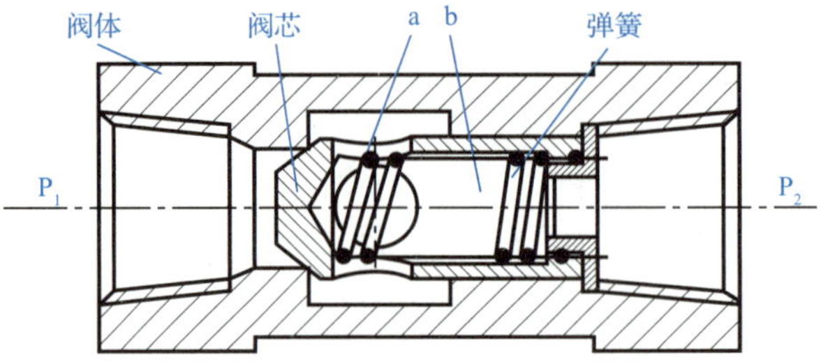

（a）结构原理

（b）图形符号

图 5-1　单向阀

2）单向阀的应用。

① 区分高、低液压油，防止高压油进入低压系统。有些液压系统同时采用高压小流量泵和低压大流量泵向系统供油，如图 5-2（a）所示。当高压回路空载时，低压泵 1 经单向阀与高压泵 2 同时供油。当高压系统压力升高，并高于低压系统压力时，高压油将单向阀关闭，只用高压泵供油。

② 保护液压泵。如图 5-2（b）所示，将单向阀安置在泵的出口处，防止系统压力突然升高使泵反转而损坏。

③ 液压泵停止工作时，保持液压缸的位置。如图 5-2（c）所示，在泵停止工作时，单向阀用于防止液压缸活塞下滑，起到安全保护作用。

④ 作为背压阀。如图 5-2（d）所示，单向阀接在液压缸的回油路上，使回油产生背压，这样可减少液压缸运动时的前冲和爬行现象，提高液压缸运动的平稳性。

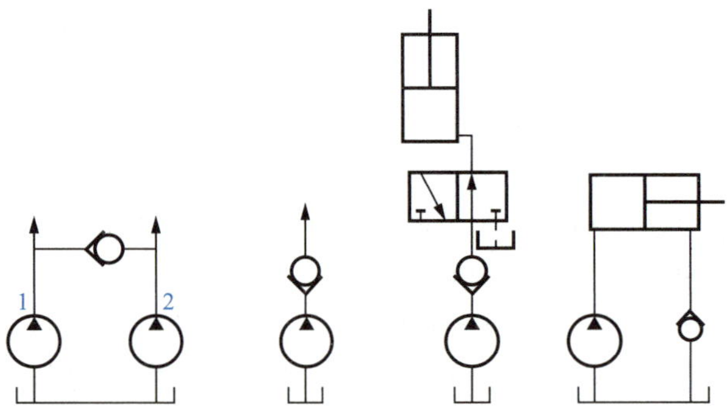

1—低压泵；2—高压泵。

（a）　（b）　（c）　（d）

图 5-2　普通单向阀的应用

（2）液控单向阀的工作过程及应用

液控单向阀由普通单向阀和液控装置两部分组成。当液控装置不通液压油时，它和普通单向阀一样，起单向通油的作用。当液控装置通入有足够压力的液压油时，阀就会保持开启状态，油液双向都能通过。

微课：液控单向阀

1）液控单向阀的工作过程。图 5-3（a）所示为液控单向阀的结构原理。当控制油口 K 不通液压油时，液控单向阀的工作过程和普通单向阀一样，液压油只能从进油口 P_1 流向出油口 P_2，不能反向流动。当控制油口 K 通液压油时，控制活塞右侧 a

腔通泄油口，在油液压力作用下活塞向右移动，推动顶杆顶开阀芯，使油液从 P_2 到 P_1 能接通，这时油液可从 P_2 口流向 P_1 口。K 口通入的控制油压力为主油路压力的 30%～50%。图 5-3（b）所示为液控单向阀的图形符号。

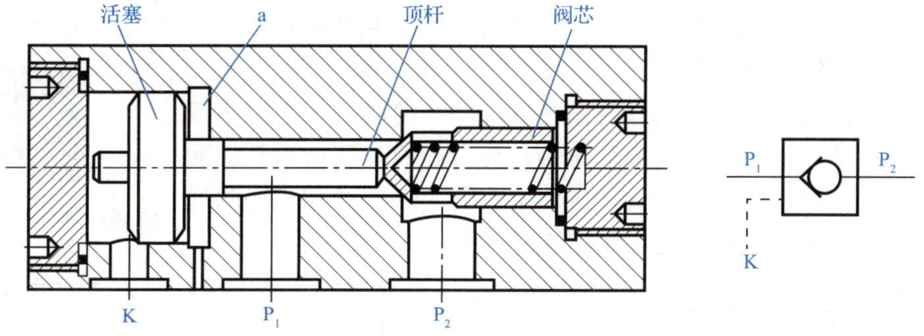

（a）结构原理　　（b）图形符号

图 5-3　液控单向阀

2）液控单向阀的应用。

① 保持压力。滑阀式换向阀都有间隙泄漏现象，只能短时间保压。当有保压要求时，可在油路上加一液控单向阀，如图 5-4（a）所示，利用锥阀关闭的严密性，使油路进行长时间保压。

② 用于液压缸的“支撑”。如图 5-4（b）所示，液控单向阀接于液压缸下腔的油路，可防止立式液压缸的活塞和滑块等活动部分因滑阀泄漏而下滑。

③ 大流量排油。如图 5-4（c）所示，液压缸两腔的有效工作面积相差很大。活塞退回时，液压缸左腔排油流量骤增，此时若采用小流量的滑阀，会产生节流作用，限制活塞的后退速度；若加设液控单向阀，则在液压缸活塞后退时，会控制液压油将液控单向阀打开，从而使液压油顺利排出左腔油液。

④ 作为充油阀使用。立式液压缸的活塞在调速下降过程中，受高压油和自重的作用，下降迅速，从而产生吸空和负压，因此必须增设补油装置。图 5-4（d）所示的液控单向阀就是作为充油阀使用的，以完成补油功能。

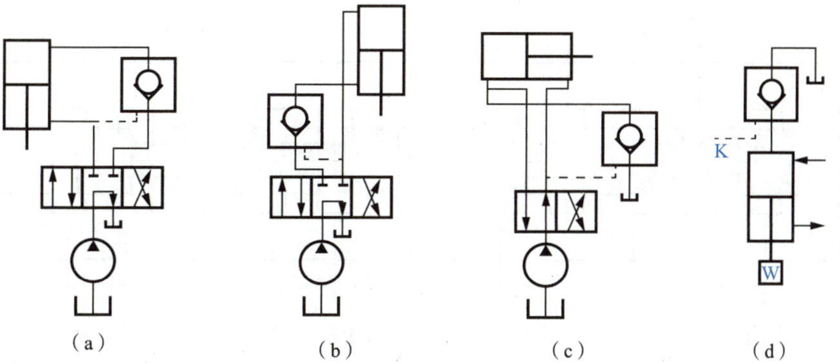

（a）　（b）　（c）　（d）

图 5-4　液控单向阀的应用

2. 换向阀的工作过程及性能分析

换向阀是利用阀芯与阀体的相对位置改变，控制相应油路接通、切断或变换油液的方向，从而实现执行元件及其驱动机构的起动、停止或变换运动方向的。换向阀阀芯的结构型式有滑阀式、转阀式和锥阀式等，其中以滑阀式应用最多。

（1）换向阀的工作过程

滑阀式换向阀的阀芯在阀体内做往复滑动。滑阀是一个有多段环形槽的圆柱体，其直径大的部分称为凸肩，凸肩与阀体内孔相配合。阀体内加工有若干段环形槽，阀体上有若干个与外部相通的通油口，并与相应的环形槽相通，如图 5-5 所示。

微课：换向阀的工作过程

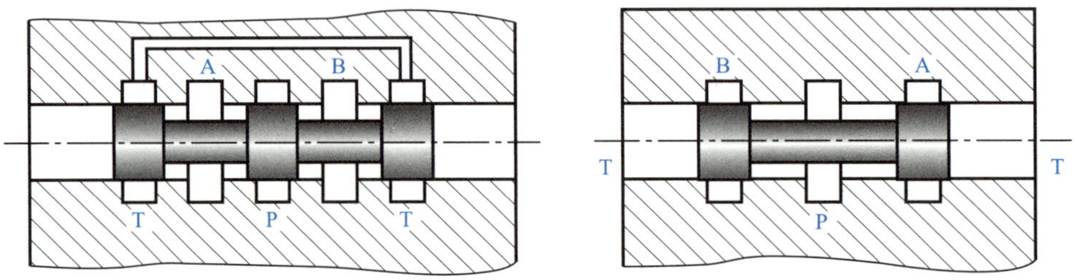

（a）五槽式　（b）三槽式

图 5-5　四通滑阀的结构

图 5-6 所示为滑阀式换向阀的工作原理示意图，每条槽都通过相应的孔道与外部相通，其中 P 口为进油口，T 口为回油口，A 和 B 与执行元件的两腔相通。其工作过程是当阀芯处于图 5-6（a）所示的工作位置时，4 个油口互不相通，液压缸两腔不通液压油，处于停止状态。若使换向阀的阀芯左移，如图 5-6（b）所示，阀体上的油口 P 和 B 相通，A 和 T 相通，液压油经 P、B 油口进入液压缸右腔，活塞左移，左腔油液经 A、T 油口回油箱。反之，若使阀芯右移，如图 5-6（c）所示，则 P 和 A 相通，B 和 T 相通，活塞便右移。该换向阀的图形符号如图 5-6（d）所示。

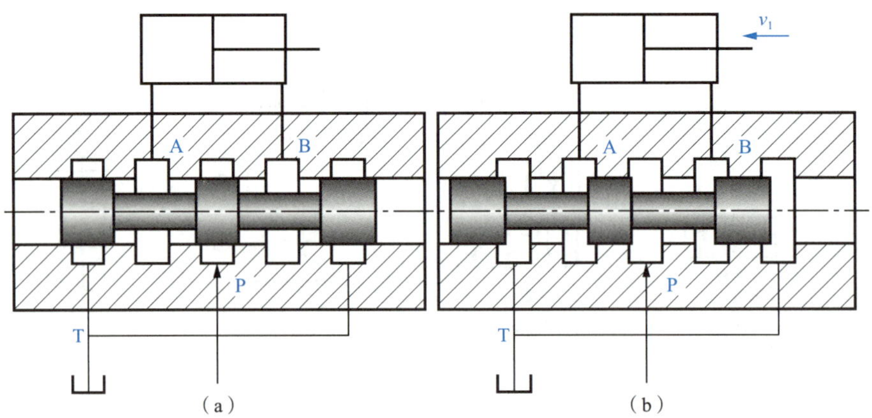

（a）　（b）

图 5-6　滑阀式换向阀的工作原理示意图

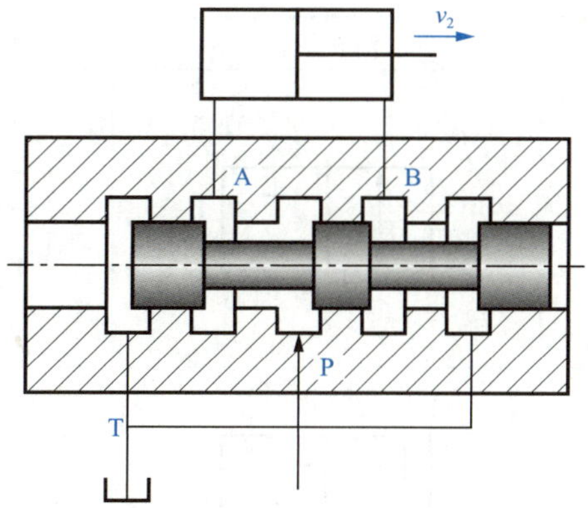

（c）

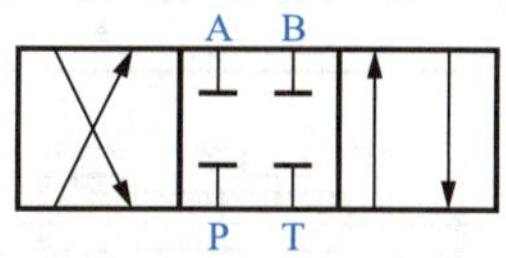

（d）

图 5-6（续）

图 5-7 所示为转动式换向阀（简称转阀）的结构原理，它是靠阀芯 1 在阀体 2 内做定轴转动而使相应的通道接通或断开来实现换向的，一般使用手柄手动操作。当阀芯在图 5-7（a）所示位置时，油口 P 和 B 相通，A 和 T 相通，对应图 5-7（d）所示图形符号的左位；阀芯在图 5-7（b）所示位置时，油口 P、A、B、T 均不相通，对应图 5-7（d）所示图形符号的中位；阀芯在图 5-7（c）所示位置时，油口 P 和 A 相通，B 和 T 相通，对应图 5-7（d）所示图形符号的右位。可见，具有相同功能的换向阀所对应的图形符号相同，而与实现原理（滑阀式或转阀式）无关。

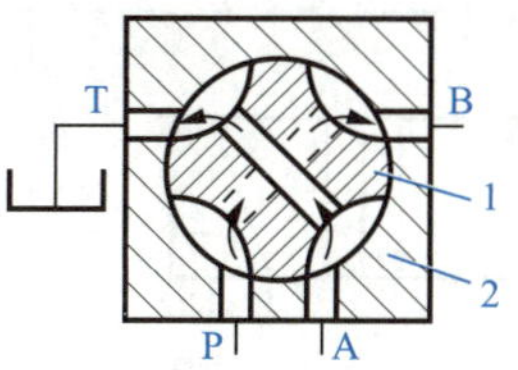

1—阀芯；2—阀体。

（a）

（b）

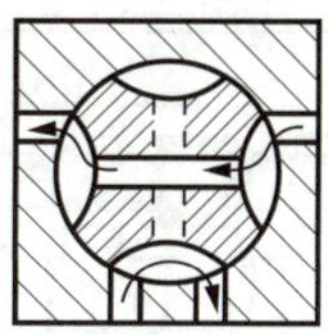

（c）

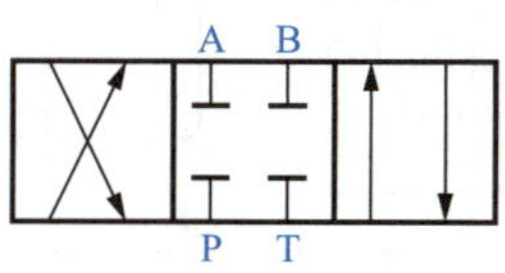

（d）

图 5-7　换向阀

（2）换向阀的结构原理和图形符号

表 5-2 列出了几种常用滑阀式换向阀的结构原理、图形符号及使用场合，现对换向阀的图形符号做以下说明。

表 5-2　常用滑阀式换向阀的结构原理、图形符号及使用场合

名称	结构原理	图形符号	使用场合
二位二通	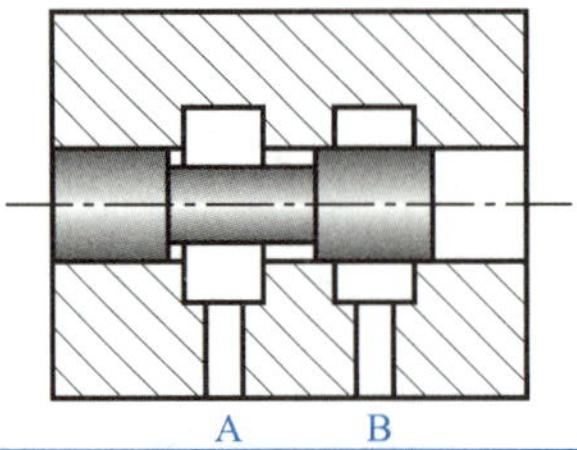	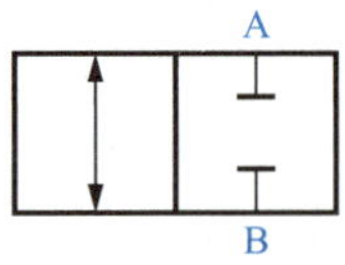	控制油路的接通与切断
二位三通	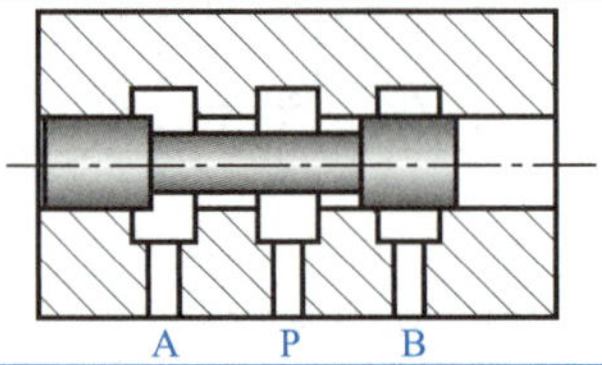	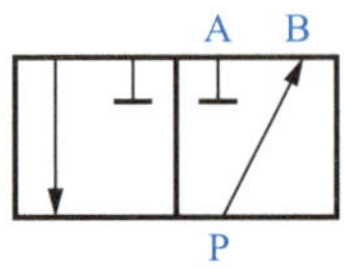	控制油液的流动方向
二位四通	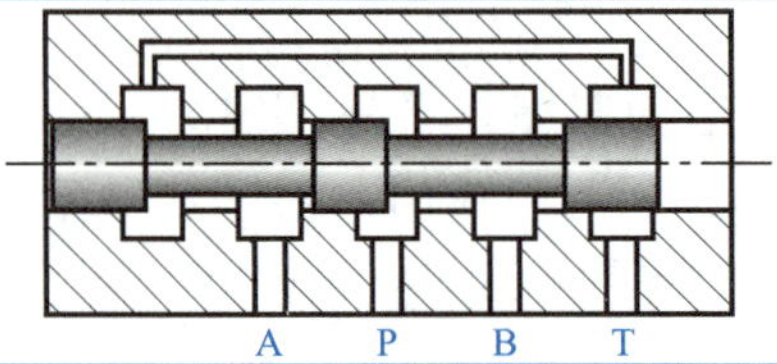	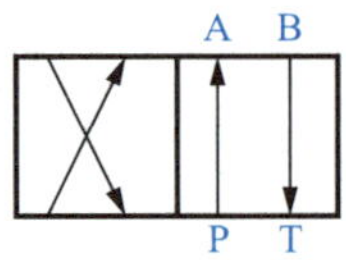	控制执行元件换向，且执行元件正反向运动时回油方式相同
三位四通	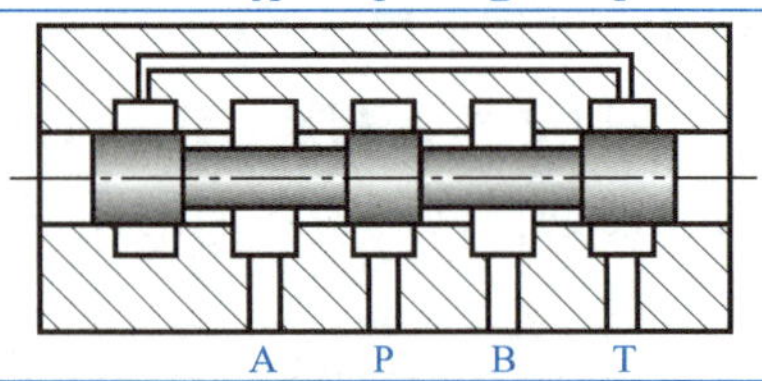	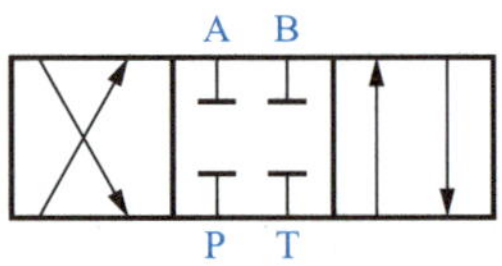	控制执行元件换向，且执行元件正反向运动时回油方式相同
二位五通	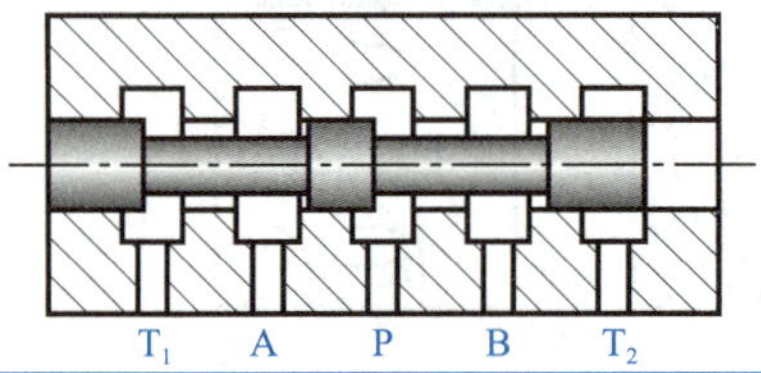	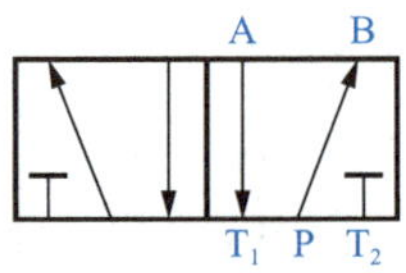	控制执行元件换向，且执行元件正反向运动时可获得不同的回油方式
三位五通	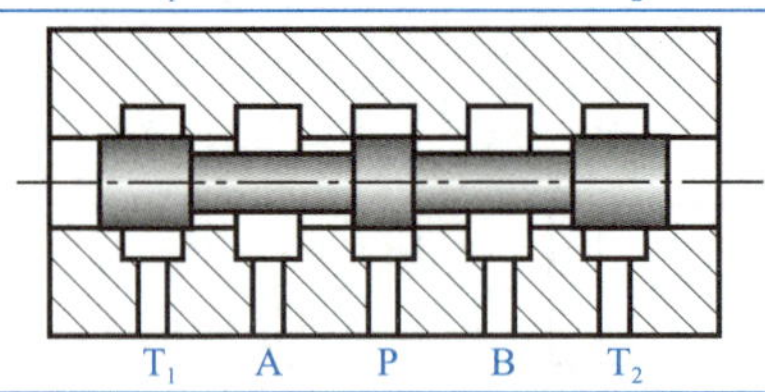	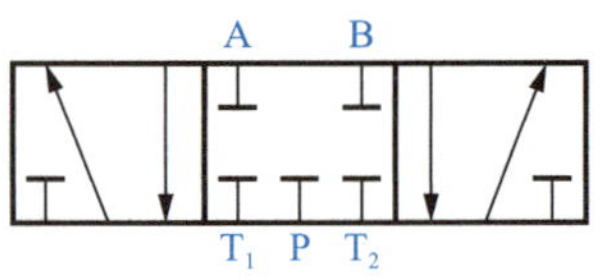	

① 换向阀工作位置的个数称为位，通常用一个粗实线方框代表一个工作位置，有几个工作位置就用几个方框表示。如图 5-6（d）所示，换向阀阀芯相对于阀体有左、中、右 3 个工作位置，用 3 个方格来表示，称为三位阀。

② 与液压系统中油路相连通的油口个数称为通。在一个方格内，箭头和堵塞符号“┴”或“┬”与方格的相交点数为该阀的油口通路数。箭头表示两油口相通，并不表示实际流向，“┴”或“┬”表示该油口不通流。如图 5-6（d）所示，该换向阀有 P、A、B、T 共 4 个油口，即为四通。当阀芯处于中间工作位置时，4 个油口都不通，用“┴”或“┬”表示；当阀芯处于左工作位置时，P 与 A、B 与 T 相通；反之，则 P 与 B、A 与 T 相通。

③ P 表示进油口，T 表示通油箱的回油口，A 和 B 表示连接其他两个工作油路的油口。

④ 控制方式和复位弹簧的符号画在方格的两侧。

⑤ 三位阀的中位、二位阀绘有弹簧的那一位为常态位。二位二通阀有常开型和常闭型两种。常开型的常态位连通，用代号 H 表示；常闭型则不通，不标注代号。在液压系统图中，换向阀的符号与油路的连接应画在常态位上。

（3）换向阀中位机能分析

滑阀式换向阀的滑阀机能是表示多位阀芯处于不同位置时体现出的各种控制机能。三位滑阀式换向阀阀芯在中位时各油口的连通形式称为中位机能。不同的中位机能，可以满足液压系统的不同要求，表 5-3 列出了三位换向阀常用的中位机能的形式、中位时的滑阀状态、中位符号和性能特点。

微课：换向阀中位机能分析

表 5-3　三位换向阀常用的中位机能的形式、中位时的滑阀状态、中位符号和性能特点

中位机能形式	中位时的滑阀状态	中位符号	中位性能特点
O	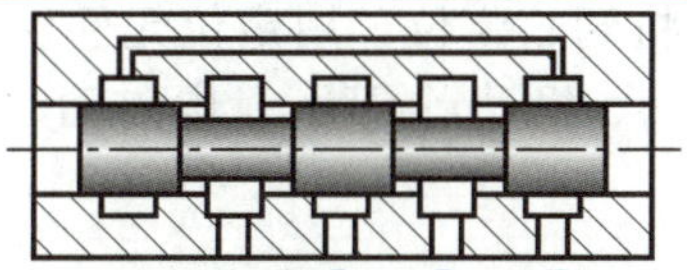	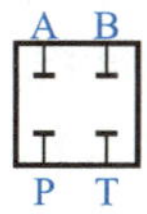	各油口全部关闭，系统保持压力，执行元件闭锁
H	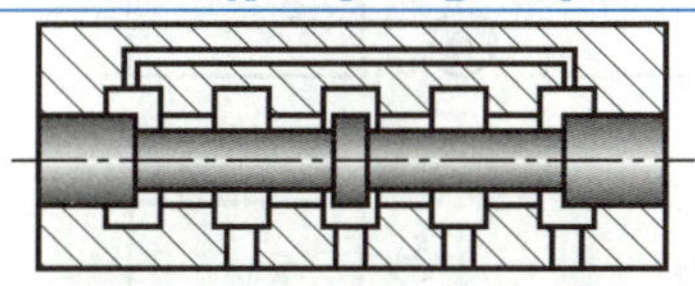	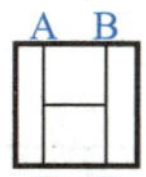	各油口全部连通，泵卸荷，执行元件两腔与回油连通
Y	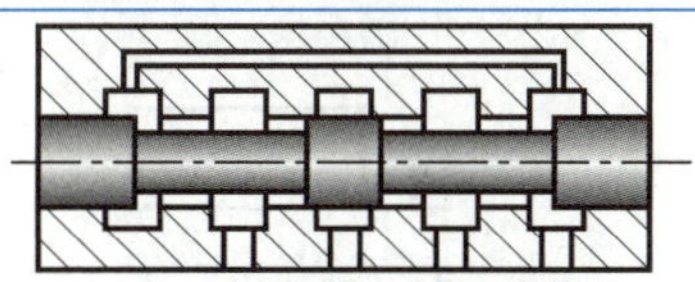	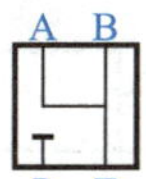	A、B、T 口连通，P 口保持压力，执行元件两腔与回油连通
P	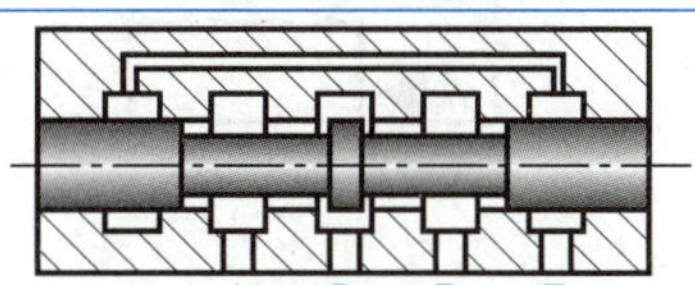	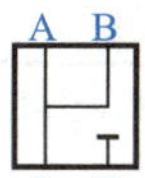	P、A、B 口连通，T 口封闭，液压泵与执行元件两腔连通
M	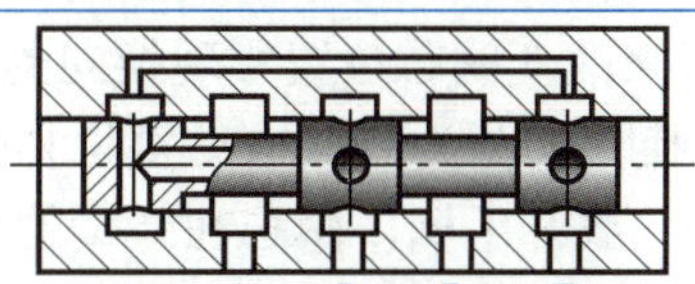	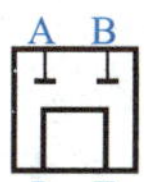	P、T 口连通，A、B 口封闭，液压泵卸荷，执行元件闭锁
K	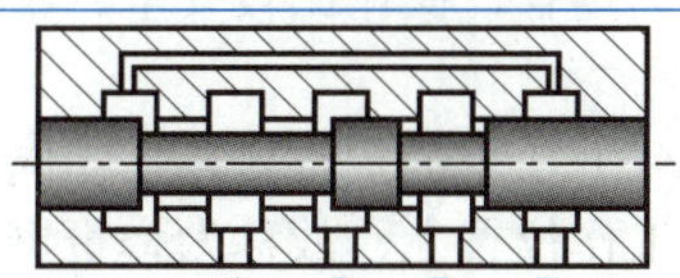	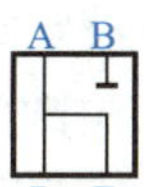	P、A、T 口连通，B 口封闭，液压泵卸荷

中位机能不仅直接影响液压系统的工作性能，而且在换向阀由中位向左位或右位转换时对液压系统的工作性能也有影响，因此应根据使用要求合理选择，通常需考虑以下几点：

① 当系统有保压要求时，选择 P 口封闭的类型，如 O、Y 型中位机能，使一个液压泵可用于多缸系统。

② 当系统有卸荷要求时，选择 P 口与 T 口相通的类型，如 H、K、M 型中位机能，使液压泵出口连通油箱卸荷。

③ 当系统有较高换向精度要求时，选择 A、B 口都封闭的类型，如 O、M 型中位机能，防止执行元件在外力或惯性作用下运动，但换向过程中易产生液压冲击，换向不平稳。

④ 当系统有较高换向平稳性要求时，选择 A、B 口都接通 T 口的 Y 型中位机能，可大大减轻换向过程中的液压冲击，但缺点是执行元件不易迅速制动，换向精度低。

⑤ 当系统有较高起动平稳性要求时，应选择 A、B 口都不通 T 口的 O、P、M 型中位机能。这时液压泵某一腔的油液在起动时能起到缓冲作用，因而可保证起动时的平稳性。

⑥ 当系统要求执行元件能在任意位置上停留时，应选择 A、B 口都与 P 口相通的 P 型中位机能。这时液压缸左、右两腔的作用力相等，液压缸不动。

（4）常用换向阀的结构性能分析

在液压传动与控制系统中，滑阀式换向阀的阀芯相对于阀体的移动是靠操纵动力实现的。为了使滑阀可靠地工作，必须在实现操纵后将阀芯定位，用定位元件保证阀芯与阀体的相对位置处于给定状态。常用的操纵方式有手动、机动（行程）、电磁动、弹簧控制、液动和电液动，其符号如图 5-8 所示。

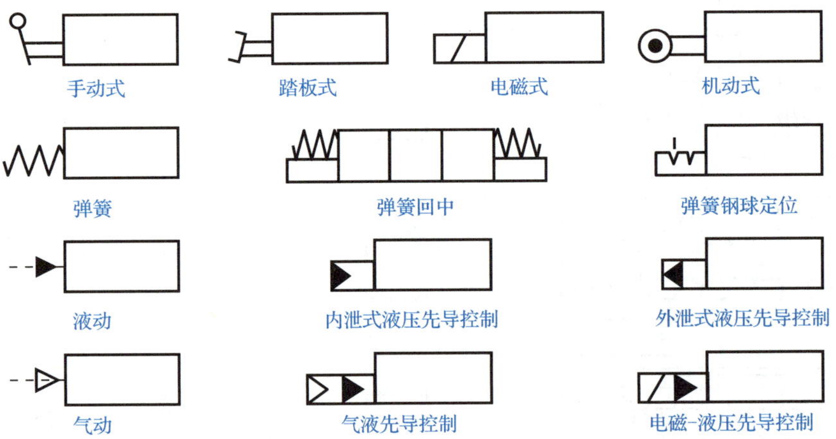

微课：换向阀操纵方式

图 5-8　换向阀操纵方式符号

1）手动换向阀。手动换向阀是利用手动杠杆来改变阀芯位置实现换向的，图 5-9 所示为三位四通手动换向阀的结构和图形符号。手动换向阀分为弹簧自动复位和弹簧钢珠定位两种。图 5-9（a）所示为自动复位式手动换向阀。放开手柄，阀芯在弹簧的作用下自动回到中位，该阀适用于动作频繁、工作持续时间短的场合，操作比较安全，常用于工程机械的液压传动系统中。图 5-9（b）所示为其图形符号。

如果将该阀阀芯左端弹簧的部位改为图 5-9（c）所示的定位机构，当阀芯向左或向右移动后，可借助钢球使阀芯保持在左端或右端的工作位置上，故称为弹簧钢球定位式手动换向阀。其定位缸口数由阀的工作位置数决定。由于定位机构的作用，当松开手柄后，阀仍保持在所需的工作位置上。它适用于机床、液压机等需要保持工作状态时间较长的场合。图 5-9（d）所示为其图形符号。

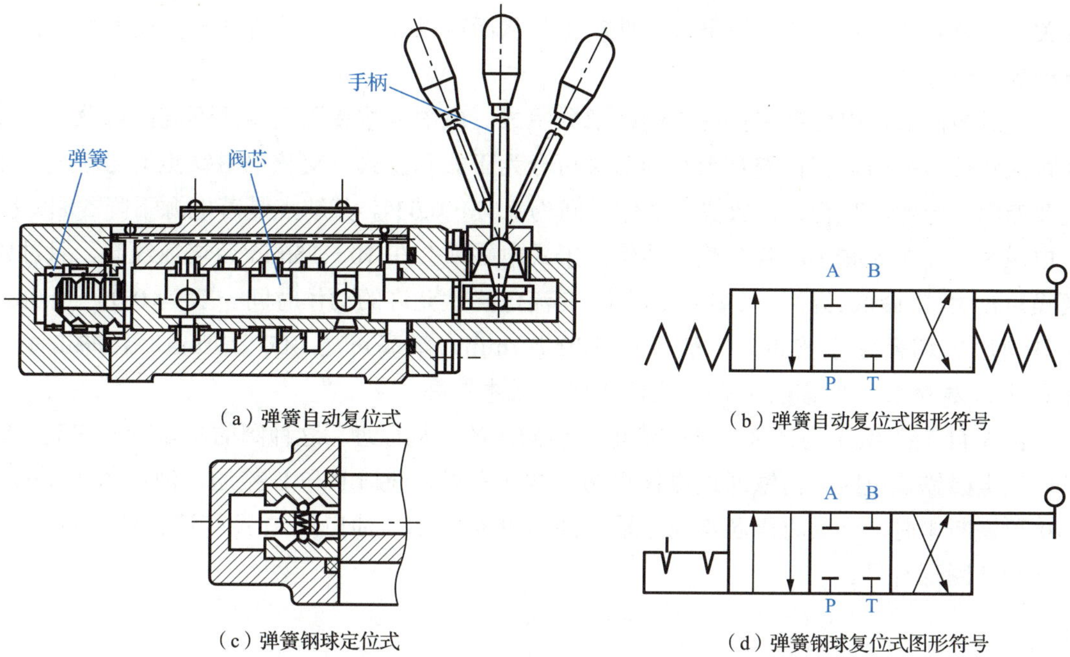

（a）弹簧自动复位式　　（b）弹簧自动复位式图形符号

（c）弹簧钢球定位式　　（d）弹簧钢球复位式图形符号

图 5-9　三位四通手动换向阀的结构和图形符号

2）机动换向阀。机动换向阀是依靠安装在工作台上的挡铁或凸轮推动阀芯移动的，常用来控制机械运动部件的行程，故又称为行程阀。

图 5-10（a）是二位二通机动换向阀的结构原理。阀芯在弹簧的推动作用下，处于最上端位置，把进油口 P 与出油口 A 切断。当行程挡块将滚轮压下时，P 和 A 油口接通；当行程挡块脱开滚轮时，阀芯在其底部弹簧的作用下又恢复到初始位置。通过改变挡块斜面的角度 α，可改变阀芯的移动速度、调节油液换向过程的时间。图 5-10（b）所示为其图形符号。

机动换向阀除上述介绍的二位二通外，还有二位三通、二位四通和二位五通等形式。由于换向阀要放在其操纵件旁，因此常用于要求换向性能好、布置方便的场合，如机床液压系统的速度换向回路中。

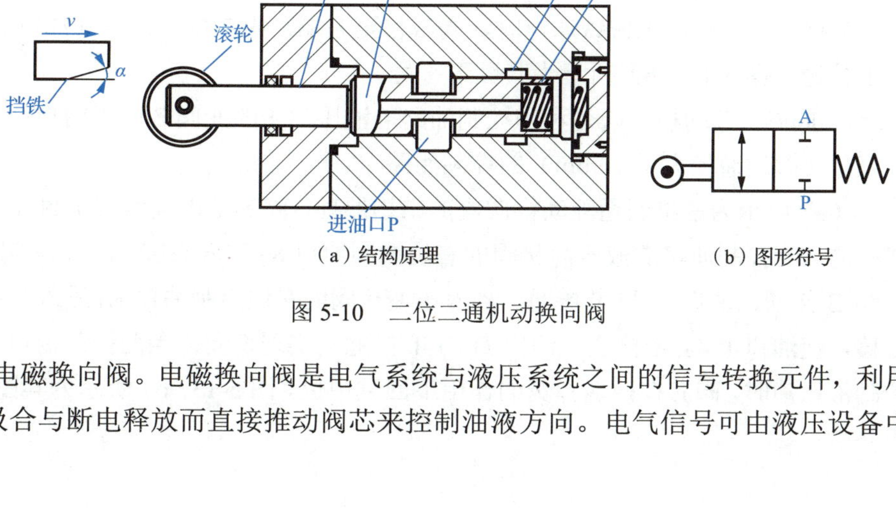

（a）结构原理　　（b）图形符号

图 5-10　二位二通机动换向阀

3）电磁换向阀。电磁换向阀是电气系统与液压系统之间的信号转换元件，利用电磁铁的通电吸合与断电释放而直接推动阀芯来控制油液方向。电气信号可由液压设备中的按钮开关、限位开关、行程开关等电气元件产生，从而可以使液压系统方便地实现各种操作及自动顺序动作。

电磁换向阀由电磁铁和换向滑阀两部分组成。电磁铁按使用电源的不同，可分为交流和直流两种，按衔铁工作腔是否有油液又可分为干式和湿式。交流电磁铁走动力较大，不需要专门的电源，吸合、释放快，动作时间为0.01～0.03s。其缺点是若电源下降5%以上，则电磁铁吸力明显减小，若衔铁不动作，干式电磁铁会在10～15min后烧坏线圈，且冲击及噪声较大、寿命低。因而，在实际使用中，交流电磁铁允许的动作时间一般为0.05～0.08s，允许使用的切换频率较高，一般可达120次/min，最高可达300次/min，且冲击小、体积小、寿命长。但需有专门的直流电源，成本较高。

图5-11（a）所示为二位三通交流电磁换向阀的结构原理，这种阀的左端有一交流电磁铁，当电磁铁通电时，衔铁通过推杆将阀芯推向右端，油口P与B接通，油口A被关闭。当电磁铁断电时，弹簧将阀芯推向左端，油口B被关闭，油口P与A接通。图5-11（b）所示为其图形符号。

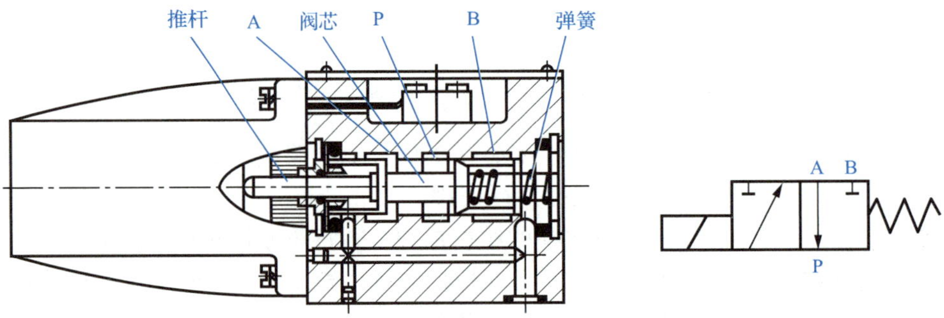

（a）结构原理　　（b）图形符号

图5-11　二位三通交流电磁换向阀

图5-12（a）所示为三位四通直流电磁换向阀的结构原理，阀的两端各有一个直流电磁铁和一个对中弹簧。当两边电磁铁都不通电时，阀芯在两边弹簧的作用下处于中位，全部油口互不相通；当右边电磁铁通电时，推杆将阀芯推向左端，阀右位工作，其油口P与A接通，B与T接通；当左边电磁铁通电时，阀芯移至右端，阀左位工作，其油口P与B接通，A与T接通。图5-12（b）所示为其图形符号。

4）液动换向阀。液动换向阀是利用控制油路的液压油来改变阀芯位置的换向阀，广泛应用于大流量（阀的通径大于10mm）的控制回路中。

图5-13（a）所示为三位四通液动换向阀的结构原理，阀芯是由其两端密封腔中油液的压差来移动的。当控制油路的液压油从阀的右边控制油口K_2进入右腔时，推动阀芯左移，使油口P与B接通，油口A与T接通；当液压油从阀的左边控制油口K_1进入左腔时，推动阀芯右移，使油口P与A接通，油口B与T接通，实现换向；当两控制油口K_1和K_2均不通控制液压油时，阀芯在两端弹簧的作用下回到中位。图5-13（b）所示为其图形符号。

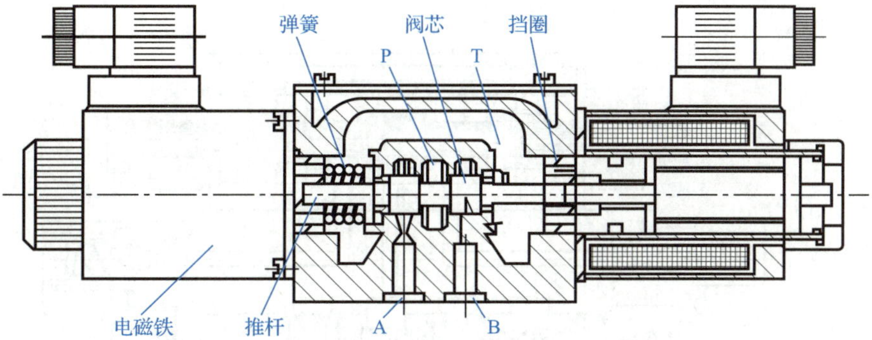

（a）结构原理

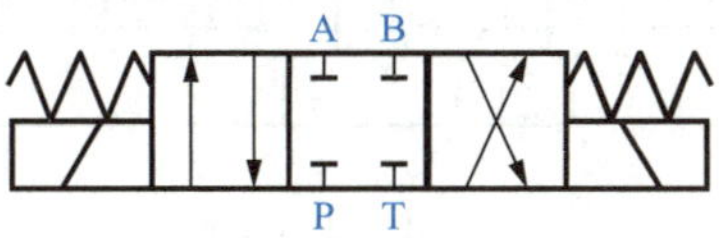

（b）图形符号

图 5-12　三位四通直流电磁换向阀

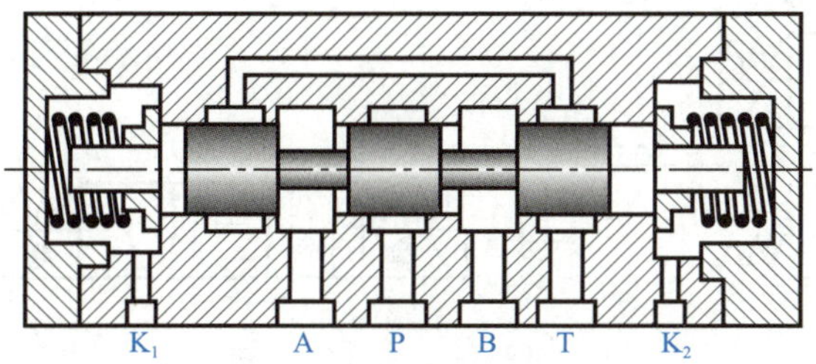

（a）结构原理

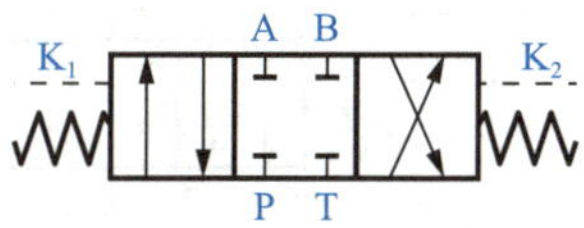

（b）图形符号

图 5-13　三位四通液动换向阀

5）电液换向阀。在大中型液压设备中，当通过阀的流量较大时就要选择大尺寸控制阀，这样，作用在滑阀上的摩擦力和液动力也相应增大了。如果靠增大电磁铁规格来直接推动是不经济的，这时就可采用电液换向阀。电液换向阀由电磁换向阀和液动换向阀组合而成。电磁换向阀为先导阀，用来改变控制油路的方向；液动换向阀为主阀，用来改变主油路的方向。这种阀的优点是用反应灵敏的小规格电磁阀方便地控制大流量的液动阀换向，适用于高压大流量场合。

微课：电液换向阀

图 5-14（a）所示为三位四通电液换向阀的结构原理。上面是电磁阀（先导阀），下面是液动阀（主阀）。其工作过程可用图形符号加以说明，如图 5-14（b）所示。图中实线表示工作管路和回油管路，虚线表示控制管路及泄油管路。常态时，先导阀和主阀都处于中位，主油路中 A、B、P、T 油口均不连通。当左电磁铁通电时，先导阀左位工作，控制油经先导阀到主阀芯左端油腔，操纵主阀芯右移，使主阀也切换至左位工作，主阀芯右端油腔回油经先导阀及出油口 L 回油箱。此时，主油路油口 P 与 A 连通，B 与 T 连通。同理，当先导阀右电磁铁通电时，主油路油口换接，P 与 B 连通，A 与 T 连通，实现了油液换向。图 5-14（c）所示为其简化图形符号。

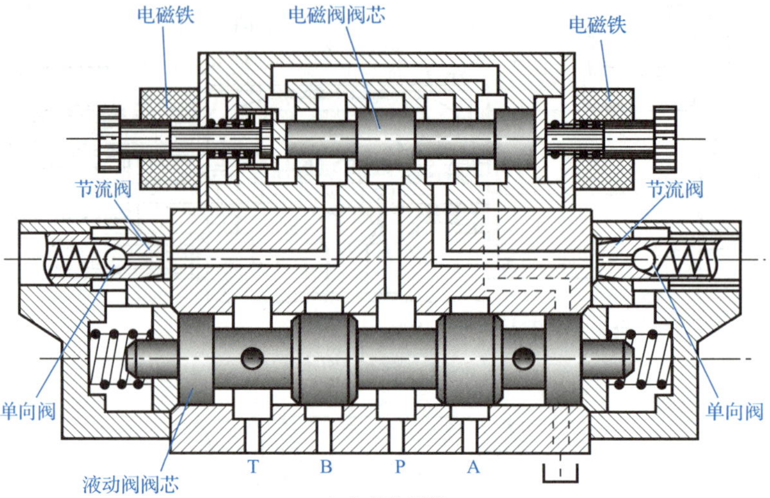

（a）结构原理

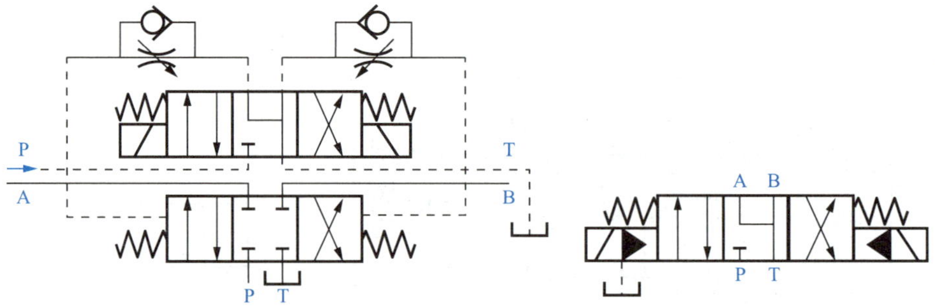

（b）图形符号　　（c）简化图形符号

图 5-14　三位四通电液换向阀

若在液动换向阀的两端盖处加调节螺钉，则可调节液动换向阀阀芯的行程和各主阀口的开度，从而改变通过主阀的流量，对执行元件起粗略的速度调节作用。

3. 方向控制阀的使用与维护

微课：影响阀内泄漏的因素

（1）影响阀内泄漏的因素

阀是通过阀芯在阀体内做相对运动实现控制功能的，因此阀芯和阀体的配合面总是存在间隙。如图 5-15（a）所示，为了在工作时能有效隔开阀内高压区和低压区，阀的内孔和阀芯台肩之间有很高的配合要求，配合间隙为 5～10μm。尽管配合间隙很小，阀门在关闭状态下，阀内高压区的油液依然会向低压区渗漏，这种现象称为阀内泄漏。通过以下措施可有效减少阀内泄漏：

① 提高零件的加工精度，进一步减小阀孔和阀芯的间隙，改善密封效果。如图 5-15（b）所示，在高、低压区压差相同，阀孔与阀芯台肩重叠度相同的情况下，间隙越小，内泄漏量越少。这种方法的主要缺点是制造难度明显增加，有可能使生产成本大幅升高。

② 适当增加阀孔与阀芯台肩的重叠长度。如图 5-15（b）所示，在高、低压区压力相同，阀孔阀芯之间间隙相同的情况下，随着阀孔与阀芯台肩重叠度的增加，内泄漏量逐渐减少。但是重叠度并非越大越好，达到一定长度后，对阀内泄漏的改善作用逐渐减弱，且

过长的阀芯台肩会影响阀的通流能力，甚至影响阀的正常功能。

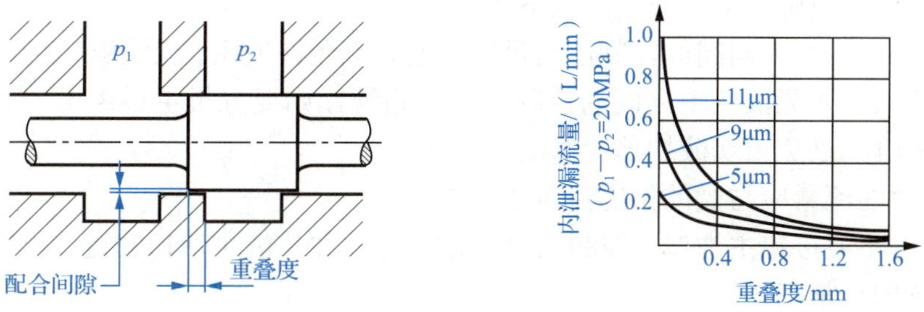

（a）阀芯与阀孔的装配结构　　（b）结构尺寸与泄漏量的关系

图 5-15　影响阀内泄漏的因素

③ 选用黏度稍大的液压油也能提高密封性，但流动阻力也会增大，导致压力损失增加，系统效率下降。

因此，阀内存在一定程度的泄漏是允许的，如果泄漏量明显增加，则需要将阀拆开检修或整体更换。

（2）单向阀的使用与维护

使用单向阀时应注意以下事项：

① 正常工作时，单向阀的工作压力应低于其额定工作压力；通过单向阀的流量要在其通径允许的额定流量范围之内，并且应不产生较大的压力损失。

② 单向阀的开启压力有多种，应根据系统功能要求合理选择，开启压力一般应尽量低，以减小压力损失；做背压功能的单向阀，其开启压力较高，通常由背压值确定。

③ 除要根据需要合理选择开启压力外，还应特别注意工作流量应与阀的额定流量相匹配，因为当通过单向阀的流量远小于额定流量时，单向阀有时会产生振动。流量越小，开启压力越高，油中含气越多，越容易产生振动。

④ 注意辨认进、出油口，以保证安装正确，否则会影响液压系统的正常工作。特别是用在泵的出口，如果装反，可能会损坏液压泵或烧坏电动机。

⑤ 单向阀闭锁状态下的泄漏量极小，甚至为零。经过一段时期的使用后，阀座和阀芯的接触面磨损，从而引起泄漏，泄漏量太大将导致单向阀失效，故应注意对阀座和阀芯的接触面进行定期研磨修复。

⑥ 油液在单向阀内正向自由流动时有一定的压力损失，一般为开启压力的 3～5 倍，即 0.2～0.4MPa，高的甚至可达 0.8MPa，故设计回路时应充分考虑、慎重决定，做到非必要不使用。

单向阀常见故障产生原因及其排除方法如表 5-4 所示。

表 5-4　单向阀常见故障产生原因及其排除方法

故障	故障产生原因	故障排除方法
单向阀反向截止，阀芯不能将液流严格封闭而产生泄漏	阀芯与阀座接触不紧密、阀体孔与阀芯的不同轴度过大、阀座压入阀体孔有歪斜等	重新研配阀芯与阀座，或拆下阀座重新压装，直至与阀芯严密接触为止
单向阀启闭不灵活，阀芯卡阻	阀体孔与阀芯的加工几何精度低，二者的配合间隙不当；弹簧断裂或过分弯曲	修整或更换

（3）液控单向阀的使用与维护

液控单向阀的使用与维护应注意以下事项：

① 必须保证液控单向阀的控制压力足够，绝对不允许失压。应注意控制压力是否满足反向开启的要求。如果液控单向阀的控制引自主系统，则要分析主系统压力的变化对控制油路压力的影响，以免出现液控单向阀的误动作。

② 工作时的流量应与阀的额定流量相匹配。

③ 安装时不要接错主油口、控制油口和泄油口，并认清主油口的进、出方向，否则会影响液压系统的正常工作。

液控单向阀常见故障产生原因及其排除方法如表 5-5 所示。

表 5-5　液控单向阀常见故障产生原因及其排除方法

故障	故障产生原因	故障排除方法
反向截止（即控制口不起作用时），阀芯不能将液流严格封闭而产生泄漏	阀芯与阀座接触不紧密，阀体孔与阀芯同轴度超差，阀座压入阀体孔有歪斜等	重新研配阀芯与阀座，或拆下阀座重新压装，直至与阀芯严密接触为止
不能反向卸载	阀体孔与控制活塞孔同轴度超差，导致活塞卡死，活塞顶杆顶不到卸载阀芯，无法开启卸载阀芯	修整或更换
液控单向阀关闭时不能回复到初始封油位置	阀体孔与阀芯的加工几何精度低，二者配合间隙不当；弹簧断裂或过分弯曲	修整或更换

（4）换向阀的使用与维护

换向阀的使用与维护应注意以下事项：

① 应根据所需控制的流量选择合适的换向阀通径。如果通径大于 10mm，则应选用液动换向阀或电液动换向阀。使用时不能超过厂家规定的额定压力和流量极限，以免造成动作不良。

② 根据整个液压系统各种液压阀的连接安装方式协调一致的原则，选用合适的安装连接方式。

③ 根据自动化程度的要求和主机工作环境选用适当的换向阀操纵控制方式。如工业设备液压系统，由于工作场地固定，且有稳定电源供应，可优先选用电磁换向阀或电液动换向阀；而野外工作的液压系统，主机经常需要更换工作场地且没有电力供应，需考虑选用手动换向阀。

④ 根据液压系统的工作要求，选用合适的滑阀机能与对中方式。

⑤ 对电磁换向阀，要根据所用的电源、使用寿命、切换频率、安全特性等选用合适的电磁铁。

⑥ 回油口 T 的压力不能超过规定的允许值。

⑦ 双电磁铁电磁阀的两个电磁铁不能同时通电，在设计液压设备的电控系统时应使两个电磁铁的动作互锁。

⑧ 对于中间位置使主油路卸荷的三位四通电液动换向阀和液动换向阀（如 M、H、K 等滑阀机能），应采取措施保证中位时的最低控制压力，如在回油口上加装背压阀等。

换向阀在使用中可能出现的故障现象有阀芯不能移动、操纵机构失灵、电磁铁线圈烧坏、噪声过大、外泄漏等，故障的产生原因及其排除方法如表 5-6 所示。

表 5-6　换向阀常见故障产生原因及其排除方法

故障	故障产生原因	故障排除方法
阀芯不能移动	1. 阀芯表面划伤、阀体内孔划伤、油液污染使阀芯卡阻、阀芯弯曲	卸开换向阀，仔细清洗，研磨修复内存油直或更换阀芯
	2. 阀芯与阀体内孔配合间隙不当，间隙过大，阀芯在阀体内歪斜，使阀芯卡住；间隙过小，摩擦阻力增加，阀芯移不动	检查配合间隙。间隙太小，研磨阀芯，间隙太大，重配阀芯，也可以采用电镀工艺，增大阀芯直径。阀芯直径小于 20mm 时，正常配合间隙在 0.008～0.015mm 范围内；阀芯直径大于 20mm 时，间隙在 0.015～0.025mm 正常配合范围内
	3. 弹簧太软，阀芯不能自动复位；弹簧太硬，阀芯推不到位	更换弹簧
	4. 手动换向阀的联杆磨损或失灵	更换或修复联杆
	5. 电磁换向阀的电磁铁损坏	更换或修复电磁铁
操纵机构失灵	1. 液动换向阀或电液动换向阀两端的单向节流器失灵	仔细检查节流器是否堵塞、单向阀是否泄漏，并进行修复
	2. 液动或电液动换向阀的控制液压油压力过低	检查压力低的原因，对症解决
	3. 气控液压换向阀的气源压力过低	检修气源
	4. 油液黏度太大	更换黏度适合的油液
	5. 油温太高，阀芯热变形卡住	查找油温高的原因并降低油温
	6. 连接螺钉有的过松，有的过紧，导致阀体变形，阀芯移不动。另外，安装基面平面度超差，紧固后面体也会变形	松开全部螺钉，重新均匀拧紧。如果因安装基面平面度超差阀芯移不动，则重磨安装基面，使基面平面度达到规定要求
电磁铁线圈烧坏	1. 线圈绝缘不良	更换电磁铁线圈
	2. 电磁铁铁心轴线与阀芯轴线同轴度不良	拆卸电磁铁重新装配
	3. 供电电压太高	按规定电压值来纠正供电电压
	4. 阀芯被卡住，电磁力推不动阀芯	拆开换向阀，仔细检查弹簧是否太硬、阀芯是否被脏物卡住及其他推不动阀芯的原因，进行修复并更换电磁铁线圈
	5. 回油口背压过高	检查背压过高的原因，对症解决
噪声过大	1. 电磁铁推杆过长或过短	修整或更换推杆
	2. 电磁铁铁心的吸合面不平或接触不良	拆开电磁铁，修整吸合面，清除污物
外泄漏	1. 泄油腔压力过高或 O 形密封圈失效造成电磁阀推杆处外渗漏	检查泄油腔压力，如对于多个换向阀泄油腔串接在一起，则将它们分别接回油箱；更换密封圈
	2. 安装面粗糙、安装螺钉松动、漏装 O 形密封圈或密封圈失效	磨削安装面使其粗糙度符合产品要求（通常阀的安装面的粗糙度 $Ra \leq 0.8\mu m$）；拧紧螺钉，补装或更换 O 形密封圈

任务实施：拆装方向控制阀

（1）实训步骤

① 观察方向控制阀的外部形状，记录铭牌标记。

② 按拆卸步骤逐个拆下方向控制阀各零件并编号；指出各油孔与系统的连接关系，以及各零件的装配关系和运动关系。

③ 清洗各零件。

④ 按装配步骤装配各零件。

⑤ 完成项目工单，清理现场。

（2）拆装注意事项

① 预先准备好拆卸工具：钳工台虎钳、内六角扳手、内卡簧钳、活扳手或呆扳手、螺钉旋具、铜棒、木槌等。

② 螺钉要对称松卸。

③ 拆卸时应注意做好记号。

④ 勿碰伤或损坏零件等。

⑤ 紧固件应借助专用工具拆卸，不得任意敲打。

（3）方向控制阀的拆装步骤

1）拆卸步骤。

① 单向阀的拆卸：拆卸螺钉，取出弹簧，从阀体内取出阀芯。

② 液控单向阀的拆卸：拆卸控制端的螺钉，取出控制活塞和顶杆，拆卸阀芯端螺钉，取出弹簧，从阀体内取出阀芯。

③ 换向阀的拆卸：

a．拆卸前转动手柄，体会左、右换向手感，并用记号笔在阀体左、右做上标记。

b．抽出手柄连接板上的开口销，取下手柄。

c．拧下右端上的螺钉，卸下右端盖，取出弹簧、套筒和钢球。

d．松开左端盖与阀体的连接，然后从阀体内取出阀芯。

e．拆卸后清洗、检验、分析，准备装配。

2）装配步骤。

① 按与拆卸相反的顺序进行装配。

② 拧紧左、右端盖的螺钉时，应分两次并按对角顺序进行操作。

（4）问题分析

① 液控单向阀顶杆、控制阀芯、主阀芯的作用是什么？

② 滑阀式换向阀有哪些操纵方式？如何判定换向阀的常态位？

思考与练习

1．普通单向阀和液控单向阀的区别是什么？分别应用在什么场合？

2．如何理解换向阀的“位”与“通”？绘出三位四通换向阀的图形符号。

3．三位换向阀的中位有哪些类型？分别应用在什么场合？

4．简述电液动换向阀的工作原理及其应用场合。

任务 5.3 方向控制基本回路的分析与组建

任务目标

1. 能够组建和分析换向回路和锁紧回路；
2. 能够正确分析与使用方向控制回路；
3. 能够组装方向控制回路。

任务描述

1. 组装换向回路、锁紧回路，分析其方向控制原理、回路性能特点，解释各回路常见的故障现象及其排除方法；
2. 设计液压支架控制回路。

相关知识：方向控制基本回路的组建、分析与使用

方向控制基本回路是通过控制进入执行元件油液的通、断或改变流向，来实现液压系统执行元件起动、停止和换向作用的回路。方向控制基本回路的核心液压元件是方向控制阀，组建的方向控制基本回路有换向回路和锁紧回路等。

1. 换向回路的组建与分析

（1）采用电磁换向阀的换向回路

依靠重力或弹簧返回的单作用液压缸，可以采用二位三通换向阀进行换向，图 5-16 所示为采用二位三通电磁换向阀的换向回路。电磁铁通电时，阀芯左移，液压油进入液压缸左腔，推动活塞杆向右移动（工作进给）；电磁铁断电时，弹簧力使阀芯右移复位，液压缸左腔油液回油箱，在弹簧力作用下活塞杆向左移动回位（快速退回）。

双作用液压缸一般可采用二位四通（或五通）、三位四通（或五通）电磁换向阀来进行换向。图 5-17 所示为采用三位四通电磁换向阀的换向回路。当电磁铁 1YA 通电，电磁铁 2YA 断电时，换向阀处于左位工作，液压缸左腔进油，液压缸右腔的油流回油箱，活塞杆向右移动；反之，当 1YA 断电，2YA 通电时，换向阀处于右位工作，活塞杆向左移动；当 1YA 和 2YA 都断电时，换向阀在弹簧作用下回中，活塞停止运动。注意，三位电磁换向阀两侧的电磁铁动作互锁，1YA 和 2YA 不能同时通电。

采用电磁换向阀的换向回路应用较广泛，尤其是在自动化程度要求较高的组合机床液压系统中被普遍采用。但该回路换向时间短，换向冲击大，适用于流量小、平稳性要求不高的场合。

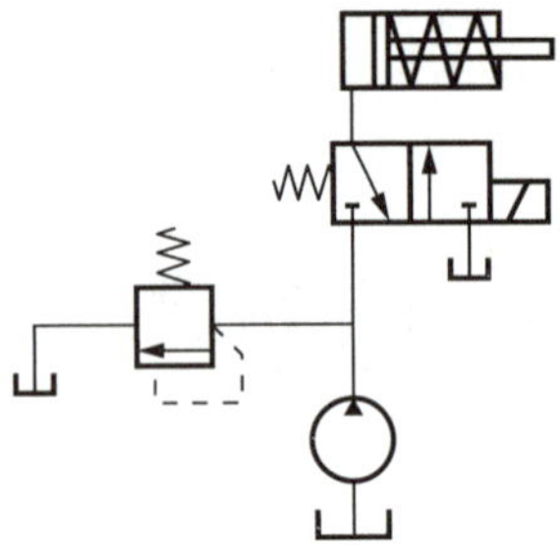

图 5-16　采用二位三通电磁换向阀的换向回路

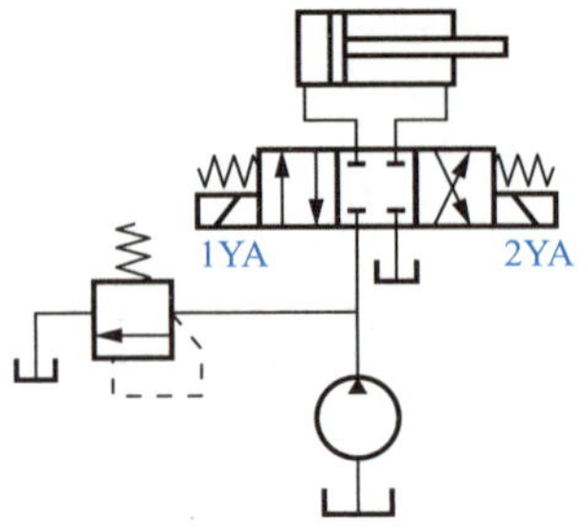

图 5-17　采用三位四通电磁换向阀的换向回路

（2）采用液动换向阀的换向回路

图 5-18 所示为先导阀控制液动换向阀的换向回路。回路中用辅助泵 2 提供低压控制油，通过先导阀 3（三位四通手动转阀）来控制液动换向阀 4 的阀芯移动，实现主油路换向。当先导阀 3 在右位时，控制油进入液动换向阀 4 的左端，右端的油液经先导阀 3 回油箱，主泵经过液动换向阀 4 左位接入液压缸左腔，使活塞右移。当先导阀 3 切换至左位时，即控制油使液动换向阀 4 换右位接入，活塞向左退回。当先导阀 3 在中位时，液动换向阀 4 两端通油箱无压力，在弹簧的作用下，液动换向阀 4 的阀芯回中位，主泵 1 卸荷。这种换向回路常应用于大型油压机。

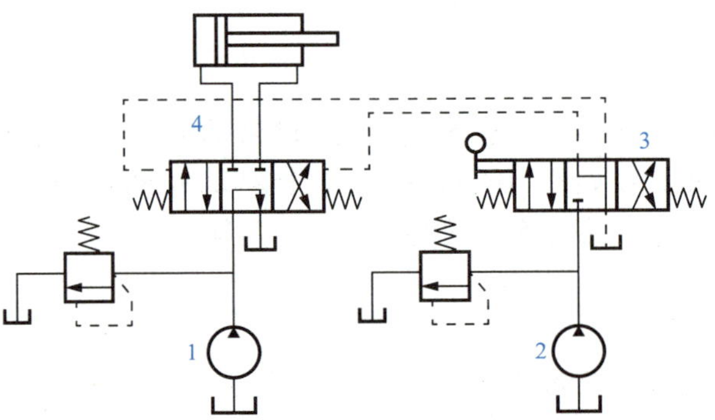

1—主泵；2—辅助泵；3—先导阀；4—液动换向阀。

图 5-18　先导阀控制液动换向阀的换向回路

在采用液动换向阀或电液动换向阀的换向回路中，控制油液除用辅助泵供给外，还可以将控制油路直接接入主油路。但是，当主阀应用 M 形或 H 形中位机能时，必须在回路中设置背压阀，以保证控制油液有一定的压力来推动主阀阀芯。

在机床夹具、油压机和起重机等不需要自动换向的场合，常常采用手动换向阀来进行换向。

2. 锁紧回路的组建与分析

锁紧回路的作用是使执行元件能在任意位置停留，以及在停止工作时防止在受力的情况下发生移动。

（1）采用 O 形或 M 形换向阀的锁紧回路

采用 O 形或 M 形机能的三位换向阀，当阀芯处于中位时，液压缸的进、出口都被封闭，可以将活塞锁紧。图 5-19（a）所示为采用 O 形换向阀的锁紧回路，图 5-19（b）所示为采用 M 形换向阀的锁紧回路。前者的液压泵不卸荷，并联的其他执行元件运动不受影响；后者的液压泵卸荷。这种锁紧回路结构简单，但由于受到滑阀泄漏的影响，锁紧效果较差，只适用于短时间的锁紧或锁紧程度要求不高的场合。

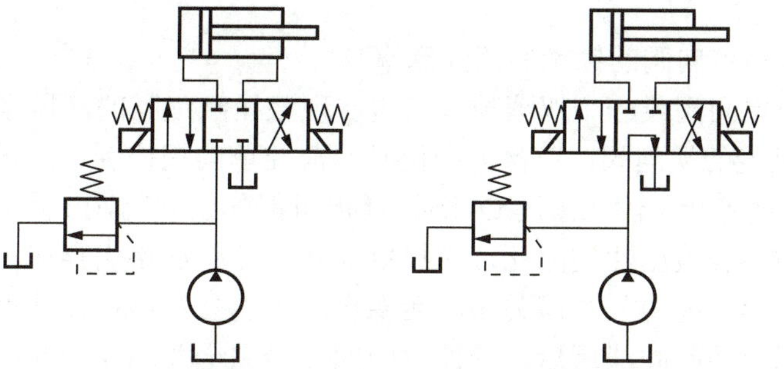

（a）O形换向阀　　（b）M形换向阀

图 5-19　采用 O 形或 M 形换向阀的锁紧回路

（2）采用双液控单向阀的锁紧回路

如图 5-20（a）所示，当阀芯处于中间位置时，液压泵卸荷，输出油液经换向阀回油箱，由于系统无压力，液控单向阀 A 和 B 关闭，液压缸左、右两腔的油液均不能流动，活塞被双向锁紧。当换向阀左边电磁铁通电，阀芯右移，液压缸左位接入系统，液压油经单向阀 A 进入液压缸左腔，同时进入单向阀 B 的控制油口，打开单向阀 B，液压缸右腔的油液可经单向阀 B 及换向阀回油箱，活塞向右运动。当换向阀右边电磁铁通电时，阀芯左移，右位接入系统，液压油经单向阀 B 进入液压缸右腔，同时打开单向阀 A，使液压缸左腔油液经单向阀 A 和换向阀回油箱，活塞向左运动。在液压缸的进、回油路中都串接有液控单向阀，活塞可以在行程的任何位置锁紧。其锁紧精度只受液压缸内少量的内泄漏影响，因此，锁紧精度较高。

微课：双液控单向阀的锁紧回路

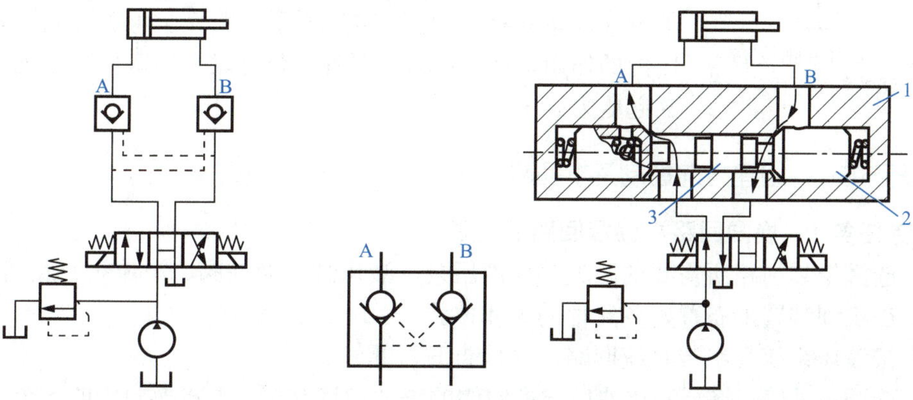

1—阀体；2—阀芯；3—柱塞。

（a）采用双联液控单向阀的锁紧回路　　（b）图形符号　　（c）液压锁的结构原理

图 5-20　采用双液控单向阀的锁紧回路

由双联液控单向阀所组成的锁紧功能单元称为双液控单向阀，又称液压锁，可用图 5-20（b）所示的图形符号表示。在实际应用中，液压锁是将两个液控单向阀布置在同一个阀体内所形成的单独元件，十分紧凑，如图 5-20（c）所示。其结构原理请读者自行分析。

3. 方向控制回路的分析与使用

（1）采用双液控单向阀的锁紧回路注意事项

在用两个液控单向阀或一个双液控单向阀实现液压缸锁紧的液压系统中，应注意选用 Y 形或 H 形中位机能的换向阀，以保证中位时，液控单向阀控制口的压力能立即释放，单向阀立即关闭，活塞停止。假如采用 O 形或 M 形机能的换向阀，在换向阀换至中位时，由于液控单向阀的控制腔液压油被闭死，液控单向阀的控制油路仍存在压力，使液控单向阀仍处于开启状态，而不能使其立即关闭，活塞也就不能立即停止，从而产生窜动现象。直至换向阀的内泄漏使控制腔泄压后，液控单向阀才能完全关闭，因此影响其锁紧精度。但选用 H 形中位机能也应非常慎重，因为当液压泵大流量流经排油管时，若遇到排油管道细长或局部阻塞或其他原因引起的局部摩擦阻力（如装有低压过滤器或管接头多等），可能使控制活塞所受的控制压力较高，致使液控单向阀无法关闭而使液压缸发生误动作。采用 Y 形中位机能就不会有这种问题。

（2）采用单侧液控单向阀的锁紧回路

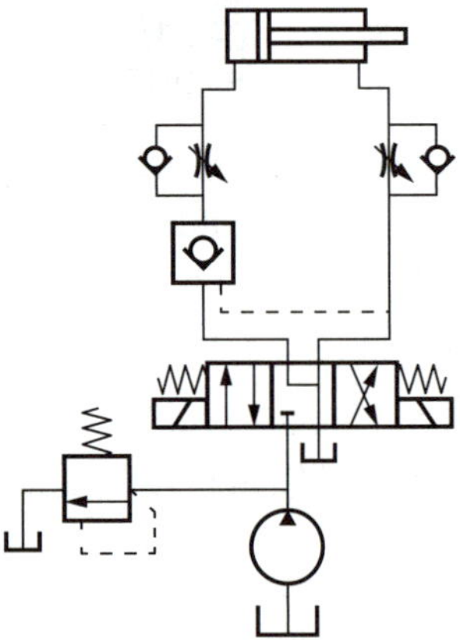

图 5-21　采用单侧液控单向阀的锁紧回路

在实际应用中，双液控单向阀锁紧回路不能用于负载强烈振动的场合。在负载强烈振动时，活塞杆带动活塞左右摆动，使液压缸的有杆腔和无杆腔交替形成负压腔和受压腔，因为缸的两腔和背压相通，而背压一般为 0.2～0.5MPa，足以开启液压锁的单向阀而进入缸中的负压区，又因为液压锁的作用，受压腔的油无法排出而被挤成高压，随着负载不断地振动，缸两腔的压力不断升高，在 6MPa 的系统，实测缸的压力为 15MPa，此时，若有卸荷情况发生就会导致严重事故。一般实际应用中需要保证活塞腔的压力，为了解决上述问题，可将回路中的双联液控单向阀改为单侧液控单向阀，如图 5-21 所示。它完全可以起到锁紧活塞腔压力的作用，且无论执行组件如何振动，活塞杆腔永远不可能建立起压力。

任务实施：组建方向控制基本回路

训练任务 1：换向回路、锁紧回路的组建

① 选择组装回路所需要的四大件（液压泵、液压缸、换向阀、溢流阀）及其他元件。

② 在实训装置上布置好各元件的大体位置。

③ 按液压系统图组装系统回路，并检查其可靠性。

④ 接通主油路，将泵的压油口与换向阀的进油口连起来，再将换向阀的一个工作口连接缸的左腔，另一个工作口连接缸的右腔。将泵的压油口连接溢流阀的进油口，将溢流阀的回油口接油箱。

⑤ 让溢流阀全开，起动泵，再将溢流阀的开度逐渐减小，调试回路，如果缸不动，则检查管子是否接好、液压油是否送到位。

⑥ 观察回路的工作情况，分析回路的性能，解释使用中遇到的问题。

⑦ 拆装回路，清理元件及实训装置。

⑧ 完成项目工单。

训练任务 2：汽车起重机液压系统方向控制回路的设计

汽车起重机是将起重机安装在汽车底盘上的一种起重运输设备。如图 5-22 所示，它主要由支腿、变幅、伸缩、起升、回转等工作机构组成，一般要求输出力大、动作平稳、耐冲击，操作灵活、方便、可靠、安全，因此由液压系统来实现驱动。

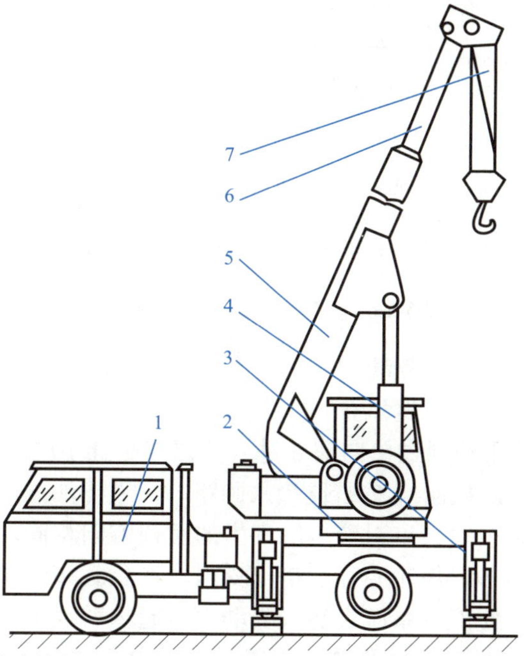

1—汽车；2—底座转台；3—支腿；4—变幅液压缸；5—主吊臂；6—伸缩臂；7—缆索。

图 5-22　汽车起重机结构示意图

由于各个工作机构的液压驱动回路原理相似，本任务对回路进行了简化，以其支腿、变幅、起升 3 个支路为例，如图 5-23 所示。

由于轮胎的支承能力有限，汽车起重机在作业时首先需要放下支腿，以代替轮胎承载设备本身的重量及吊重，从而提高稳定性，然后进行变幅、起升等起重动作。支腿机构与其他机构不同时动作，故用二位三通手动换向阀 3 选择供油方向。支腿必须牢固可靠，不允许在起重作业期间因受力变化而自行伸缩。当三位四通手动换向阀 4 处于中位时，液压泵供油切断，不对支腿支路提供动力，为确保安全，用液压锁 5 锁止支腿液压缸 6。其工作原理是，无论外力对支腿液压缸 6 的活塞朝哪个方向作用，若活塞要移动，则必须排出回油侧的腔内存油，但此时回油方向的液控单向阀关闭，控制口通油箱无压力，故回油路不通，活塞锁止。三位四通手动换向阀 4 左位接入回路时，液压油通支腿液压缸左腔，因右腔排油受阻而使左腔压力升高，直至开启液压锁右侧的单向阀活塞才能向右移动，放下支腿。收起支腿的动作与放下支腿的动作相反，原理相同，读者可自行分析。

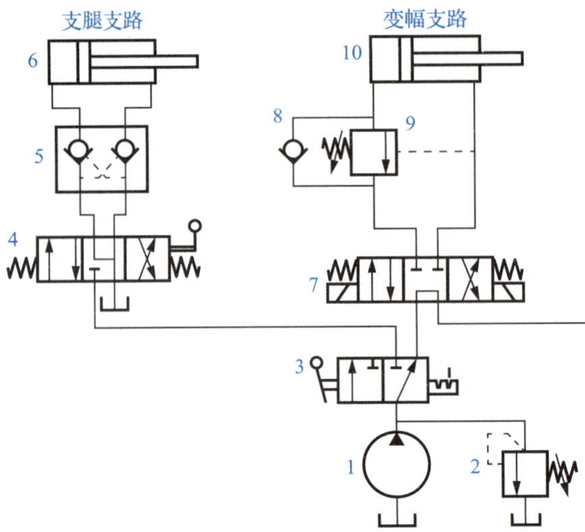

1—液压泵；2—安全阀；3—二位三通手动换向阀；4、11—三位四通手动换向阀；5—液压锁；6—支腿液压缸；7—三位四通电磁换向阀；8—单向阀；9—平衡阀；10—变幅液压缸；12—单向节流阀；13—液控单向阀；14—起升马达；15—制动器。

图 5-23　汽车起重机液压系统回路

起重臂变幅机构采用液压缸驱动。变幅液压缸由三位四通电磁换向阀 7 控制，有进、退、停 3 个动作，分别实现起重臂举升、下降和停止 3 种工作状态。当三位四通电磁换向阀 7 左位接入回路时，液压油通过单向阀 8 进入变幅液压缸 10 左腔，活塞杆伸出，推动起重臂举升。当三位四通电磁换向阀 7 右位接入回路时，液压油进入液压缸右腔，由于此时液压力的方向与吊重及起重臂自重对液压缸产生的负载方向相同，液压缸会失控，因此在回油路上必须设置平衡阀 9，使左腔存油挤出受阻，在负载和液压力的共同作用下才能开启平衡阀回油，这样，即便液压系统突然失去动力，起重臂也不会失控自行下落，可确保安全。三位四通电磁换向阀 7 为 M 形中位机能，处于中位时，执行元件的进油路被切断，液压泵出口通油箱卸荷，减少了功率损失，且不影响对其他支路供油。

起升机构是起重机的主要执行机构，由一个大转矩液压起升马达 14 带动绞车来完成吊重的升降。马达正、反转由三位四通手动换向阀 11 控制。当三位四通手动换向阀 11 左位接入时，重物起升；当其右位接入时，重物下降。下降对应的马达回油路设有液控单向阀 13，以防吊重超速下降，其作用与变幅支路中的平衡阀 9 相同。由于液压马达的泄漏比液压缸大得多，当吊重在空中时，虽有液控单向阀 13 锁止，但仍有可能自行下降。为此，起升马达 14 设有液压机械式制动器 15，以便在马达停转时将马达锁住。单向节流阀 12 的作用是使制动器上闸快，松闸慢。制动器无杆腔内的弹簧推动活塞，存油通过单向节流阀 12 中的单向阀迅速流出，制动片立即对起升马达 14 制动，吊重随之停止下降。悬在空中的吊重再次升降时，单向节流阀 12 中的节流阀限制了制动器液压缸松开的速度，保证先使起升马达 14 产生转矩，再将其松开，以防止起动瞬间吊重拖动马达反转而产生滑降现象。

思考与练习

1．锁紧回路中三位换向阀的中位机构是否可以任意选择？为什么？

2．分析图5-24所示液压回路的功能，指出回路存在的问题并提出改进意见。

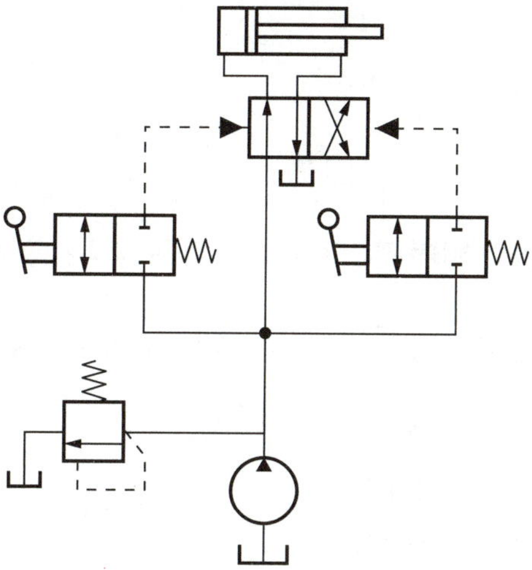

图5-24　题2图

项目6 压力控制阀的拆装与压力控制回路的组建

项目目标

知识目标

1. 了解溢流阀、减压阀、顺序阀、压力继电器等压力控制阀的工作过程、性能特性及应用；

2. 熟悉调压、减压、卸荷、保压、增压、平衡等压力控制基本回路的特性。

技能目标

1. 能够动手拆装各种压力控制阀；
2. 能够正确使用和维护压力控制阀；
3. 能够组装、分析各种压力控制基本回路。

素质目标

1. 树立环保意识、成本意识，践行绿色发展理念；
2. 培养爱国精神，坚定文化自信，增强民族自豪感。

任务 6.1 压力控制阀认知与拆装

任务目标

1. 能够描述溢流阀、减压阀、顺序阀、压力继电器的工作过程、性能特性及应用；

2. 能够正确使用与维护压力控制阀；

3. 能够动手拆装压力控制阀。

任务描述

拆装先导式溢流阀。

相关知识：压力控制阀的工作过程、性能分析及使用与维护

压力控制阀是用于控制液压系统中系统压力或利用压力变化来实现某种动作的阀。这类阀的共同点是利用作用在阀芯上的液压力和弹簧力相平衡的原理进行工作。压力控制阀按用途不同，可分为溢流阀、减压阀、顺序阀和压力继电器等。

1. 溢流阀的工作过程、性能分析及应用

溢流阀的主要作用是通过阀口的开启实现溢流，使液压系统的压力维持恒定，以实现定压或起安全保护作用。几乎在所有的液压系统中都要用到溢流阀，其性能的好坏对整个液压系统的正常工作有很大影响。溢流阀按其结构原理可分为直动式溢流阀和先导式溢流阀两类。

（1）液压系统对溢流阀的性能要求

① 定压精度高。当流过溢流阀的流量发生变化时，系统中的压力变化要小，即静态压力超调要小。

② 灵敏度要高。当液压缸突然停止运动时，溢流阀要迅速动作，否则定量泵输出的油液将因不能及时排出而使系统压力突然升高，并超过溢流阀的调定压力，使系统中各元件及辅助件受力增加，影响其寿命。溢流阀的灵敏度越高，动态压力超调越小。

③ 工作要平稳且无振动和噪声。

④ 当溢流阀关闭时，密封要好，泄漏要小。

（2）直动式溢流阀的工作过程

微课：直动式溢流阀

直动式溢流阀（图 6-1）依靠系统中的液压油直接作用在阀芯上与弹簧力等相平衡，以控制阀芯的启闭动作。图 6-1（a）所示为一种直动式溢流

阀的结构原理，它主要由阀体、阀芯、调压螺钉、调压弹簧及上盖等主要零件组成，P 口和 T 口分别为进油口和回油口。来自液压泵的液压油，从进油口 P 进入，经过阻尼孔流入下阀腔，并对阀芯产生向上的推力。当进油压力较低、向上的推力不足以克服调压弹簧的作用力时，阀芯处于最下端位置，此时油口 P 和 T 不相通，阀处于关闭状态。当进油口 P 的压力不断升高，下阀腔的油压也同步增高，直至对阀芯的推力大于调压弹簧的作用力时，阀芯被顶起，这时油口 P 和 T 连通，油液从回油口 T 流回油箱，实现溢流，P 口和下阀腔的油压不再升高，且与此时的弹簧力相平衡，为某一定值，使阀芯停留在某一平衡位置上。这就是直动式溢流阀的定压原理。调整调压螺钉，可以改变调压弹簧的预紧力，从而调节顶起阀芯所需的油压（称为阀的开启压力），即改变了阀入口的压力值。故溢流阀的调定压力就是溢流阀入口压力的调定值。

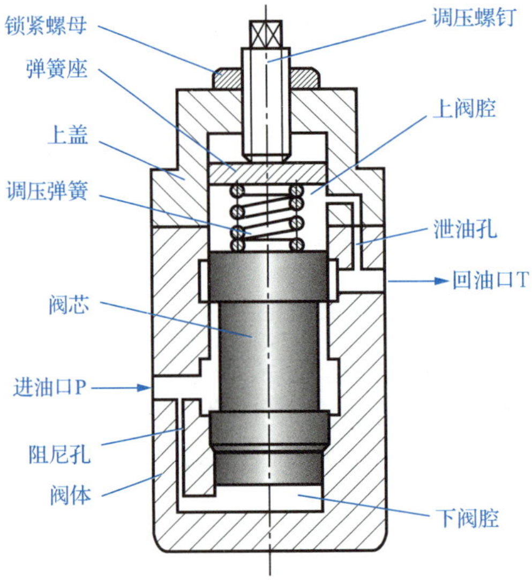

（a）结构原理

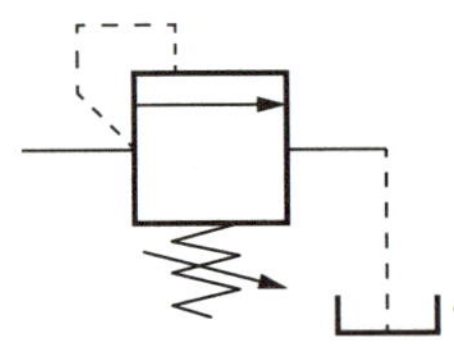
（b）图形符号

图 6-1　直动式溢流阀

因为阀芯和阀体之间有间隙，溢流阀工作时，液压油会通过间隙泄漏到上阀腔，如果油液不及时排出，则会形成一个附加背压，阻碍阀芯上移，所以在上盖和阀体上开设了泄油孔，使上阀腔始终与回油口 T 连通，这种泄油方式称为内泄。

若忽略阀芯自重和摩擦力，则阀芯的受力平衡方程为

$$pA=F_a \tag{6-1}$$

式中，p ——进口腔压力；

A ——阀芯面积；

F_a——弹簧力。

由式（6-1）可知，溢流阀处于某一平衡位置时，进口处的油液压力 p 的大小由弹簧力决定。调压螺钉可以改变弹簧的预紧力，从而也就调整了溢流阀进口处的油液压力 p，并使其稳定在所调定的数值上。

当调压螺钉调整好后，应将锁紧螺母拧紧，以防止误操作改变调定压力。

溢流阀的稳压作用是指在工作过程中，当由于某种原因（如负载的突然变化）溢流阀入口压力发生波动时，经过溢流阀本身的调节，能将入口压力很快地调回到原来的数值上。当进油口 P 的压力超过预先所调定的压力值时，阀芯失去平衡，阀芯上移，溢流口增大，油液流回油箱的阻力减小，使进油口处油压 p 下降，直至作用在阀芯上的液压力和弹簧力重新平衡为止。同理，当进口压力 p 低于所调定的压力时，阀芯失去平衡，阀芯下移，溢流口关小，溢流阻力增大，进口处的油压便自动升高，直至使阀芯重新恢复平衡为止。在自动调整过程中，阀芯移动量很小，作用在阀芯上的平衡力 F_a 变化很小，因此可以认为，进油口处的压力 p 基本上处于恒定状态。阀芯上的阻尼孔对阀芯的运动起到阻尼作用，从而可以避免阀芯产生振动，提高了溢流阀的工作稳定性。

当系统所需压力较高、流量较大时，阀的结构必须加大，且需使用大刚度的弹簧，这样不仅阀的调节性变差，而且调节费力，故直动式溢流阀只适用于系统压力较低、流量不大的场合。

图 6-1（b）所示为直动式溢流阀的图形符号。图形符号简要说明了溢流阀在常态（非工作状态）下阀口关闭，方框内箭头错开；控制压力取自进油口压力，用虚线表示；出口接油箱；采用内泄漏方式，弹簧处没有接油箱的标志。

（3）先导式溢流阀的工作过程

先导式溢流阀（图 6-2）由先导阀和主阀两部分组成。先导阀一般为小规格锥阀，其中的弹簧为调压弹簧，用来调定主阀的溢流压力。主阀用于控制主油路的溢流，其中的弹簧为平衡弹簧，其刚度较小，只是为了克服摩擦力使主阀阀芯及时复位。

微课：先导式溢流阀

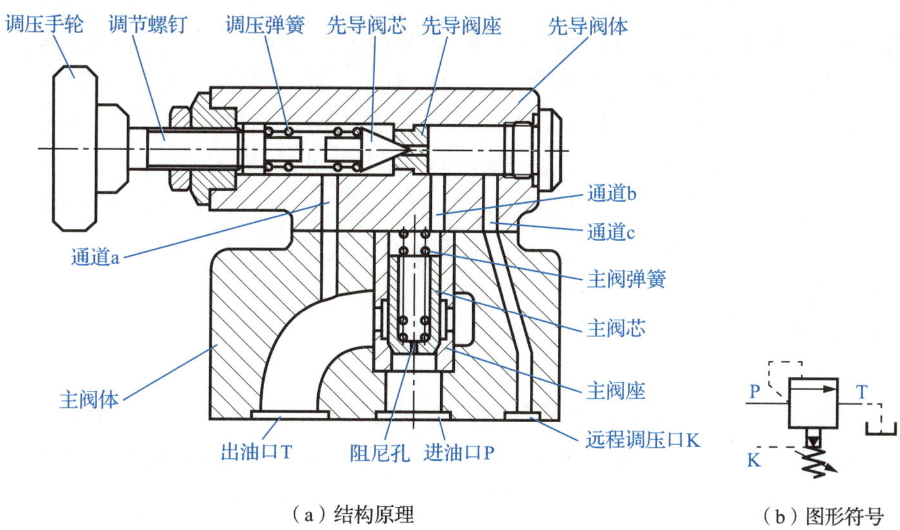

（a）结构原理　　（b）图形符号

图 6-2　先导式溢流阀

图 6-2（a）所示为先导式溢流阀的结构原理。液压油自主阀体底部的进油口 P 进入，通过主阀芯上的阻尼孔进入主阀芯上腔，再依次经过先导阀体上的通道 b 和先导阀座上的小孔作用于先导阀芯上。当进油压力小于先导阀调压弹簧的调定值时，先导阀关闭，同时由于主阀芯上端有效面积略大于下端，作用于主阀芯上的压力差和主阀弹簧力均使主阀芯

压紧主阀座，不溢流。当进油压力超过先导阀调压弹簧的调定值时，先导阀打开，进油口的液压油经主阀芯的阻尼孔、通道 b、先导阀座、通道 a 至阀体下部出油口进行溢流。阻尼孔处的压力损失使主阀芯下腔油压大于上腔油压，且压力差随先导阀流量的增加而增加，当该压力差足以克服主阀弹簧力、主阀芯自重和摩擦力之和时，主阀芯上移开启，使进油口与出油口直接相通，进行溢流，保持阀前压力恒定。转动调压手轮可调节调压弹簧的预紧力，从而调定系统的压力。这就是先导式溢流阀的定压过程，其稳压过程与直动式溢流阀相同。

在先导式溢流阀中还有一个远程调压口 K，它可以使先导式溢流阀实现不同的功能。例如，将远程调压口 K 通过管道连接至远程调压阀（另一溢流阀）进油口，并且远程调压阀的调整压力小于先导阀的调整压力，则先导阀不再开启，进油口液压油经过通道 c 至远程调压阀进行溢流来开启主阀芯，故此时溢流阀的进口压力由该远程调压阀决定，从而实现对液压系统的远程调压。又如，在远程调压口 K 和油箱之间接二位二通换向阀，接通油箱时，主阀芯上端压力接近于零，进油口很小的压力就可克服主阀弹簧压力，使主阀芯上移溢流，实现卸荷。

当溢流阀起溢流、稳压作用时，不计阀芯自重和摩擦力，作用于阀芯上的力平衡方程为

$$pA = p_1 A + F_a \tag{6-2}$$

式中，p——进口腔压力；

p_1——主阀阀芯上腔压力；

A——主阀阀芯面积；

F_a——主阀弹簧的作用力。

由式（6-2）可知，先导式溢流阀是利用阀芯上、下两端的压力差 $\Delta p = p - p_1$ 所形成的作用力和弹簧力相平衡的原理进行压力控制的。由于主阀上腔存在压力 p_1，因此弹簧的刚度可以较小，F_a 的变化也较小，当先导阀的调压弹簧调整好以后，p_1 基本上是定值。当溢流阀变化较大时，阀口开度可以上下波动，但进油处的压力 p 变化则较小，这就克服了直动式溢流阀的缺点。同时，先导阀阀芯的承压面积较小，因此调压比较轻便。先导式溢流阀适用于中、高压系统。图 6-2（b）所示为先导式溢流阀的图形符号。

（4）溢流阀的性能分析

溢流阀的性能包括静态性能和动态性能。

1）静态性能。

① 压力调节范围：指调压弹簧在规定的范围内调节时，系统压力能平稳上升或下降，且压力无突跳及迟滞现象时的最大和最小调定压力。溢流阀的最大允许流量为其额定流量，在额定流量下工作时溢流阀应无噪声，溢流阀的最小稳定流量取决于它的压力平稳性要求，一般规定为额定流量的 15%。

② 启闭特性：指溢流阀在稳态情况下从开启到闭合的过程中，被控压力与通过溢流阀的流量之间的关系。它是衡量溢流阀定压精度的一个重要指标，一般用溢流阀处于额定流量、调定压力 p_s 时，开始溢流的开启压力 p_k 及停止溢流的闭合压力 p_b 分别与 p_s 的百分比来衡量，前者称为开启比 p_{kp}，后者称为闭合比 p_{bp}，即

$$p_{kp} = \frac{p_k}{p_s} \times 100\% \tag{6-3}$$

$$p_{bp}=\frac{p_b}{p_s}\times100\% \tag{6-4}$$

式中，p_{kp}、p_{bp} 可以是溢流阀调压范围内的任何一个值。显然，上述两个百分比越大，则二者越接近，溢流阀的启闭特性就越好。一般应使开启比≥90%，闭合比≥85%。直动式和先导式溢流阀的启闭特性曲线如图 6-3 所示。

③ 卸荷压力：当溢流阀的远程调压口 K 与油箱相连时，额定流量下的压力损失称为卸荷压力。

2）动态性能。当溢流阀在溢流量发生由零至额定流量的阶跃变化时，其进口压力，即所控制的系统压力，将如图 6-4 所示那样迅速升高并超过额定压力的调定值，然后逐步衰退减到最终稳定压力，从而完成其动态过渡过程。

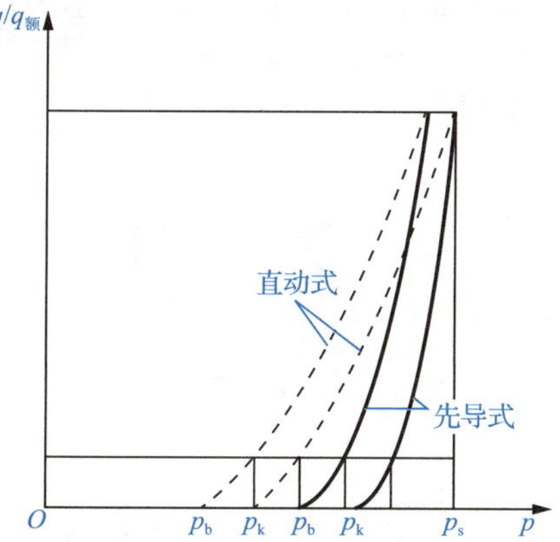

图 6-3　溢流阀的启闭特性曲线

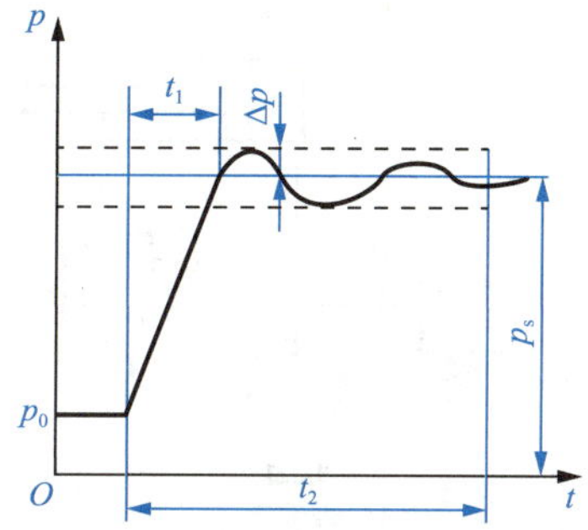

图 6-4　溢流阀的进口压力相应特性曲线

定义最高瞬时压力峰值与额定压力调定值 p_s 的差值为压力超调量 Δp，则压力超调率 $\Delta p'$ 为

$$\Delta p'=\frac{\Delta p}{p_s}\times100\% \tag{6-5}$$

$\Delta p'$是衡量溢流阀动态定压误差的一个性能指标，性能良好的溢流阀，其 $\Delta p'\leqslant10\%$。

在图 6-4 中，t_1 称为响应时间，t_2 称为过渡过程时间。显然，t_1 越小，溢流阀的响应越快；t_2 越小，溢流阀的动态过渡过程时间越短。

（5）溢流阀的应用

1）限制流量。在采用定量泵供油的节流调速回路中，当泵的流量大于节流阀允许通过的流量时，溢流阀使多余的油液流回油箱。如图 6-5 所示，在工作过程中，阀处于常开状态，液压泵的工作压力决定于溢流阀的调定压力，且基本保持恒定。

2）限制压力。在用变量泵组成的液压系统中，用溢流阀限制系统的最高压力，防止系统过载。如图 6-6 所示，系统在正常工作状态下，溢流阀关闭；当系统过载时，溢流阀打开，使液压油经阀流回油箱。此时溢流阀为安全阀。

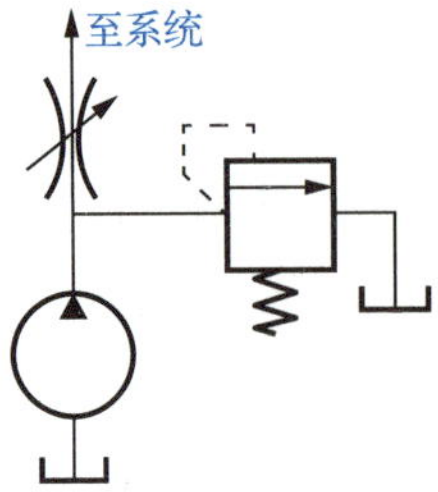

图 6-5　溢流阀起溢流定压的作用

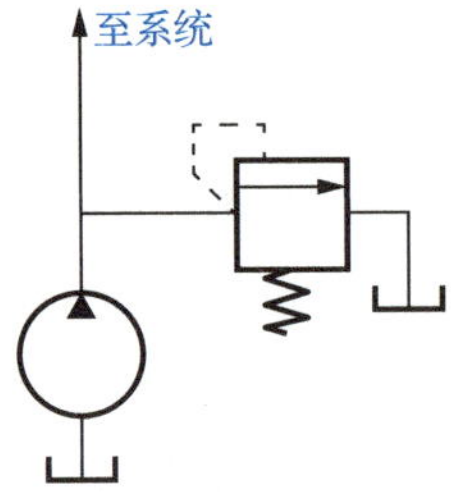

图 6-6　溢流阀作为安全阀用

3）提供背压。在液压系统的回油路上接溢流阀 1，如图 6-7 所示，可造成一定的回油阻力（即背压），从而提高执行元件的运动平稳性。调节溢流阀的调压弹簧可调节背压力的大小。

4）远程调压。将先导式溢流阀 1 的控制口与直动式溢流阀 2 相连，即可实现远程调压，如图 6-8 所示。应注意，只有在直动式溢流阀 2 的调整压力低于先导式溢流阀 1 的调整压力时，远程调压才能起作用。

微课：远程调压

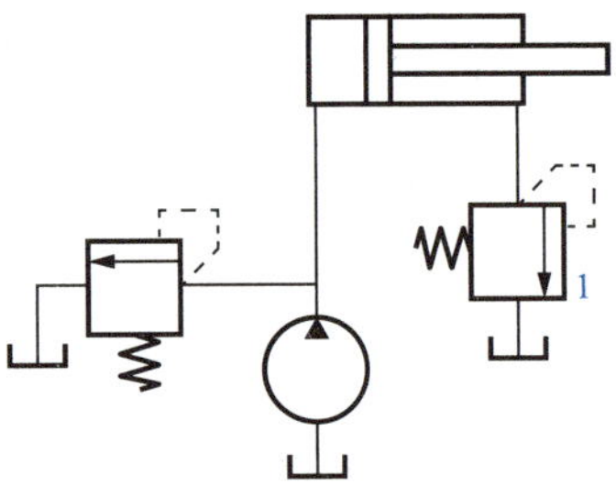

1—溢流阀。

图 6-7　溢流阀作为背压阀用

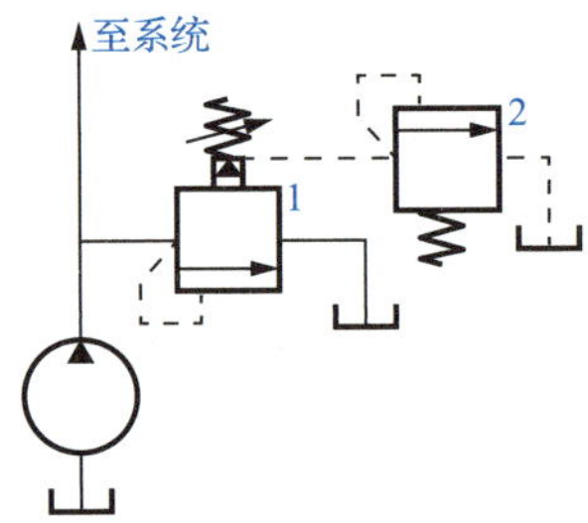

1—先导式溢流阀；2—直动式溢流阀。

图 6-8　溢流阀的远程调压作用

5）液压泵卸荷。在图 6-9 所示的液压回路中，先导式溢流阀 1 的远程控制口串接一小流量电磁换向阀 2，当电磁换向阀通电时，溢流阀的远程控制口通油箱，液压泵卸荷。此时先导式溢流阀 1 作为卸荷阀使用。

6）实现系统的二级调压。如图 6-10 所示，当电磁换向阀 2 的电磁铁断电时，泵的出口压力由先导式溢流阀 1 调定；当电磁换向阀 2 的电磁铁通电时，泵的出口压力由远程调压阀 3 调定。为了实现对系统二级调压，远程调压阀 3 的调定压力必须小于先导式溢流阀 1 的调定压力。

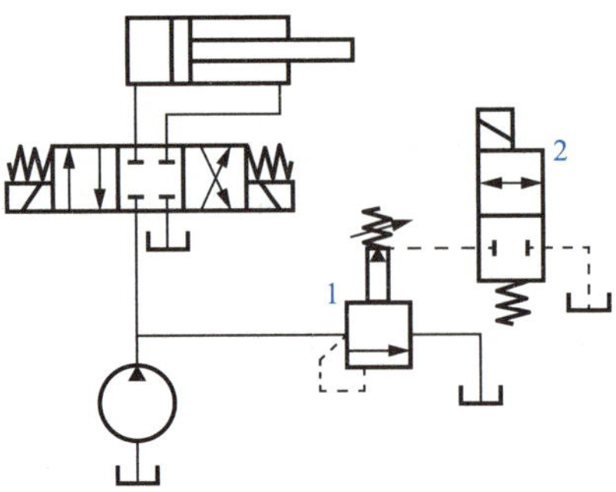

1—先导式溢流阀；2—电磁换向阀。

图 6-9　溢流阀作为卸荷阀用

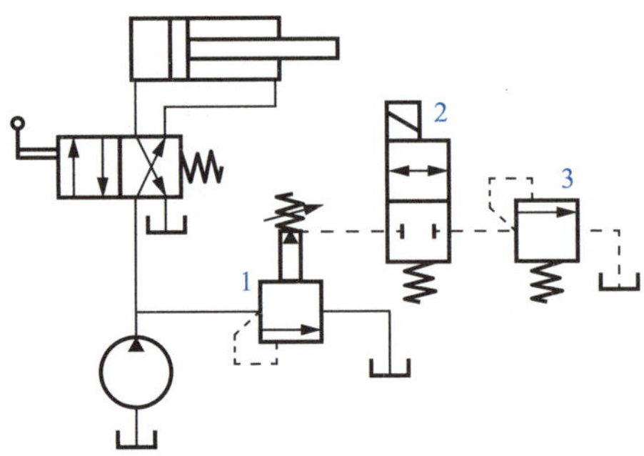

1—先导式溢流阀；2—电磁换向阀；3—远程调压阀。

图 6-10　溢流阀的二级调压作用

2. 减压阀的工作过程及应用

减压阀是利用油液通过缝隙时产生压力损失的原理，使出口压力（二次压力）低于进口压力（一次压力）的一种压力控制阀。其作用是减小液压系统中某一回路的油液压力，使用一个油源能同时提供两个或几个不同压力的输出。减压阀在各种液压设备的夹紧系统、润滑系统和控制系统中应用较多。此外，当油液压力不稳定时，在回路中串入一减压阀可得到一个稳定的较低的压力。减压阀根据其工作原理可分为直动式和先导式减压阀；根据调节性能的不同，又可分为用于保证出口压力为定值的定值减压阀、用于保证进出口压力差不变的定差减压阀和用于保证进出口压力成比例的定比减压阀 3 种。其中，定值减压阀应用最广。

（1）定值减压阀的工作过程及应用

定值减压阀有直动式减压阀和先导式减压阀，其中先导式减压阀性能较好，应用较多。

1）直动式减压阀的工作过程。图 6-11（a）所示为直动式减压阀的结构原理。P_1 口是进油口，P_2 口是出油口，阀不工作时，阀芯在弹簧作用下处于最下端位置，阀的进、出油口是相通的，即阀是常开的。当出口压力增大，使作用在阀芯下端的压力大于弹簧力时，阀芯上移，关小阀口，这时阀处于工作状态。若忽略其他阻力，仅考虑作用在阀芯上的液压力和弹簧力相平衡的条件，则可以认为出口压力基本上维持在某一定值（即调定值）上。此时，若出口压力减小，阀芯就下移，开大阀口，阀口处阻力减小，压降减小，使出口压力回升到调定值；反之，若出口压力增大，则阀芯上移，关小阀口，阀口处阻力加大，压降增大，使出口压力下降到调定值。图 6-11（b）所示为其图形符号。

微课：直动式减压阀

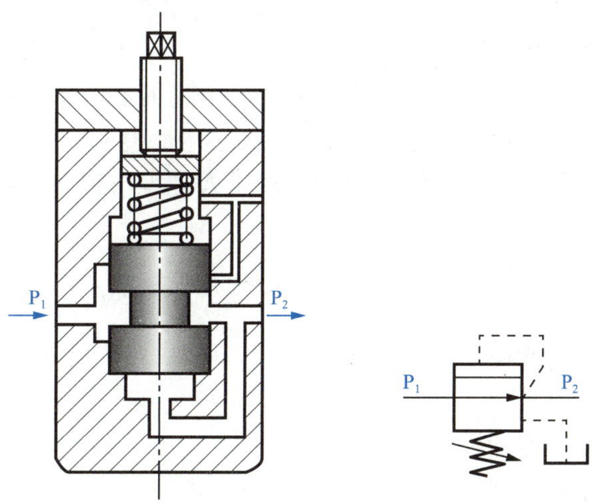

（a）结构原理　　（b）图形符号

图 6-11　直动式减压阀

2）减压阀与溢流阀的主要区别。将减压阀和溢流阀进行比较，发现它们之间有以下不同之处：

① 减压阀保持出口压力基本不变，而溢流阀保持进口压力基本不变。

② 不工作时，减压阀进、出油口互通，是一种常开阀；溢流阀进、出油口不通，是一

种常闭阀。

③ 减压阀的出油口连接其他支路，为保证出口压力调定值恒定，弹簧腔内的残存泄漏油需通过泄油口单独外接油箱；溢流阀的出油口通油箱，因此弹簧腔与出油口通过泄油孔直接相通，不必单独外接油箱。

3）减压阀的应用。减压阀在夹紧油路、控制油路、润滑油路中应用较多。

图 6-12 所示是减压阀用于夹紧油路的原理图。液压泵输出的液压油由溢流阀 2 调定压力以满足主油路系统的要求。在换向阀 5 处于图示位置时，液压泵 1 经减压阀 3、单向阀 4 供给夹紧液压缸 6 液压油。夹紧工件所需夹紧力的大小由减压阀 3 来调节。当工件夹紧后，减压阀关闭，液压泵向主油路系统供油。单向阀的作用是当泵向主油路系统供油时，使夹紧缸的夹紧力不受液压系统中压力波动的影响，起到对液压缸 6 短时保压的作用。为使减压油路正常工作，减压阀最低调定压力应大于 0. 5MPa，最高调定压力至少应比主油路系统的供油压力低 0. 5MPa。

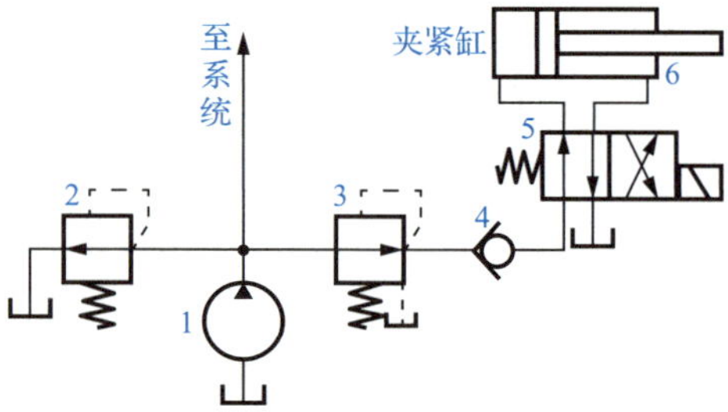

1—液压泵；2—溢流阀；3—减压阀；4—单向阀；5—换向阀；6—液压缸。

图 6-12　减压阀用于夹紧油路的原理图

（2）定差减压阀的工作过程

定差减压阀可使进、出口压力差保持为定值。如图 6-13（a）所示，高压为 p_1 的油液经节流口 x 减压后以低压 p_2 输出，同时低压油经阀芯中心孔将压力 p_2 引至阀芯上腔，其进、出油压在阀芯上、下端有效作用面积上产生的液压力之差与弹簧力相平衡。阀芯受力平衡方程式为

$$p_1 \times \frac{\pi}{4}(D^2 - d^2) = p_2 \times \frac{\pi}{4}(D^2 - d^2) + K(x_0 + x) \tag{6-6}$$

式中，D、d——阀芯大端外径和小端外径；

K——弹簧刚度；

x_0、x——弹簧预压缩量和阀芯开口量。

由式（6-6）可求出定差减压阀进、出压差 Δp，即

$$\Delta p = p_1 - p_2 = \frac{K(x_0 + x)}{\frac{\pi}{4}(D^2 - d^2)} \tag{6-7}$$

由式（6-7）可知，只要尽量减小弹簧刚度 K 和阀口开度 x，就可使压力差 Δp 近似地保持为定值。

定差减压阀主要用来和其他阀一起构成组合阀。图 6-13（b）所示为其图形符号。

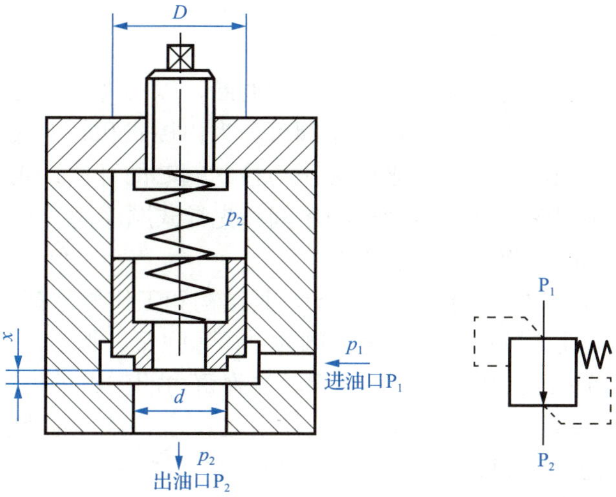

（a）结构原理　　　　（b）图形符号

图 6-13　定差减压阀

（3）定比减压阀的工作过程

定比减压阀能使进、出油口压力的比值维持恒定。图 6-14（a）为其结构原理，阀芯在稳态时，忽略阀芯所受到的稳态液动力、阀芯自重力，可得到阀芯受力平衡方程式，即

$$p_1A_1 + K(x_0 + x) = p_2A_2 \tag{6-8}$$

式中，K——弹簧刚度；

x_0、x——弹簧预压缩量和阀芯开口量。

如果弹簧的刚度较小，忽略弹簧力，则式（6-8）可写为

$$\frac{p_2}{p_1} = \frac{A_1}{A_2} \tag{6-9}$$

由式（6-9）可知，只要适当选择阀芯的作用面积 A_1 和 A_2，就可得到所要求的压力比，且比值近似恒定。

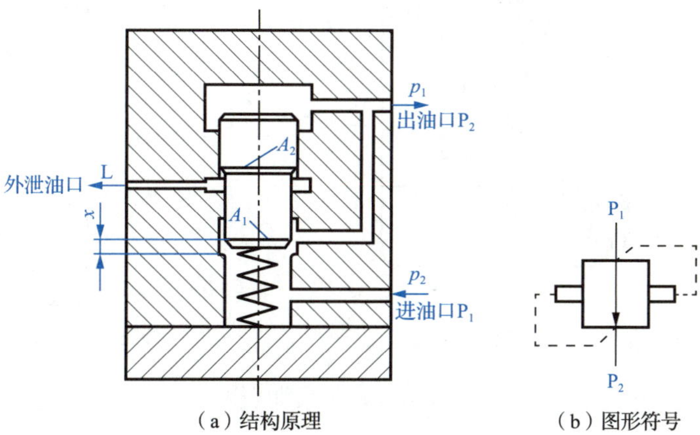

（a）结构原理　　　　（b）图形符号

图 6-14　定比减压阀

3. 顺序阀的工作过程及应用

顺序阀是利用系统的压力变化来控制油路的通断，以实现各执行元件按先后顺序动作的压力控制阀。根据控制压力的不同，顺序阀可分为内控式和外控式，前者用阀的进口处的油压力控制阀芯的开闭，后者用外来的油压力控制阀芯的开闭，也称为液控顺序阀。根据结构型式的不同，顺序阀可分为直动式顺序阀和先导式顺序阀两种。

（1）直动式顺序阀的工作过程及应用

直动式顺序阀的结构如图 6-15（a）所示，其结构和工作原理都与直动式溢流阀相似。直动式顺序阀由上盖、阀体、调压弹簧、阀芯、下盖等主要零件组成。当进油口压力较低时，阀芯在弹簧力的作用下处于下端位置，进油口 P_1 和出油口 P_2 不相通。当作用在阀芯下端的油液的压力大于弹簧的预紧力时，阀芯向上移动，阀口打开，进油口 P_1 和出油口 P_2 相通，油液便经阀口从出油口流出，从而驱动后续元件动作。利用进油口压力控制的顺序阀称为内控外泄式顺序阀，也称为普通顺序阀，其图形符号如图 6-15（b）所示。

微课：直动式顺序阀

若将图 6-15（a）所示顺序阀的下盖水平旋转一定角度安装，切断进油口 P_1 至阀芯下端的控制油路，将螺塞取下，使远程调压口 K 接通控制油路，此时阀的开闭由外部液压油控制，便可构成外控外泄式顺序阀，其图形符号如图 6-15（c）所示。

若再将上盖旋转 180° 安装，使外泄油口 L 与出油口 P_2 通过垂直的小孔连通，并将外泄油口 L 用螺塞封住，使顺序阀的出油口与回油箱连通，这时顺序阀即成卸荷阀，也称为外控内泄式顺序阀，其图形符号如图 6-15（d）所示。

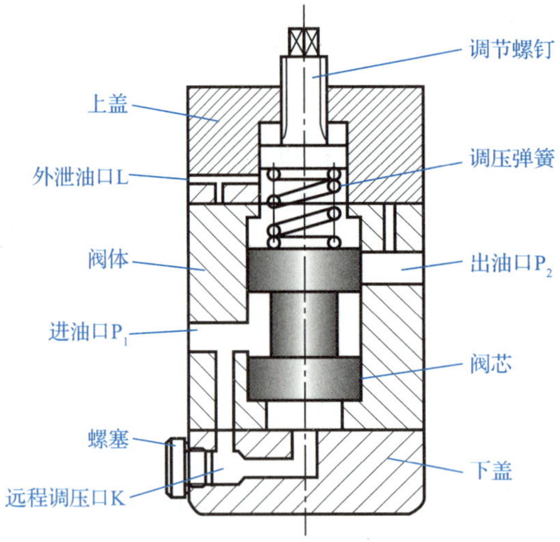

（a）结构原理

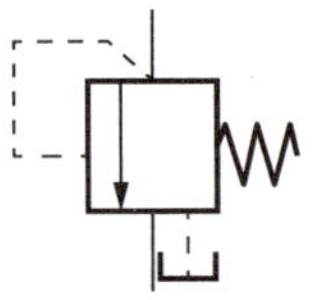

（b）内控外泄式顺序阀图形符号

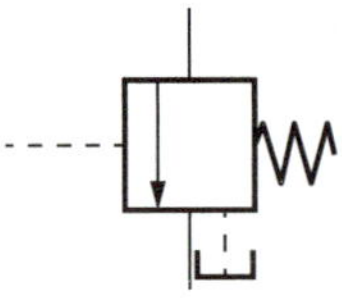

（c）外控外泄式顺序阀图形符号

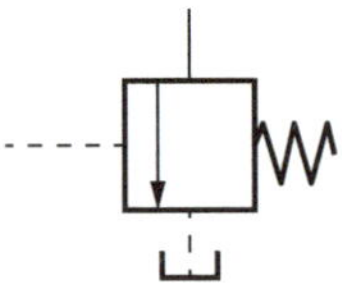

（d）外控内泄式顺序阀图形符号

图 6-15　直动式顺序阀

（2）顺序阀与溢流阀的主要区别

① 溢流阀出油口连通油箱，顺序阀的出油口通常是连接另一工作油路，因此顺序阀的进、出口处的油液都是液压油。

② 溢流阀打开时，进油口的油液压力基本保持在调定压力值附近；顺序阀打开后，进油口的油液压力可以继续升高。

③ 由于溢流阀出油口连通油箱，其内部泄油可通过出油口流回油箱，而顺序阀出油口油液为液压油，且通过另一工作油路，所以顺序阀的内部要有单独设置的泄油口。

（3）顺序阀的应用

图 6-16 所示为机床夹具上用顺序阀实现工件先定位、后夹紧的顺序动作回路。当换向阀左位工作时，液压油首先进入定位缸左腔，使活塞杆伸出完成定位动作，随后系统压力升高，当达到顺序阀调定压力时，顺序阀打开，液压油经顺序阀进入夹紧缸左腔，使活塞杆伸出实现液压夹紧。当换向阀右位工作时，液压油同时进入定位缸和夹紧缸右腔，拔出定位销，松开工件，夹紧缸通过单向阀回油。为保证工作可靠，顺序阀的调定压力应比定位缸最高工作压力高 0.5～0.8MPa。

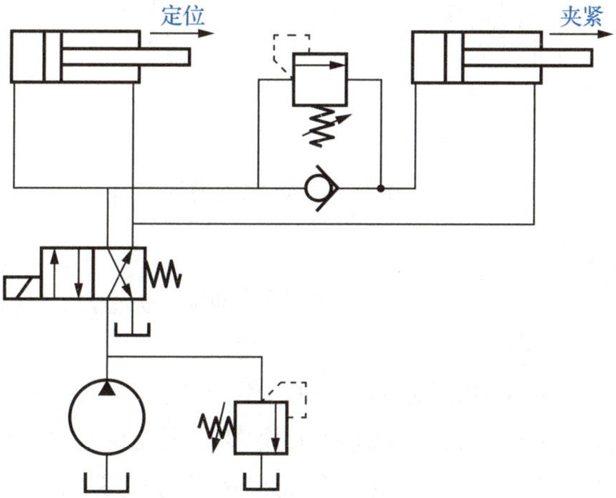

图 6-16　顺序阀的应用

4. 压力继电器的工作过程及应用

压力继电器是一种将油液的压力信号转换成电信号的电液控制元件，当油液压力达到压力继电器的调定压力时，即产生电信号，控制电磁铁、电磁铁离合器和继电器等元件动作，使油路卸压、换向；使执行元件实现顺序动作，或关闭电动机；使系统停止工作，起安全保护作用等。压力继电器按其结构特点可分为柱塞式、弹簧管式和膜片式等，其中以柱塞式最为常用。

（1）压力继电器的工作过程

微课：压力继电器

图 6-17 所示为单触点柱塞式压力继电器。这种继电器由柱塞、调节螺母和电气微动开关等组成，液压油作用在柱塞的下端，油压力直接与柱塞上端的弹簧力相比较，当油压力大于或等于弹簧力时，柱塞向上移，压下微动开关触头，接通或断开电气线路；当油压力小于弹簧力时，微动开关触头复位。显然，柱塞上移将引起弹簧的压缩量增加，因此压下微动开关触头的压力（开启压力）与微动开关复位的压力（闭合压力）存在一个差值，此差值对压力继电器的正常工作是必要的，但不宜过大。

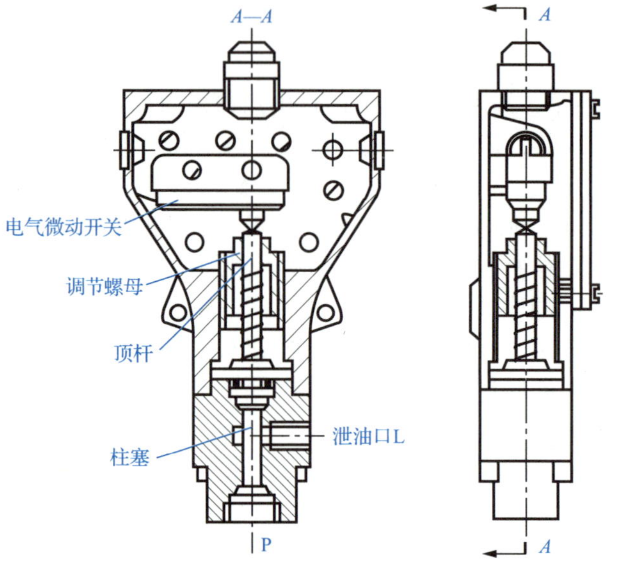

（a）结构原理

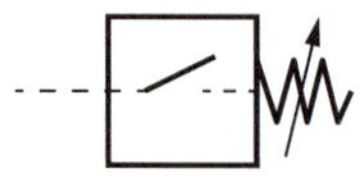

（b）图形符号

图 6-17　单触点柱塞式压力继电器

（2）压力继电器的应用

压力继电器在工程上应用广泛，如用于当机床切削力过大时自动退刀、润滑系统因堵塞发生故障时自动停车等。其作用主要分为以下两类。

1）起顺序控制作用。图 6-18 所示是一种利用压力继电器控制电磁换向阀以实现液压缸顺序动作的回路。首先 1YA 通电，换向阀 1 换向，液压油进入液压缸 5 使其活塞右移。当到达终点后，系统压力升高。压力继电器 3 发出电信号使 3YA 通电，液压油进入液压缸 6 的左腔使其活塞右移。前进到终点后，电路设计使 4YA 通电（3YA 断电）。换向阀 2 换向，液压油进入液压缸 6 右腔，使其活塞返回。当活塞返回原位时，系统压力升高，压力继电器 4 发出信号，使 2YA 通电（1YA 断电），液压油进入液压缸 5 的右腔，使其活塞返回。为了防止压力继电器误动作，压力继电器的预调压力应比液压缸的工作压力高 0.3～0.5MPa，但比溢流阀的调定压力低 0.3～0.5MPa。

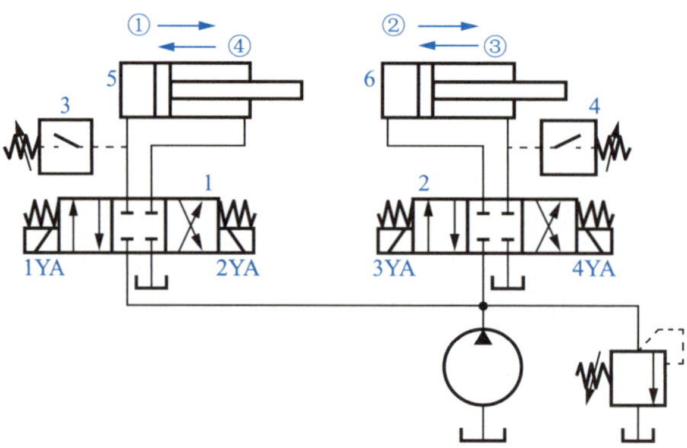

1、2—换向阀；3、4—压力继电器；5、6—液压缸。

图 6-18　压力继电器用于顺序控制

2）起安全保护作用。图 6-19 所示为压力继电器用于安全保护作用的一种回路，压力继电器安装在液压缸的进油路上。当液压缸前进碰上挡铁或负载过大时，进油腔（图中左端）压力升高，达到压力继电器的调定值时，压力继电器发出的电信号使电磁换向阀 2 断电，电磁换向阀 1 通电，液压缸快速返回。

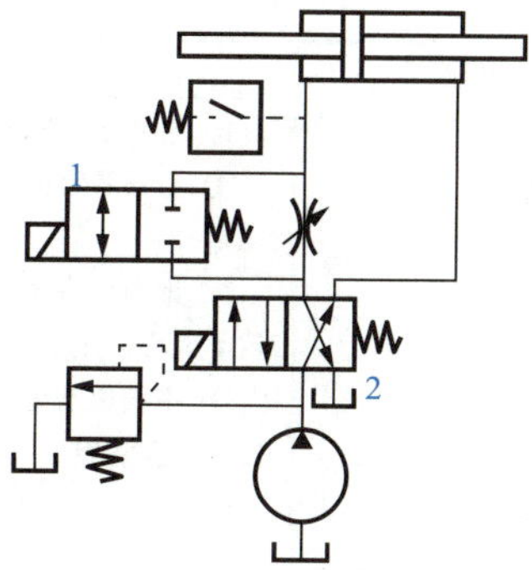

1、2—电磁换向阀。

图 6-19　压力继电器用于安全保护作用

5. 压力控制阀的使用与维护

（1）溢流阀常见故障产生原因及其排除方法

溢流阀常见故障产生原因及其排除方法如表 6-1 所示。

表 6-1　溢流阀常见故障产生原因及其排除方法

故障	故障产生原因	故障排除方法
系统压力波动	1．液压油不清洁，油中的微小颗粒物影响主阀芯的灵活滑动，导致产生不规则的压力变化，有时还会将阀卡住	定时清理油箱、管路，对进入油箱、管路系统的液压油要过滤
	2．主阀芯滑动不畅造成阻尼孔时堵时通	若管路中已有过滤器，则应增加二次过滤组件，或更换二次组件过滤精度；对阀类组件进行拆卸并清洗，更换清洁的液压油
	3．调节压力的螺钉由于振动而使锁紧螺母松动造成压力波动	修配或更换不合格的零件
	4．主阀芯圆锥面与阀座锥面没有经过良好磨合，接触不充分	
	5．先导阀调压弹簧弯曲，造成阀芯与锥阀座接触不好，磨损不均	
	6．主阀芯的阻尼孔太大，没有起到阻尼作用	适当缩小阻尼孔径
系统压力无法建立	1．主阀故障 ① 主阀芯阻尼孔被堵死，可能原因有装配时主阀芯未清洗干净、油液过脏或装配时带入杂物 ② 装配质量差或装配精度低，阀间间隙调整不好，主阀芯在开启位置卡住 ③ 主阀芯复位弹簧折断或弯曲，主阀芯不能复位	① 拆开主阀，清洗阻尼孔并重新装配；过滤或更换油液 ② 重新装配 ③ 拧紧阀盖紧固螺钉，更换折断的弹簧
	2．先导阀故障：调压弹簧折断或未装入；锥阀或钢球未装入；锥阀碎裂	更换破损件或补装零件，使先导阀恢复正常工作
	3．远控口电磁阀（常开型）未通电或故障	检查电路是否接通，若正常，则检修或更换远控口电磁阀
	4．液压泵问题 ① 液压泵轴与电动机轴连接松动 ② 进、出油口装反 ③ 液压泵故障	① 紧固联轴器，若失效则更换 ② 正确连接进、出油口 ③ 检修液压泵

续表

故障	故障产生原因	故障排除方法
系统压力升不高	1. 主阀芯与阀座问题 ① 主阀芯锥面磨损或不圆，阀座锥面磨损或不圆 ② 锥面处有杂物粘住；锥面与阀座由于机械加工误差导致不同心；主阀芯装配不当或损坏，与阀座配合不严密 ③ 主阀压盖处有泄漏，可能原因有密封垫损坏、装配不良、压盖螺钉有松动等	① 更换或修配溢流阀体或主阀芯及阀座 ② 清洗溢流阀使之配合良好，或更换不合格组件 ③ 拆卸主阀，调正阀芯，更换破损密封垫，消除泄漏
	2. 先导阀调正弹簧弯曲或太短、太软，致使锥阀与阀座结合处封闭性差。封闭性差可能会导致锥阀与阀座磨损、锥阀接触面不圆、接触面太宽，以及容易进入脏物或被胶质粘住	检修先导阀，更换不合格件，使之达到使用要求
	3. 远控口故障 ① 远控口电磁阀处于常闭位置时内漏严重；阀口处阀体与滑阀严重磨损；滑阀换向未达到正确位置，造成油封长度不足 ② 远控口管路有泄漏	① 检修或更换失效件，使之达到要求 ② 检查管路，消除泄漏
压力突然升高	1. 主阀芯与液压组件故障 ① 主阀芯零件工作不灵敏，在关闭状态时突然被卡死 ② 液压组件精度低、装配质量差、油液过脏等 2. 先导阀阀芯与阀座结合面粘连，不能正常开启	清洗主阀阀体，修配或更换失效零件
压力突然下降	1. 主阀芯故障 ① 主阀芯阻尼孔突然被堵；主阀芯工作不灵敏，在开启状态突然卡死，可能原因有零件加工精度低、装配质量差、油液过脏等 ② 主阀盖处密封垫突然破损；先导阀芯突然破裂，调正弹簧突然折断	①清洗液压阀类组件，必要时过滤或更换液压油 ②检修失效零件，更换破损组件
	2. 远控口电磁阀（常开型）电磁铁突然断电使溢流阀卸荷，远控口管接头突然脱落或管道突然破裂	检查消除电气故障

（2）减压阀的使用注意事项与维护

1）减压阀的使用注意事项。

① 应根据液压系统的工况特点和具体要求选择减压阀的类型，并应注意减压阀的启闭特性的变化趋势与溢流阀相反（即通过减压阀的流量增大时，二次压力有所减小）。

② 正确选用减压阀的连接方式，正确选用连接件（安装底板或管接头），并注意连接处的密封；阀的各个油口应正确接入系统，外部泄油口必须直接接回油箱。

③ 根据系统的工作压力和流量合理选定减压阀的额定压力和流量（通径）规格。

④ 应根据减压阀在系统中的用途和作用确定和调节二次压力，必须注意减压阀设定压力与执行器负载压力的关系。最低调节压力应保证一次压力与二次压力之差为0.3～1MPa。

⑤ 如果需通过先导式减压阀的远控口对系统进行多级减压控制，则应将远控口的螺堵拧下，接入控制油路；否则应将远控口严密封堵。

2）减压阀常见故障产生原因及其排除方法。

减压阀常见故障产生原因及其排除方法如表6-2所示。

表 6-2　减压阀常见故障产生原因及其排除方法

<table>
<tr><th>故障</th><th>故障产生原因</th><th>故障排除方法</th></tr>
<tr><td>不能减压或无二次压力</td><td>泄油口不通或泄油通道堵塞，使阀芯卡阻在原始位置，不能关闭</td><td rowspan="2">检查泄油管路、泄油口、阀芯、单向阀等并修理。检查排除执行器机械干扰</td></tr>
<tr><td>二次压力不能继续升高或压力不稳定</td><td>阀芯卡阻在某一位置，负载有机械干扰；单向减压阀中的单向阀泄漏过大</td></tr>
<tr><td>调压过程中压力非连续升降，而是不均匀下降</td><td>调压弹簧弯曲或折断</td><td>拆检换新</td></tr>
</table>

（3）顺序阀的使用注意事项与维护

1）顺序阀的使用注意事项。

顺序阀的使用注意事项可参照溢流阀的相关内容，同时还应注意以下几点：

① 顺序阀通常为外泄方式，因此必须将泄油口接至油箱，并注意泄油路背压不能过高，以免影响顺序阀的正常工作。

② 应根据液压系统的具体要求选用顺序阀的控制方式，对于外控式顺序阀应提供适当的控制液压油，以使阀可靠启闭。

③ 启闭特性差的顺序阀，通过流量较大时会使一次压力过高，导致系统效率降低。

④ 所选用的顺序阀，开启压力不能过低，否则会因泄漏导致执行器误动作。

⑤ 顺序阀的通过流量不宜小于额定流量过多，否则将产生振动或其他不稳定现象。

⑥ 顺序阀的安装位置应便于操作和维护。

⑦ 将单向顺序阀当作平衡阀使用时，必须保证密封性、无内部泄漏，能长期保证液压缸所处的位置。

2）顺序阀常见故障产生原因及其排除方法。

顺序阀常见故障产生原因及其排除方法如表 6-3 所示。

表 6-3　顺序阀常见故障产生原因及其排除方法

<table>
<tr><th>故障</th><th>故障产生原因</th><th>故障排除方法</th></tr>
<tr><td>不能起顺序控制作用</td><td rowspan="2">阀内泄漏严重，或阀芯卡阻在开启状态无法关闭</td><td rowspan="4">拆检、清洗与修理</td></tr>
<tr><td>作为卸荷阀时液压泵一起动就卸荷</td></tr>
<tr><td>执行器不动作</td><td rowspan="2">阀芯卡阻在关闭状态不能开启，复位弹簧卡死，阀内管路堵塞</td></tr>
<tr><td>作为卸荷阀时不能卸荷</td></tr>
</table>

任务实施：拆装先导式溢流阀

（1）实训步骤

① 观察溢流阀的外部形状，记录铭牌标记。

② 按拆卸步骤逐个拆下溢流阀各零件并编号；指出各油孔与系统的连接关系，以及各零件的装配关系和运动关系。

③ 清洗各零件。

④ 按装配步骤装配各零件。

⑤ 完成项目工单，清理现场。

（2）拆装注意事项

① 预先准备好拆卸工具：钳工台虎钳、内六角扳手、内卡簧钳、活扳手或呆扳手、螺钉旋具、铜棒、木槌等。

② 螺钉要对称松卸。

③ 拆卸时应注意做好记号。

④ 注意勿碰伤或损坏零件等。

⑤ 紧固件应借助专用工具拆卸，不得任意敲打。

（3）溢流阀的拆装步骤

1）拆卸步骤。

① 拆卸前清洗阀的外表面，观察阀的外形，转动调节手柄，体会手感。

② 拧下螺钉，拆开主阀和先导阀的连接，取出主阀弹簧和主阀阀芯。

③ 拧下先导阀上的手柄和远控口螺塞。

④ 旋下阀盖，从先导阀体内取出弹簧、调压弹簧和先导阀芯。

⑤ 用光滑的挑针把密封圈挑出，并检查其弹性和尺寸精度，如有磨损和老化则应及时更换。

⑥ 拆卸后清洗、检验、分析，准备装配。

2）装配步骤。

① 将阀芯、定位件等零件的配合面涂上润滑液。

② 按与拆卸相反的顺序进行装配。

③ 检查各油孔、油路是否畅通、无尘屑。

④ 将调压弹簧放在先导阀阀芯上，然后一起装入先导阀阀体。

⑤ 拧紧左、右端盖的螺钉时，应分两次并按对角顺序进行。

（4）问题分析

① 比较调压弹簧与主弹簧的刚度，并分析如此设计的原因。

② 主阀芯的阻尼孔有何作用？可否加大或堵塞？有何后果？

思考与练习

1．若先导式溢流阀主阀阻尼孔堵塞，会出现什么故障？若其先导阀锥阀座上的进油口堵塞，又会出现什么故障？

2．从结构原理图上，说明溢流阀、顺序阀和减压阀的不同点及各自的用途，并画出它们的图形符号。

3．在图 6-12 所示的液压系统中，溢流阀 2 的调整压力为 4MPa，减压阀 3 的调整压力为 2MPa。若不计管路的各种损失，试分析下列情况中液压泵出油口和液压缸进油口的压力分别为多少：

① 系统负载趋于无限大，液压缸 6 空载运动时；

② 系统负载趋于无限大，液压缸夹紧工件后；

③ 液压缸保持夹紧工件，系统压力降至 1.5MPa。

4．在图 6-20 所示的液压系统中，各阀调整压力分别为 p_{y1}=3MPa、p_{y2}=5MPa、p_{y3}=8MPa、p_{j1}=1MPa、p_{j2}=2MPa，系统压力趋于无限大。若不计管路的各种损失，当换向阀的不同位置接入回路时，A 点和 B 点处的压力各为多少？

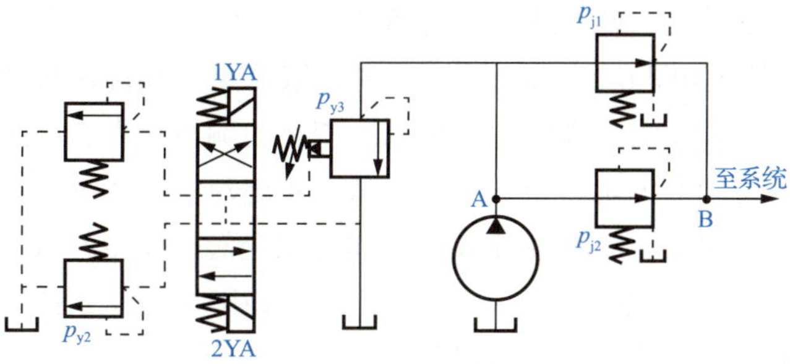

图 6-20　题 4 图

任务 6.2　压力控制基本回路的组建与分析

任务目标

1. 能组建和分析调压、减压、卸荷、保压、增压、平衡等基本回路；
2. 能正确分析与使用压力控制回路；
3. 能组装压力控制回路。

任务描述

1. 组装各种压力控制回路，分析其压力控制原理、回路性能特点，解释各回路常见的故障现象及排除方法；
2. 设计数控车床液压系统回路。

相关知识：压力控制基本回路的组建与故障处理

压力控制基本回路利用压力控制阀来控制或调节整个液压系统或局部油路上的工作压力，以满足液压系统不同执行元件对工作压力的不同要求。压力控制回路主要有调压、减压、卸荷、保压、增压、平衡等各种回路。

1. 压力控制回路的组建与分析

（1）调压回路

调压回路用来使液压系统整体或部分的压力保持恒定或不超过某个数值。在定量泵系统中，液压泵的供油压力可以通过溢流阀来调节。在变量泵系统中，用安全阀来限定系统的最高压力，防止系统过载。若系统中需要两种以上的压力，则可采用多级调压回路。

1）单级调压回路。如图 6-21（a）所示，通过液压泵 1 和溢流阀 2 并联连接，即可组成单级调压回路。通过调节溢流阀的压力可以改变泵的输出压力。当溢流阀的调定压力确定后，液压泵就在溢流阀的调定压力下工作，从而实现对液压系统的调压和稳压控制。如果将液压泵 1 改换为变量泵，那么溢流阀将被作为安全阀来使用，液压泵的工作压力低于溢流阀的调定压力，这时溢流阀不工作。当系统出现故障，液压泵的工作压力上升时，一旦压力达到溢流阀的调定压力，溢流阀将开启，并将液压泵的工作压力限制在溢流阀的调定压力下，使液压系统不致因压力过载而受到破坏，从而保护了液压系统。

图 6-21（b）所示为采用先导式溢流阀 1 和远程调压阀 3 组成的单级调压回路。在转速一定的情况下，定量泵输出的流量基本不变，当改变节流阀 2 的开口大小来调节液压缸的速度时，由于要排掉定量泵输出的多余流量，溢流阀始终处于开启溢流状态，使系统工作压力稳定在溢流阀 1 调定的压力值附近。回路中如果没有节流阀 2，则泵出口压力将随负载压力的变化而变化，溢流阀作为安全阀使用，对系统起安全保护作用。远程调压阀 3 的作用是实现对回路压力的远程调压控制，但此时要求溢流阀必须是先导式溢流阀，且溢流阀的调定压力必须大于远程调压阀 3 的调定压力，否则远程调压阀 3 将不起远程调压作用。

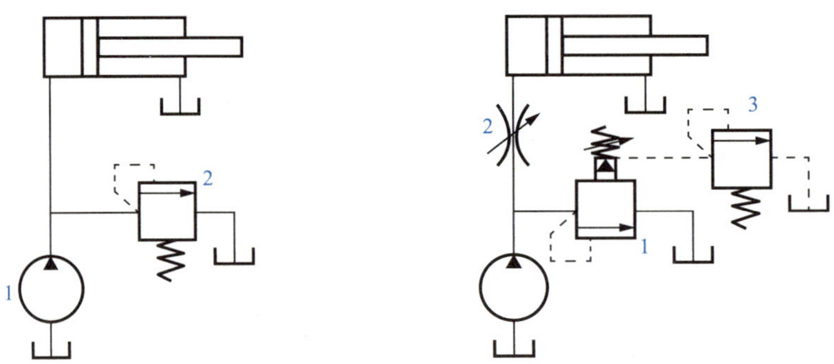

1—液压泵；2—溢流阀。

（a）

1—先导式溢流阀；2—节流阀；3—远程调压阀。

（b）

图 6-21　单级调压回路

2）双向调压回路。执行元件正反行程需不同供油压力时，可采用双向调压回路，如图 6-22 所示。当换向阀左位工作时，活塞杆伸出，泵出口由溢流阀 1 调定为较高压力，液压缸右腔油液通过换向阀回油箱，溢流阀 2 此时不起作用。当换向阀右位工作时，活塞空行程返回，泵出口由溢流阀 2 调定为较低压力，溢流阀 1 不起作用。活塞行至左端停止运动后，泵在低压力下回油，功率损耗小。

3）多级调压回路。有些液压设备的液压系统需要在不同的工作阶段获得不同的压力。

图 6-10 所示为二级调压回路，该回路可实现两种不同的系统压力控制。

图 6-23 所示为三级调压回路，三级压力分别由溢流阀 1、2、3 调定，当电磁铁 1YA、2YA 失电时，系统压力由主溢流阀 1 调定。当 1YA 得电时，系统压力由溢流阀 2 调定。当 2YA 得电时，系统压力由溢流阀 3 调定。在这种调压回路中，溢流阀 2 和溢流阀 3 的调定压力必须低于主溢流阀 1 的调定压力。多级调压回路对于动作复杂，负载、流量变化较大的系统的功率匹配、节能和降温具有重要作用。

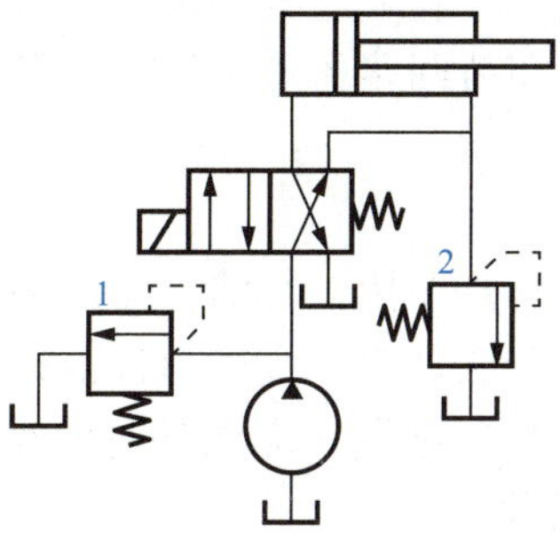

1、2—溢流阀。

图 6-22　双向调压回路

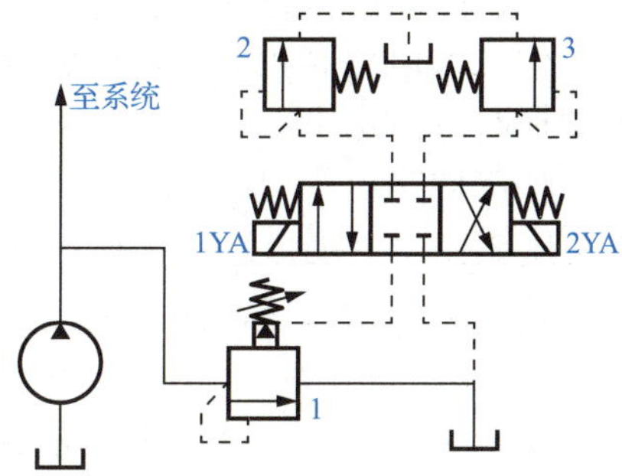

1～3—溢流阀。

图 6-23　三级调压回路

（2）减压回路

减压回路用来使系统中的某一部分油路具有较低的稳定压力，如机床液压系统中的定位、夹紧、分度回路，以及液压元件的控制油路等，它们往往要求比主油路的压力要低。最常见的减压回路是在需要低压的支路上串接一个定值减压阀，如图 6-12 所示。

为了使减压回路工作可靠，减压阀的最低调定压力应不小于 0.5MPa，最高调定压力至少应比系统压力小 0.5MPa。当减压回路中的执行元件需要调速时，调速元件应放在减压阀的后面，以避免减压阀泄漏（指由减压阀泄油口流回油箱的油液）对执行元件的速度产生影响。

（3）卸荷回路

1）用三位阀中位机能的卸荷回路。当采用 M、K 和 H 形中位机能的三位换向阀处于中位时，泵与油箱连通，实现卸荷，图 6-24 所示为采用 M 形中位机能的卸荷回路。其卸荷方法比较简单，但在压力较高、流量较大时容易产生冲击，故适用于低压、小流量液压系统。

2）用二位二通阀的卸荷回路。图 6-25 所示为采用二位二通阀的卸荷回路，采用此方法时卸荷回路必须使二位二通换向阀的流量与泵的额定输出流量相匹配。这种方法的卸荷效果较好，易于实现自动控制，一般适用于液压泵的流量小于 63L/min 的场合。

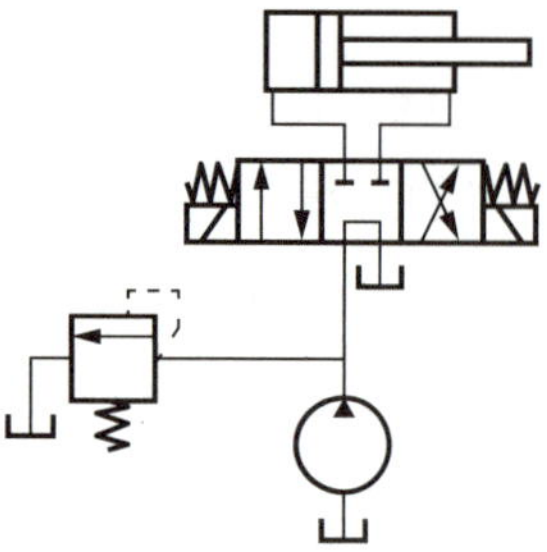

图 6-24 采用 M 形中位机能的卸荷回路

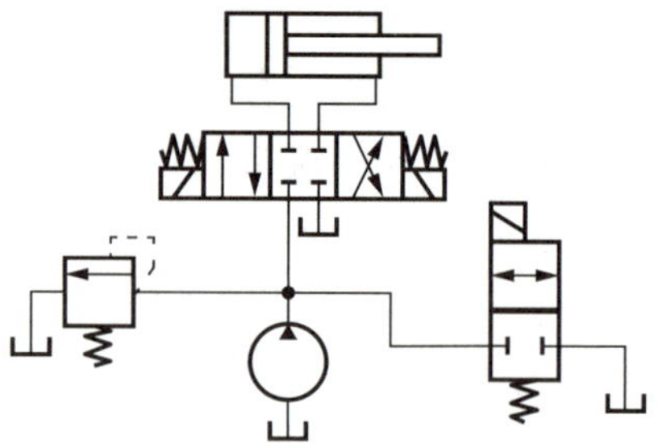

图 6-25 采用二位二通阀的卸荷回路

3）用先导式溢流阀的远程控制口卸荷。如图 6-9 所示，将先导式溢流阀的远程控制口直接与二位二通电磁阀相连，便构成用先导式溢流阀的卸荷回路，这种卸荷回路的卸荷压力小，切换时冲击也小。

（4）保压回路

在液压系统中，液压缸在工作循环的某一阶段，若需要保持一定的工作压力，就应采用保压回路。在保压阶段，液压缸没有运动，最简单的办法是用一个密封性能好的单向阀来保压。但是由于阀类元件的泄漏，无法长时间维持保压。常用的保压回路有以下几种。

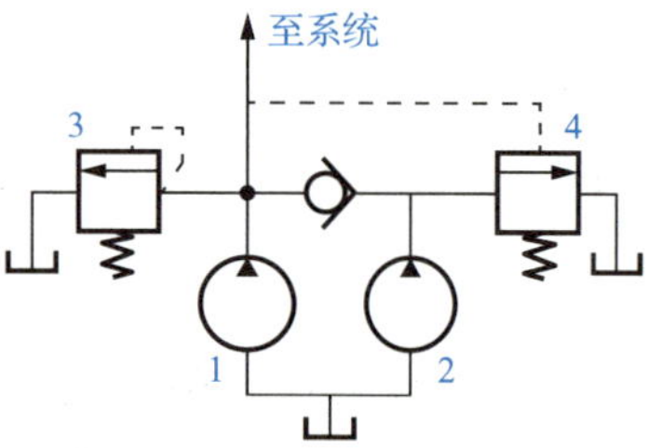

1—高压小流量泵；2—低压大流量泵；3—溢流阀；4—卸荷阀。

图 6-26 采用液压泵的保压回路

1）采用液压泵的保压回路。图 6-26 所示的回路，系统压力较低时主要由低压大流量泵 2 供油，系统压力升高到卸荷阀 4 的调定压力时，低压大流量泵卸荷，高压小流量泵 1 供油保压，溢流阀 3 调节压力。

2）采用蓄能器的保压回路。图 6-27 所示的回路，当主换向阀 4 在左位工作时，液压缸 3 向前运动且压紧工件，进油路压力升高至调定值，压力继电器 1 动作使二通阀 8 通电，液压泵 6 即卸荷，单向阀 5 自动关闭，液压缸则由蓄能器 2 保压。当液压缸压力不足时，压力继电器复位使液压泵重新工作。保压时间的长短取决于蓄能器的容量，调节压力继电器的工作区间即可调节液压缸中压力的最大值和最小值。

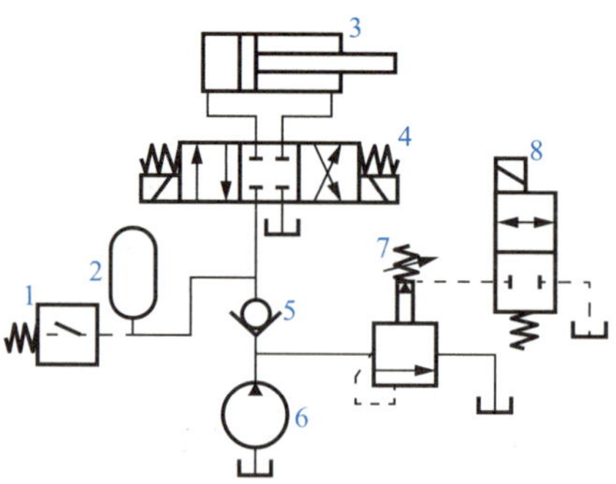

1—压力继电器；2—蓄能器；3—液压缸；4—主换向阀；5—单向阀；6—液压泵；7—溢流阀；8—二通阀。

图 6-27 采用蓄能器的保压回路

3）自动补油式保压回路。图 6-28 所示为采用液控单向阀和压力继电器的自动补油式保压回路。其工作过程为：当 1YA 得电，换向阀左位接入回路，液压缸上腔压力上升至压力继电器设定值时，触点断开，使电磁铁 1YA 失电，换向阀处于中位，液压泵卸荷，液压缸由液控单向阀保压。当液压缸上腔压力下降到预定下限值时，压力继电器触点接通，使 1YA 得电，液压泵再次向系统供油，使压力上升。当压力达到上限值时，压力继电器再次使 1YA 失电，从而自动使液压缸补充液压油，使其压力能长期保持在一定的范围内。

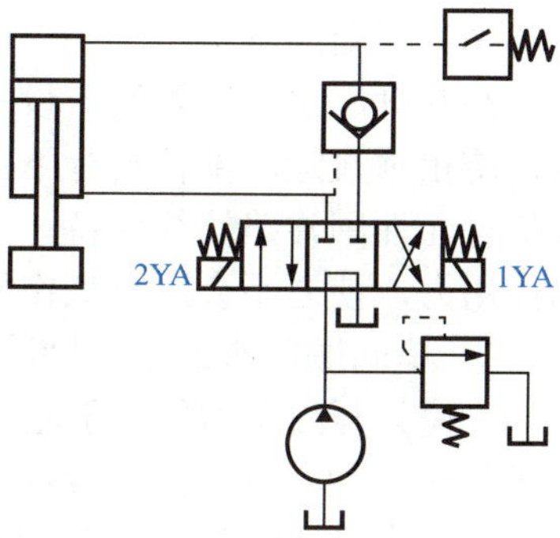

图 6-28　自动补油式保压回路

（5）增压回路

当液压系统中某一支路流量不大但需要较高压力时可采用增压回路，因为采用高压泵不经济，或者根本没有液压泵能提供所需的压力。采用增压回路，系统的工作压力仍然较低，可节省成本与能耗，而且系统工作可靠、噪声小。

1）采用单作用增压缸的增压回路。图 6-29（a）所示为采用单作用增压缸的增压回路，当系统在图示位置工作时，系统的供油压力 p_1 进入增压缸的大活塞腔 x，此时在小活塞腔 y 即可得到所需的较高压力 p_2；当二位四通电磁换向阀右位接入系统时，增压缸返回，辅助油箱中的油液经单向阀补入小活塞腔，因而该回路只能间歇增压，所以称为单作用增压回路。

2）采用双作用增压缸的增压回路。图 6-29（b）所示的采用双作用增压缸的增压回路，能连续输出高压油，在图示位置，液压泵 6 输出的液压油经换向阀 5 和单向阀 1 进入增压缸左端大、小活塞腔，右端大活塞腔的回油通油箱，右端小活塞腔增压后的高压油经单向阀 4 输出，此时单向阀 2、3 被关闭。当增压缸活塞移到右端时，换向阀 5 得电换向，增压缸活塞向左移动。同理，左端小活塞腔输出的高压油经单向阀 3 输出，这样，增压缸的活塞不断往复运动，两端便交替输出高压油，从而实现了连续增压。

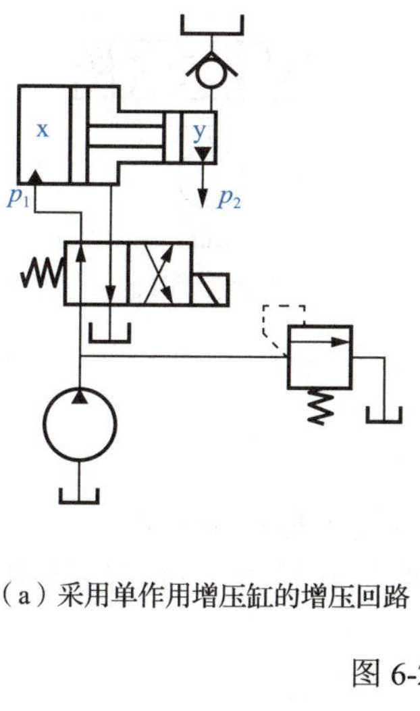

（a）采用单作用增压缸的增压回路

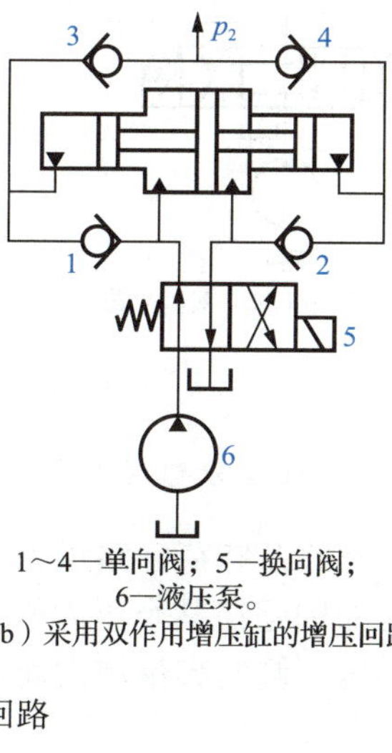

1～4—单向阀；5—换向阀；
6—液压泵。

（b）采用双作用增压缸的增压回路

图 6-29　增压回路

(6) 平衡回路

举升机、油压机等液压设备中的垂直运动部件，必须通过相应的平衡措施平衡重力负载，防止垂直运动部件自行下滑或操作时动作失控造成危险。液压平衡回路的基本原理是使执行元件回油路始终保持一定的背压力，以平衡垂直运动部件重力负载对液压执行元件的作用力，使之不会因自重作用而自行下滑，实现液压系统对设备的平稳、可靠控制。

1) 单向顺序阀的平衡回路。图 6-30 (a) 所示为采用单向顺序阀的平衡回路，调整顺序阀，使其开启压力稍大于垂直运动部件重力对液压缸下腔产生的压力。当 1YA 得电、活塞下行时，由于回油路上存在一定的背压来支承重力负载，只有在活塞的上部具有一定压力时活塞才会平稳下落。当换向阀处于中位时，活塞停止运动，不再继续下行，此处的顺序阀又称为平衡阀。在这种平衡回路中，顺序阀调整压力调定后，若工作负载变小，则泵的压力需要增加，将使系统的功率损失增大。由于滑阀结构的顺序阀和换向阀存在内泄漏，活塞很难长时间稳定停在任意位置，会造成重力负载装置下滑，故这种回路适用于工作负载固定且液压缸活塞锁定定位要求不高的场合。

2) 液控顺序阀的平衡回路。图 6-30 (b) 所示为采用液控顺序阀的平衡回路。当 1YA 得电、活塞下行时，控制液压油打开液控顺序阀，背压消失，因而回路效率较高。当液压泵停止工作时，液控顺序阀关闭，无论换向阀处于哪个工作位置，负载均无法带动活塞下降。这种平衡回路的优点是只有上腔进油时活塞才下行，比较安全可靠；缺点是活塞下行时平稳性较差。这是因为活塞下行时，液压缸上腔油压降低，将使液控顺序阀关闭。当顺序阀关闭时，因活塞停止下行，液压缸上腔油压升高，又打开液控顺序阀。因此，液控顺序阀始终工作于启闭的过渡状态，影响工作平顺性，这种回路适用于运动部件质量不大、停留时间较短的液压系统中。

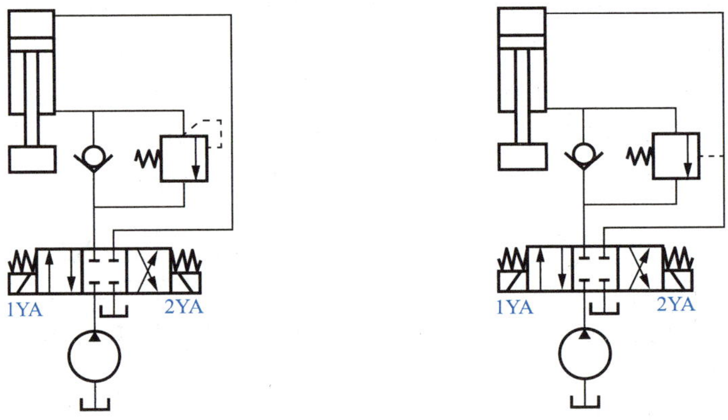

(a) 采用单向顺序阀的平衡回路　　(b) 采用液控顺序阀的平衡回路

图 6-30　采用顺序阀的平衡回路

2. 压力控制回路故障分析与处理

(1) 二级调压回路及卸荷回路压力下降时产生较大振动和噪声

该故障的主要原因是在某个压力值急剧下降时，在管路及执行组件中将会产生振动，这种振动将随着加压一侧的容量增大而增大。

解决方法：

① 要防止这种振动声音的产生，必须使压力下降时间（即变化时间）不小于 0.1s。可

在溢流阀远程控制口处接入固定节流阀，如图 6-31 所示，此时卸荷压力及最低调整压力将变高。

② 如图 6-32 所示，在远程控制口管路中使用防止振动阀，并且具有自动调节节流口的机能，卸荷压力及最低调整压力不会变高，也不产生振动和噪声。

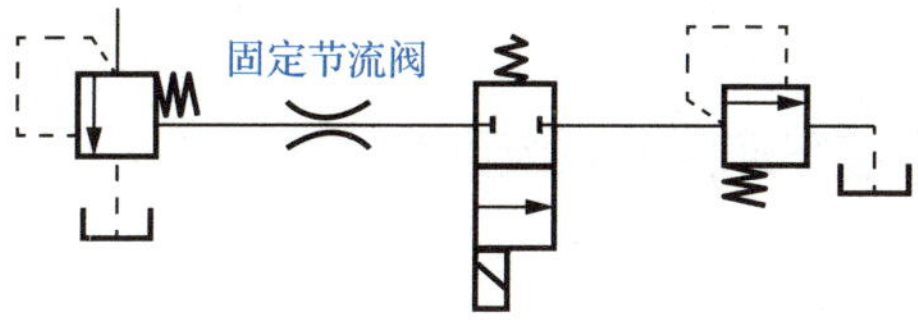

图 6-31　在溢流阀的远程控制口处接入固定节流阀

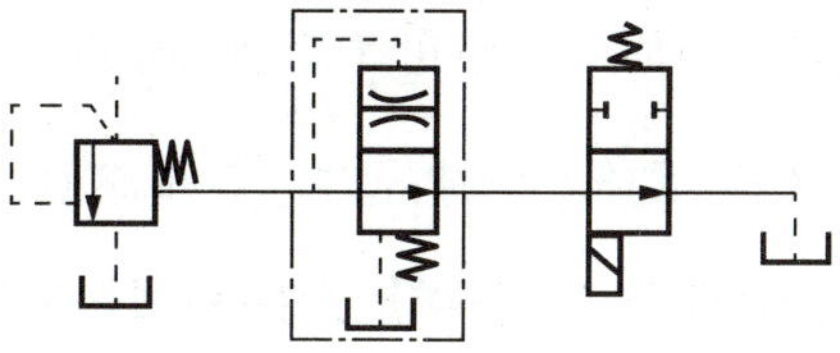

图 6-32　在远程控制口管路中使用防止振动阀

（2）典型压力控制回路中压力控制阀的使用差异

针对某一典型油路，进一步剖析 3 种液压阀在压力控制回路实际使用中的差异。

在图 6-33 所示的双泵供油油路中，阀 3、阀 4、阀 5 分别为溢流阀、顺序阀、减压阀。3 种阀的符号相似，但在功能、设置、选型要求方面大相径庭。

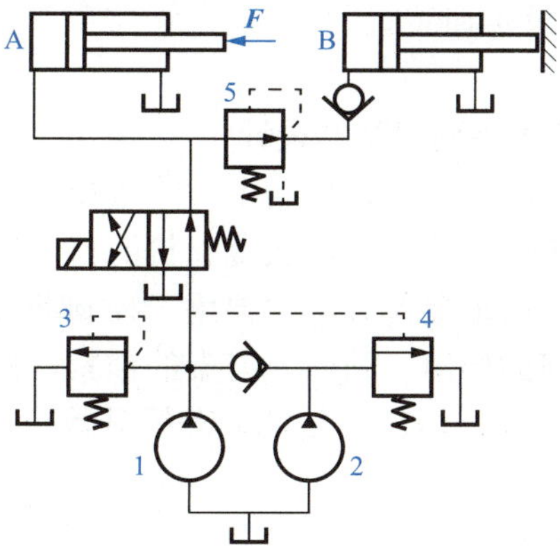

1、2—液压泵；3—溢流阀；4—顺序阀；5—减压阀。

图 6-33　双泵供油油路

1）功用方面。溢流阀在此油路中起安全作用，液压缸正常运动时关闭，只有在超载、行程终了、制动时才打开通油。减压阀起减压作用，使阀后获得比阀前低的稳定压力，使液压缸 B 处于“顶住”状态时保持较低的恒定作用力。外控式顺序阀在此回路中起卸荷作用。当系统负载较小时，顺序阀因外控油路压力较低而关闭，液压泵 1、2 同时向液压缸供油；反之，当系统负载较大时，顺序阀打开，液压泵 2 通过顺序阀向油箱卸载，只有液压泵 1 向液压缸供油。由此可见，借助顺序阀，液压缸实现了由轻载高速向重载低速的转换。

2）调定压力方面。在此油路中，溢流阀起安全保护作用，只有在压力达到设定上限的情况下才可打开通油，因此必须是三阀中调定压力最高的。如果溢流阀调定压力不足，液压缸 B 将无法获得稳定的低压，顺序阀 2 将无法打开，重载低速的运动状态也无法实现。至于溢流阀开启压力具体要多高，则要对系统油路的安全要求及组件额定压力的高低等因素进行综合考虑。根据经验，溢流阀开启压力一般取组件额定压力的 80%～90% 较为合适；减压阀调定压力则完全取决于液压缸 B 处于“顶住”状态时对外所需产生作用力的大小要求，通过压力计算公式算出，开启压力一般较低；顺序阀调定压力则取决于系统对高、低速运动的切换要求，其开启压力应等于切换时的临界压力。

3）规格型号方面。在此油路中，溢流阀决定了系统的最高压力，且要满足两个液压泵的溢流流量，因此是三阀中规格最大的阀；减压阀所连接的液压缸一般用于工件夹紧，液压缸规格通常较小，因此与之匹配的减压阀也取较小规格；顺序阀打开时只通过液压泵 1 的流量，因而其规格可比该油路中的溢流阀小一半。

任务实施：组建压力控制基本回路及设计数控车床液压系统回路

训练任务 1：各类压力控制回路的组建

① 选择组装回路所需要的元件。

② 在实训装置上布置好各元件的大体位置。

③ 按液压图组装系统回路，并检查其可靠性。

④ 接通主油路，将泵的压油口接溢流阀的进油口，将溢流阀的回油口接油箱。

⑤ 溢流阀全开，起动液压泵，再逐渐减小溢流阀开度，调试回路。

⑥ 观察油压变化及回路的动作，分析回路性能，解释使用中遇到的问题。

⑦ 拆装回路，清理元件及实训装置。

⑧ 完成项目工单。

训练任务 2：数控车床液压系统回路的设计

微课：数控车床液压系统回路

现代数控机床在实现整机的全自动化控制中，除数控系统外，还需要配备液压和气压传动装置来辅助实现整机的自动运行功能。液压系统是数控车床的重要部分，主要用于控制动力卡盘的夹紧、松开，尾座套筒的伸出、缩回，刀架的锁紧、松开及转位等动作，如图 6-34 所示。液压系统能显著提升数控车床辅助运动的效率，且操作方便，动作平稳可靠。

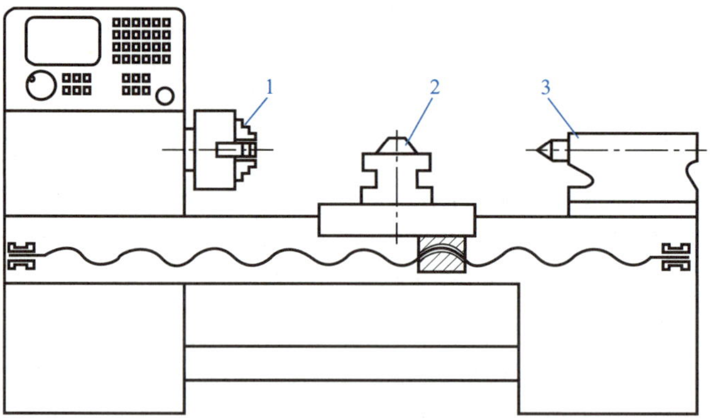

1—卡盘；2—刀架；3—尾架。

图 6-34　数控车床结构示意图

图 6-35 所示为某型数控车床液压系统回路，由液压工作站和卡盘夹紧支路、刀架转位支路、刀盘锁紧支路及尾座套筒移动支路组成。

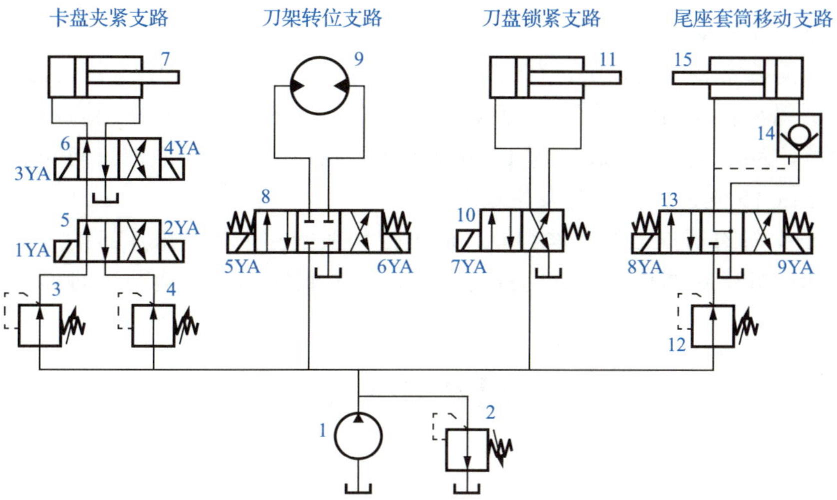

1—液压泵；2—溢流阀；3、4、12—减压阀；5、6、8、10、13—换向阀；
7、11、15—液压缸；9—液压马达；14—液控单向阀。

图 6-35　某型数控车床液压系统回路

（1）液压工作站

液压工作站又称液压源，是数控车床液压系统的动力源，由电动机通过联轴器驱动限压式变量叶片泵，向整个系统输出液压油。液压泵出口并联有溢流阀，用作限制该系统的最高压力，其调定压力略高于液压泵的最高输出压力。

（2）卡盘夹紧支路

数控车床的液压卡盘是通过液压缸活塞杆的进退动作带动传动机构驱动卡爪做径向移动来实现对工件的夹紧和放松的。

在卡盘夹紧支路中，液压油的流向为：从主油路到减压阀 3 和 4，接着先后经过换向阀 5 和 6 到达液压缸 7。换向阀 5 用于选择卡盘支路的最高压力。1YA 得电时，液压缸 7 最高压力为减压阀 3 的调定压力；2YA 得电时，液压缸 7 最高压力为减压阀 4 的调定压力。这样就能使卡盘获得两档夹紧力。

换向阀 6 用于控制液压缸 7 的活塞进退。3YA 得电时，液压油进入液压缸 6 的左腔，活塞杆伸出，带动卡盘松开，同时液压缸右腔油液回油箱。同理，当 4YA 得电时，活塞杆退回，卡盘夹紧。人们通常使用踏板开关来控制换向阀 6，也可使用可编程逻辑控制器使卡盘按照上下料节奏自动工作。

（3）刀架转位支路

刀架转位支路通过三位四通换向阀控制液压马达正转、反转和停止，从而使所选刀具转到工作位置。正转换刀或反转换刀由数控系统按路径最短原则来判断。

（4）刀盘锁紧支路

刀盘锁紧支路与刀架转位支路配合动作。为了在切削加工过程中确保回转刀架精确定位并锁紧，刀盘端面与刀架主体通过鼠牙盘连接，换向阀 10 未触发时保持右位工作，液压缸 11 的活塞所受液压力向左，拉紧鼠牙盘，锁止回转刀架。执行换刀指令时，7YA 得电，左位工作，液压缸 11 的活塞杆伸出，分离鼠牙盘，使刀盘解锁，允许刀架转位。

（5）尾座套筒移动支路

尾座套筒前端安装活动顶尖，为长轴类零件的加工提供辅助支撑。液压缸 15 活塞的进与退分别控制尾座套筒的伸与缩。由于套筒只需对顶尖施加较小的作用力，使顶尖与工件保持接触即可，因此只用一个减压阀 12 调整压力。回路中的单侧液控单向阀的锁紧功能是为了防止液压缸 15 受外力作用时发生退缩。

以上 4 条支路的基本工作原理类似，通过控制换向阀来控制液压缸的进退或液压马达的正反转、通过减压阀调整液压缸的推力大小，实现数控车床的辅助运动。

思考与练习

1．如何理解溢流阀的开启压力和调定压力？

2．说明先导式溢流阀的工作原理。远程控制口的压力调定有何要求？使用中可否直接通油箱？

3．在液压系统中，当工作部件停止工作以后，使泵卸荷有什么好处？有哪些卸荷方法？

4．在图 6-36 所示的液压系统中，溢流阀调整压力 p_y=4MPa，减压阀调整压力 p_j=2.5MPa。若不计管路的各种损失，试分析下列各情况中，A、B、C 三处的压力大小：

① 液压缸空载运行时。

② 液压缸夹紧工件后，主油路截止时。

③ 液压缸夹紧工件后，主油路压力降到 1.5MPa 时。

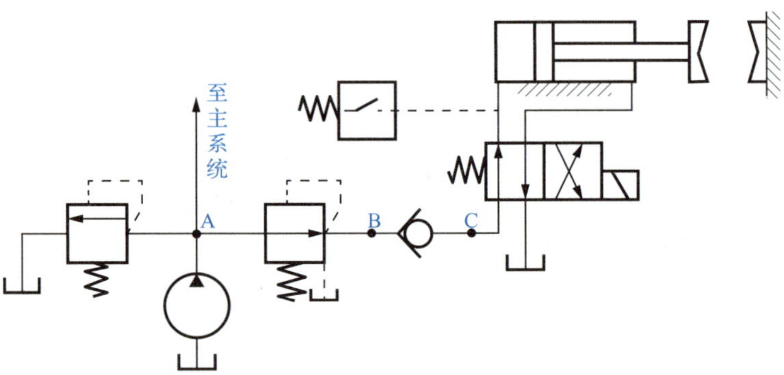

图 6-36　题 4 图

5．在图 6-37 所示的液压系统中，液压缸有效作用面积 $A_1=A_2$=100cm^2，液压缸 A 负载 F_1=3.5kN，液压缸 B 活塞负载为零。溢流阀、顺序阀、减压阀的调定压力分别为 p_y=4MPa、p_x=3MPa、p_j=2MPa。若不计管路损失，求下列各情形中 C、D、E 处的压力大小：

① 液压泵运转，两换向阀处于中间位置时。

② 1YA 线圈得电，液压缸 A 的活塞向右运动到终点时。

③ 1YA 线圈失电，3YA 线圈得电，液压缸 B 的活塞向右运动到终点时。

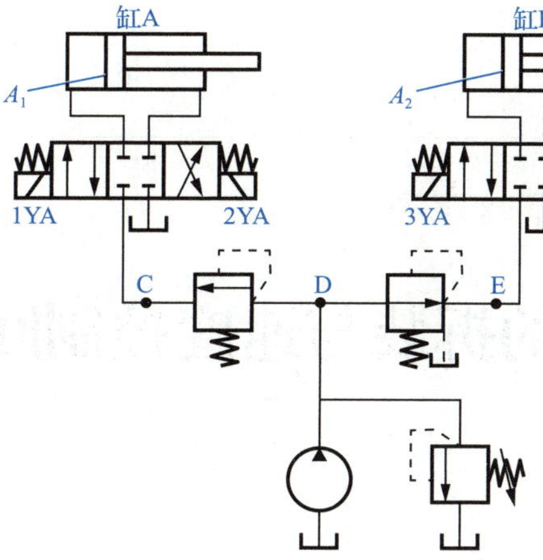

图 6-37　题 5 图

项目7 流量控制阀的拆装与速度控制回路的组建

项目目标

知识目标

1. 了解节流阀、调速阀的工作过程、性能特性及应用；
2. 熟悉调速、快速运动、速度换接等速度控制基本回路的特性。

技能目标

1. 能够动手拆装各种流量控制阀；
2. 能够正确使用和维护流量控制阀；
3. 能够组装、分析各种速度控制基本回路。

素质目标

1. 树立规范意识、安全意识，严格按照安全操作规程作业；
2. 强化勤于思考、善于总结、勇于探索的科学精神。

任务 7.1 流量控制阀认知与拆装

任务目标

1. 能够描述节流阀、调速阀的工作过程、性能特性及应用；
2. 能够正确使用与维护流量控制阀；
3. 能够动手拆装流量控制阀。

任务描述

拆装流量控制阀。

相关知识：流量控制阀的特性、工作过程及使用与维护

流量控制阀简称流量阀，通过改变节流口的通流面积或通流通道长度来改变局部阻力的大小，从而实现对流量的控制，进而改变执行机构的运动速度。常用的流量控制阀有节流阀和调速阀两种。

1. 流量控制阀的特性

（1）影响节流小孔流量稳定性的因素

在液压系统中，当节流口的通流面积调定后，要求通过节流口的流量稳定不变，以使执行元件的速度稳定，但实际上有很多因素影响着节流口的流量稳定性。依据式（1-26）分析，影响节流小孔流量稳定性的因素主要有以下方面。

1）负载变化。节流口前后压力差随外部负载发生变化，流量也随之发生变化而不稳定。在 3 种结构型式的节流口中，通过薄壁小孔的流量受负载变化的影响最小。

2）温度变化。油温影响油液黏度，对于细长小孔，流量随油温变化的现象较明显；对于薄壁小孔，黏度对流量几乎没有影响，故流量基本不随油温变化。

3）节流口堵塞。节流阀的节流口可能因油液中的杂质或由于油液氧化后析出的胶质、沥青等而局部堵塞，从而减小了节流口的通流面积，使流量发生变化，尤其当开口较小时，这一影响更为突出，严重时会完全堵塞而出现断流现象。因此，节流口的抗堵塞性能也是影响流量稳定性的重要因素，尤其会影响流量阀的最小稳定流量。节流口的通流面积越大，节流通道越短，水力半径越大，就越不容易堵塞。一般流量控制阀的最小稳定流量为 0.05L/min。

综上所述，为保证流量稳定，节流口的形式以薄壁小孔较为理想。

（2）节流口的形式

图 7-1 所示为常用的节流口形式。

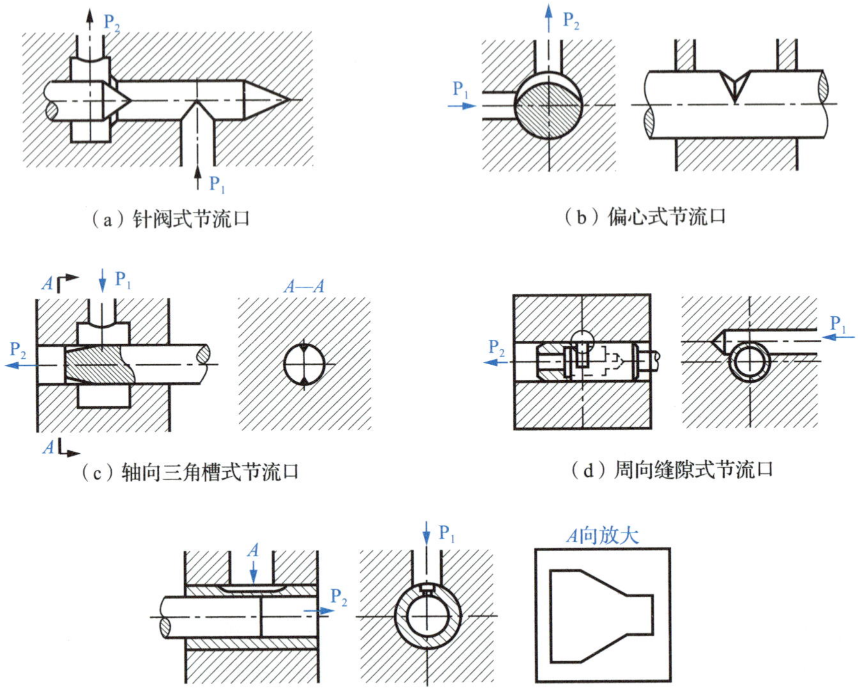

（a）针阀式节流口 （b）偏心式节流口

（c）轴向三角槽式节流口 （d）周向缝隙式节流口

（e）轴向缝隙式节流口

图 7-1　常用节流口形式

1）针阀式节流口。图 7-1（a）所示为针阀式节流口。针阀芯相对阀体轴向移动时将改变环形通流截面面积的大小，从而调节了流量。针阀式节流口结构简单，制造容易，但节流口容易堵塞，流量受温度影响较大，适用于性能要求不高的场合。

2）偏心式节流口。图 7-1（b）所示为偏心式节流口。阀芯上开有一个截面为三角形（或矩形）的偏心槽，转动阀芯可以调节通流截面面积的大小，从而调节流量。偏心式节流口流量稳定性好，但其阀芯受到径向不平衡力作用，工作时转动调节较费劲，用于压力要求不高的场合。

3）轴向三角槽式节流口。图 7-1（c）所示为轴向三角槽式节流口。在阀芯近端部开有一个或两个倾斜的三角沟槽，轴向移动阀芯时可改变三角槽通流面积的大小，从而调节流量。轴向三角槽式节流口结构简单，制造容易，小流量稳定性好，不易堵塞，故应用广泛。

4）周向缝隙式节流口。图 7-1（d）所示为周向缝隙式节流口。阀芯圆柱面上开有径向狭缝，与阀芯内孔连通，油液通过狭缝、内孔，从左侧流出。转动阀芯可以改变缝隙的通流截面面积，从而调节流量。周向缝隙式节流口流量对油温变化不敏感，不易堵塞，小流量工作稳定，故应用广泛。

5）轴向缝隙式节流口。图 7-1（e）所示为轴向缝隙式节流口。在套筒上开有轴向缝隙，轴向移动阀芯即可改变缝隙的通流面积大小，以调节流量。轴向缝隙式节流口不易堵塞，可以得到较小的稳定流量，但其结构较复杂，工艺性差。

（3）节流阀的作用

在液压传动系统中，节流阀与溢流阀并联于液压泵的出口即构成恒压油源，使泵出口的压力恒定。如图 7-2（a）所示，此时节流阀和溢流阀相当于两个并联的液阻，液压泵输出流量 q_p 不变，经过节流阀进入液压缸的流量 q_1 和经过溢流阀回油箱的流量 Δq 大小由节流阀和溢流阀液阻的相对大小来决定。若节流阀的液阻大于溢流阀的液阻，则 $q_1<\Delta q$；反之，$q_1>\Delta q$。节流阀是一种可在较大范围内以改变液阻来调节流量的元件。因此，可以通过调节节流阀的液阻来改变进入液压缸的流量，从而调节液压缸的运动速度。但若在回路中仅有节流阀而没有与之并联的溢流阀，节流阀就起不到调节流量的作用了。如图 7-2（b）所示，液压泵输出的液压油全部经节流阀进入液压缸，总流量不变，液压缸的运动速度也不变，改变节流阀节流口开度只能改变液流流经节流阀的压力降。所以节流元件用于流量调节是有条件的，即要求有一个接收节流元件压力信号的环节（与之并联的溢流阀或恒压变量泵）来补偿节流元件的流量变化。

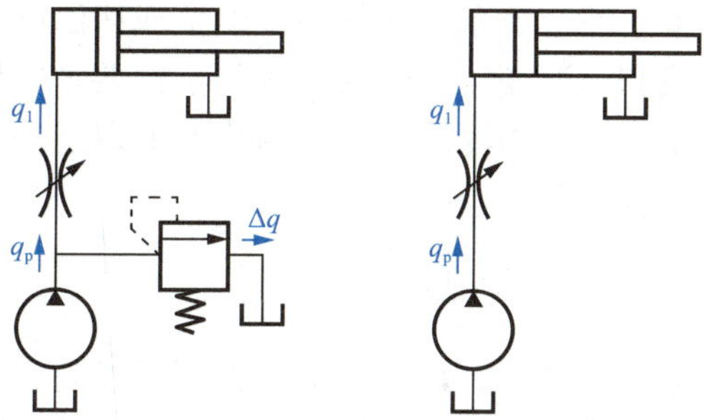

图 7-2　节流元件的作用

（4）对流量控制阀的主要要求

液压传动系统对流量控制阀的主要要求如下：

① 较大的流量调节范围，且流量调节要均匀。

② 当阀前、后压力差变化时，通过阀的流量变化要小，以保证负载运动的稳定。

③ 油温变化对通过阀的流量影响要小。

④ 液流通过全开阀时的压力损失要小。

⑤ 当阀口关闭时，阀的泄漏量要小。

2. 普通节流阀的工作过程及应用

（1）普通节流阀的工作过程

微课：普通节流阀的工作过程

图 7-3（a）所示为普通节流阀的结构原理，这种阀的节流口为轴向三角槽式。打开节流阀时，液压油从进油口 P_1 流入，经孔 a、阀芯左端的轴向三角槽、孔 b 和出油口 P_2 流出。阀芯在弹簧力的作用下始终紧贴在推杆的端部。旋转手轮，可使推杆沿轴向移动，改变节流口的通流截面面积，从而调节油液通过阀的流量。图 7-3（b）所示为其图形符号。

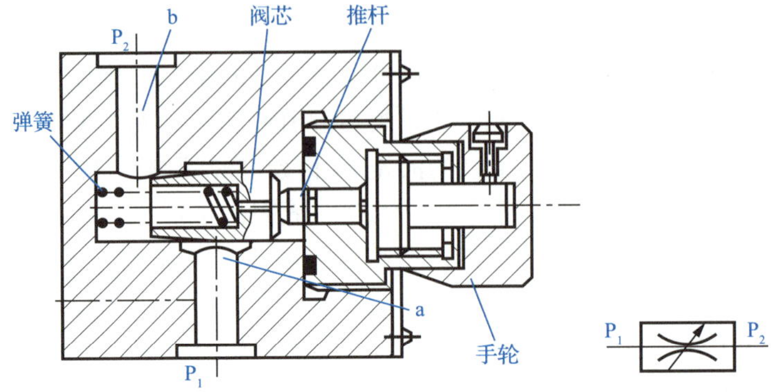

（a）结构原理　　（b）图形符号

图 7-3　普通节流阀

（2）普通节流阀的应用

普通节流阀的结构简单、制造容易、体积小，但负载和温度的变化对流量稳定性的影响较大，因此只适用于负载和温度变化不大或速度稳定性要求较低的液压系统。普通节流阀主要应用在定量泵液压系统中，与溢流阀配合组成节流调速回路，以调节执行元件的运动速度。节流阀也可作为背压阀用。

3. 压力和温度补偿调速阀的工作过程

普通节流阀由于刚性差，在节流开口一定的条件下通过它的流量受工作负载变化的影响，不能保持执行元件运动速度的稳定，因此只适用于工作负载变化不大和速度稳定性要求不高的场合。由于工作负载的变化很难避免，为了改善调速系统的性能，通常是对节流阀进行补偿，即采取措施使节流阀前、后压力差在负载变化时始终保持不变。由式（1-24）可知，当 Δp 基本不变时，通过节流阀的流量只由其开口量大小来决定，使 p 基本保持不变的方式有两种：一种是将定差减压阀与节流阀串联起来，组合成调速阀；另一种是将稳压溢流阀与节流阀并联起来，构成溢流节流阀。这两种压力补偿方式是利用流量的变化所引起油路压力的变化通过阀芯的负反馈动作来自动调节节流部分的压力差，使其基本保持不变。

油温的变化也将引起油黏度的变化，从而导致通过节流阀的流量发生变化，为此出现了温度补偿调速阀。

（1）调速阀的工作过程

调速阀是在节流阀 1 前面串接一个定差减压阀 2 组合而成的，图 7-4（a）所示为其结构原理。液压泵的出口（即调速阀的进口）压力 p_1，由溢流阀调定，基本上保持恒定，而调速阀的出口压力 p_3 则由液压缸的负载 F 决定。油液先经减压阀产生一次压力降，将压力降到 p_2，p_2 经通道 b、f 作用到减压阀的 d 腔和 e 腔；节流阀的出口压力 p_3 又经反馈通道 a 作用到减压阀左腔 c，当减压阀的阀芯在弹簧力 F_a、油液压力 p_2 和 p_3 作用下处于某一平衡位置时（忽略摩擦力和液动力等），则有

微课：调速阀工作过程

$$p_2 A_1 + p_2 A_2 = p_3 A + F_a \tag{7-1}$$

式中，A、A_1、A_2——c 腔、d 腔和 e 腔内的液压油作用于阀芯的有效面积，且 $A=A_1+A_2$。

因此，有

$$p_2 - p_3 = \Delta p = \frac{F_a}{A} \tag{7-2}$$

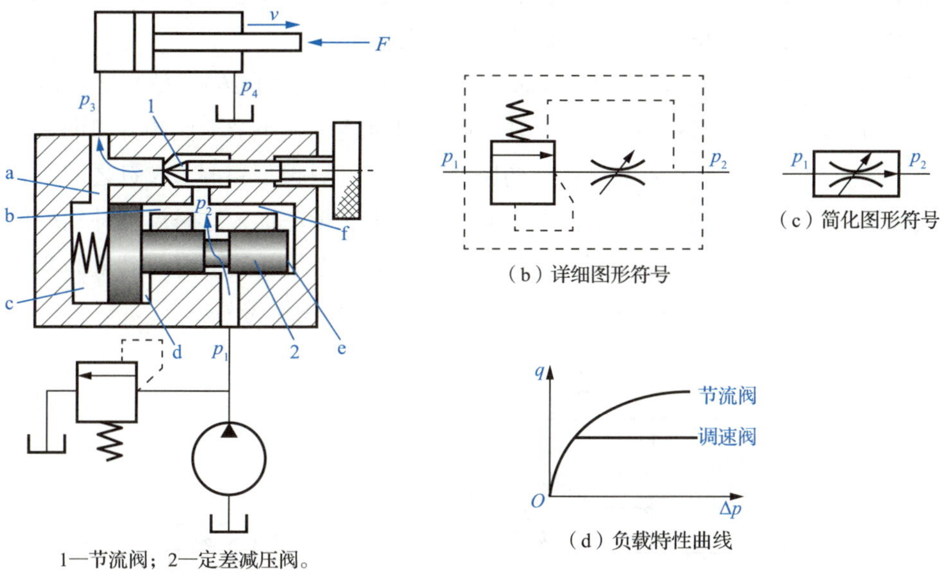

1—节流阀；2—定差减压阀。
（a）调速原理

（b）详细图形符号

（c）简化图形符号

（d）负载特性曲线

图 7-4　调速阀

因为弹簧刚度较低，且工作过程中减压阀阀芯位移很小，可以认为 F_a 基本保持不变。故节流阀两端压力差（p_2-p_3）也基本保持不变，这就保证了通过节流阀的流量稳定。

当调速阀的进、出口压力差（$\Delta p=p_2-p_3$）由于某种原因发生变化时，节流阀两端的压力差是如何保持不变的呢？当调速阀出口处的油液压力 p_3 由于负载增加而增加时，作用在减压阀芯上端的液压力也随之增加，阀芯失去平衡而向下移动，于是开口增大，液阻减小（即减压阀的减压作用减小），使 p_2 也增加，直到阀芯在新的位置上达到平衡为止，故当 p_3 增加时，p_2 也增加，其差值基本保持不变。当负载减小时，情况相似。当调速阀进口压力 p_1 增大时，由于一开始减压阀芯来不及运动，减压阀的液阻没有变化，故 p_2 在这一瞬时也增加，阀芯 2 因失去平衡而向上移动，使开口减小，液阻增加，又使 p_2 减小，故 $\Delta p=p_2-p_3$ 仍保持不变。总之，无论调速阀的进口油液压力 p_1 还是出口油液压力 p_2 发生变化，由于定差减压阀的自动调节作用，节流阀 1 前、后压差总能保持不变，从而保持流量稳定。由图 7-4（d）可以看出，节流阀的流量随压力差变化较大，而调速阀的压力差大于一定数值后，流量基本上保持恒定。当压力差很小时，由于减压阀阀芯被弹簧推至最下端，减压阀阀口全开，不起稳定节流阀前后压力差的作用，故这时调速阀的性能与节流阀相同，所以调速阀正常工作时，至少要求有 0.4MPa 以上的压力差。图 7-4（b）、（c）所示为其图形符号。

（2）温度补偿调速阀的工作过程

普通调速阀的流量虽然已能基本上不受外部负载变化的影响，但是当流量较小时，节流口的通流面积较小，这时节流口的长度与通流截面油液直径的比值相对地增大，因而油液的黏度变化对流量的影响也增大，所以当油温升高后油的黏度变小时，流量仍会增大，为了减小温度对流量的影响，可以采用温度补偿调速阀。

温度补偿调速阀的压力补偿原理与普通调速阀相同，由式（1-26）可知，当 Δp 不变时，由于黏度下降，K 值（$m \neq 0.5$ 的孔口）上升，此时只有适当减小节流阀的开口面积，才能保证 q 不变。图 7-5（a）所示为温度补偿结构原理，在节流阀阀芯和调节螺钉之间放置一个温度膨胀系数较大的聚氯乙烯推杆，当油温升高时，本来流量增加，这时温度补偿杆伸长使节流口变小，从而补偿了油温对流量的影响。在 20～60℃的温度范围内，流量的变化率超过10%，最小稳定流量可达 20mL/min。图 7-5（b）所示为其图形符号。

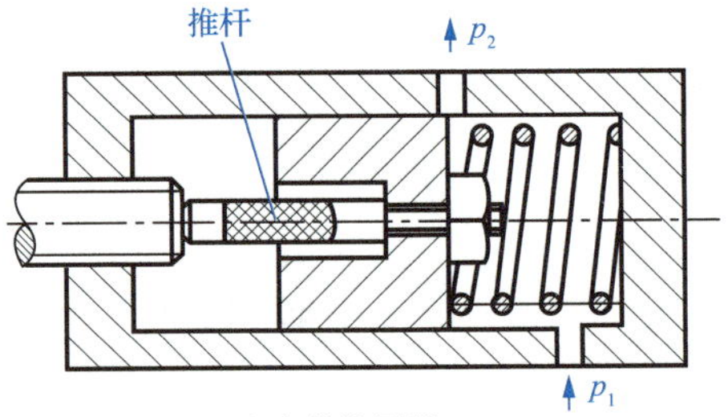

（a）结构原理

（b）图形符号

图 7-5　温度补偿原理

（3）溢流节流阀的工作过程

溢流节流阀又称旁通型调速阀，是一种压力补偿型节流阀，图 7-6（a）所示为其结构原理。从液压泵输出的油液一部分从节流阀 4 进入液压缸 1 左腔推动活塞向右运动，另一部分经溢流阀 3 的溢流口流回油箱，溢流阀 3 阀芯的上端 a 腔同节流阀上腔相通，其压力为 p_2；b 腔和下端 c 腔同溢流阀阀芯前的油液相通，其压力即为泵的压力 p_1，当液压缸活塞上的负载 F 增大时，压力升高，a 腔的压力也升高，使阀芯下移，关小溢流口，这样就使液压泵的供油压力增加，从而使节流阀的前、后压力差 p_1-p_2 基本保持不变。当负载力减小时，压力 p_2 下降，由于溢流阀的阀芯相应动作，也可使 p_1-p_2 基本保持不变，这种溢流阀一般附带一个安全阀 2，以避免系统过载。

溢流节流阀与调速阀虽都具有压力补偿的作用，但其组成高速系统时是有区别的，调速阀无论在执行元件的进油路还是回油路，当执行元件上的负载变化时，泵出口处压力都由溢流阀保持不变，而溢流节流阀是通过 p_1 随 p_2（负载的压力）的变化来使流量基本上保持恒定的。因而，溢流节流阀具有功率损耗低、发热量小的优点。但是，溢流节流阀中流过的流量比调速阀大（一般是系统的全部流量），阀芯运动时阻力较大，弹簧较硬，其结果使节流阀前、后压力差 Δp 加大（须达到 0.3～0.5MPa），因此它的稳定性稍差。

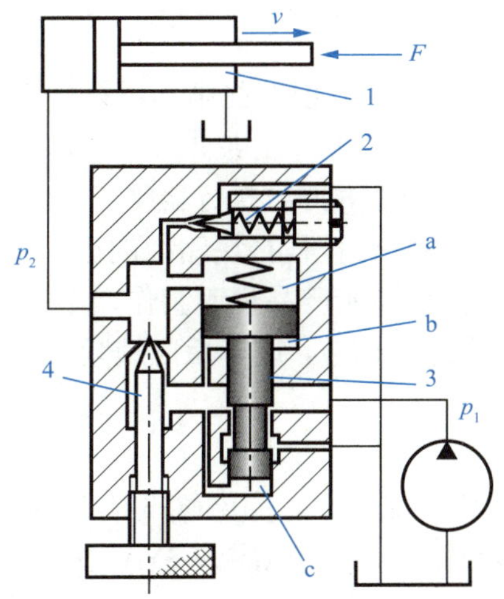

1—液压缸；2—安全阀；3—溢流阀；4—节流阀。

（a）结构原理

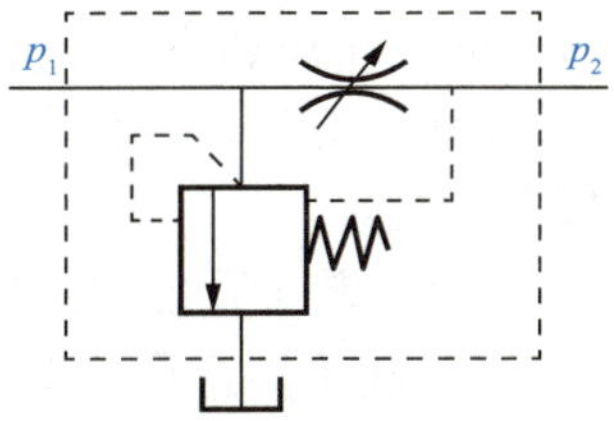

（b）详细图形符号

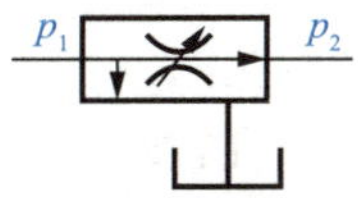

（c）简化图形符号

图 7-6　溢流节流阀

4. 流量控制阀的使用与维护

（1）流量控制阀常见故障产生原因及其排除方法

① 节流阀常见故障产生原因及其排除方法如表 7-1 所示。

表 7-1　节流阀常见故障产生原因及其排除方法

故障	故障产生原因	故障排除方法
流量调节失灵	1．密封失效 2．弹簧失效 3．油液污染致使阀芯卡阻	拆检或更换密封装置 拆检或更换弹簧 拆开并清洗阀或换油
流量不稳定	1．锁紧装置松动 2．节流口堵塞 3．内泄漏量过大 4．油温过高 5．负载压力变化过大	锁紧调节螺钉 拆洗节流阀 拆检或更换阀芯与密封 降低油温 尽可能使负载不变化或少变化
行程节流阀不能压下或不能复位	1．阀芯卡阻或泄油口堵塞致使阀芯反力过大 2．弹簧失效	拆检或更换阀芯，泄油口接油箱并降低泄油背压 检查更换弹簧

② 调速阀常见故障产生原因及其排除方法如表 7-2 所示。

表 7-2　调速阀常见故障产生原因及其排除方法

故障	故障产生原因	故障排除方法
流量调节失灵	1．密封失效 2．弹簧失效 3．油液污染致使阀芯卡阻	拆检或更换密封装置 拆检或更换弹簧 拆开并清洗阀或换油
流量不稳定	1．调速阀进出口接反，压力补偿不起作用 2．锁紧装置松动 3．节流口堵塞 4．内泄漏量过大 5．油温过高 6．负载压力变化过大	检查并正确连接出口 锁紧调节螺钉 拆洗节流阀 拆检或更换阀芯与密封 降低油温 尽可能使负载不变化或少变化

（2）节流阀的使用注意事项

① 普通节流阀的进出口，有些产品可以任意对调，但有些则不可以，使用时应按照产品使用说明接入系统。

② 节流阀不宜在较小开度下工作，否则极易阻塞并导致执行器爬行。

③ 行程节流阀和单向行程节流阀应用螺钉固定在行程挡块路径的已加工基面上，安装方向可根据需要而定；挡块或凸轮的行程和倾角应参照产品说明制作，不应过大。

④ 节流阀的开度应根据执行器的速度要求进行调节，调毕后应锁紧，以防松动而改变调好的节流口开度。

（3）调速阀的使用注意事项

① 起动冲击。在图 7-7（a）所示的节流调速回路中，当电磁铁 1YA 通电，调速阀 4 工作时，调速阀 5 出口被二位三通换向阀 6 堵住。此时若电磁铁 3YA 通电，改由调速阀 5 工作，则会使液压缸产生前冲现象。如果将二位三通换向阀换为二位五通换向阀，并按图 7-7（b）所示接法连接，当一个调速阀工作时，另一个调速阀仍有油液流过且阀口前后保持较大压差，其内部减压阀开口较小，当换向阀换位使其接入油路工作时，其出口压力不会突然减小，因而可克服液压缸前冲现象，使速度换接平稳。但这种油路有一定的能量损失。

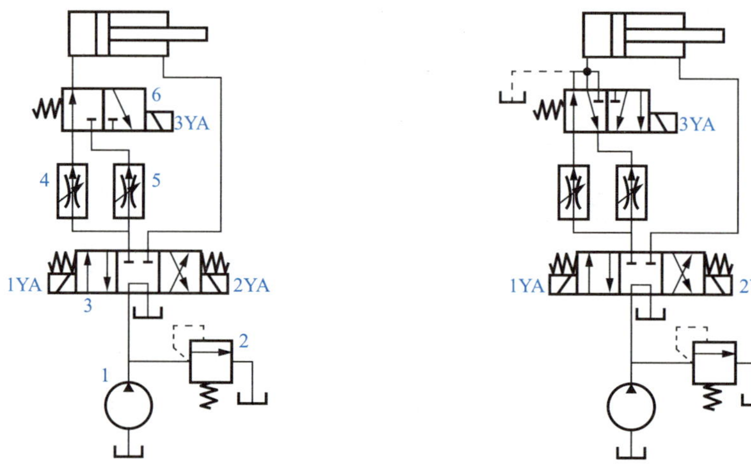

1—液压泵；2—安全阀；3、6—换向阀；4、5—调速阀。

（a）　　　　　　（b）

图 7-7　调速系统

② 方向性。使用减压阀前的调速阀时，必须使油液先流经其中的定差减压阀，再通过节流阀。若逆向使用，如图 7-8 所示，因节流阀进口油压 p_3 大于出口油压 p_2，故$(p_2A_1+p_2A_2)<(p_3A+F_s)$，即定差减压阀阀芯所受向右的推力总是小于向左的推力，阀芯始终处于最左端，阀口全开，无法起压力补偿作用，此时调速阀相当于普通节流阀。

③ 流量稳定性。调速阀在接近最小稳定流量下工作时，建议在调速阀进口侧设置管路过滤器，以免阀内阻塞而影响流量稳定。流量调整好之后，应锁定位置，以免调好的流量发生改变。

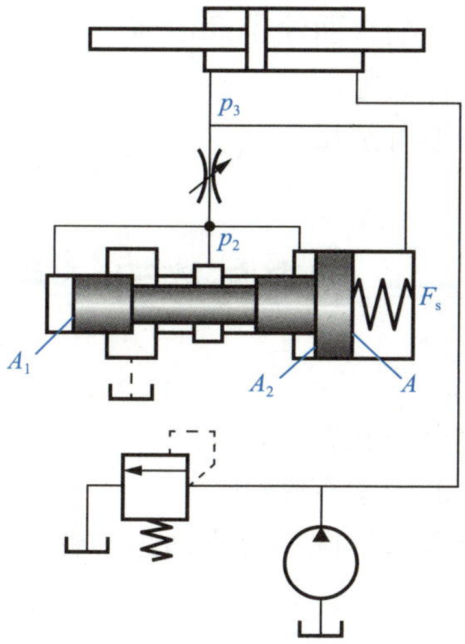

图 7-8 调速阀逆向使用的情形

任务实施：拆装普通节流阀

（1）实训步骤

① 观察节流阀的外部形状，记录铭牌标记。

② 按拆卸步骤逐个拆下节流阀各零件并编号；指出各油孔与系统的连接关系，以及各零件间的装配关系和运动关系。

③ 清洗各零件。

④ 按装配步骤装回各零件。

⑤ 完成项目工单，清理现场。

（2）拆装注意事项

① 预先准备好拆卸工具：钳工台虎钳、内六角扳手、内卡簧钳、活扳手、螺钉旋具、铜棒、木槌等。

② 螺钉要对称松卸。

③ 拆卸时应注意做好记号。

④ 注意勿碰伤或损坏零件。

⑤ 紧固件应借助专用工具拆卸，不得任意敲打。

（3）节流阀的拆装步骤

1）拆卸步骤。

① 旋下手柄上的止动螺钉，取下手柄，用孔用卡簧钳卸下卡簧。

② 取下面板，旋出推杆和推杆座。

③ 旋下弹簧座，取出弹簧和节流阀阀芯。

④ 用光滑的挑针把密封圈挑出，并检查其弹性和尺寸精度，如有磨损或老化应及时更换。

⑤ 拆卸后清洗、检验、分析，准备装配。

2）装配步骤。

① 将阀芯、定位件等零件的配合面涂上润滑液。
② 按与拆卸相反的顺序进行装配。
③ 注意节流阀阀芯方向，不可装反。

思考与练习

1. 为什么节流口设计为薄壁小孔？
2. 影响节流阀流量稳定性的因素有哪些？
3. 调速阀和节流阀的性能有何异同？分别适用于什么场合？

任务 7.2 速度控制基本回路的组建与分析

任务目标

1. 能够分析调速回路、快速运动回路、速度换接回路等基本回路；
2. 能够正确分析与使用速度控制回路；
3. 能够组装速度控制回路。

任务描述

1. 组装各种速度控制回路，分析其速度控制原理、回路性能特点，解释各回路常见的故障现象及排除方法；
2. 设计液压机械手的速度控制回路。

相关知识：速度控制基本回路分析

速度控制回路用于实现液压系统执行元件的速度调节和变换，主要包括调速回路、快速运动回路，以及工作进给速度之间换接的速度换接回路等。

1. 调速回路分析

调速回路的基本原理：从液压马达的工作原理可知，液压马达的转速 n_m 由输入流量和液压马达的排量 V_m 决定，即 $n_m=q/V_m$，液压缸的运动速度 v 由输入流量和液压缸的有效作用面积 A 决定，即 $v=q/A$。

通过上面的关系可以知道，要想调节液压马达的转速 n_m 或液压缸的运动速度 v，可通过改变输入流量 q、液压马达的排量 V_m 和液压缸的有效作用面积 A 等方法实现。由于液压

缸的有效作用面积 A 是定值，只能改变流量 q 的大小来调速，而改变输入流量 q，可以通过采用流量阀或变量泵来实现；改变液压马达的排量 V_m，可通过采用变量液压马达来实现。用定量泵和流量阀来调速时，称为节流调速；用改变变量泵或变量液压马达的排量调速时，称为容积调速；用变量泵和流量阀来达到调速目的时，称为容积节流调速。

（1）节流调速回路

节流调速回路的工作过程是通过改变回路中流量控制元件（节流阀和调速阀）通流截面面积的大小来控制流入执行元件或自执行元件流出的流量，以调节其运动速度。根据节流阀在回路中的位置的不同，分为进油节流调速、回油节流调速和旁路节流调速 3 种回路。

微课：节流调速回路

1）采用节流阀的调速回路。

① 进油节流调速回路：将节流阀装在执行机构的进油路上，用来控制进入执行元件的流量，达到调速的目的，其调速原理如图 7-9（a）所示。定量泵多余的油液通过溢流阀流回油箱，是进油节流调速回路工作的必要条件，因此泵的出口压力 p_p 取决于溢液阀的调定压力。调节节流阀的通流面积，即可调节通过节流阀的流量，从而调节液压缸的运动速度。

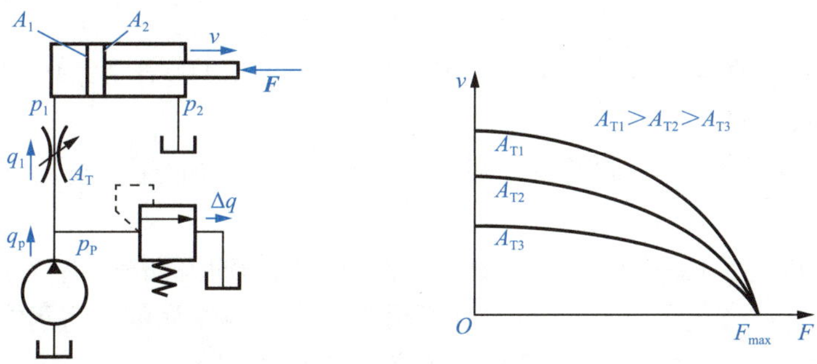

（a）调速原理　　　　（b）负载特性曲线

图 7-9　进油节流调速回路

a．速度负载特性。当活塞以稳定的速度运动时，作用在活塞上的力平衡方程式为

$$p_1A_1=F+p_2A_2$$

式中，p_1、p_2——液压缸进油腔和回油腔的压力。因为回油腔通油箱，所以 $p_2=0$。

F——液压缸负载。

A_1、A_2——液压缸无杆腔和有杆腔的有效面积。

因此

$$p_1=\frac{F}{A_1}$$

因为液压泵的出口压力 p_p 为定值，所以节流阀两端的压力差为

$$\Delta p=p_p-p_1=p_p-\frac{F}{A_1}$$

进入液压缸的流量

$$q_1=kA_T\Delta p^m=kA_T\left(p_p-\frac{F}{A_1}\right)^m$$

活塞的运动速度为

$$v = \frac{q_1}{A_1}$$

所以，进油节流调速回路的速度-负载特性方程为

$$v = \frac{kA_T\left(p_p A_1 - F\right)^m}{A_1^{m+1}} \tag{7-3}$$

式中，k——与节流口形式、液流状态、油液性质等有关的节流阀的系数；

A_T——节流口的通流面积；

m——节流阀口指数（薄壁小孔 m=0.5）。

式（7-3）反映了速度 v 与 F 的关系。若以活塞运动速度 v 为纵坐标，负载 F 为横坐标，将不同节流阀的通流面积 A_T 作图，可得一组曲线，即为该回路的负载特性曲线，如图 7-9（b）所示。

由式（7-3）和图 7-9（b）可知进油节流调速回路有以下特点：

第一，液压缸的运动速度与节流阀的通流面积成正比，调节 A_T 可实现无级调速，且调速范围较大。

第二，当节流阀的通流面积一定时，液压缸的运动速度随着负载增加而减小，故速度负载特性软，即速度刚性差。

第三，负载一定时，节流阀通流面积小的比通流面积大的速度刚性好，即速度低时速度刚性好。

b．最大承载能力。由式（7-3）可知，无论节流阀的通流面积 A_T 为何值，当 $F=p_pA_1$ 时，节流阀两端的压力差为零，活塞停止运动，此时的负载力 F 值就是该回路的最大承载能力值，即

$$F_{max}=p_pA_1$$

② 回油节流调速回路：将节流阀串联在液压缸的回油路上，借助于节流阀控制液压缸的排油量 q_2 来实现速度的调节。与进油节流阀一样，定量泵多余的油液经溢流阀流回油箱，即溢流阀保持溢流，泵的出口压力（即溢流阀的调定压力）p_p 保持基本恒定，其调速原理如图 7-10 所示。

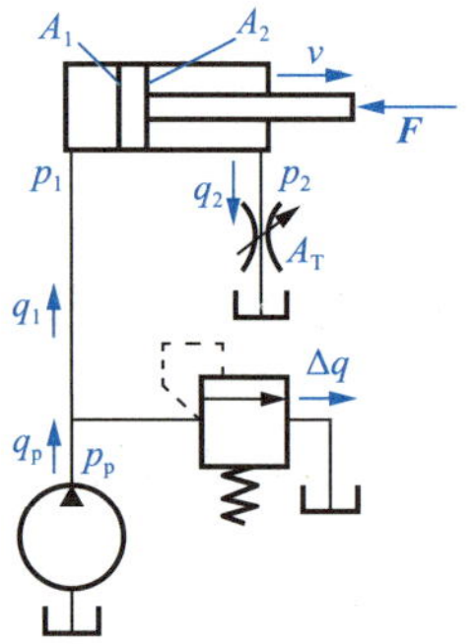

图 7-10　回油节流调速回路的调速原理

a．速度负载特性。采用同样的分析方法可得与进油节流调速回路相似的速度负载特性：

$$v = \frac{kA_T(p_p A_1 - F)^m}{A_2^{m+1}} \tag{7-4}$$

式中，k——与节流口形式、液流状态、油液性质等有关的节流阀的系数；

A_T——节流口的通流面积；

m——节流阀口指数（薄壁小孔 m=0.5）；

F——液压缸负载；

A_1、A_2——液压缸无杆腔和有杆腔的有效面积；

p_p——溢流阀的调定压力。

比较式（7-3）和式（7-4）可以发现，进油节流调速回路和回油节流调速回路的速度负载特性基本相同。对于双杆液压缸，两种节流调速回路的速度负载特性完全一样。

b．最大承载能力。回油节流调速回路的最大承载能力与进油节流调速回路的相同，即$F_{max}=p_pA_1$。

虽然进、回油节流调速回路有许多相同之处，但它们在以下几方面的性能有明显差别，选用时应加以注意：

第一，承受负值负载的能力不同。所谓负值负载，就是作用力的方向与执行元件的运动方向相同的负载。回油节流调速回路的节流阀在液压缸的回油腔能形成一定的背压，从而能承受一定的负值负载；对于进油节流调速回路，要使其能承受负值负载，就必须在执行元件的回油路上加上背压阀。这必将导致功率消耗增加和油液温度升高。

第二，运动平稳性不同。回油节流调速回路由于回油路上存在背压，可以有效防止空气从回油路吸入，因而低速运动时不易爬行，高速运动时不易颤振，即运动平稳性好。进油节流调速回路在不加背压阀时不具有这种特点。

第三，油液发热对回路的影响不同。在进油节流调速回路中，通过节流阀产生的节流功率损失转变为热量，一部分由元件散发出去，另一部分使油液温度升高，直接进入液压缸，会使液压缸的内外泄漏增加，速度稳定性不好，而回油节流调速回路中的油液经节流阀产生温升，直接回油箱，经冷却后再进入系统，对系统泄漏影响较小。

第四，起动性能不同。回油节流调速回路若停车时间较长，回油管路中的油液会泄回油箱，重新起动时因不能立即建立背压而引起瞬间工作机构前冲现象，对于进油节流调速回路，只要在开车时关小节流阀即可避免起动冲击。

综上所述，进、回油节流调速回路具有结构简单、价格低廉等优点，但效率较低，只适合用在负载变化不大、低速、小功率场合，如某些机床的进给系统中。在实际应用中普遍采用进油节流调速，并在回油路上加一个背压阀以提高运动平稳性。

③ 旁路节流调速回路：把节流阀装在与液压缸并联的支路上，利用节流阀把液压泵供油的一部分排回油箱实现速度调节的回路，称为旁路节流调速回路。如图 7-11（a）所示，回路中由于溢流功能由节流阀来完成，故正常工作时，溢流阀处于关闭状态，仅作为安全阀用，其调定压力为最大负载压力的 1.1～1.2 倍，液压泵的供油压力 p_p 取决于负载。

a．速度负载特性。在不考虑泄漏的情况下，进入液压缸的流量为

$$q_1 = q_p - \Delta q$$

由活塞的受力平衡方程式（p_2=0）可得

$$p_1 = \frac{F}{A_1}$$

节流阀两端的压力差为

$$\Delta p = p_p = p_1 = \frac{F}{A_1}$$

通过节流阀的流量为

$$\Delta q = kA_{\mathrm{T}}\Delta p^m = kA_{\mathrm{T}}\left(\frac{F}{A_1}\right)^m$$

活塞的运动速度为

$$v = \frac{q_1}{A_1} = \frac{q_{\mathrm{p}} - \Delta q}{A_1} = \frac{q_{\mathrm{p}}A_1^m - kA_{\mathrm{T}}F^m}{A_1^{m+1}} \tag{7-5}$$

根据式（7-5），按节流阀的不同通流面积画出旁路节流调速回路的负载特性曲线，如图 7-11（b）所示。由此可知旁路节流调速回路有以下特点：

第一，开大节流阀的开口，活塞运动速度减小；关小节流阀的开口，活塞运动速度增大。

第二，节流阀调定后，负载增加时，活塞运动速度显著下降，即速度-负载（v-F）特性比进、回油节流调速更软。负载越大，速度刚性越大。

第三，当负载一定时，节流阀通流面积越小，速度刚性越大。

第四，相比进油节流和回油节流两种调速回路，旁路节流阀调速只有节流损失而无溢流损失，因而功率损失小，传动效率高。

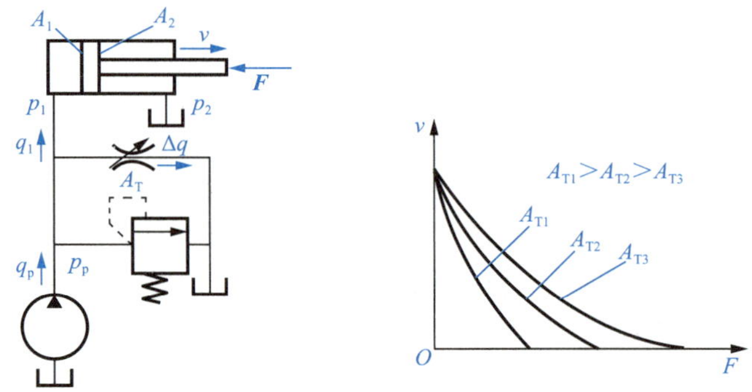

（a）调速原理　　（b）负载特性曲线

图 7-11　旁路节流调速回路

b．最大承载能力。从图 7-11（b）可知，旁路节流调速回路能承受的最大负载随着节流阀通流面积的增大而减小。当通流面积达到一定值时，泵的全部流量经节流阀流回油箱，活塞停止运动。这种调速回路在低速时承载能力低，调速范围小。

2）采用调速阀的节流调速回路。采用节流阀的节流调速回路刚性差，主要原因是负载变化引起节流阀前、后压差变化，从而使通过节流阀的流量发生变化。对于一些负载变化较大、速度稳定性要求较高的液压系统，这种调速回路不能满足要求，可采用调速阀来改善回路的 v-F 特性。

采用调速阀的节流调速回路是用调速阀代替前述各回路中的节流阀，也可组成进油、回油、旁路节流调速回路，分别如图 7-12（a）、（b）、（c）所示。其工作原理与采用节流阀的节流调速回路相似，区别在于当负载 F 变化而使 p_1 变化时，调速阀中的定差减压阀的调节作用使调速阀中节流阀的前、后压差 Δp 保持不变，从而使流经调速阀的流量 q_1 不变，因此活塞的运动速度 v 也不变。调速阀上的压差包括两部分：节流口的压差和定差减压阀阀口上的压差。因此，采用调速阀的调节压差比采用节流阀时要大，一般 $\Delta p \geqslant 0.5\mathrm{MPa}$，高压调速阀则达 1MPa。这样泵的供油压力相应地比采用节流阀时要调得高些，其功率损失也要大些。采用调速阀的节流调速回路的调速性能分析与采用节流阀时基本相同。

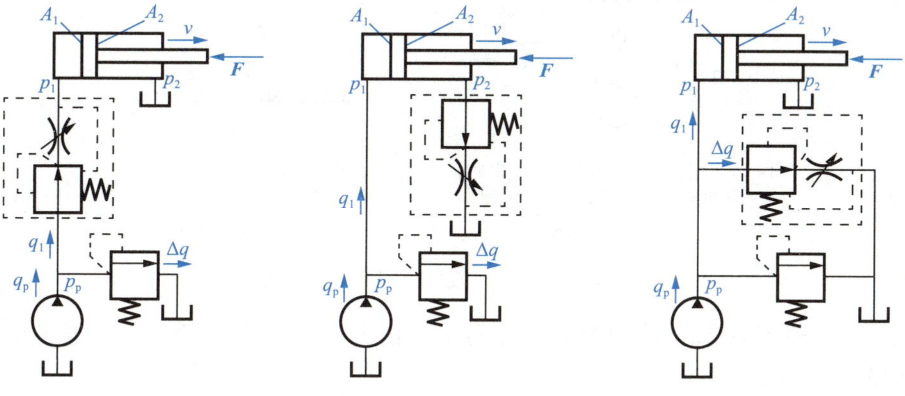

图 7-12　采用调速阀的节流调速回路

图 7-13 所示是采用调速阀的节流调速回路的负载特性曲线，显然速度刚性、承载能力均比节流阀调速回路好得多。

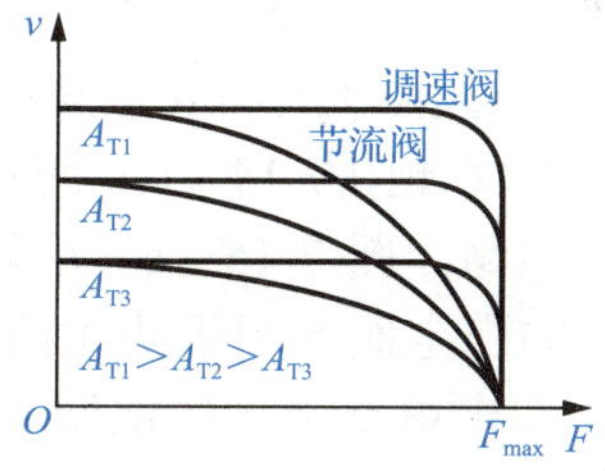

图 7-13　采用调速阀的节流调速回路的负载特性曲线

综上所述，采用调速阀的节流调速回路的低速稳定性、回路刚性、调速范围等性能特点均优于采用节流阀的节流调速回路，所以在机床液压系统中获得了广泛应用。

（2）容积调速回路

容积调速回路是通过改变回路中液压泵或液压马达的排量来实现调速的。这种回路没有溢流损失和节流损失，因而效率高、系统温升小，适用于高速大功率调速系统。

按油路循环方式不同，容积调速回路有开式回路和闭式回路两种。在开式回路中，液压泵从油箱吸油，执行机构的回油直接回到油箱，油箱容积大，油液能得到较充分冷却，但空气和脏物易进入回路。在闭式回路中，液压泵将油输出，进入执行机构的进油腔，又从执行机构的回油腔吸油。闭式回路结构紧凑，只需很小的补油油箱，但冷却条件差。为了补偿工作中油液的泄漏，一般回路通常有 4 种基本形式：变量泵-液压缸容积调速回路、变量泵-定量马达容积调速回路、定量泵-变量马达容积调速回路、变量泵-变量马达容积调速回路。

1）变量泵-液压缸容积调速回路。图 7-14（a）为变量泵-液压缸容积调速回路的调速原理，改变变量泵 1 的排量，即可调节液压缸中活塞的运动速度。单向阀 3 用来防止停机时油液倒流入油箱及空气进入系统，安全阀 2 起过载保护作用，背压阀 6 可使运动平稳。

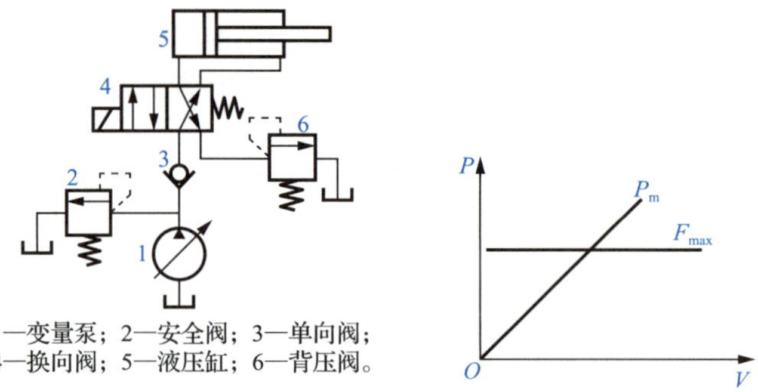

1—变量泵；2—安全阀；3—单向阀；
4—换向阀；5—液压缸；6—背压阀。

（a）调速原理　　（b）负载特性曲线

图 7-14　变量泵-液压缸容积调速回路

若液压缸的排量为 V_p，液压泵的转速为 n_p，输出功率为 P_m，液压缸的有效面积为 A，活塞的速度为 v，则有

$$v=\frac{V_p n_p}{A} \tag{7-6}$$

$$P_m=p_p V_p n_p \tag{7-7}$$

式中，p_p——液压泵的最高工作压力。

由式（7-6）可知，活塞的运动速度 v 与液压泵的排量 V_p 成正比，即改变液压泵的排量，可使活塞的运动速度 v 成比例地变化。由式（7-7）可知，液压缸的输出功率也与液压泵的排量 V_p 成正比。由于液压泵的最高工作压力 p_p 由安全阀调定，因而在调速过程中液压缸的最大推力为定值。回路的负载特性曲线如图 7-14（b）所示。

2）变量泵-定量马达容积调速回路。图 7-15（a）所示的闭式回路为变量泵-定量马达组成的容积调速回路。压力管路上的安全阀 5 用于防止回路过载，低压管路上连接的一个小流量辅助泵 1 用于补偿变量泵 4 和定量马达 6 的泄漏，其供油压力由溢流阀 2 调定。辅助泵与溢流阀使低压管路始终保持一定压力，不仅改善了主泵的吸油条件，而且可置换部分发热油液，降低系统温升。

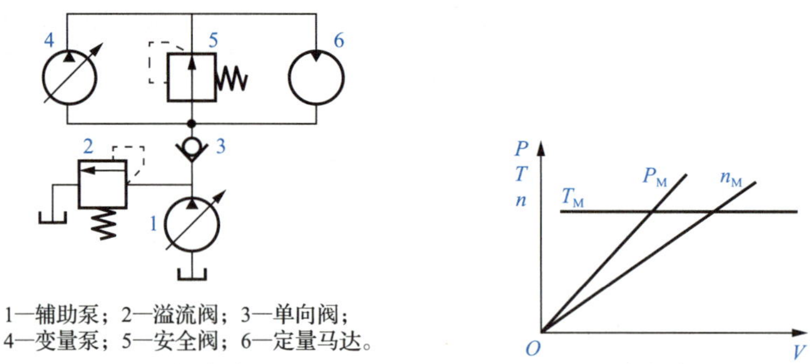

1—辅助泵；2—溢流阀；3—单向阀；
4—变量泵；5—安全阀；6—定量马达。

（a）调速原理　　（b）负载特性曲线

图 7-15　变量泵-定量马达容积调速回路

若液压马达的排量为 V_M，转速为 n_M，输出转矩为 T_M，输出功率为 P_M，若不考虑回路损失，则有

$$n_M=\frac{V_p n_p}{V_M} \tag{7-8}$$

$$P_M=P_p=p_pV_pn_p \tag{7-9}$$

式中，P_p——液压泵的输入功率；

p_p——液压泵的最高工作压力。

在这种回路中，液压泵的转速和液压马达的排量都为恒定值，由式（7-8）和式（7-9）可知，改变液压泵的排量可使液压马达的转速 n_M 和输出功率 P_M 随之成比例地变化。

若不计损失，液压马达的液压功率与其输出机械功率相等，即

$$P_MV_Mn_M=T_M\cdot 2\pi n_M$$

故

$$T_M=\frac{P_MV_M}{2\pi} \tag{7-10}$$

液压马达的输出转矩和回路的工作压力都由负载转矩来决定，不因调速而发生改变，因此这种回路常被称为恒转矩调速回路，回路的特性曲线如图 7-15（b）所示。值得注意的是，在这种回路中，液压泵和液压马达的泄漏量随负载的增加而增加，致使液压马达的输出转速下降。

3）定量泵-变量马达容积调速回路。图 7-16（a）所示为定量泵-变量马达容积调速回路的调速原理，定量泵 4 的排量不变，变量马达 6 的排量大小可以调节，5 为安全阀，1 为辅助泵，2 为辅助泵的低压溢流阀。

若不考虑回路损失，各参数的意义同前，则有

$$n_M=\frac{V_pn_p}{V_M}$$

$$T_M=\frac{P_MV_M}{2\pi}$$

在这种回路中，液压泵的转速和排量都是定值，改变液压马达的排量时，液压马达输出转矩 T_M 与 V_M 成正比，输出转速 n_M 则与 V_M 成反比。

若不考虑回路损失，液压马达的输出功率等于定量泵的输入功率，即

$$P_M=T_M\cdot 2\pi n_M=P_p=\text{定值} \tag{7-11}$$

式中，P_p——定量泵的输入功率。

液压马达的功率和回路的工作压力都由负载决定，不因调速而发生变化，因此这种回路常被称为恒功率调速回路。回路的负载特性曲线如图7-16（b）所示，该回路的优点是能在各种转速下保持很大的输出功率不变，其缺点是调速范围小，因此这种调速方法一般不单独使用。

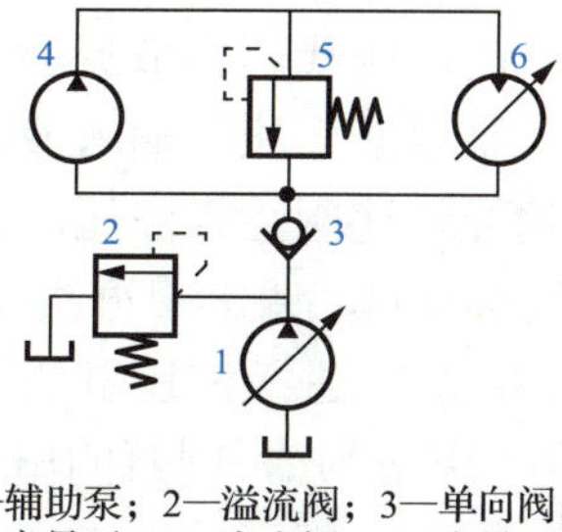

1—辅助泵；2—溢流阀；3—单向阀；
4—定量泵；5—安全阀；6—变量马达。

（a）调速原理

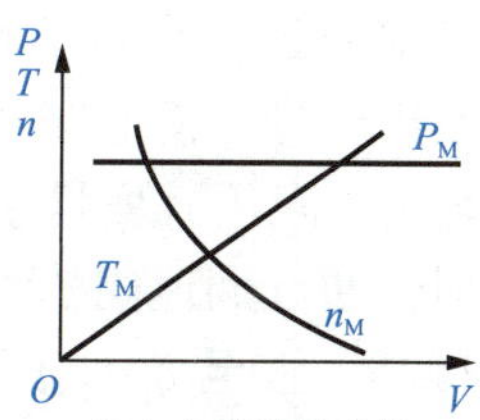

（b）负载特性曲线

图 7-16　定量泵-变量马达容积调速回路

4）变量泵-变量马达容积调速回路。图 7-17（a）所示为双向变量泵和双向变量马达组成的容积调速回路的调速原理。回路中元件对称布置，改变泵的供油方向就可实现马达的正反向旋转，单向阀 6、7 用于辅助泵 1 双向补油，单向阀 8、9 使溢流阀 3 在两个方向上都能对回路起过载保护作用。

该回路能满足一般机械要求低速时输出较大转矩、高速时输出较大功率的要求。在低速段，先将马达排量调到最大，用变量泵调速，当泵的排量由小调到最大，马达转速随之升高，输出功率随之线性增加，此时因马达排量最大，马达输出转矩也最大且保持恒定，该阶段为恒转矩调速状态。在高速段，泵为最大排量，用变量马达调速，将马达排量由大调小，马达转速继续升高，输出转矩随之降低，此时泵处于最大输出功率状态，该阶段为恒功率调速，回路的负载特性曲线如图 7-17（b）所示。这种容积调速回路的调速范围是变量泵调节范围和变量马达调节范围之乘积，所以调速范围大，功率较高，适用于大功率场合，如矿山机械、起重机械，以及大型机床的主运动液压系统。

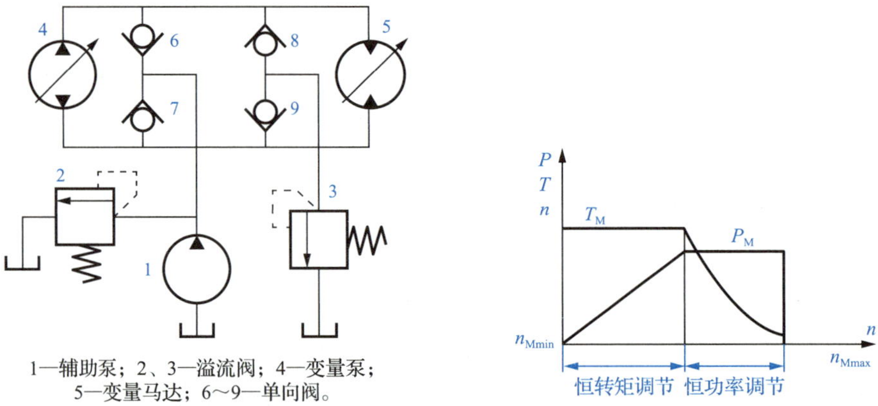

1—辅助泵；2、3—溢流阀；4—变量泵；5—变量马达；6～9—单向阀。

（a）调速原理

（b）负载特性曲线

图 7-17　变量泵-变量马达容积调速回路

（3）容积节流调速回路

容积节流调速回路采用压力补偿式变量泵供油，用调速阀或节流阀调节进入液压缸的流量并使泵的输出流量自动与液压缸所需流量相适应。这种调速回路没有溢流损失，效率较高，速度稳定性也比单纯的容积调速回路更好。常用的容积节流调速回路有限压式变量泵与调速阀等组成的容积节流调速回路和差压式变量泵与节流阀等组成的容积节流调速回路。

1）限压式容积节流调速回路。图 7-18 所示的限压式容积节流调速回路由限压式变量泵 1 与调速阀 2 组成。空载时，调速阀被短接，泵以最大流量输入液压缸使活塞快进。工进时，电磁换向阀 3 通电断开所在油路，液压油经调速阀注入液压缸。工进结束后，p_1 升高，压力继电器 5 发出信号，使电磁换向阀 3 和 4 换向，调速阀再次被短接，液压缸快退。

当处于工进阶段时，限压式变量泵的输出流量 q_p 与进入液压缸的流量 q_1 相适应。即当调速阀的开口一定时，通过调速阀的流量为定值，若 $q_p>q_1$，则泵的出口油压上升，使泵的偏心自动减小，q_p 减小，直至 $q_p=q_1$；反之，若 $q_p<q_1$，则泵的出口油压下降，使泵的偏心自动增大，q_p 增大，直至 $q_p=q_1$。运动速度由调速阀中节流阀的通流面积控制。变量泵的输出流量和出口压力自动保持相应的恒定值。故此回路又被称为定压式容积节流调速回路。

这种回路适用于负载变化不大的中、小功率场合，如组合机床的进给系统等。

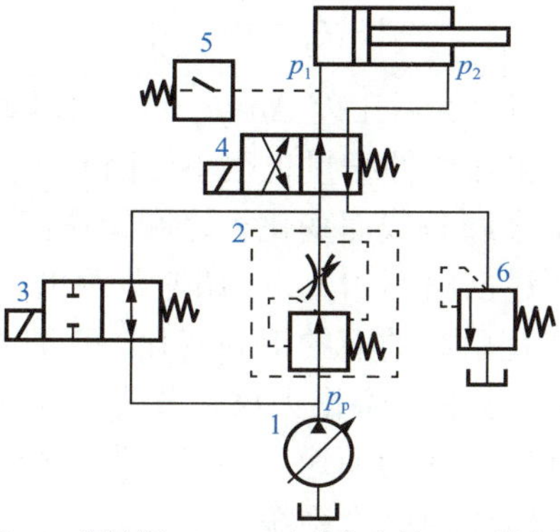

1—限压式变量泵；2—调速阀；3、4—电磁换向阀；5—继电器；6—背压阀。

图 7-18　限压式容积节流调速回路的调速原理

2）差压式容积节流调速回路。图 7-19 所示为差压式变量泵和节流阀组成的容积节流调速回路的调速原理，该回路的工作原理与上述回路基本相似，节流阀 5 控制进入液压缸 6 的流量 q_1，并使变量泵 3 输出流量 q_p 自动和 q_1 相适应。当 $q_p>q_1$ 时，泵的供油压力上升，泵内左、右两个控制柱塞便进一步压缩弹簧，推动定子向右移动，减小泵的偏心距 e，使泵的供油量下降到 $q_p=q_1$；反之，当 $q_p<q_1$ 时，泵的供油压力下降，弹簧推动定子和左、右柱塞向左，加大泵的偏心距，使泵的供油量增大到 $q_p \approx q_1$。

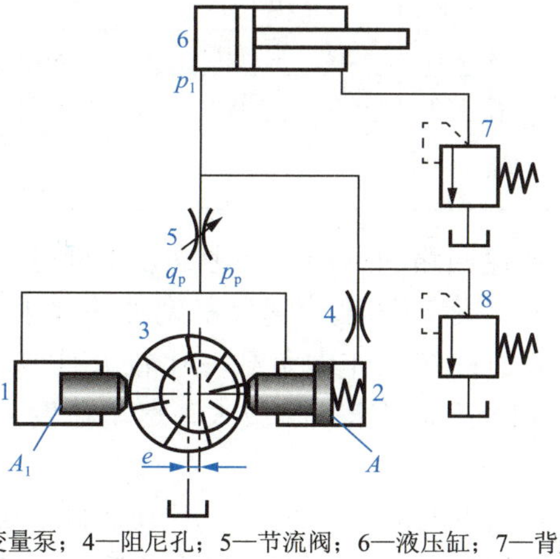

1、2—控制缸；3—变量泵；4—阻尼孔；5—节流阀；6—液压缸；7—背压阀；8—安全阀。

图 7-19　差压式容积节流调速回路的调速原理

在这种调速回路中，设 p_p、p_1 分别为节流阀 5 前、后的压力，A_1 为控制缸 1 和 2 的柱塞面积，A 为控制缸 2 活塞右端面积，F_s 为控制缸 2 中的弹簧力，则作用在泵定子上的力平衡方程为

$$p_p A_1 + p_p(A - A_1) = p_1 A + F_s$$

整理得

$$p_p - p_1 = \frac{F_s}{A}$$

节流阀前、后压差为

$$\Delta p = p_{\mathrm{p}} - p_1 = \frac{F_{\mathrm{s}}}{A} \tag{7-12}$$

由式（7-12）可知，节流阀前、后压差 $\Delta p=p_{\mathrm{p}}-p_1$ 基本上由作用在泵控制柱塞上的弹簧力来确定。由于弹簧刚度小，工作中伸缩量也很小，因此 F_{s} 几乎恒定，则 Δp 也近似为常数，因而通过节流阀的流量不会随负载而变化，这和调速阀的工作原理相似。差压式容积节流调速回路的性能和前文所述回路不相上下，调速范围也是只受节流阀调节范围的限制。这种调速回路能补偿由负载变化引起的泵的泄漏变化，而且泵的供油压力随负载而变化，正常工作中没有溢流损失，回路中的功率损失只有节流压降 Δp 所造成的节流损失一项，因而效率比限压式变量泵和调速阀组成的调速回路高，发热少，适用于负载变化大、低速小流量、小功率的场合，如某些机床的进给系统。

（4）调速回路的比较和选用

1）调速回路的比较如表 7-3 所示。

表 7-3　调速回路的比较

<table>
<tr><th colspan="2" rowspan="3">回路类型主要性能</th><th colspan="4">节流调速回路</th><th rowspan="3">容积调速回路</th><th colspan="2">容积节流调速回路</th></tr>
<tr><th colspan="2">用节流阀</th><th colspan="2">用调速阀</th><th rowspan="2">限压式</th><th rowspan="2">差压式</th></tr>
<tr><th>进回油</th><th>旁路</th><th>进回油</th><th>旁路</th></tr>
<tr><td rowspan="2">机械特性</td><td>速度稳定性</td><td>较差</td><td>差</td><td colspan="2">好</td><td>较好</td><td colspan="2">好</td></tr>
<tr><td>承载能力</td><td>较好</td><td>较差</td><td colspan="2">好</td><td>较好</td><td colspan="2">好</td></tr>
<tr><td colspan="2">调速范围</td><td>较大</td><td>小</td><td colspan="2">较好</td><td>大</td><td>较大</td><td>较大</td></tr>
<tr><td rowspan="2">功率特性</td><td>效率</td><td>低</td><td>较高</td><td>低</td><td>较高</td><td>最高</td><td>较高</td><td>高</td></tr>
<tr><td>发热</td><td>大</td><td>较小</td><td>大</td><td>较小</td><td>最小</td><td>较小</td><td>小</td></tr>
<tr><td colspan="2">适用范围</td><td colspan="4">小功率，轻载的中、低压系统</td><td>大功率，重载高速的中、高压系统</td><td colspan="2">中、小功率的中压系统</td></tr>
</table>

2）调速回路的选用。调速回路的选用主要考虑以下问题：

① 执行机构的负载性质、运动速度、速度稳定性等要求。负载小且工作中负载变化也小的系统可采用节流阀调速；在工作中负载变化较大且要求低速稳定性好的系统，宜采用调速阀的节流调速或容积节流调速；负载大、运动速度高、油的温升要求小的系统，宜采用容积调速回路。

一般来说，功率在 3kW 以下的液压系统宜采用节流调速回路；功率在 3～5kW 范围内的液压系统宜采用容积节流调速；功率在 5kW 以上的液压系统宜采用容积调速回路。

② 工作环境要求。在温度较高的环境下工作，且要求整个液压装置体积小、质量小时，宜采用闭式回路的容积调速。

③ 经济性要求。节流调速回路的成本低，功率损失大，效率也低；容积调速回路因变量泵、变量马达的结构较复杂，所以价格高，但其效率高、功率损失小；容积节流调速回路则介于两者之间。因此，应综合分析选用调速回路。

2. 快速运动回路分析

为了提高生产效率，机器工作部件空行程或空载常常要求实现快速运动，此时要求液压系统流量大而压力低，这和工作运动时一般需要的高压小流量情况正好相反。对快速运动回路的要求主要是尽量减小快速运动所需液压泵输出的流量，或者在加大液压泵输出流量后，不至于在工作运动时引起过多能量损耗。以下介绍几种常用的快速运动回路。

（1）液压缸差动连接快速运动回路

差动连接可在不增加液压泵输出流量的情况下提高工作部件的运动速度，其本质是改变液压缸的有效作用面积。

图 7-20 是一种快、慢速转换回路，其中快速运动采用差动连接。当三位四通电磁换向阀 3 左位、二位三通电磁换向阀 4 右位同时接入系统，液压泵 1 输出的液压油同液压缸 5 右腔的油经阀 4 右位一同进入液压缸左腔，此时为差动连接，可使活塞快速向右运动，但因活塞两侧油压相互抵消，活塞产生的推力很小。当阀 4 左位接入系统时，液压缸 5 右腔的油流回油箱，此时推力最大、速度最慢，是工作进给。当电磁换向阀 3 右位接入系统时，活塞向左较快退回（非差动连接）。

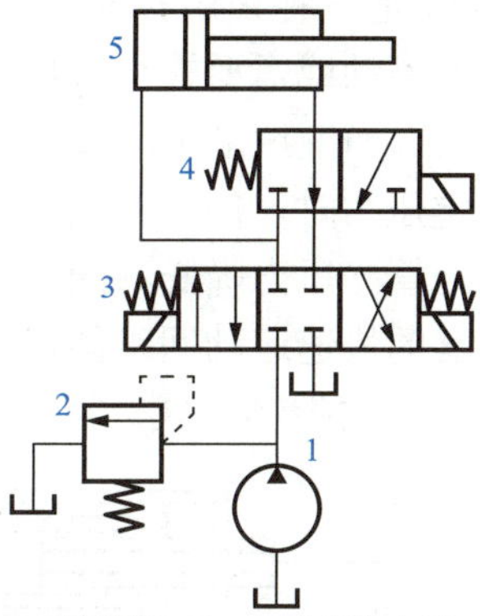

1—液压泵；2—溢流阀；3、4—电磁换向阀；5—液压缸。

图 7-20　液压缸差动连接快速运动回路

差动油路的换向阀和油管通道的规格应按差动时的流量选择，否则流动液阻过大，会使液压泵的部分油从溢流阀流回油箱，导致活塞速度减慢，甚至不起差动作用。采用差动连接的快速回路方法简单，成本较低，但是快、慢速度换接不够平稳。

（2）双泵供油快速运动回路

图 7-21 所示回路采用低压大流量泵和高压小流量泵并联对系统供油。图中高压小流量泵 1 用以实现工作进给运动，低压大流量泵 2 用以实现快速运动。快速运动时，系统压力很低，低压大流量泵 2 输出的油经单向阀 4，与高压小流量泵 1 输出的油共同向系统供油。工作进给时，系统压力升高，开启液控顺序阀（卸荷阀）5 使低压大流量泵 2 卸荷，此时单向阀 4 关闭，由高压小流量泵 1 单独向系统供油。溢流阀 3 的调整压力根据系统所需的最大工作压力进行调节，控制泵 2 的供油压力。卸荷阀 5 使泵 2 在快速运动时供油，在工作进给时卸荷，因此它的调整压力应比快速运动时系统所需的压力高，但比溢流阀 3 的调整压力低。

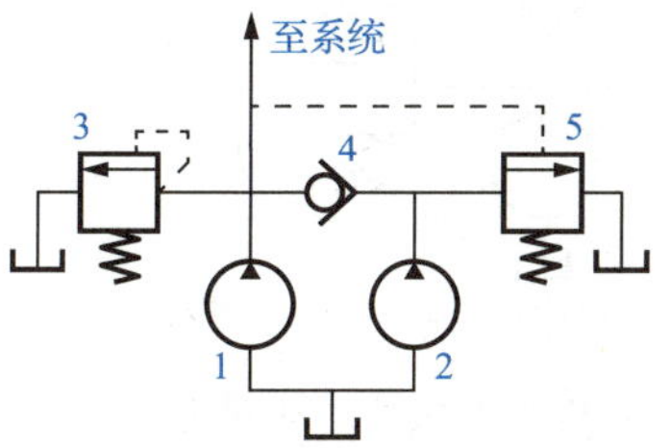

1—高压小流量泵；2—低压大流量泵；3—溢流阀；4—单向阀；5—液控顺序阀（卸荷阀）。

图 7-21　双泵供油快速运动回路

双泵供油回路快、慢速度换接较平稳，回路效率高，功率利用合理，在快、慢速度相差较大的机床中应用广泛。主要缺点是需要一部双联泵，油路系统也稍复杂。

（3）充液增速回路

图 7-22 是增速缸快速运动回路。增速缸是一种复合缸，由活塞缸和柱塞缸复合而成。当换向阀左位接入系统时，液压油经增速缸 3 左端柱塞孔进入 B 腔，推动活塞快速向右移

动，增速缸 A 腔所需油液经充液阀 2 从油箱吸取，增速缸 C 腔的油液经换向阀流回油箱。当活塞接触工件负载增加时，系统压力升高，顺序阀 1 开启，充液阀 2 关闭，高压油进入增速缸 A 腔，活塞转换成慢速前进，推力增大。当换向阀右位接入时，液压油进入 C 腔，并开启充液阀 2，A 腔液压油回油箱。该回路增速比大、效率高，但液压缸结构复杂，常用于液压机。

（4）采用蓄能器的快速运动回路

图 7-23 是一种采用蓄能器的快速运动回路，用于液压缸间歇式工作，其基本原理是当执行元件不动或需要较少液压油时，液压泵将液压油储存在蓄能器中，需要快速运动时再释放出来。当液压缸不动时，液压泵经单向阀给蓄能器 2 充油。当蓄能器压力达到卸荷阀 1 的调定压力时，阀 1 开启，液压泵卸荷。需要液压缸动作时，换向阀 3 换向，此时进入液压缸的管路压力降低，阀 1 关闭，蓄能器 2 和泵一起给液压缸供油，实现快速运动。采用蓄能器的快速运动回路能以较小的液压装置功率实现高速运动。该回路的关键在于能量储存和释放的控制方式。

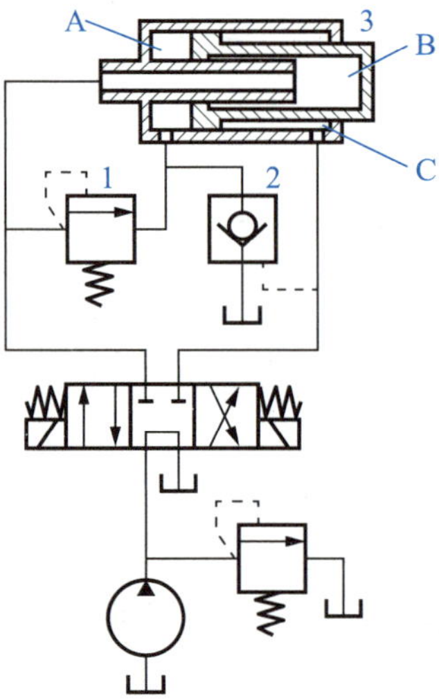

1—顺序阀；2—充液阀；3—增速缸。

图 7-22　增速缸快速运动回路

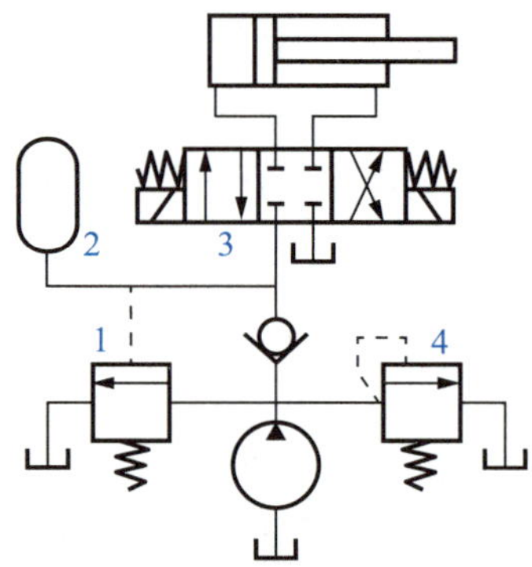

1—卸荷阀；2—蓄能器；3—换向阀；4—溢流阀。

图 7-23　采用蓄能器的快速运动回路

3. 速度换接回路分析

速度换接回路用来实现执行元件运动速度的变换，即在原来设计或调节好的几种运动速度中进行切换。速度换接过程要平稳，不允许在变换过程中有前冲（速度突然增加）现象。以下为液压系统常用的速度换接回路。

（1）使用行程阀（电磁阀）的快慢速换接回路

图 7-24 所示是使用行程阀的快慢速换接回路。在图示位置液压缸 6 右腔的液压油可经行程阀 5、换向阀 3 流回油箱，使活塞快速向右伸出。当快速运动到达所需位置时，活塞杆上的挡块压下行程阀 5，将其通路关闭，此时液压缸 6 右腔的液压油只能经过单向节流阀 4 回油箱，活塞运动转换为工作进给运动（简称工进）。当换向阀 3 右位接入回路时，单向节流阀对进入液压缸 6 右腔的液压油不起作用，活塞快速向左退回。

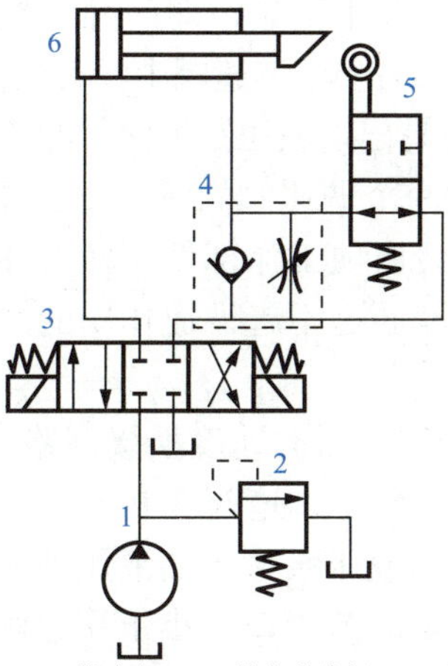

1—液压泵；2—溢流阀；3—换向阀；4—单向节流阀；5—行程阀；6—液压缸。

图 7-24　使用行程阀的快慢速换接回路

在这种速度换接回路中，因为行程阀的通油路是随着液压缸活塞行程控制阀芯移动而逐渐关闭的，所以换接时的位置精度高，冲击小，运动速度的变换也比较平稳。这种回路在机床液压系统中应用较多，主要缺点是行程阀的安装位置和方向受一定限制，所以有时管路连接稍复杂。如果改用行程开关控制的电磁换向阀来代替行程阀，则电磁换向阀的安装位置不受限制，但换接精度及速度变换平稳性较差。

（2）调速阀（节流阀）串、并联的不同速度换接回路

对于某些自动机床、注塑机等，需要在自动工作循环中变换两种以上的工作进给速度，这时需要采用两种或多种工作进给速度的换接回路，如图 7-25 所示。

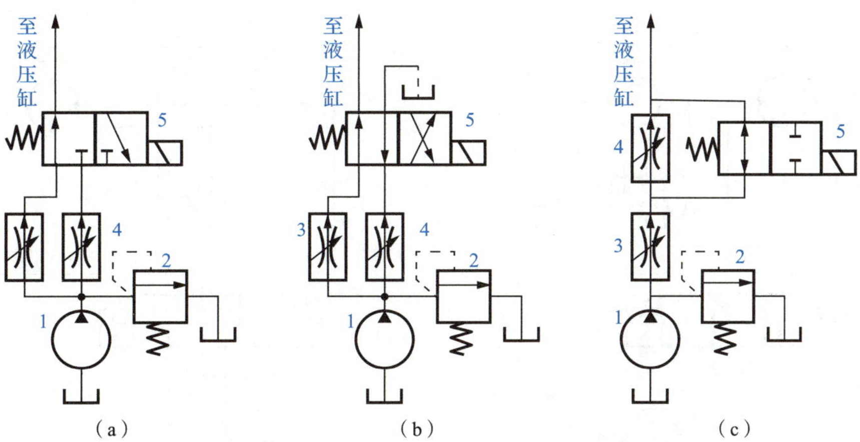

1—液压泵；2—溢流阀；3、4—调速阀；5—电磁阀。

图 7-25　两个调速阀串、并联的不同速度换接回路

图 7-25（a）、（b）所示是两个调速阀并联的速度换接回路。在图 7-25（a）中，液压泵输出的液压油经调速阀 3 和电磁阀 5 进入液压缸。当需要切换工作进给速度时，使电磁阀 5 右位接入回路，液压泵输出的液压油经调速阀 4 和电磁阀 5 进入液压缸。这种回路中两

个调速阀的节流口可以单独调节，互不影响，即两种工作进给速度互相没有什么限制。其主要缺点是当一个调速阀工作时，另一个调速阀中没有油液通过，它的减压阀处于完全打开的位置，在速度换接开始的瞬间容易出现液压缸突然前冲的现象。

在图 7-25（b）所示回路中，两个调速阀始终处于工作状态，在由一种工作进给速度转换为另一种工作进给速度时，不会出现工作部件突然前冲的现象，因而工作可靠。但是液压系统在工作中总有一定量的油液通过不起调速作用的那个调速阀流回油箱，造成能量损失，使系统发热。

图 7-25（c）所示是两个调速阀串联的速度换接回路。液压泵输出的液压油经调速阀 3 和电磁阀 5 进入液压缸，这时的流量由调速阀 3 控制。当需要第二种工作进给速度时，电磁阀 5 通电，其右位接入回路，则液压泵输出的液压油先经调速阀 3，再经调速阀 4 进入液压缸，所以这种回路中调速阀 4 的节流口应小于调速阀 3，否则调速阀 4 速度换接将不起作用。这种回路工作时调速阀 3 一直限制着进入液压缸或调速阀 4 的流量，因此在速度换接时不会使液压缸产生前冲现象，换接平稳性较好。在调速阀 4 工作时，油液需经两个调速阀，故能量损失较大，系统发热也较大，但优于图 7-25（b）所示的回路。

（3）液压马达串、并联速度换接回路

液压马达串、并联速度换接回路如图 7-26 所示。图 7-26（a）所示为液压马达并联回路，液压马达 1、2 的主轴刚性连接在一起，换向阀 3 左位接入回路时，液压油只驱动液压马达 1，在液压马达 1 的带动下，液压马达 2 空转；换向阀 3 右位接入时，液压马达 1、2 并联。若液压马达 1、2 的排量相等，则并联时进入每个液压马达的流量减少一半，转速相应降低一半，而转矩增加一倍。图 7-26（b）所示为液压马达串、并联回路，可实现快慢速切换。当换向阀 4 上位接入回路时，液压马达 1、2 并联，此时为低速大转矩工况；当换向阀 4 下位接入回路时，两液压马达串联，为高速小转矩工况。

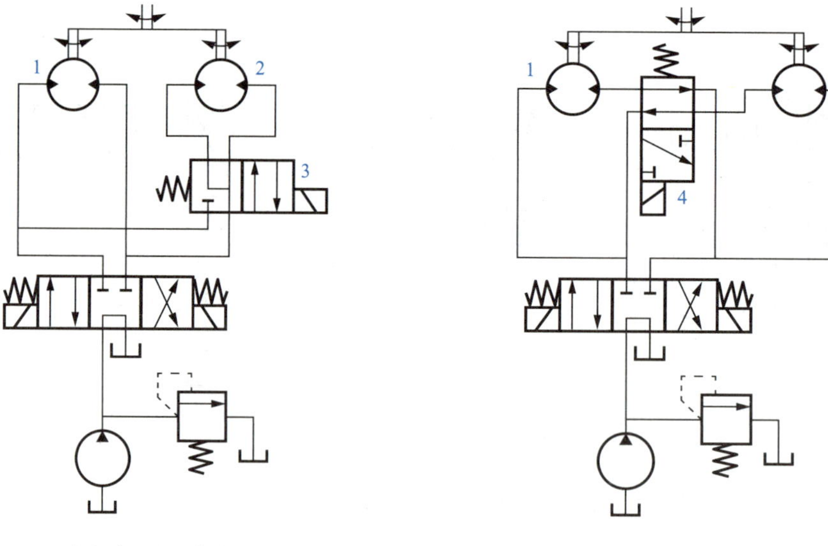

（a）液压马达并联回路　　（b）液压马达串、并联回路

1、2—液压马达；3、4—换向阀。

图 7-26　液压马达串、并联速度换接回路

液压马达串、并联速度换接回路主要用于由液压驱动的行走机械中，可根据路况需要提供两挡速度，在平地行驶时为高速，上坡时输出转矩增加，转速降低。

任务实施：组建速度控制回路及设计全液压驱动机械手系统回路

训练任务 1：各类速度控制回路的组建

① 选择组装回路所需要的元件。

② 在实训装置上布置好各元件的大体位置。

③ 按液压图组装系统回路，并检查其可靠性。

④ 节流阀全开，起动液压泵，再将节流阀开度逐渐减小，调试回路。观察液压缸的速度变化。如果液压缸始终不动，则检查管路连接是否正确、安全阀设定压力是否过低。

⑤ 观察系统油压变化及活塞的运动速度，分析回路性能，解释使用过程中遇到的问题。

⑥ 拆卸回路，清理元件及实训装置。

⑦ 完成项目工单。

训练任务 2：全液压驱动机械手系统回路的设计

机械手是一种模仿人的手部动作，按给定轨迹和动作实现自动抓取、搬运和操作的自动装置，具有集成化程度高、力度大、精度高、灵活性好等特点，因而被广泛应用于高温、高压、多粉尘、易燃、易爆、放射性等各种恶劣的作业环境中，代替人类重复笨重、单调、频繁的操作。

图 7-27 所示为某型全液压驱动机械手，主要工作动作包括整个臂架 1 的回转、手臂 2 的上下摆动、手腕 3 的前后摆动、手爪 4 的夹紧松开等，每部分均由相应的执行机构带动。液压系统是整个机械手的动力核心，负责为执行机构提供驱动力以及控制手臂的运动轨迹。

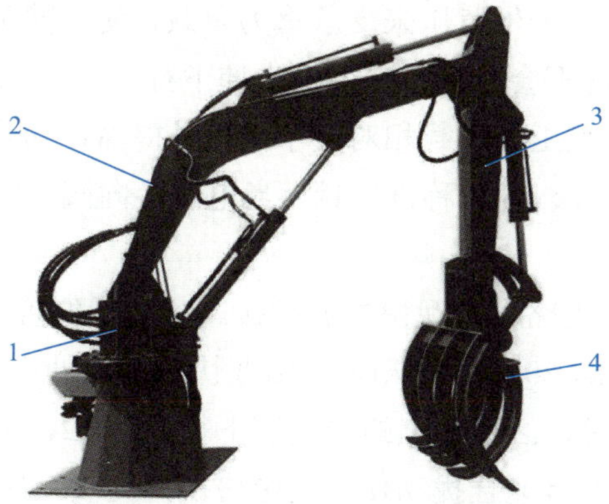

1—臂架；2—手臂；3—手腕；4—手爪。

图 7-27　全液压驱动机械手

图 7-28 所示为全液压驱动机械手系统回路。当机械手工作时，回转动作由液压马达驱动，手臂、手腕的摆动与手爪的开合动作则由液压缸驱动。根据工作要求控制进入执行元件（液压缸或液压马达）液压油的方向、流量、压力，即可控制机械手各部分的运动方向、运动速度、输出推力。

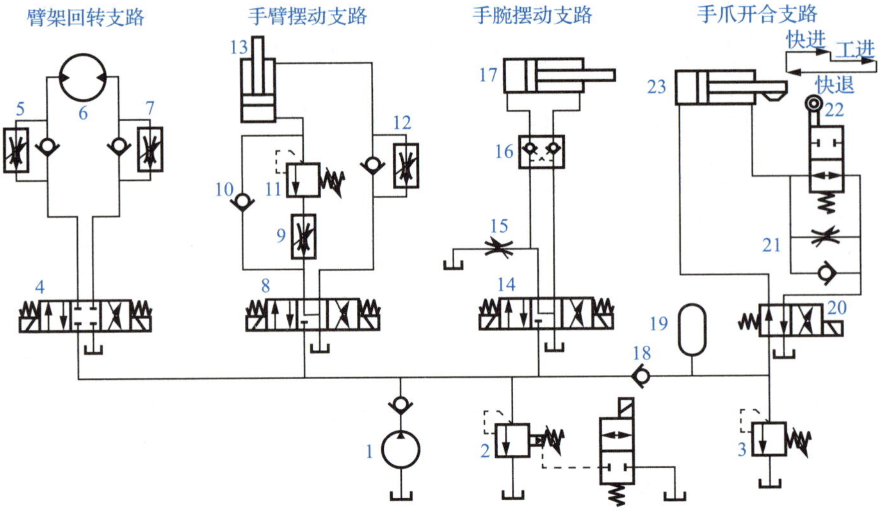

1—液压泵；2—卸荷阀；3—安全阀；4、8、14、20—电磁换向阀；5、7、12—单向调速阀；
6—液压马达；9—调速阀；10、18—单向阀；11—平衡阀；13、17、23—液压缸；
15—节流阀；16—双液控单向阀；19—蓄能器；21—单向节流阀；22—行程阀。

图 7-28 全液压驱动机械手系统回路

① 臂架回转支路。液压油从主油路经过电磁换向阀 4，电磁换向阀控制液压马达 6 正反转和停止。单向调速阀 5、7 设置在回油路上，控制从液压马达排出的液压油的流量。调节调速阀节流孔开度即可设置臂架回转速度。

② 手臂摆动支路。电磁换向阀 8 控制液压缸 13 的进、退、停。液压缸活塞上、下两个运动方向的回油管路分别设有调速阀 12、9，分别控制手臂举升和下降时的速度。平衡阀 11 在活塞下行的回油路上产生背压来支承重力负载，使手臂负重时仍能平稳下落，或当换向阀处于中位时，使手臂不会在重力作用下失控下行。

③ 手腕摆动支路。手腕工作负载相对较小，为了提高传动效率、减小功率损失，采用旁路节流调速。双液控单向阀 16 又称液压锁，当电磁换向阀 14 处于中位时，液压缸 17 不会在外力作用下移动。

④ 手爪开合支路。该支路可实现快慢速换接。在图示位置，液压缸 23 右腔的液压油可经行程阀 22、电磁换向阀 20 流回油箱，使活塞快速向右伸出，对应手爪快速合拢动作。当手爪开口到达某一角度时，活塞杆上的挡块压下行程阀 22，关闭其回油通路，活塞运动转换为工进运动，对应手爪慢速合拢动作。当电磁换向阀 20 右位接入回路时，液压缸 23 的回油路畅通，活塞快速向左退回，对应手爪快速张开动作。当系统意外失压时，蓄能器 19 作为应急动力源向液压缸输送液压油，防止手爪突然松开。

以上 4 条支路均通过控制进出执行元件的液压油流量来控制液压机械手的动作速度，使整部机械手平稳、协调工作。

思考与练习

1．影响节流阀流量稳定性的因素有哪些？

2．调速阀的工作原理是什么？与节流阀在结构和性能上有何异同？

3．利用两个调速阀，有哪几种方法可实现两种不同速度的换接？

4．容积节流调速有哪些基本形式和特点？

5．图 7-29 所示回路利用定值减压阀与节流阀串联来代替调速阀，能否起到稳定速度的作用？为什么？

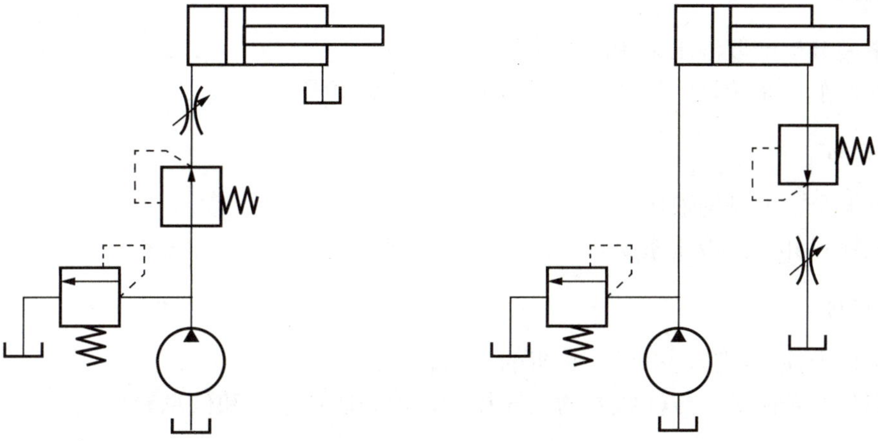

（a）　　（b）

图 7-29　题 5 图

项目 8

液压传动系统的分析与设计

项目目标

知识目标

1．掌握分析一般液压系统的方法和步骤；
2．掌握液压系统设计与计算的基本步骤和一般流程。

技能目标

1．能够分析典型的液压系统；
2．能够设计一般液压系统。

素质目标

1．强化专注、细致、严谨、负责的工作态度；
2．强化吃苦耐劳、专注执着的工匠精神，提升职业素养和信息素养。

任务 8.1 典型液压传动系统的分析

任务目标

1. 能够描述分析一般液压系统的方法和步骤；
2. 能够描述闸式剪板机液压系统；
3. 能够正确分析注塑机液压系统；
4. 能够正确分析柱式液压机液压系统。

任务描述

查阅资料，分析某型柱式液压机液压系统。

相关知识：典型液压传动系统的分析方法

1. 分析一般液压系统的方法和步骤

液压传动系统是根据机械设备的工况特点、工作要求及控制方式等，选用适当的液压基本回路和液压元件有机组合而成的。实际设备的液压系统往往比较复杂，要想理解其工作过程，就必须真正读懂液压系统图。阅读和分析液压系统图的大致步骤和方法如下：

① 分析液压设备的工作性能，了解设备对液压系统的工作要求，即液压设备在工作循环中对力、速度和方向 3 个参数的要求。

② 初读液压系统图，按油路的走向了解系统中包含的元件，寻找它们之间的连接关系。读图时要按照先读控制油路后读主油路的读图顺序进行。

③ 以执行元件为中心，将系统分解为若干个子系统。

④ 单独分析每个子系统，了解其执行元件与相应的阀、泵之间的关系，搞清楚该子系统包含的基本回路，参照执行元件的动作循环表及电磁铁动作顺序表，理清其液流路线，读懂每个子系统。

⑤ 根据系统对各执行元件间的互锁、同步、防干扰等要求，分析各子系统之间的联系，弄清系统是如何实现这些要求的，全面读懂液压系统图。

⑥ 在全面读懂液压系统图的基础上，根据系统所使用的基本回路的性能，对系统作综合分析，归纳总结整个系统的特点，以便加深对液压系统的理解。

2. 闸式剪板机液压系统分析

（1）闸式剪板机液压系统简介

剪板机是一种常见的金属加工设备，主要用于将金属板材按照一定尺寸和形状进行剪切加工，是金属加工行业中必不可少的设备，广泛应用于航空、汽车、农机、家电、五金制造等领域。

闸式剪板机的剪切力是由上、下刀刃之间的相互作用产生的。如图 8-1 所示，上刀刃 6 安装在刀架 7 上，可随刀架上下移动；下刀刃 5 与下部的工作台 1 固定在一起。上刀刃下压时，金属板材 2 承受上、下刀刃的剪切力遭到破坏而完成剪切加工。液压剪板机的工作流程主要包括夹紧工件、剪切加工、刀架返程、松开工件等步骤。其中，夹紧工件是调整好金属板材位置后，压料液压缸 4 顶出，通过压料器 3 将待加工的板材固定在工作台上。剪切加工是指剪切液压缸 8 伸出，带动整个刀架 7 向下移动，进行剪切操作。刀架返程是指完成加工后，剪切液压缸退回，刀架向上返回预备位置。松开工件则是压料液压缸退回，允许从机器上取下已完成加工的金属板材。

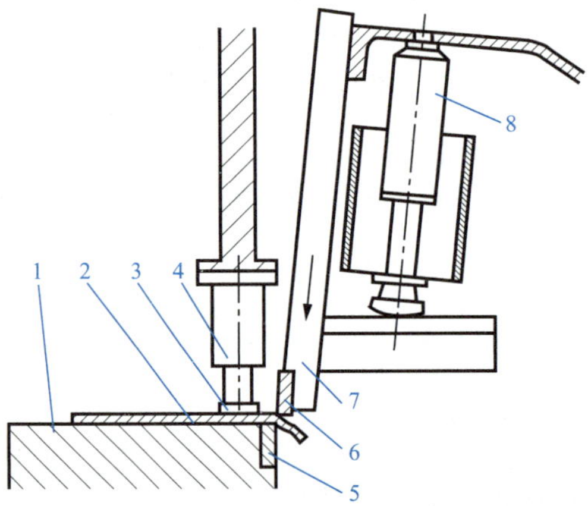

1—工作台；2—金属板材；3—压料器；4—压料液压缸；
5—下刀刃；6—上刀刃；7—刀架；8—剪切液压缸。

图 8-1　闸式剪板机的工作原理示意图

液压剪板机利用液压缸将泵站所提供的压力能转换成剪切加工所需的机械能。液压剪板机结构简单、剪切力大，适用于大型金属板材加工，配上电气控制系统后容易实现自动工作循环，还可以方便地调节剪切力和剪切角度，因此应用广泛。

为了便于操作，满足对各种金属板材的剪切加工要求，且具有良好的安全性和节能性，对剪板机液压系统的要求如下：

① 在电气和机械装置的配合下，可一键完成“压料→剪切→返程→松开→停止”的工作循环。

② 能调节上刀刃的倾斜角度，以平刃或斜刃剪切。

③ 有较大的压紧力和剪切力调节范围，以适应不同材料的工艺要求。

④ 有过载保护功能。

⑤ 有重力平衡功能，系统失去动力时上刀刃不下落。

⑥ 能回收剪切运动的部分能量，提高系统效率，减少发热。

（2）QC11 系列剪板机液压系统的工作过程分析

现以 QC11 系列剪板机为例，分析其液压系统的工作过程。图 8-2 所示为 QC11 系列剪板机液压系统图，该系统采用定量叶片泵供油，

微课：QC11 系列剪板机液压系统

由液压缸实现压紧和剪切动作，用换向阀控制压料器的压紧/松开、刀架的下压/抬升、上刀刃的倾斜角度，用溢流阀调节压紧力和剪切力并限制最高系统压力，用蓄能器平衡刀架重量，防止下滑，并回收剪切运动的部分能量，作为辅助能源抬升刀架。表 8-1 为该剪板机的液压系统电磁铁动作循环表。

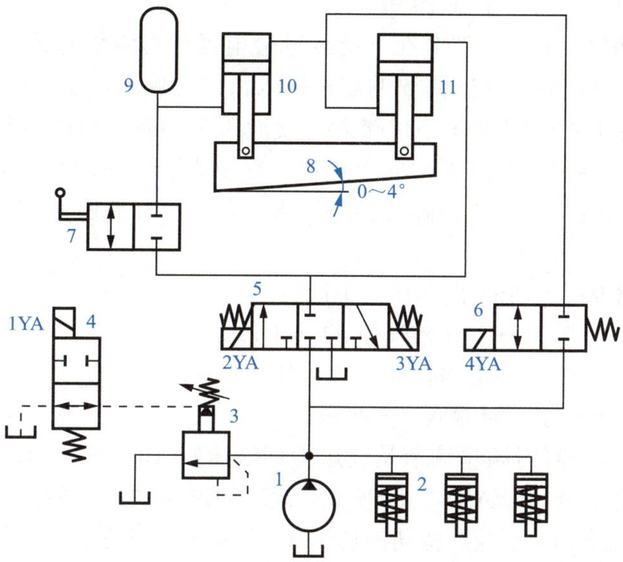

1—定量液压泵；2—压料液压缸组；3—先导式溢流阀；4～6—电磁换向阀；
7—手动换向阀；8—刀架；9—蓄能器；10、11—剪切液压缸。

图 8-2　QC11 系列剪板机液压系统图

表 8-1　QC11 系列剪板机液压系统电磁铁动作循环表

动作名称	电磁铁工作状态			
	1YA	2 YA	3YA	4YA
压料	+	−	−	−
剪切	+	+	−	−
返程	+	−	+	−
剪刃倾角增大	+	−	−	+
剪刃倾角减小	−	−	−	+
停止	−	−	−	−

注："+" 表示通电，"−" 表示断电。

QC11 系列剪板机的实际工作过程如下：

1）压料。人工按下压料按钮使线圈 1YA 得电，电磁换向阀 4 上位接入回路，使先导式溢流阀控制口关闭，系统建立压力，定量液压泵 1 所输出的液压油进入压料液压缸组 2 各缸上腔，压力达到一定值后，各压料缸克服弹簧力向下运动，压紧被剪板料。

2）剪切。剪切是实现刀架 8 向下运动的过程。人工按下剪切按钮使线圈 2YA 得电，电磁换向阀 5 左位接入回路，液压油进入剪切液压缸 11 上腔，向下推动活塞。由于剪切液压缸 11 下腔截面面积与剪切液压缸 10 上腔截面面积近似相等，因而形成一个串联同步回路，共同推动刀架 8 下行，实现剪切动作。剪切液压缸 10 下腔的液压油则被压进蓄能器 9。刀架下行距离越大，蓄能器产生的背压越高，不但可回收部分压力能，节省能量消耗，还可起缓冲作用。剪切过程中，先导式溢流阀 3 限制最高系统压力，起过载保护作用。油路的流动情况如下：

进油路：泵 1→电磁换向阀 5（左位）→剪切液压缸 11（上腔）；

剪切液压缸 11（下腔）→剪切液压缸 10（上腔）；

剪切液压缸 10（下腔）→蓄能器 9。

3）返程。当剪切终止时，刀架 8 在下死点触碰电器行程限位开关，使线圈 1YA 和 2YA 失电、3YA 得电。此时，电磁换向阀 5 的右位接入，切断供油，使剪切液压缸 11 的上腔通道与油箱相通；同时电磁换向阀 4 下位接入，使液压泵卸载。蓄能器释放压力，向上推动剪切液压缸 10、11 的活塞，实现刀架向上返程。蓄能器还可补偿系统泄漏，防止刀架下滑（俗称“漏车”）。压料液压缸组 2 在弹簧的作用下复位，松开完成剪切加工的板材。油路的流动情况如下：

回油路：蓄能器 9→剪切液压缸 10（下腔）；

剪切液压缸 10（上腔）→剪切液压缸 11（下腔）；

剪切液压缸 11（上腔）→电磁换向阀 5（右位）→油箱。

卸荷油路：泵 1→先导式溢流阀 3→油箱。

4）剪刃倾角调节。剪刃倾角调节是通过剪切液压缸 10、11 活塞杆的相对运动改变刀架倾角来实现的。使 1YA、4YA 得电，液压泵输出的液压油经电磁换向阀 6 进入剪切液压缸 10 上腔和剪切液压缸 11 下腔。剪切液压缸 11 上腔无法回油，故保持不动，而剪切液压缸 10 下腔的油液被压进蓄能器 9，活塞杆向下伸出，从而使刀架左端降低，倾角增大。油路的流动情况如下：

进油路：泵 1→电磁换向阀 4（左位）→剪切液压缸 10（上腔）；

剪切液压缸 10（下腔）→蓄能器 9。

使 1YA 失电、4YA 得电，此时系统不建立压力，剪切液压缸 10 的活塞杆在蓄能器 9 释放压力的作用下向上移动，上腔的油液经过电磁换向阀 6、先导式溢流阀 3 回油箱，此时刀架左端升高，倾角减小。油路的流动情况如下：

回油路：蓄能器 9→剪切液压缸 10（下腔）；

剪切液压缸 10（上腔）→电磁换向阀 4（左位）→先导式溢流阀 3→油箱。

卸荷油路：泵 1→先导式溢流阀 3→油箱。

5）蓄能器补充压力。

长时间停车可能导致蓄能器内压力不足，无法顺利完成刀架返程，因此剪切作业前应对蓄能器 9 补充压力。先使 1YA、2YA 得电，伸出剪切液压缸 10、11，再将手动换向阀 7 推至左位，使蓄能器 9 能充满液压油。将手动换向阀 7 拉回右位后，系统即可正常工作。

进油路：泵 1→电磁换向阀 5（左位）→手动换向阀 7（左位）→蓄能器 9。

3. 注塑机液压系统分析

（1）注塑机液压系统简介

塑料注射成型机简称注塑机，是热塑性塑料制品的成型加工设备，在塑料加工机械中应用广泛。它将颗粒状塑料原料加热熔化后，施加高压快速注入模腔，经过一定时间的保压、冷却成型，制成相应的塑料制品。注塑机的工作循环过程一般如下：

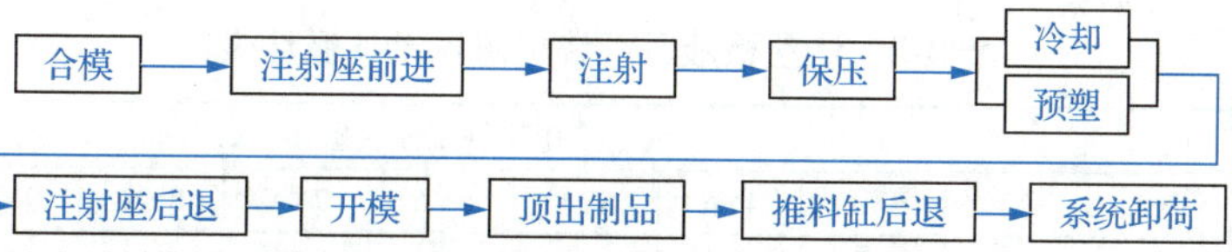

以上动作分别由合模液压缸、注射座移动液压缸、预塑液压马达、注射液压缸、顶出液压缸完成。注塑机的结构示意图如图 8-3 所示。

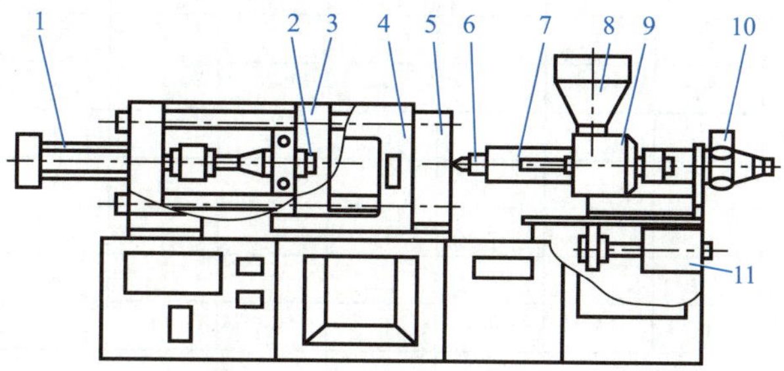

1—合模液压缸；2—顶出液压缸；3—动模板；4—安全门；5—定模板；6—注射螺杆；7—料筒；8—料斗；9—注射液压缸；10—预塑液压马达；11—注射座移动液压缸。

图 8-3　注塑机的结构示意图

（2）注塑机的工作过程

注塑机液压系统要求有足够的合模力、可调节的合模开模速度、可调节的注射压力和注射速度及可调的保压压力，系统还应设置安全联锁装置。图 8-4 所示为某注塑机液压系统原理图。该注塑机各执行元件的动作循环主要依靠行程开关切换电磁换向阀来实现。电磁铁的动作顺序如表 8-2 所示。

微课：注塑机液压系统

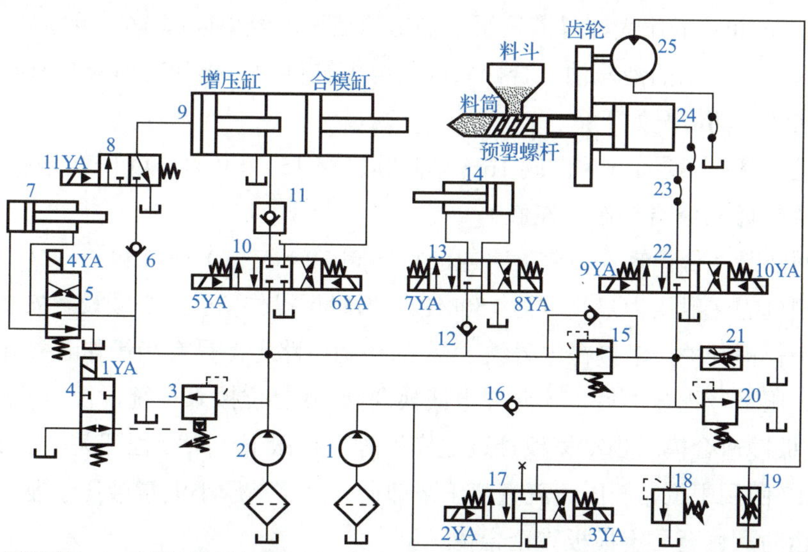

1—低压大流量液压泵；2—高压小流量液压泵；3、18、20—溢流阀；4、5、13—电磁换向阀；6、12、16—单向阀；7—顶出液压缸；8、10、17、22—电液换向阀；9—合模（增压）缸；11—液控单向阀；14—注射座移动液压缸；15—单向顺序阀；19、21—调速阀；23—软管；24—注射液压缸；25—预塑液压马达。

图 8-4　某注塑机液压系统原理图

表 8-2 注塑机液压系统电磁铁动作循环表

动作名称		电磁铁工作状态										
		1YA	2 YA	3YA	4YA	5YA	6YA	7YA	8YA	9YA	10YA	11YA
合模	快速移动	+	+	−	−	+	−	−	−	−	−	−
	慢进合模	+	−	−	−	+	−	−	−	−	−	−
	增压锁模	+	−	−	−	−	−	−	−	−	−	+
注射座整体移动		+	−	−	−	−	−	−	+	−	−	+
注射		+	+	−	−	−	−	−	+	−	+	+
保压		+	−	−	−	−	−	−	+	−	+	+
预塑进料		+	−	+	−	−	−	−	+	−	−	+
注射座退回		+	−	−	−	−	−	+	−	−	−	+
开模	慢速开模	+	−	−	−	−	+	−	−	−	−	−
	快速开模	+	+	−	−	−	+	−	−	−	−	−
推料	顶出工件	+	−	−	+	−	−	−	−	−	−	−
	顶杆退回	+	−	−	−	−	−	−	−	−	−	−
系统卸荷		−	−	−	−	−	−	−	−	−	−	−

注："+"表示通电，"−"表示断电。

1）合模。合模是动模板在合模液压缸的驱动下，向定模板靠拢并最终合拢的过程，合模速度先快后慢，具体如下：

① 动模板快速移动。按下合模按钮，电磁铁 1YA、2YA、5YA 得电，电磁换向阀 4 上位接入系统，电液换向阀 10 左位接入系统，电液换向阀 17 左位接入系统。高压小流量液压泵 2 输出的液压油经电液换向阀 10、液控单向阀 11 进入合模缸 9 左腔，右腔油液经电液换向阀 10 回油箱；低压大流量液压泵 1 输出的液压油经单向阀 16、单向顺序阀 15 与高压小流量液压泵 2 输出的液压油汇合，共同向合模缸供油，推动动模板快速向右运动。此时系统中的油液流动情况如下：

合模缸进油路：[（泵 1→单向阀 16→单向顺序阀 15）+（泵 2）]→电液换向阀 10（左位）→电液换向阀 17→合模缸（左腔）。

合模缸回油路：合模缸（右腔）→电液换向阀 10（左位）→油箱。

由于注塑机的注射压力最高可达 150MPa，为确保操作安全，必须设置安全门，在安全门下端装一个行程开关，串接在电磁铁 5YA 的控制电路上。只有当操作者离开模具，正确关闭安全门、压下行程开关后，才允许电液换向阀 10 左位接入系统，否则无法合模。

② 动模板慢速合模。当动模板接近定模板时，将压下一个行程开关，使 2YA 失电、电液换向阀 17 回到中位，低压大流量液压泵卸荷，仅靠高压小流量液压泵驱动合模缸，使动模板慢速运动，直至与定模板完全合拢。

③ 增压锁模。如果合模力不够大，当注塑压力超过合模力时，模具将沿分型面分开并产生溢料，因此必须进行增压锁模。当动模板完全合拢后又压下另一行程开关，使电磁铁 5YA 失电、11YA 得电，电液换向阀 10 回到中位，电液换向阀 8 左位接入系统。增压缸 9

将其活塞输出的推力传给合模缸 9 的活塞，加大合模力。此时，溢流阀 3 开启，调定高压小流量液压泵 2 的最高输出压力，该压力就是提供最大合模力时所对应的系统最高工作压力。因此，锁模力的大小由溢流阀 3 调定，动模板的锁紧由单向阀 6 保证。此时系统中的油液流动情况如下：

增压缸进油路：泵 2→单向阀 6→电液换向阀 8（左位）→增压缸 9（左腔）；

泵 2→电液换向阀 10（左位）→液控单向阀 11→合模缸 9（左腔）。

增压缸回油路：增压缸 9（右腔）→油箱；合模缸 9（右腔）→电液换向阀 10（左位）→油箱。

2）注射座整体移动。注射座（图 8-3 中，件 6～10 均安装在同一个可移动的平台上，该平台称为注射座）整体移动由注射座移动液压缸驱动。当电磁铁 8YA 得电时，电磁换向阀 13 右位接入系统，高压小流量液压泵 2 的液压油经单向阀 12、电磁换向阀 13 进入注射座移动液压缸 14 右腔，左腔油液回油箱。此时注射座整体向左移动，直至料筒最左端的注射嘴与模具浇口接触。因注射座上的各元件要随注射座移动，因此采用软管连接油路。注射座的保压顶紧由单向阀 12 实现。此时系统中的油液流动情况如下：

注射座移动液压缸进油路：泵 2→单向阀 12→注射座移动液压缸 14（右腔）。

注射座移动液压缸回油路：注射座移动液压缸 14（左腔）→电磁换向阀 13（右位）→油箱。

3）注射。当注射座到达预定位置后，压下行程开关，使电磁铁 2YA、10YA 得电，电液换向阀 17 左位接入系统，电液换向阀 22 右位接入系统。低压大流量液压泵 1 输出的液压油经单向阀 16，与经单向顺序阀 15 而来的高压小流量液压泵 2 的液压油汇合，一起经电液换向阀 22 进入注射液压缸 24 右腔，左腔油液回油箱。注射液压缸的活塞带动注射螺杆将料筒前端已经预塑好的熔料经注射嘴快速注入模腔。注射液压缸的注射速度由旁路调速阀 21 调节。注射压力由溢流阀 20 调定。此时系统中的油液流动情况如下：

注射液压缸进油路：[（泵 1→单向阀 16）+（泵 2→单向顺序阀 15）]→电液换向阀 22（右位）→注射液压缸 24（右腔）。

注射液压缸回油路：注射液压缸 24（左腔）→电液换向阀 22（右位）→油箱。

4）保压。当注射液压缸 24 对模腔内的熔料进行保压并补塑时，活塞工作位移量较小，只需少量油液维持压力并推动活塞低速移动，因此保压阶段电磁铁 2YA 失电，电液换向阀 17 处于中位，使低压大流量液压泵 1 卸荷，由高压小流量液压泵 2 单独供油，多余液压油经溢流阀 3 回油箱。

5）预塑进料。注塑机注射完成后，需将塑料原料送入料筒加热塑化，为下一次注塑做好准备。从料斗加入的塑料颗粒被裹在料筒外壳上的电加热器熔化，在料筒内随注射螺杆的旋转被挤向前端（注射嘴方向），并在螺杆头部逐渐建立起一定压力。当此压力足以克服注射液压缸活塞退回的阻力时，螺杆便开始后退，并不断将预塑好的塑料送至料筒前端。

当螺杆后退到预定位置，即螺杆头部熔料已达到所需注射量时，螺杆停止后退和转动，等待下一次预塑。与此同时，已注射到模腔内的制品完成冷却成型。

预塑螺杆的转动由液压马达通过一对减速齿轮驱动实现。使电磁铁 3YA 得电，电液换向阀 17 右位接入系统，低压大流量液压泵 1 的液压油经电液换向阀 17 进入预塑液压马达 25，回油直通油箱。预塑液压马达的转速由旁路调速阀 19 调节，溢流阀 18 为安全阀。螺杆后退时，电液换向阀 22 处于中位，注射液压缸右腔油液回油箱，左腔依靠电液换向阀 22 的 Y 形中位机能补油。此时系统中的油液流动情况如下：

液压马达回路进油路：泵 1→电液换向阀 17→预塑液压马达 25 进油口。

液压马达回路回油路：预塑液压马达 25 回油口→电液换向阀 17→油箱。

6）注射座退回。保压结束后，电磁铁 7YA 得电，高压小流量液压泵 2 输出的液压油经单向阀 12、电磁换向阀 13 左位进入注射座移动液压缸 14 左腔，右腔油液回油箱，使注射座后退。低压大流量液压泵 1 经电液换向阀 17 中位卸荷。此时系统中的油液流动情况如下：

注射座移动液压缸进油路：泵 2→电磁换向阀 13（左位）→注射座移动液压缸左腔。

注射座移动液压缸回油路：注射座移动液压缸右腔→电磁换向阀 13（左位）→油箱。

7）开模。开模过程与合模过程相反，开模速度由慢到快。

① 慢速开模。电磁铁 11YA 失电、6YA 得电，电液换向阀 8 左位接入系统，电液换向阀 10 右位接入系统。高压小流量液压泵 2 输出的液压油经电液换向阀 10 进入合模缸 9 右腔，左腔的油经液控单向阀 11、电液换向阀 10 回油箱，合模缸活塞退回移动时推动增压缸活塞杆一同退回。低压大流量液压泵 1 经电液换向阀 17 中位卸荷。

② 快速开模。在慢速开模状态下再使电磁铁 2YA 得电，泵 1 和泵 2 汇流向合模缸右腔供油，提高开模速度。

8）推料。

① 顶出工件。开模动作完成后，相关部件又压下一行程开关，使电磁铁 4YA 得电，从高压小流量液压泵 2 输出的液压油经过电磁换向阀 5 上位进入顶出液压缸 7 的左腔，右腔回油，活塞杆带动顶杆将已冷却成型的塑料制品从模腔中推出。

② 顶杆复位。推料完成后，电磁铁 4YA 失电，从高压小流量液压泵 2 输出的液压油经过电磁换向阀 5 下位进入顶出液压缸 7 的右腔，左腔回油，活塞杆退回，带动顶杆复位。

至此，注塑机完成一次完整的工作循环。

9）系统卸荷。系统暂停工作时，所有电磁铁均失电，各执行元件无动作。低压大流量液压泵 1 经电液换向阀 17 卸荷，高压小流量液压泵 2 经先导式溢流阀 3 卸荷。

任务实施：分析柱式液压机液压系统

（1）柱式液压机的工作性能分析

液压机是机械制造业广泛应用的压力加工设备，常用来完成可塑性材料的锻压工艺及加压成形过程，如金属件冲压、弯曲、翻边、薄板拉伸，以及塑料、橡胶、粉末冶金的压制等。液压机具有较宽的加压压力、行程与速度大小调节范围，能满足各种压力加工工艺要求。

微课：柱式液压机液压系统

图 8-5 所示为柱式液压机的结构示意图及动作循环图，液压机由充液油箱、上横梁、主缸、滑块、导向立柱、下横梁（工作台）及顶出缸等组成，在其 4 个立柱之间安置主缸（上缸）和顶出缸（下缸），主缸的最大工作压力称为液压机的吨位，常见吨位从数十吨到数千吨不等。

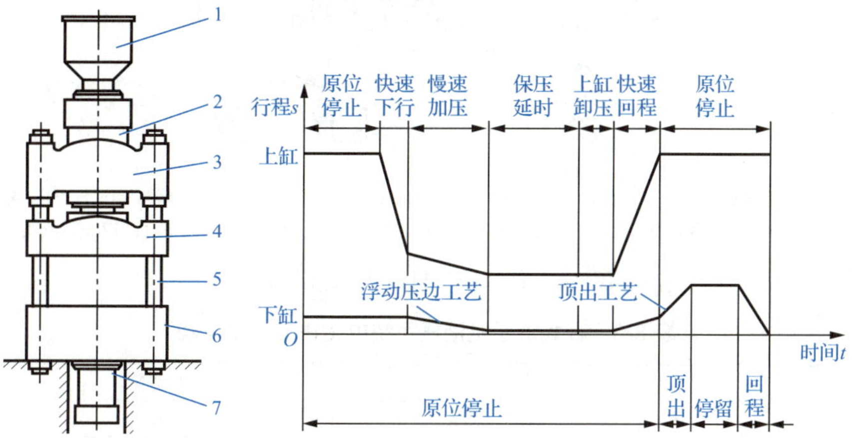

（a）结构示意图　　（b）动作循环图

1—充液油箱；2—主缸；3—上横梁；4—滑块；5—导向立柱；6—下横梁；7—顶出缸。

图 8-5　柱式液压机的结构示意图及动作循环图

液压机要求液压系统完成的主要动作如下：

① 主缸驱动上横梁实现快速下行—慢速加压—保压延时—卸压—快速回程—原位停止的工作循环。

② 顶出缸驱动下横梁实现向上顶出—向下回程—原位停止的工作循环。

③ 进行薄板拉伸时，需要利用顶出缸顶出将坯料压紧，实现浮动压边。

④ 液压系统中的压力要能经常变换和调节，又因其流量大，功率大，空行程和加压行程的速度差异大，故要求功率利用合理、工作平稳和安全可靠性高。

（2）初读液压系统图，了解液压机液压系统中包含的元件，寻找它们的连接关系

图 8-6 所示为柱式液压机液压系统原理图。该系统采用高压大流量恒功率（压力补偿）变量泵 1 作为动力源，输出工作压力由远程调压阀 3 设定，溢流阀 2 用于防止系统过载。主缸 10 和顶出缸 15 的进、退、停等动作分别通过电液换向阀 4、14 控制，以满足快速运动时所需的大流量。动作循环主要依靠行程开关、压力继电器等实现控制。电磁铁动作顺序如表 8-3 所示。

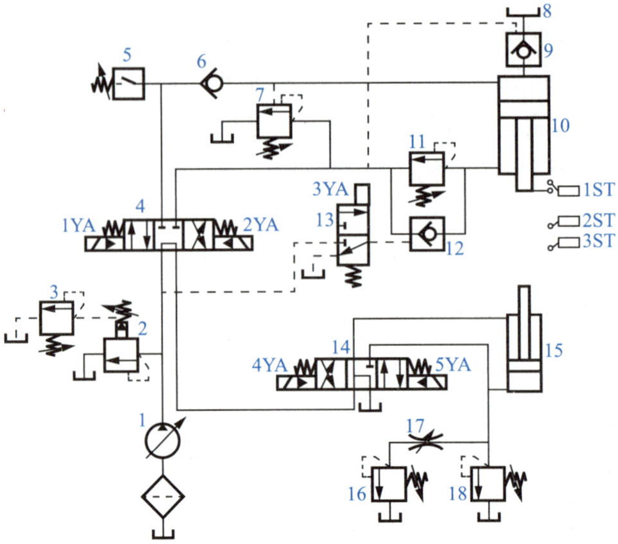

1—变量泵；2、18—溢流阀；3—远程调压阀；4、14—电液换向阀；5—压力继电器；6—单向阀；7—顺序阀；8—油箱；9、12—液控单向阀；10—主缸；11、16—背压阀；13—电磁换向阀；15—顶出缸；17—节流阀。

图 8-6 柱式液压机液压系统原理图

表 8-3 柱式液压机液压系统电磁铁动作循环表

动作名称		电磁铁工作状态				
		1YA	2 YA	3YA	4YA	5YA
主缸动作	快速下行	+	−	+	−	−
	慢速加压	+	−	−	−	−
	延时保压	−	−	−	−	−
	快速返回	−	+	−	−	−
	停止	−	−	−	−	−
顶出缸动作	上行顶出	−	−	−	+	−
	下行退回	−	−	−	−	+
	浮动压边	+	−	−	−	−

注："+" 表示通电，"−" 表示断电。

（3）以主缸为中心，单独分析相关动作

1）主缸快速下行。按下启动按钮，电磁铁 1YA、3YA 通电。电液换向阀 4 左位接入系统，电磁换向阀 13 上位接入系统。变量泵 1 输出的液压油经电磁换向阀 13 上位开启液控单向阀 12，主缸 10 及滑块在自重作用下快速下降。此时液压泵输出流量不足以补充主缸上腔空出的容积，因而主缸上腔形成局部真空，置于液压机顶部的充液油箱 8 中的油液在大气压及液位高度作用下，经过液控单向阀 9 进入主缸上腔。此时系统中的油液流动情况如下：

主缸进油路：[(泵 1→电液换向阀 4→单向阀 6)+(油箱→液控单向阀 9)]→主缸（上腔）。

主缸回油路：主缸（下腔）→液控单向阀 12→电液换向阀 4（左位）→电液换向阀 14（中位）→油箱。

2）主缸慢速接近工件并加压。当滑块上的活动挡块压下行程开关 2ST 时，电磁铁 3YA 断电，使电磁换向阀 13 恢复至常态（下）位，液控单向阀 12 关闭。主缸 10 下腔油液需经背压阀 11 才能流出，滑块单靠自重不能下降。此时主缸上腔压力升高，液控单向阀 9 关闭，主缸活塞带动滑块慢速接近工件。当滑块组件接触工件后，负载急剧增加，使主缸上腔压力进一步升高，变量泵 1 输出流量自动减小。此时系统中的油液流动情况与主缸快速下行时基本类似，但油箱 8 不对主缸上腔充油。

3）主缸保压。当主缸 10 上腔压力达到设定值时，压力继电器 5 发出信号，使电磁铁 1YA 失电，电液换向阀 4 回至中位，将主缸上、下油腔封闭，系统保压。单向阀 6 保证了主缸上腔良好的密封性，使主缸上腔保持高压。保压时间由压力继电器 5 所触发的时间继电器控制。变量泵输出的油液依次通过电液换向阀 4、14 中位，实现系统卸荷。

4）主缸卸压并快速回程。时间继电器控制保压时间，保压结束时，时间继电器发出信号使电磁铁 2YA 通电（定程压制成形时，可由行程开关 3ST 发出信号），电液换向阀 4 右位接入系统，主缸处于回程状态。但由于液压机的油压高，且主缸的直径大，行程长，缸内液压油在加压过程中受到压缩而储存相当大的能量。如果此时主缸上腔立即与回油接通，保压阶段主缸内的油液积蓄的能量突然释放而产生的液压冲击会引起设备振动和管路的剧烈抖动，并发出巨大噪声。因此，保压后必须先卸压再回程。当电液换向阀 4 右位接入系统时，主缸上腔还未卸压，压力很高，外控顺序阀 7 呈开启状态，变量泵 1 输出的液压油经电液换向阀 4 右位由顺序阀 7 流回油箱。此时变量泵在低压下运行，虽然压力不足以使主缸回程，但能开启液控单向阀 9 的阀芯，使主缸上腔的高压油与油箱 8 逐渐相通，于是主缸上腔压力降低，实现卸压。

卸压至上腔压力降到较低值时，顺序阀 7 关闭，变量泵输出的油液压力进一步升高并使液控单向阀 9 的阀芯全开，主缸快速返回。此时系统中的油液流动情况如下：

主缸进油路：泵 1→电液换向阀 4（右位）→液控单向阀 12→主缸 10（下腔）。

主缸回油路：主缸 10（上腔）→液控单向阀 9→油箱 8。

5）停止。当滑块上的挡块压下行程开关 1ST 时，电磁铁 2YA 失电，电液换向阀 4 中位接入系统，液控单向阀 12 将主缸 10 下腔封闭，平衡主缸及滑块的重力，主缸在原位停止不动。变量泵 1 输出的油液依次通过电液换向阀 4、14 中位，实现系统卸荷。

（4）以顶出缸为中心，单独分析相关动作，全面读懂液压系统图

1）顶出缸顶出及退回。按下顶出启动按钮，电磁铁 4YA 通电，电液换向阀 14 左位接入系统，顶出缸 15 活塞向上顶出。此时系统中的油液流动情况如下：

顶出缸进油路：泵 1→电液换向阀 4（中位）→电液换向阀 14（左位）→顶出缸 15（下腔）。

顶出缸回油路：顶出缸 15（上腔）→电液换向阀 14（左位）→油箱。

按下退回按钮，电磁铁 4YA 断电，5YA 通电，电液换向阀 14 右位接入系统，顶出缸退回。油液流动情况与顶出过程类似，请读者自行分析。

2）浮动压边。在压力机上用模具对薄板进行拉伸压边加工时，要求下横梁组件上升到一定位置实现上、下模具的合模，合模后，下横梁既要保持一定的压力将工件夹紧，又能随上横梁组件下压而下降实现浮动压边。顶出缸 15 顶出后，使电磁铁 4YA 失电，电液换向阀 14 中位接入系统。由于主缸 10 的下压力远大于顶出缸的向上支撑力，主缸滑块组件下压时顶出缸活塞被迫随之下行，顶出缸下腔油液经节流阀 17 和背压阀 16 流回油箱，使顶出缸下腔保持所需的向上的压边力。调节背压阀 16 的开启压力即可改变浮动压边力的大小。溢流阀 18 为顶出缸下腔安全阀，只有在顶出缸下腔过载时才起作用。此时系统中的油

液流动情况如下：

顶出缸进（吸）油路：油箱→电液换向阀 14（中位）→顶出缸 15（上腔）。

顶出缸回油路：顶出缸 15（下腔）→节流阀 17→背压阀 16→油箱。

（5）对系统作综合分析，归纳总结整个系统的特点

① 采用高压、大流量、恒功率变量泵供油，利用系统工作过程中的压力变化自动调节变量泵的输出流量与主缸的运动状态相适应，既符合工艺要求，又可节省能量。

② 利用活塞滑块自重的作用实现快速下行，并用充液阀对主缸补液，使快速运动回路结构简单，补油充分，所用液压元件少。

③ 采用密封性能好的单向阀保压，为减少由保压转换为快速回路时的液压冲击，系统采用了由卸荷阀和液控单向阀组成的卸压回路。

思考与练习

1．试分析 QC11 系列剪板机中的蓄能器有哪些作用。

2．试分析注塑机液压系统中液压泵 1 和 2 的作用有何不同？

3．试分析柱式液压机在浮动压边工艺中顶出缸是如何实现随主缸下行的同时保持压紧力不变的？

4．图 8-7 所示为一自动进料机构的液压系统图，试分析其工作循环情况，并完成工作阶段电磁铁动作顺序表（表 8-4）。得电用“+”、失电用“-”表示。

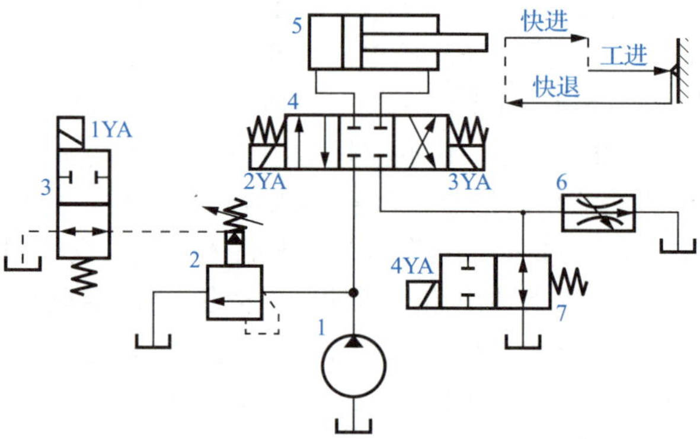

1—液压泵；2—溢流阀；3、4、7—电磁换向阀；5—进料液压缸；6—调速阀。

图 8-7　自动进料机构液压系统

表 8-4　题 4 电磁铁动作循环表

动作名称	电磁铁工作状态			
	1YA	2 YA	3YA	4YA
进料缸快进				
进料缸工进				
进料缸返程				
停止				

任务 8.2 液压传动系统的设计与计算

任务目标

1. 能够描述液压传动系统设计与计算的基本步骤和一般流程；
2. 能够根据液压传动系统的设计要求，分析工况，合理选用系统元件，拟定液压系统原理图；
3. 能够计算并确定液压系统参数。

任务描述

为一台专用机床设计液压系统，实现先夹紧、再进给的功能。

相关知识：液压传动系统设计与计算的步骤和流程

液压传动系统设计作为整机设计的重要组成部分，设计时必须满足主机工作循环所需的全部技术要求，即静、动态性能好，效率高，结构简单，工作安全可靠，寿命长，经济性好，使用维护方便。因此，液压传动系统设计要明确与液压系统有关的主机参数的确定原则，要与主机的总体设计综合考虑，做到机、电、液相互配合，保证整机的性能最高。

液压传动系统设计的一般流程如图 8-8 所示。

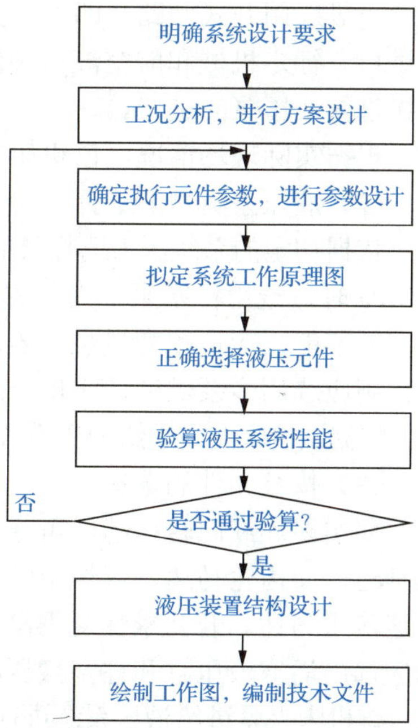

图 8-8　液压传动系统设计的一般流程

在实际设计工作中，以上步骤不是固定不变的。对于简单系统，一些步骤常被省略或合并；对于复杂系统，各步骤相互穿插，反复修改后方能完成系统设计。

本节以某型专用机床夹紧进给液压系统为载体，通过工况分析、液压系统原理图拟定、系统参数计算、标准液压元件选择等环节介绍液压传动系统的设计与计算过程。

1. 明确系统设计要求

设计要求是液压传动系统设计的依据，设计时要明确液压传动系统的动作和性能要求，一般需要考虑以下方面：

① 确定设备中需要液压传动完成的运动、各执行机构的运动形式；

② 对液压装置的空间布置、安装形式、质量、外形尺寸的限制等；

③ 执行机构的载荷形式和大小；

④ 执行机构的运动速度、速度变化范围，以及对运动平稳性的要求；

⑤ 各执行机构的动作顺序，彼此之间的联锁关系，实现这些运动的操作或控制方式；

⑥ 自动化程度、效率、温升、安全保护、制造成本等方面的要求；

⑦ 工作环境方面的要求，如温度、湿度、振动、冲击、防尘、防腐、抗燃性能等。

该机床夹紧进给液压系统的设计具体要求为：

夹紧液压缸实现“夹紧→达到夹紧力，起动进给液压缸工作”；

进给液压缸实现“快进→工进→到达进给终点→快退→复位后起动夹紧液压缸复位退回”。

设计原始数据如下：夹紧液压缸最大夹紧力 F_c=18kN，速度 v_c=0.008m/s；进给液压缸快进速度 v_1=0.05m/s，工进要求无级调速 $v_2=(0.6\sim4)\times10^{-3}$m/s，快退速度 v_3=0.08m/s，最大切削力 14kN，快进行程 L_1=220mm，工进行程 L_2=180mm，运动部件自重为 F_g=22.5kN，起动换向时间 t=0.05s，静摩擦因数 f_s=0.2，动摩擦因数 f_d=0.1，液压缸机械效率 η_m=0.9。

2. 初步设计液压系统方案

明确液压传动系统设计任务后，对执行元件的工况进行分析，设计液压传动系统方案。液压传动系统方案的设计可依据以下原则进行。

（1）回路方式的选择

一般选用开式回路，即执行元件的排油回油箱，油液经过沉淀、冷却后再进入液压泵的进口。行走机械和航空液压装置为减少体积和质量可选用闭式回路，即执行元件的排油直接进入液压泵的进口。

根据实际现场情况，该机床夹紧进给液压系统选用开式回路。

（2）液压泵类型的选择

依据初定的系统压力选择泵的结构型式。当 p<21MPa 时，选用齿轮泵和叶片泵；当 $p\geqslant$ 21MPa 时，选用柱塞泵。为节省投资、方便运行，在大多数场合中选用定量泵。若系统要求高效节能，应选用变量泵。若液压系统有多个执行元件，各工作循环所需的流量相差很大，则应选用多泵供油，实现分级调节。

根据该机床夹紧进给液压系统的压力、流量，可以选用双联叶片泵。

（3）执行元件的选择

要实现连续回转运动，可选用液压马达，当转速高于 500r/min 时，可直接选用高速液压马达，如齿轮马达、双作用叶片马达和轴向柱塞马达；当转速低于 500r/min 时，可选用低速液压马达。若要求往复摆动，则可选用摆动缸或齿条液压缸。若要求实现直线运动，则应选用活塞液压缸和柱塞液压缸。

该机床夹紧进给液压系统进行直线往复运动，执行元件选用液压缸。

（4）执行元件工作顺序的确定

根据执行元件的工作要求和循环动作过程，拟定执行元件的工作顺序及实现方式。该液压系统采用顺序阀实现加工前先夹紧工件、后进给，加工后先退刀、再松开工件的顺序动作。进给支路的顺序阀设在进给液压缸伸出方向的回油路上，其调定压力应比夹紧液压缸最高工作压力高 1MPa，可兼作背压阀。夹紧支路的顺序阀设在夹紧液压缸退回方向的回油路上，其调定压力应比进给液压缸最高工作压力高 1MPa。

（5）调速方式的确定

因对夹紧液压缸与进给液压缸采用顺序阀进行动作顺序控制，背压较大；夹住工件后为了保持夹紧力，系统也需维持较高压力；待机时通过卸荷阀对液压泵卸荷。为了简化液压系统结构、降低设备成本，本系统采用双联液压泵供油。

液压系统定量泵节流调速回路的调节方式简单，广泛地应用于中、小型液压设备上。在速度稳定性要求较高的场合中，可用调速阀或旁通型调速阀代替普通节流阀，这样提高了系统速度刚性，但增加了功率损失。对于大功率的液压设备，应采用容积调速方式。

该机床进给运动要求有较好的低速稳定性和速度负载特性，故采用调速阀调速。共有 3 种方案可供选择，即进口节流调速、出口节流调速、限压式变量泵加调速阀调速。该系统功率较小，效率和温升问题并不突出；连续切削加工过程中切削力变化不大，而且总为正负载，在其他条件相同的情况下，进油节流调速比回油节流调速的低速稳定性更好，且进给行程回油路上的顺序阀正好可兼作背压阀，防止切削力突变时进给液压缸发生前冲，所以该机床液压传动系统采用调速阀进口节流调速。

进给液压缸仅在进给过程中速度有两段变化，退回行程中无调速要求，因此采用单向行程调速阀调整进给液压缸的伸出速度。

（6）调压方式的确定

在液压系统中，一般采用先导式溢流阀做安全阀或卸荷阀。为方便调节系统的最高工作压力，往往采用远程调压控制。如果系统在一个工作循环中的不同阶段工作压力相差很大，则应考虑采用多级调压。如果需要自动控制，则应选用电液比例溢流阀。

本系统采用双泵供油回路，用液控顺序阀实现低压大流量泵卸荷，用溢流阀调整高压小流量泵供油压力。

（7）换向和速度换接回路的选择

若液压设备要求自动化程度较高，应选用电控换向，小流量（小于 100L/min）系统选用电磁换向阀，大流量系统选用电液换向阀。如需要计算机控制，则选用电液比例换向阀。对于工作环境恶劣的行走式液压机械，如装载机、起重机等，为保证工作可靠性，一般采用手动换向阀。对于采用闭式回路的液压机械，如卷扬机、汽车马达等，则采用手动双向变量泵换向回路。

该系统压力不高，流量不大，对换向平稳性要求一般，所以选用价格较低的电磁换向阀控制换向回路。夹紧和进给全过程无须中途停顿，为简化控制，选用二位四通电磁换向阀。当进给液压缸从快进转为工进时，采用二位二通行程换向阀来进行速度换接，以减少液压冲击。由工进转为快退时，在回路上并联一个单向阀以实现速度换接。为控制轴向加工尺寸，提高换向位置精度，采用死挡块加压力继电器终点转换控制。

（8）综合考虑其他回路

对于基本回路的组合，要防止回路间可能存在的相互干扰，要考虑多个执行元件之间的同步、互锁、顺序等要求，参考各种液压基本回路，确定液压系统方案。

3. 拟定系统工作原理图

将上述所选定的液压回路进行有机组合，并根据需要做必要的修改、调整，最后画出液压系统原理图，如图 8-9 所示。列出系统工作循环表，如表 8-5 所示，检查动作循环。

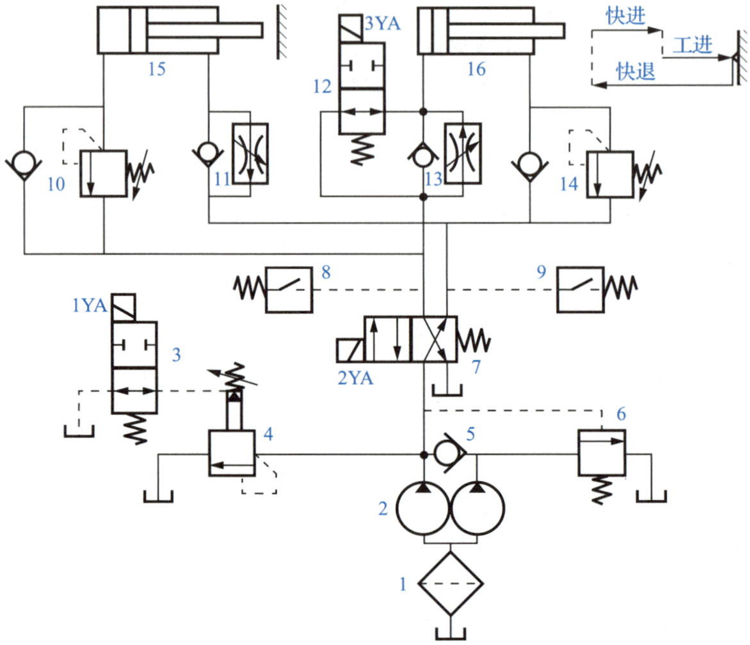

1—过滤器；2—双联液压泵；3、7、12—电磁换向阀；4—先导式溢流阀；5—单向阀；6—液控顺序阀；8、9—压力继电器；10、14—单向顺序阀；11、13—单向调速阀；15—夹紧液压缸；16—进给液压缸。

图 8-9 专用机床夹紧进给液压系统原理图

表 8-5 系统工作循环表

动作	系统工作状态				
	1YA	2YA	3YA（行程阀）	压力继电器 8	压力继电器 9
夹紧缸进	+	+	-	-	-
进给缸快进	+	+	-	-	-
进给缸工进	+	+	+	+（行程终了）	-
进给缸快退	+	-	-	-	-
夹紧缸退	+	-	-	-	+（行程终了）
停止并卸荷	-	-	-	-	-

注：“+”表示通电，“-”表示断电。

从图 8-9 和表 8-5 可看出，当按下启动按钮（未画出），电磁铁 1YA 通电，使先导式溢流阀 4 控制口关闭，系统起压；同时使电磁铁 2YA 通电，使电磁换向阀 7 工作在左位，液压泵对夹紧液压缸 15 左腔供油，使其右行，夹住工件后停止运动。进给液压缸 16 右行方向回油路压力随即升高，单向顺序阀 14 开启，进给液压缸快速右行，至预设位置时压下行程开关（未画出），使电磁铁 3YA 通电，进给液压缸左腔供油流量受单向调速阀 13 限制，实现工进。此时液压缸因承受最大轴向负载，系统压力增大，使液控顺序阀 6 开启，右边的低压大流量泵通过液控顺序阀 6 卸荷。系统只有左边高压小流量泵经电磁换向阀 7、单向调速阀 13 向进给液压缸左腔供油，实现工进。

当进给液压缸向右到达行程终点时，系统压力进一步升高，触发压力继电器 8，使电磁铁 2YA 断电，电磁换向阀 7 右位接入回路。随后，双泵一同供油，进给液压缸快速向左返回起点。停止运动后，夹紧液压缸左行方向回油路压力随即升高，单向顺序阀 10 开启，夹紧液压缸向左返回起点后停止运动。至此，夹紧进给机构完成复位，停止动作，系统压力进一步升高，触发压力继电器 9，使电磁铁 1YA 断电，先导式溢流阀 4 控制口接油箱使系统卸压。再次按下启动按钮后，该系统重复上述工作循环。

4. 设计液压系统参数

系统方案初步确定后，在选定系统工作压力的基础上，就可以进行参数的设计。设计参数就是根据所需操作力（力矩）、执行元件的运动速度和方向、工作环境等要求，确定执行元件的结构尺寸（如缸径、活塞杆直径、缸筒壁厚、行程长度等）及安装方法。具体计算方法可参考项目 3 相关章节内容。

（1）初定系统工作压力

工作压力是确定执行元件结构参数的主要依据，工作压力的大小影响执行元件的尺寸和成本，甚至整个系统的性能。当负载确定后，工作压力的选定决定了液压系统的经济性和合理性。若工作压力选得低，则会增大执行元件及整个系统的尺寸，也需要提供更大流量达到给定速度；若工作压力选得高，则执行元件和系统结构紧凑，但对元件的强度、刚度及密封要求高。因此，系统工作压力应根据总负载的大小或主机设备类型合理选取，具体可参考表 8-6 和表 8-7。

表 8-6　按负载选择系统工作压力

负载力/kN	<5	5～10	10～20	20～30	30～50	>50
工作压力 p/MPa	0.8～1	1.5～2	2.5～3	3～4	4～5	>5～7

表 8-7　常用液压设备的系统工作压力

设备类型	机床			农业机械、工程机械	塑料机械	液压机、冶金机械、挖掘机、起重运输机械
	精加工机床	半精加工机床	粗加工机床			
工作压力 p/MPa	0.8～2	3～5	5～10	10～16	6～25	20～32

根据设计原始数据，该系统需提供的最大夹紧力为 18kN，最大进给推力为 18.5kN（最大切削阻力 14kN 加最大静摩擦力 4.5kN），查表 8-6 可知该夹紧进给液压系统的最大工作压力应在 2.5～3MPa 范围内选择。因系统最大负载力接近 20kN，故选定系统工作压力为 p=3MPa。为防止进给行程末段发生前冲，以及实现压力顺序控制，进给液压缸回油腔背压取 p_b=1MPa，油路压力损失取 Δp=0.5MPa。

（2）负载计算

进给液压缸承受的负载主要包括工作负载、导轨摩擦负载、惯性负载、重力负载、密封负载和背压负载 6 项，其中前 5 项构成了液压缸所要克服的机械总负载。

最大切削阻力为

$$F_t=14\ 000\text{N}$$

导轨静摩擦阻力为

$$F_f=f_sF_g=0.2\times 22\ 500=4500\text{（N）}$$

导轨动摩擦阻力为

$$F_d=f_dF_g=0.1\times 22\ 500=2250\text{（N）}$$

起动加速的最大惯性阻力 F_m 为

$$F_m=\frac{F_g\Delta v}{g\Delta t}=\frac{22\ 500\times 0.05}{10\times 0.05}=2250\text{（N）}$$

液压缸在工作过程中各阶段的负载：

起动加速阶段：

$$F=\frac{F_f+F_m}{\eta_m}=\frac{4500+2250}{0.9}=7500\text{（N）}$$

快进或快退阶段：

$$F=\frac{F_d}{\eta_m}=\frac{2250}{0.9}=2500\text{（N）}$$

工进阶段：

$$F=\frac{F_t+F_d}{\eta_m}=\frac{14\ 000+2250}{0.9}\approx 18\ 056\text{（N）}$$

（3）运动分析

1）快进时间：

$$t_1=\frac{L_1}{v_1}=\frac{220}{50}=4.4\text{（s）}$$

2）工进时间：

工进最长时间为

$$t_{2\max}=\frac{L_2}{v_{2\min}}=\frac{180}{0.6}=300\text{（s）}$$

工进最短时间为

$$t_{2\min}=\frac{L_2}{v_{2\max}}=\frac{180}{4}=45\text{（s）}$$

3）快退时间：

$$t_3=\frac{L_1+L_2}{v_3}=\frac{220+180}{80}=5\text{（s）}$$

（4）绘制液压系统负载图和速度图

根据上述计算数据，可分别绘出进给液压缸负载图和速度图，分别如图 8-10（a）、（b）所示。

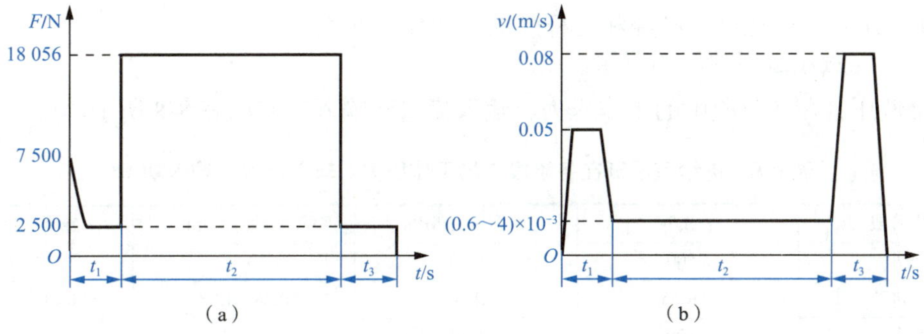

图 8-10　进给液压缸负载图和速度图

（5）计算执行元件的主要尺寸

根据主机所需操作力或力矩，由缸的受力平衡方程或马达转子的力矩平衡方程求出缸径（活塞直径）或马达排量。

最大负载为工进阶段的负载 F=18 056N，则缸径（活塞直径）为

$$D=\sqrt{\frac{4F}{\pi p}}\approx\sqrt{\frac{4\times 18\,056}{3.14\times 3\times 10^6}}\approx 0.088\text{（m）}$$

从 ISO 6020-1 液压缸标准尺寸系列中选取液压缸直径，其数值应尽可能接近但不小于上式计算结果，故取 D=100mm。

根据已知快进速度 v_1 与快退速度 v_3，活塞杆直径为

$$d=D\sqrt{\frac{v_3-v_1}{v_3}}=100\times\sqrt{\frac{80-50}{80}}\approx 61.2\text{（mm）}$$

从 ISO 6020-1 液压缸标准尺寸系列中选取 d=63mm。

夹紧液压缸无运动速度要求，且无带负载进退工况，故可在确定进给液压缸工进阶段的系统压力后再设计其尺寸。

（6）计算执行元件各工作阶段的工作压力、输入流量和功率

根据执行元件的负载和速度，以及结构参数（如液压缸的活塞有效面积、马达的排量），计算出执行元件在一个工作循环中各阶段的工作压力、输入流量和功率，以此作为选择液压缸的依据。

对于单杆液压缸，其工作压力 p_1 可按下列公式计算：

无杆腔进油快进阶段为

$$p_1=\frac{F}{A_1}+\frac{A_2}{A_1}p_b=\frac{2500}{\pi\times 100^2/4}+\frac{\pi\times 100^2/4-\pi\times 63^2/4}{\pi\times 100^2/4}\times 1\approx 0.92\text{（MPa）}$$

无杆腔进油工进阶段为

$$p_1=\frac{F}{A_1}+\frac{A_2}{A_1}p_b=\frac{18\,056}{\pi\times 100^2/4}+\frac{\pi\times 100^2/4-\pi\times 63^2/4}{\pi\times 100^2/4}\times 1\approx 2.36\text{（MPa）}$$

有杆腔进油快退阶段为

$$p_1=\frac{F}{A_2}=\frac{2500}{\pi\times 100^2/4-\pi\times 63^2/4}\approx 0.53\text{（MPa）}$$

式中，F——液压缸在各工作阶段的最大机械总负载；

A_1、A_2——液压缸无杆腔和有杆腔的有效作用面积；

p_b——液压缸回油路的背压。

进给液压缸在各阶段中的工作压力、输入流量和输入功率如表 8-8 所示。

表 8-8　进给液压缸在各阶段中的工作压力、输入流量和输入功率

工作阶段	负载/N	工作压力/MPa	输入流量/（L/min）	输入功率/kW
快进	2 500	0.92	23.55	0.36
工进	18 056	2.36	0.28～1.88	0.011～0.074
快退	2 500	0.53	22.72	0.2

根据以上计算绘制进给液压缸工况参数图，包括压力图、流量图和功率图，分别如图 8-11（a）、（b）、（c）所示。

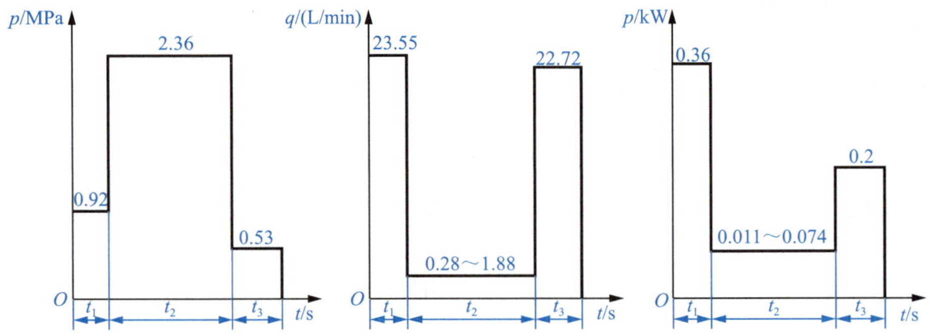

（a）压力图　（b）流量图　（c）功率图

图 8-11　进给液压缸工况参数图

5. 选择并计算液压元件的尺寸

（1）选择液压泵

由执行元件工况图确定泵的主要参数。

由图 8-11（a）可见，工进阶段液压缸工作压力为最大，则液压泵最高工作压力 p_p 为

$$p_p \geqslant p_1+p_t+\Delta p=2.36+0.7+0.5=3.56\ (\text{MPa})$$

式中，p_1——执行元件最高工作压力；

p_t——调速阀两端压力差；

Δp——油路压力损失。

由图 8-11（b）可见，快进阶段流量最大，液压泵需提供输出流量为

$$q_p \geqslant Kq_{max}=1.1\times 23.55\approx 25.9\ (\text{L/min})$$

式中，K——泄漏系数，取 K=1.1；

q_{max}——执行元件所需流量的最大值。

工进时泵的流量为

$$q_p \geqslant Kq_{max}=1.1\times 1.88\approx 2.07\ (\text{L/min})$$

还需考虑系统中溢流阀稳定工作的最小溢流量，一般取 3L/min，所以工进时小泵所需提供的最大稳定流量为 5.07L/min。

查产品样本，选用小泵排量为 V_1=6mL/r，大泵排量为 V_2=25mL/r 的 YB1 型双联叶片泵，其额定转速为 n=960r/min，容积效率 η_{pv}=0.95，则小泵的额定流量为

$$q_{p1}=V_1 n\eta_{pv}=6\times10^{-3}\times960\times0.95\approx5.47\text{（L/min）}$$

快进时双泵一起供油，大泵需提供的流量为

$$q_{p2}=25.9-5.47=20.43\text{（L/min）}$$

则大泵的额定流量为

$$q_{p2}=V_2 n\eta_{pv}=25\times10^{-3}\times960\times0.95=22.8\text{（L/min）}$$

由于 $q_{p1}+q_{p2}$=5.47+22.8=28.27（L/min）>25.9L/min，可以满足要求。

由图 8-11（c）可见，快进阶段的功率最大，故按快进阶段估算电动机的功率。此时液压泵的工作压力 p_p 为

$$p_p\geqslant p_1+p_t+\Delta p=0.92+0.7+0.5=2.12\text{（MPa）}$$

若取液压泵的总效率 η_p=0.7，则电动机的功率为

$$P=\frac{p_p(q_{p1}+q_{p2})}{\eta_p}=\frac{2.12\times10^6\times(5.47+22.8)\times10^{-3}}{60\times0.7}\approx1427\text{（W）}$$

查电动机产品样本，选用 Y100L-6 型三相异步电动机，P=1.5kW，额定转速 n=960r/min。

（2）计算夹紧液压缸的主要尺寸

工进时系统最高压力达到 3.56MPa，此时夹紧液压缸最大负载 F=18 000N，缸内压力为

$$p_1=p_p-\Delta p=3.56-0.5=3.06\text{（MPa）}$$

则夹紧缸缸径（活塞直径）为

$$D=\sqrt{\frac{4F}{\pi p_1}}\approx\sqrt{\frac{4\times18\,000}{3.14\times3.06\times10^6}}\approx0.087\text{（m）}$$

从 ISO 6020-1 液压缸标准尺寸系列中选取液压缸直径 D=100mm。因夹紧退回行程无速度要求，为便于安装维护，选取与进给液压缸规格相同的活塞杆，直径 d=63mm。

（3）选择控制元件

根据所拟定的液压系统原理图，计算分析通过各液压阀油液的最高压力和最大流量，由产品样本确定控制阀的型号，如表 8-9 所示。

表 8-9 液压元件的型号

序号	元件名称	型号	通过流量/（L/min）	额定压力/MPa	压差/MPa
1	过滤器	XU-40×80-J	32	6.3	—
2	双联叶片泵	YB1-25/6	28.27	6.3	—
3	二位二通电磁换向阀	22EO-B10H-T	23.55	6.3	<0.2
4	先导式溢流阀	DB10-2-30/100	28.27	6.3	—
5	单向阀	AF3-EA10B	23.55	6.3	<0.2
6	液控顺序阀	X4F-B10H2	22.8	6.3	—
7	二位四通电磁换向阀	24EI3-H10B-T	23.55	6.3	<0.2
8	压力继电器	DP1-63B	—	—	—
9	压力继电器	DP1-63B	—	—	—
10	单向顺序阀	AXF3-10B	14.30	6.3	1.0
11	单向调速阀	AXQF3-E10L	3.77	6.3	0.7

续表

序号	元件名称	型号	通过流量/（L/min）	额定压力/MPa	压差/MPa
12	二位二通电磁换向阀	22EO-B10H-T	23.55	6.3	<0.2
13	单向调速阀	AXQF3-E10L	0.28～1.88	6.3	0.7
14	单向顺序阀	AXF3-10B	14.30	6.3	1.0

压力和额定流量应大于或等于系统的最大工作压力和阀的实际流量，必要时通过阀的实际流量可略大于该阀的额定流量，但不得超过 20%，以免压力损失过大，引起噪声和发热。选择流量阀时，还应考虑最小稳定流量是否满足工作部件最低运动速度的要求。

（4）选择液压辅件

选择液压辅件，如过滤器、蓄能器、管道和管接头，可按照教材中有关内容选用，油箱有效容积应根据液压泵的额定流量来确定，按中压系统确定油箱的容量为

$$V=mq_{\mathrm{p}}=(5\sim7)\times25.9\approx130\sim181\text{（L）}$$

6. 验算液压系统的性能

系统的设计工作基础完成后，可针对实际情况对所设计的系统进行各项性能分析和主要性能验算，进一步确切计算系统的压力损失、容积损失、效率、压力冲击及发热温升等，根据分析计算评判其设计质量，发现潜在问题，对某些不合理的设计进行调整或采取其他必要措施，以改进和完善系统。

（1）系统压力损失验算

系统压力损失包括管道沿程和局部损失、流经阀类和辅助元件的局部损失。如果算出的系统总压力损失与初算时的假设值或允许值相差很远，则必须以此时的计算值代替假设值，重新计算，或者对原设计进行修改。

（2）系统发热温升计算

系统工作时有压力损失、容积损失和机械损失，这些损失所消耗的能量大多转换为了热能，使油温升高，导致油的黏度下降，影响正常工作。为此，必须控制温升在许可范围内。

本液压系统比较简单，压力损失验算可省略。系统采用双泵供油，进给液压缸工进阶段大流量泵卸荷，功率使用合理。同时，油箱容量可以取较大值，系统发热温升不大，可省略系统温升验算。

7. 绘制工作图和编制技术文件

工作图包括按国家标准绘制正规的系统原理图、系统装配图、阀块等非标准元件和辅件的零件图及装配图等。

（1）绘制工作图

系统原理图中应附有元件明细表，表中标明各元件的规格、型号和压力、流量调整值。一般还应绘出各执行元件的工作循环图和电磁铁动作顺序表。

系统装配图是系统布置全貌的总布置图，对于液压系统，应包括油箱装配图、液压泵站装配图、集成油路块装配图和管路安装图等。在管路安装图中应画出各管路的走向、固

定装置结构、各种管接头的形式和规格等。

标准元件、辅件和连接件的清单，通常以表格形式给出，同时给出工作介质的品牌、数量及系统对其他配置（如厂房、电源、电线布置、基础施工条件等）的要求。

（2）编制技术文件

技术文件一般包括系统设计与计算说明书，系统使用及维护技术说明书，零部件明细表及标准件、通用件及外购件明细表等，系统有关的其他注意事项。

任务实施：设计卧式组合机床动力滑台液压系统

为一台卧式组合机床动力滑台设计液压系统，要求采用液压与电气结合，使液压缸驱动动力滑台实现“快进→工进→快退→停止”的自动工作循环。设计的原始数据如下：最大轴向切削力为 12 000N，工进速度在（0.33×10^{-3}）～（20×10^{-3}）m/s 范围内无级变速；动力滑台重力为 20 000N，快进和快退的速度均为 0.1m/s；导轨为平导轨，静摩擦因数为 0.2，动摩擦因数为 0.1；往返运动的加、减速时间均为 0.2s；快进行程和工进行程均为 0.1m。

该任务与课程内容实例相近，按液压传动系统设计的基本步骤和流程进行设计即可，故此不再赘述。

思考与练习

1．如何绘制液压系统原理图？

2．液压系统工况图有什么作用？

9

项　目

气压传动系统的认知与使用

项目目标

知识目标

1. 熟悉气压传动的工作过程、系统组成及应用；
2. 掌握气压传动系统的图形符号；
3. 熟悉空气压缩机等气源装置的工作过程及选用；
4. 熟悉压缩空气净化设备、供气系统管道、气源调节装置、消声器等辅助元件的结构型式及工作过程；
5. 熟悉气缸的工作过程；
6. 熟悉气动马达的工作过程；
7. 熟悉单向型、换向型气动方向控制阀的结构类型和工作过程及气动换向回路的性能；
8. 熟悉气动压力控制阀的工作过程及压力控制回路的性能；
9. 熟悉气动流量控制阀的工作过程及速度控制回路的性能；
10. 熟悉气液联动、往复动作、安全保护、延时等气动回路的性能；
11. 掌握气压系统的基本分析方法。

技能目标

1. 能够分析气压系统的组成及工作过程；
2. 能够识别气源装置及辅助元件；
3. 能够分析气缸的特性及选用气缸；
4. 能够组装、分析各种气动基本回路；
5. 能够分析一般气动系统。

素质目标

1. 强化规范意识、安全意识，严格按照安全操作规程作业；
2. 强化质量意识，培养专注、细致、严谨、负责的工作态度。

任务 9.1 气压传动系统认知与分析

任务目标

1. 能够描述气压传动的工作过程、系统组成及应用；
2. 能够识别气压传动系统的图形符号；
3. 能够分析空压机站的工作过程，并说明其组成。

任务描述

分析空压机站的工作过程，并说明其组成。

相关知识：气压传动的工作过程及特点

气压传动简称气动，是指以压缩空气为工作介质来传递动力和控制信号，驱动和控制各种机械设备，以实现生产过程机械化、自动化的一门技术。

1. 气压传动的工作过程

气压传动工作过程类似于液压传动工作过程。因为气压传动工作介质与液压传动工作介质的特性有很大区别，所以气压传动的工作特性与液压传动有较大不同，应用的场合也不一样。

图 9-1（a）所示为气动剪切机的结构原理。图示位置为剪切前的情况。空气压缩机（简称空压机）1 产生的压缩空气经冷却器 2、分水过滤器 3、储气罐 4、空气过滤器 5、减压阀 6、油雾器 7 到达换向阀 9，部分气体经节流通路 a 进入换向阀 9 的下腔 A，使上腔弹簧压缩，换向阀阀芯位于上端；大部分压缩空气经换向阀 9 后由 b 路进入气缸 10 的上腔，而气缸 10 的下腔经 c 路、换向阀与大气相通，故气缸活塞处于最下端位置。

当工料送入剪切机并达到预定位置时，工料将行程阀 8 的阀芯向右推动，换向阀 9 的 A 腔经行程阀 8 与大气相通，换向阀 9 的阀芯在弹簧作用下移到下位，使气缸 10 的上腔由 b 路与大气相通，下腔与压缩空气连通。气缸活塞在压缩空气的作用下带动剪刀将工料切断，并随之松开行程阀 8 的阀芯使之复位，将排气口堵死，换向阀 9 的 A 腔压力上升，阀芯上移，使气路换向。气缸 10 的上腔进入压缩空气，下腔排气，活塞带动剪刀向下移动，系统又恢复到图示位置的预备状态，等待第二次进料剪切。图 9-1（b）所示为采用图形符号绘制的气动剪切机系统的结构原理。

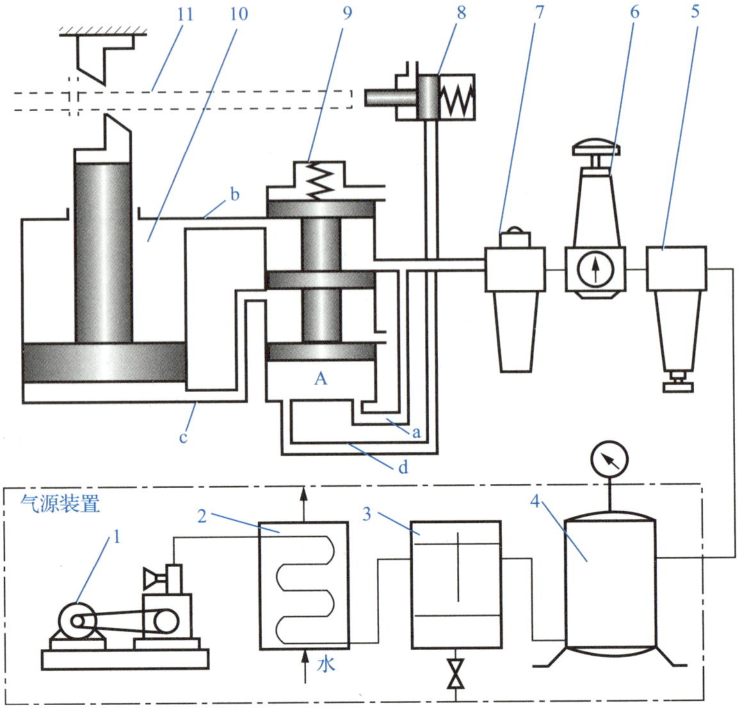

1—空气压缩机；2—冷却器；3—分水过滤器；4—储气罐；5—空气过滤器；6—减压阀；7—油雾器；8—行程阀；9—换向阀；10—气缸；11—工料。

（a）气动剪切机气动系统结构原理图

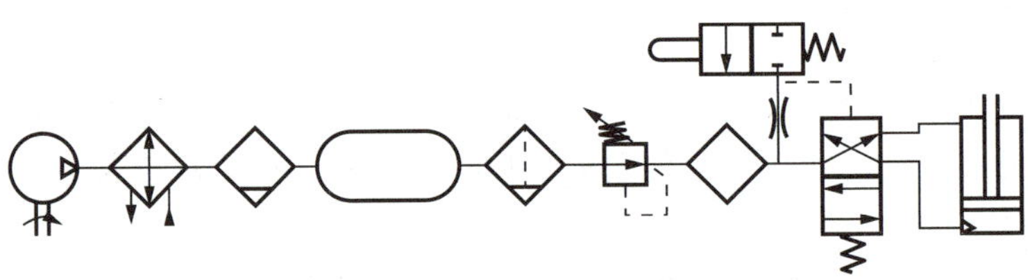

（b）采用图形符号绘制的气动剪切机气动系统原理

图 9-1　气动剪切机的结构原理

剪切机的剪刀克服阻力剪断工料的机械能来自于压缩空气的压力能，提供压缩空气的是空气压缩机，气路中的换向阀、行程阀用于改变气体的流动方向和控制气缸活塞的运动方向。

从上面的实例可以看出，气压传动工作过程是利用空气压缩机将电动机或其他原动机输出的机械能转换为空气的压力能，然后在控制元件的控制和辅助元件的配合下，通过执行元件把空气的压力能转换为机械能，从而完成直线或回转运动并对外做功。

2. 气压传动系统的组成

典型的气压传动系统如图 9-2 所示，其与液压传动系统类似，也是由五部分组成的：

① 气源装置（气压发生装置），将原动机输出的机械能转换为空气的压力能。其主要设备是空气压缩机。

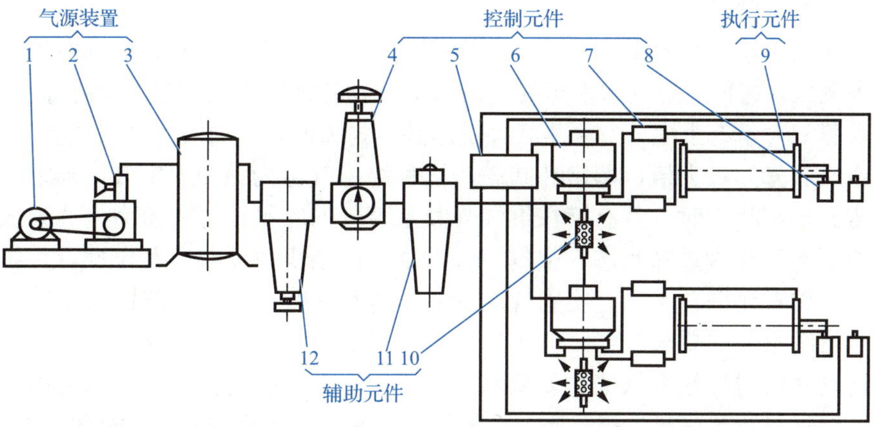

1—电动机；2—空气压缩机；3—储气罐；4—压力控制阀；5—逻辑元件；6—方向控制阀；
7—流量控制阀；8—机控阀；9—气缸；10—消声器；11—油雾器；12—空气过滤器。

图 9-2　气压传动系统的组成示意图

② 执行元件，将空气的压力能转换为机械能，如气缸、气动马达。

③ 控制元件，用来控制压缩空气的压力、流量、流动方向，以保证执行元件按要求输出力、速度和运动方向，如压力控制阀、流量控制阀、方向控制阀和逻辑元件。

④ 辅助元件，除上述 3 类元件外，用于辅助保证气动系统正常工作的其他装置，如干燥器、空气过滤器、消声器和油雾器等。

⑤ 工作介质，气压传动的工作介质一般指压缩空气。

如图 9-2 所示，气源装置部分的电动机 1 驱动空气压缩机 2，空气压缩机 2 将电动机 1 的机械能转换为气体的压力能；储气罐 3 储存压缩空气并稳定压力。受压缩的空气经过辅助元件部分，其中包括空气过滤器 12，它用于净化空气；油雾器 11 用于将润滑油喷成雾状，其悬浮于压缩空气内，使气缸得到润滑；消声器 10 用于减小噪声。压缩空气经控制元件压力控制阀 4、逻辑元件 5、方向控制阀 6、流量控制阀 7、机控阀 8 的控制，进入气压执行元件气缸 9，推动活塞带动负载进行工作。

3. 空气的性质

（1）空气的黏度

空气的黏度是空气质点相对运动时产生阻力的性质，其大小主要受温度变化的影响。温度升高后，空气内的分子运动加剧，分子间的碰撞增多而引起黏度增大。压力变化对空气黏度影响很小，可忽略不计。

（2）空气的可压缩性

由于气体分子间距离大、内聚力小，体积容易变化，与液体相比具有明显的可压缩性。温度越高、压力越大，空气的可压缩性就越大。在实际工程中，当管路内的气体流速较低（平均速度 $v \leqslant 50\text{m/s}$）、温度变化不大时，气体压缩性并不明显，可将其看作是不可压缩的。然而在某些气动元件（如气缸、气动马达）中，局部流速很高（$v>50\text{m/s}$），气体的可压缩性较为明显，则必须考虑气体的可压缩性。

（3）空气的湿度

在气压传动中，把理论上完全不含有水蒸气的空气称为干空气。大气中的空气或多或少总含有水蒸气，这种由空气和水蒸气组成的混合物称为湿空气。在一定的温度和压力下，空气中的水蒸气含量有上限，当水蒸气含量达到一定值时，再加入水蒸气就会有水滴析出，此时的水蒸气含量为最大值，即饱和状态，这种湿空气称为饱和湿空气。当空气中所含的水蒸气未达到饱和状态时，具有潜在继续吸收水蒸气的容量，这种湿空气称为未饱和湿空气，此时的水蒸气称为过热状态。空气中含有水分的多少对系统的稳定性有直接影响，因此各种气动元件对允许含水量有明确规定，并且通常采取一些措施防止水分进入。

（4）对压缩空气的要求

气压传动系统对压缩空气的主要要求有：不能含有过多的油蒸气，以免影响气动元件的动作灵敏度；不能含有灰尘等杂质，以免阻塞气压传动元件的通道；空气湿度不能过大，以免在工作中析出水滴，影响正常操作。由空气压缩机输出的压缩空气虽然能满足气压传动系统工作时的压力和流量要求，但因所含的杂质较多，必须经过除油、干燥、除尘等净化处理才能送往气压传动装置，避免气压系统故障。

4. 气压传动的特点

（1）气压传动的优点

① 清洁、便宜。气压传动的工作介质是空气，取之不尽用之不竭，用后的空气可以排入大气，不会污染环境。

② 压力损失小。空气的黏度很小，仅为油液的百分之一，所以流动阻力小，压力损失小，便于集中供气和远距离输送。不必如液压传动那样在每台设备附近都设置一个动力源，因此使用方便。

③ 工作环境适应性好。气压传动在易燃、易爆、多尘、强辐射等恶劣环境下仍能可靠工作。

④ 较好的自保持能力。即使气源停止工作，或气阀关闭，气压传动系统仍可维持一个稳定压力。而液压传动要维持一定的压力，需要有能源工作或加蓄能器。

⑤ 无过载危险。气压传动在一定的超负载工况下运行也能保证系统安全工作，并不易发生过热现象。

⑥ 动作迅速和反应快。气体流速可达 10m/s，甚至接近声速，在 0.02～0.03s 内即可达到所要求的工作压力和速度，比液压系统灵敏得多。

（2）气压传动的缺点

① 气压传动的工作压力低，输出推力一般不宜大于 40kN，仅适用于小功率场合，在相同输出力的情况下，气压传动装置比液压传动装置尺寸大。

② 由于空气的可压缩性大，气压传动系统的速度稳定性差，从而给位置和速度控制精度带来误差。

③ 气压传动系统的噪声大，尤其是排气出口处的气体急剧膨胀，会产生刺耳的噪声。为了降低噪声，应合理设计排气通道形状，降低排气速度，安装消声装置。

④ 气压传动工作介质本身没有润滑性，需设油雾器装置润滑，而液压系统无此问题。

5. 气压传动技术的应用与发展

气压传动因具有操作方便、无油、无污染、防火、防电磁干扰、抗振动、抗冲击等优点，在电子工业、包装机械、印刷机械、食品机械等领域应用广泛。

当今气动技术已发展为包括传动、控制与检测在内的自动化技术。随着工业自动化技术及柔性制造系统的发展，气动控制技术以提高系统可靠性、降低总成本为目标，研究和开发系统控制技术及机、电、液、气综合技术取得新进展。显然，气动元件当前发展的特点和研究方向主要是节能化、小型化、轻量化、位置控制的高精度化，以及与电子学相结合的综合技术。

任务实施：分析空压机站的工作过程

① 理解空压机站的功能及操作流程。
② 观察空压机站的工作过程。
③ 认识空压机站的组成部分，即空气压缩机、冷却泵站、附属设备、输气管路等。

思考与练习

1. 一个典型的气压传动系统由哪几部分组成？
2. 与液压传动系统相比，气压传动系统有哪些优点？
3. 试列举 3 件生产生活中常见的气压传动设备。

任务 9.2　气源装置及辅助元件认知与使用

任务目标

1. 能够描述空气压缩机的工作过程，并说明其选用与使用方法；
2. 能够描述压缩空气净化设备的结构型式及工作过程；
3. 能够说明并设计供气系统管道；
4. 能够描述气源调节装置的结构型式及工作过程；
5. 能够描述消声器的结构型式。

任务描述

根据空气的成分及系统对压缩空气的要求认识气源装置的组成，并操作设备实现工业用气供应。

相关知识：气源装置及辅助元件认知

气源装置主要指压缩空气的发生装置，辅助元件包括压缩空气的存储、净化等装置。它们为气动系统提供合乎质量要求的压缩空气，是气动系统的一个重要组成部分。气动系统对压缩空气的主要要求有：具有一定的压力和流量，并具有一定的净化程度。

气源装置及辅助元件一般由气压发生装置、净化及储存压缩空气的装置和设备、传输压缩空气的管道系统及气动三联件四部分组成，如图 9-3 所示。

如图 9-3 所示，空气压缩机 1 用来产生压缩空气。空气压缩机吸气口装有过滤器，以减少灰尘的吸入。后冷却器 2 用来冷却空气压缩机排出的高温气体，使汽化的水和油凝结出来。油水分离器 3 用来分离并排出凝结出来的水滴、油滴和杂质等。储气罐 4 和 7 用来储存压缩空气，稳定压缩空气的压力，同时使压缩空气中的部分油分和水分沉积在储气罐底部以便除去。储气罐 4 输出的压缩空气可用于一般要求的气压传动系统，储气罐 7 输出的压缩空气可用于要求较高的气动系统（如气动仪表及射流元件组成的控制回路等）。干燥器 5 用来进一步吸收压缩空气中的油分和水分，使之成为干燥空气。过滤器 6 用来进一步过滤压缩空气中的灰尘、杂质和颗粒。加热器 8 可将热空气吹入闲置的干燥器中进行再生，以备两个干燥器交替使用。四通阀 9 用于转换两个干燥器的工作状态。

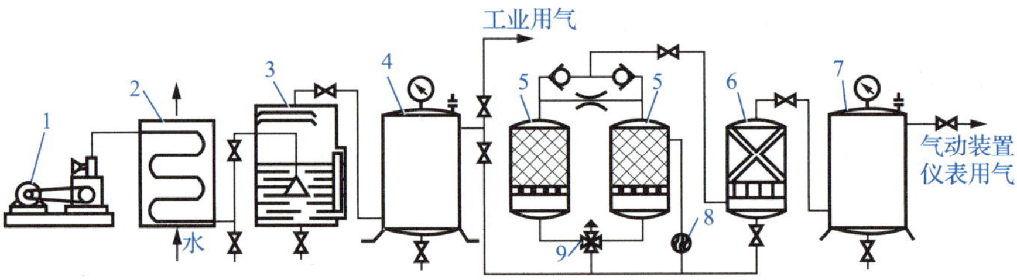

1—空气压缩机；2—后冷却器；3—油水分离器；4、7—储气罐；
5—干燥器；6—过滤器；8—加热器；9—四通阀。

图 9-3　气源装置的组成和布置示意图

1. 空气压缩机

（1）空气压缩机的分类

空气压缩机简称空压机，是气源装置的核心，用于将原动机输出的机械能转换为气体的压力能。空气压缩机种类很多，按工作原理主要可分为容积式和速度式（叶片式）两类，容积式较为常用。

容积式压缩机通过缩小压缩机内部的工作容积，使单位体积内气体的分子密度增加来提高气体压力；速度式压缩机则是通过使高速流动的气体突然受阻而停滞下来，使动能转换为压力能。容积式压缩机按结构可分为活塞式、膜片式和螺杆式等；速度式空气压缩机按结构可分为离心式和轴流式等。空气压缩机的具体分类如表 9-1 所示。

表 9-1　空气压缩机的具体分类

<table>
<tr><th colspan="3">按工作原理</th><th colspan="2">按输出压力/MPa</th><th colspan="2">按输出流量/（m³/s）</th></tr>
<tr><td rowspan="4">容积式</td><td rowspan="2">往复式</td><td>活塞式</td><td rowspan="2">低压型</td><td rowspan="2">0.2～1.0</td><td rowspan="2">小型</td><td rowspan="2">0.017～0.17</td></tr>
<tr><td>膜片式</td></tr>
<tr><td rowspan="2">旋转式</td><td>滑片式</td><td rowspan="2">中压型</td><td rowspan="2">1.0～10</td><td rowspan="2">中型</td><td rowspan="2">0.17～1.7</td></tr>
<tr><td>螺杆式</td></tr>
<tr><td rowspan="2">速度式</td><td colspan="2">离心式</td><td rowspan="2">高压型</td><td rowspan="2">>10</td><td rowspan="2">大型</td><td rowspan="2">>1.7</td></tr>
<tr><td colspan="2">轴流式</td></tr>
</table>

（2）空气压缩机的工作过程

目前使用最广泛的是往复活塞式压缩机，通过曲柄连杆机构使活塞往复运动而实现吸、压空气，并提高气体压力。

图 9-4（a）所示为活塞式空气压缩机的工作原理。活塞 4 向右运动时，左腔容积增大，压力下降，当压力低于大气压力时，进气阀 8 被打开，外界气体进入气缸 3 内，此为吸气过程。当活塞向左运动时，进气阀 8 关闭，左腔容积减小，缸内气体被压缩，压力升高，此过程为压缩过程。当缸内的气体压力高于排气管道内的压力时，将会顶开排气阀 2，压缩空气被排入排气管内，此过程为排气过程。至此完成一个工作循环。电动机带动曲柄做回转运动，通过连杆、滑块、活塞杆，推动活塞做往复运动，空气压缩机就连续输出高压气体。图 9-4（b）所示为活塞式空气压缩机的图形符号。

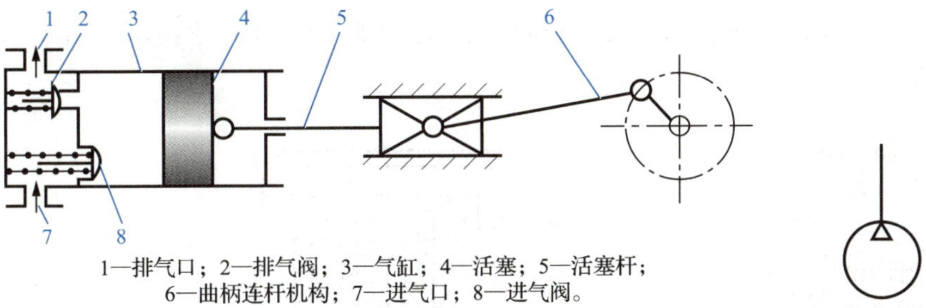

1—排气口；2—排气阀；3—气缸；4—活塞；5—活塞杆；6—曲柄连杆机构；7—进气口；8—进气阀。

（a）结构原理　　（b）图形符号

图 9-4　活塞式空气压缩机

（3）空气压缩机的选用

选择空气压缩机的依据是气动系统所需的工作压力和流量两个参数。

① 气源的工作压力应比气动系统中的最高工作压力高 20%左右，以补偿供气管道的沿程损失和局部损失。如果系统中某些支路的工作压力要求较低，则可以采用减压阀供气。一般气动系统的工作压力为 0.5～0.8MPa，可选用额定排气压力为 0.7～1.0MPa 的低压空气压缩机，特殊需要亦可选用中、高压空气压缩机。

② 空气压缩机输出流量要根据整个气动系统在工作压力下所需流量再加一定的备用余量进行选择。空气压缩机铭牌上标明的空气流量是指自由空气流量（未经压缩的自由状态下的空气），选择时需将压缩空气流量转换为自由空气流量。

（4）空气压缩机的使用

① 安装位置。空气压缩机必须安装在无粉尘、通风好、湿度小、温度低且有足够维护保养工作空间的位置，一般安装在专用机房内。

② 噪声。空气压缩机运转时会产生噪声，其防治方法有设置隔声罩、消声器，或选择噪声较低的空气压缩机等。

③ 使用专用润滑油并定期更换。起动空气压缩机前应检查润滑油位，并用手拉动传动带使机轴转动几圈，以保证起动时的润滑。起动前和停机后，都应及时排出气罐中的水分。

2. 压缩空气净化设备

压缩空气要具有一定的清洁度和干燥度，以满足气压传动系统对压缩空气的质量要求。清洁度是指气源中含有的杂质（油、水及灰尘）粒径在一定的范围内。干燥度是指压缩空气中的水蒸气含量，应越小越好。因此，压缩空气需要进行一系列的净化处理后，才能输出给气动系统使用。

压缩空气净化设备一般包括后冷却器、油水分离器、储气罐和空气干燥器。

（1）后冷却器

空气压缩机输出的压缩空气的温度高达 180℃，在此温度下，所含水分完全呈气态。后冷却器的作用就是将空气压缩机出口的高温压缩空气冷却至 40℃，并使其中的水蒸气和油雾冷凝成水滴和油滴，经油水分离器排出。

后冷却器的结构型式有蛇形管式、列管式、散热片式、管套式。冷却方式有水冷和气冷两种。蛇形管式和列管式冷却器的结构分别如图 9-5（a）、（b）所示，图 9-5（c）所示为冷却器的图形符号。

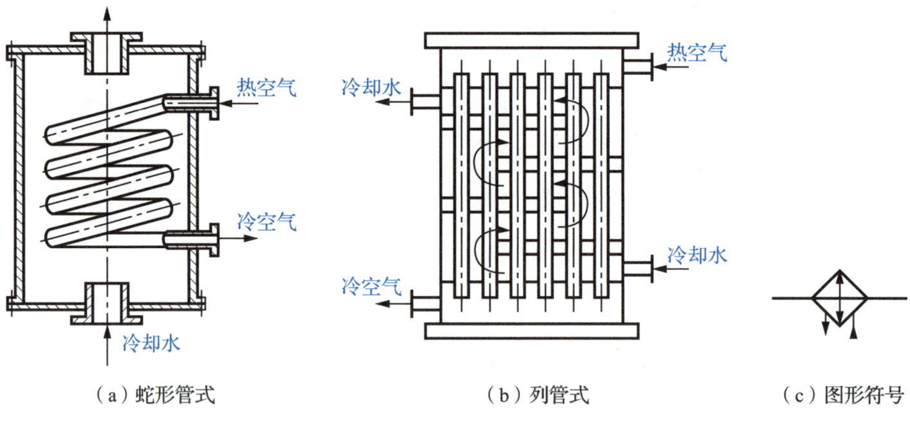

图 9-5　冷却器

（2）油水分离器

油水分离器安装在后冷却器后的管道上，作用是分离压缩空气中所含的水分、油分等杂质，使压缩空气得到初步净化。油水分离器的结构型式有环形回转式、撞击折回式、离心旋转式、水浴式，以及以上型式的组合等。油水分离器主要利用回转离心、撞击、水浴等方法使水滴、油滴及其他杂质颗粒从压缩空气中分离出来。

撞击折回式油水分离器的结构原理如图 9-6（a）所示。它的工作过程是当压缩空气由入口进入分离器壳体后，气流先受到隔板阻挡而被撞击折回向下（见图中箭头所示流向），之后又上升产生环形回转，这样凝聚在压缩空气中的油滴、水滴等杂质受惯性力的作用而析出，沉降于壳体底部，由放水阀定期排出。图 9-6（b）所示为其图形符号。

（3）储气罐

储气罐的作用是消除压力波动，保证供气的连续性和平稳性，储存一定数量的压缩空气以备应急使用，解决空气压缩机的输出气量和气动设备的耗气量之间的不平衡，同时还起到进一步分离空气中的油分和水分的作用。

储气罐有卧式和立式之分，是钢板焊接制成的压力容器，水平或垂直地直接安装在后冷却器后面以储存压缩空气，可减少空气流的脉动。一般装有卸放过剩压力的安全阀、指示罐内压力的压力表和排放冷凝水的排水阀。图 9-7（a）所示为立式储气罐的结构原理，图 9-7（b）所示为其图形符号。

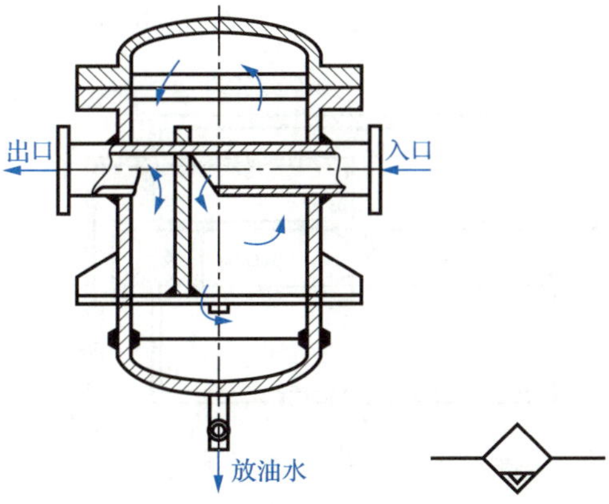

（a）结构原理　（b）图形符号

图 9-6　撞击折回式油水分离器

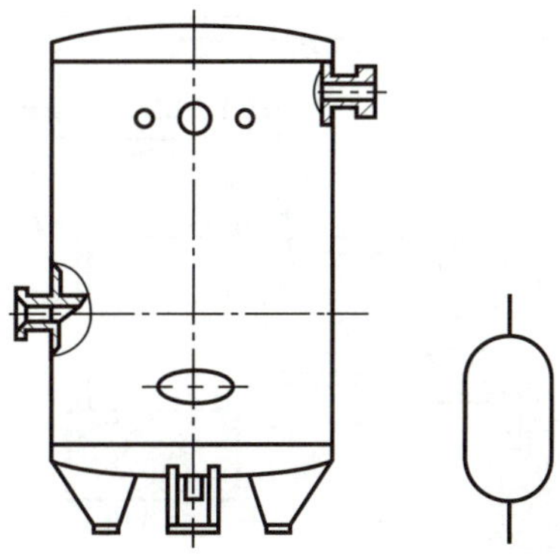

（a）结构原理　（b）图形符号

图 9-7　立式储气罐

选择储气罐的容积 V_c，一般以空气压缩机每分排气量为依据。当 $q<6.0\text{m}^3/\text{min}$ 时，V_c 取 1.2m^3；当 $q=6.0\sim30\text{m}^3/\text{min}$ 时，V_c 取 $1.2\sim4.5\text{m}^3$；当 $q>30\text{m}^3/\text{min}$ 时，V_c 取 4.5m^3。

（4）空气干燥器

空气干燥器的作用是除去压缩空气中的水分，得到干燥空气。压缩空气中的水分会造成诸多负面影响，如对气动元件和管道产生腐蚀，引起油漆、电镀和塑料制品表面变质，产生气泡，稀释润滑油，污染化学药品和食品等。因此，去除水分与除油、滤尘同为气源净化处理的重要环节。

目前使用的空气干燥方法主要有冷冻法、吸附法、机械法和离心法等。工业上常用的干燥器有冷冻式干燥器和吸附式干燥器。配置气源净化系统时，应尽量安装空气干燥器。

① 冷冻式干燥器。冷冻式干燥器是利用制冷设备将空气冷却到一定的露点温度，使水蒸气饱和析出水分，凝结成水滴进行清除。冷冻式干燥器由于受水的冰点温度的限制，其冷冻温度不可能很低，一般在 0.7MPa 时的压力露点温度为 2～10℃。

冷冻式干燥器的工作原理如图 9-8（a）所示。其工作过程是最初进入空气干燥器的湿热空气，在热交换器中靠已除湿的干燥冷空气预冷却。随后进入冷却装置，被制冷剂冷却到 2～5℃以除湿。最后，冷凝的水滴被油水分离器排走，而除湿后的冷空气进入热交换器，被入口进来的湿热空气加热，其湿度降低后由出口输出。

② 吸附式干燥器。吸附式干燥器是利用硅胶、活性氧化铝、分子筛等吸附剂（干燥剂）表面能物理性吸附水分的特性来清除水分的。由于水分和这些干燥剂之间没有化学反应，因此不需要更换干燥剂，但必须定期对干燥剂进行再生。按再生的方法分为带加热器的加热再生和使用部分干燥空气吹干的无热再生。吸附式干燥器由于不受水的冰点温度限制，因此干燥效果较好，干燥后的空气在大气压下的露点温度为-40～70℃。

吸附式干燥器的工作原理如图 9-8（b）所示，它有两个填满吸附剂的相同容器。潮湿空气从一个吸附筒的上部流到下部，水分被吸附剂吸收而得到干燥空气，另一个吸附筒此时接通鼓风机，用加热器产生的热风把饱和的吸附剂中的水分带走并排放入大气，使吸附剂再生。两个吸附筒定期交换，轮流工作（5～10min），使吸附剂进行吸附和再生循环，连续输出干燥空气。

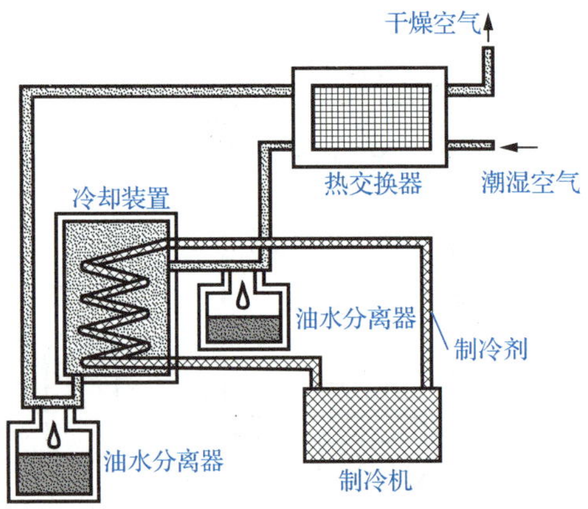

（a）冷冻式干燥器

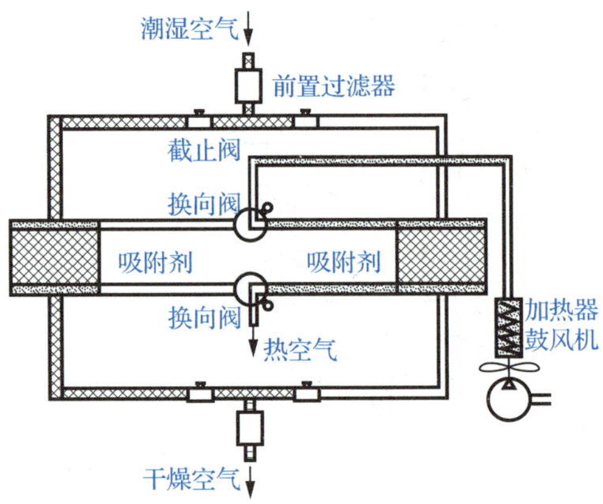

（b）吸附式干燥器

图 9-8　空气干燥器的工作原理

吸附式干燥器的结构如图 9-9（a）所示。它的外壳呈筒形，其中分层设置栅板、吸附剂、滤网等。湿空气从进气管 1 进入干燥器，通过吸附剂层 21、钢丝过滤网 20、上栅板 19 和吸附剂层 16 后，因其中的水分被吸附剂吸收而变得干燥。然后，再经过钢丝过滤网 15、下栅板 14 和钢丝过滤网 12，干燥、洁净的压缩空气便从干燥空气输出管 8 排出。图 9-9（b）所示为其图形符号。

在选用空气干燥器时须掌握如下要点：

① 使用空气干燥器时，必须先确定气动系统的露点温度，然后才能确定选用干燥器的类型和使用的吸附剂等。

② 决定空气干燥器的容量时，应注意整个气动系统所需流量的大小及输入压力、输入端的空气温度。

③ 若用有油润滑的空气压缩机做气源装置，压缩空气中混有油粒子，油能黏附于吸附剂的表面，使吸附剂吸附水蒸气的能力降低。对于这种情况，应在干燥器入口处设置除油装置。

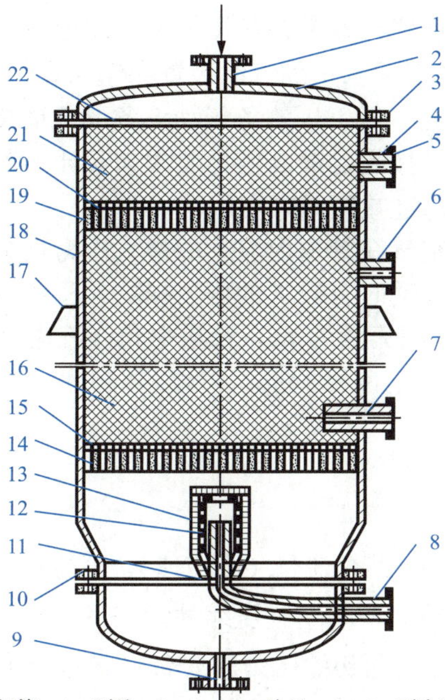

1—湿空气进气管；2—顶盖；3、5、10—法兰；4、6—再生空气排气管；7—再生空气进气管；8—干燥空气输出管；9—排水管；11、22—密封座；12、15、20—钢丝过滤网；13—毛毡；14—下栅板；16、21—吸附剂层；17—支承板；18—筒体；19—上栅板。

（a）结构

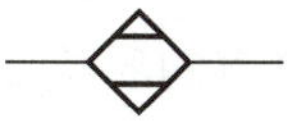

（b）图形符号

图 9-9　吸附式干燥器的结构

④ 干燥器无自动排水器时，需要定期手动排水，否则一旦混入大量冷凝水后，干燥器的效率就会降低，影响压缩空气的质量。

3. 供气系统管道

（1）管道连接件

气动系统管道连接件包括管子和各种管接头，用于把控制元件、执行元件及辅助元件等连接成一个完整的气动系统。

管子有硬管和软管两种。硬管以钢管和纯铜管为主，常用于高温高压和相对固定部件之间的连接，如总气管和支气管等。软管有各种塑料管、尼龙管和橡胶管等，常用于相对运动部件的连接、临时使用、装拆方便的管道中。

管接头是连接、固定管道所必需的辅件，分为硬管接头和软管接头两类。硬管接头有螺纹连接及薄壁管扩口式卡套连接，与液压用管接头基本相同。对于通径较大的气动设备、元件、管道等可采用法兰连接。快插式管接头是软管接头中应用最为广泛的一种，主要用于气动回路中尼龙管和聚氨酯管的连接。使用时将管子插入后，由管接头中的弹性卡环自行将管子咬合固定，并由密封圈密封。卸管时只需将弹性卡环压下即可方便地拔出管子。

（2）供气系统管道设计的原则

供气系统管道主要包括压缩空气站内气源管道、厂区压缩空气管道和用气车间压缩空气管道。压缩空气站内气源管道指压缩机的排气口至冷却器、油水分离器、储气罐、干燥器等设备的压缩空气管道；厂区压缩空气管道指从压缩空气站至各用气车间的压缩空气输送管道；用气车间压缩空气管道指从车间入口到气动装置和气动设备的压缩空气输送管道。

1）从供气的压力和流量要求考虑。若工厂的各气动设备或气动装置对压缩空气源的压力有多种要求，则气源系统管道必须按满足最高压力要求来设计。若仅采用同一个管道系统供气，对供气压力要求较低者可通过减压阀来实现。

由供气的最大流量和允许压缩空气在管道内流动的最大压力损失来决定气源供气系统管道的管径大小。为避免在管道内流动时有较大的压力损失，压缩空气在管道中的流速一般应小于 25m/s。当管道内气体的体积流量为 q_V，管道中允许流速为 v 时，管道的内径为

$$d=\sqrt{\frac{4q_V}{\pi v}} \tag{9-1}$$

式中，q_V——流量，m^3/s；

v——允许流速，m/s。

由式（9-1）计算求得管道内径 d，结合流量（或流速），再验算空气通过某段管道的压力损失是否在允许范围内。一般对较大型的空气压缩站，在厂区范围内，从管道的起点到终点，压缩空气的压力降低不能超过气源初始压力的 8%；在车间范围内，不能超过供气压力的 5%。若超过以上数值，可采用增大管道直径的办法来解决。

2）从供气的质量要求考虑。若气动装置对气源供气质量（含水、含油、干燥程度等）有不同要求，用一个气源管道供气时必须考虑装置中对气源供气质量要求较高的那一项，采取就地设置小型净化装置来解决。也可通过技术、经济全面比较，设置两套气源管道供气系统。

3）从供气的可靠性、经济性考虑。

① 单树枝状管网供气系统。如图 9-10 所示，这种供气系统简单，经济性好，适合于间断供气的工厂或车间采用。但该系统中的阀门等附件容易损坏，开关频繁的阀门更易损坏。解决的方法是对于开关频繁的阀门，将两个阀门串联起来，其中一个用于经常动作，另一个一般情况下总开启，当经常动作的阀门需要更换检修时，另一阀门才关闭，使之与系统切断，不致影响整个系统工作。

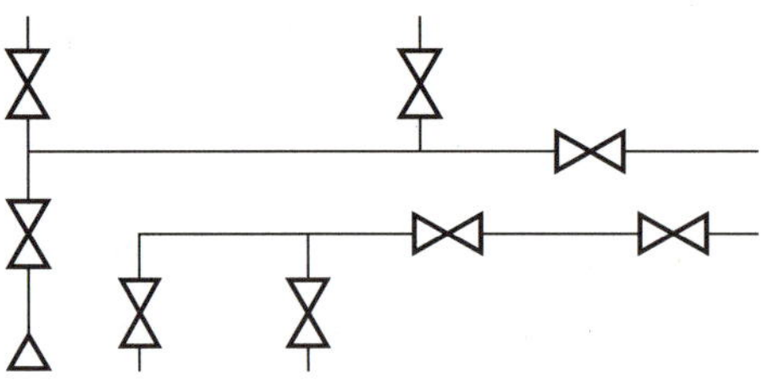

图 9-10　单树枝状管网供气系统

② 环状管网供气系统。如图 9-11 所示，这种供气系统的可靠性比单树枝状管网供气系统高，而且压力较稳定，末端压力损失较小。当支管上有一个阀门损坏需要检修时，可将环形管道上两侧的阀门关闭，以保证更换。维修支管上的阀门时，整个系统能正常工作，

但此系统成本较高。

③ 双树枝状管网供气系统。如图 9-12 所示，这种供气系统实际上相当于两套互为备用的单树枝状管网供气系统。在正常状态下，两套管网同时工作，当其中任何一个管道附件损坏时，可关闭其所在的那套系统进行检修，而另一套系统照常工作，所以适用于有不允许停止供气等特殊要求的用户。

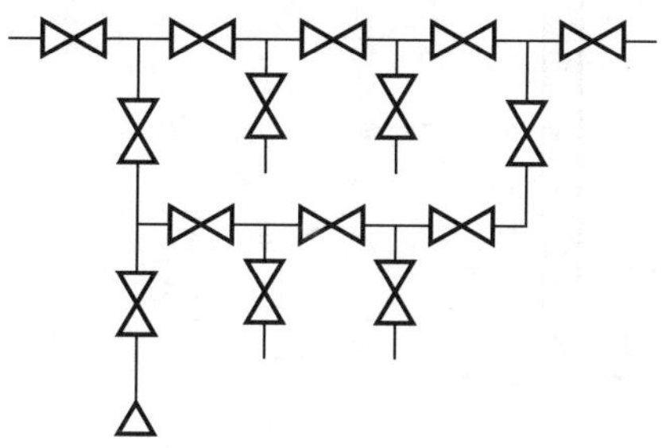

图 9-11　环状管网供气系统

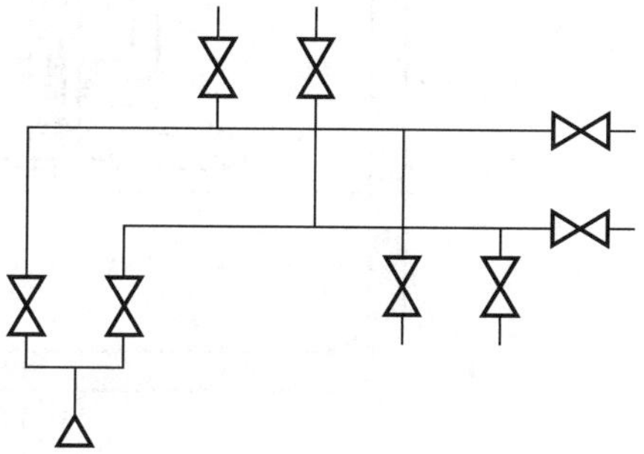

图 9-12　双树枝状管网供气系统

4. 气源调节装置

空气过滤器、减压阀和油雾器依次连接组成气源调节装置，称为气动三联件，是多数气动系统中不可缺少的装置。气源调节装置采用无管连接，安装在用气设备附近，是压缩空气质量的最后保证。其工作过程是压缩空气首先进入空气过滤器，净化后的气体再经减压阀调节气压，输出的稳压气体最后进入油雾器，将混入雾化润滑油的压缩空气输入气动装置。

（1）空气过滤器

空气过滤器又称为分水过滤器、空气滤清器，其作用是滤除压缩空气中的水分、油滴及杂质，以达到气动系统所要求的净化程度。过滤的原理是根据固体物质和空气分子的大小和质量不同，利用惯性、阻隔和吸附的方法将灰尘和杂质与空气分离。

空气过滤器一般由壳体和滤芯组成，按滤芯材料的不同又可分为纸质、织物（麻布、绒布、毛毡）、陶瓷、泡沫塑料和金属（金属网和金属屑）等过滤器。这种过滤器通常又称为一次过滤器，安装在空气压缩机的输入端（即吸气口），其滤灰效率为 50%～70%。

在空气压缩机的输出端（即气源装置）使用的为二次过滤器（滤灰效率为 70%～90%）和高效过滤器（滤灰效率大于 99%）。图 9-13（a）所示为普通空气过滤器（二次过滤器）的结构原理。其工作过程是压缩空气从输入口进入后，被引入旋风叶子 1，旋风叶子上有许多成一定角度的缺口，迫使空气沿切线方向产生强烈旋转。夹杂在空气中的较大水滴、油滴和灰尘等依靠自身惯性与存水杯 3 的内壁碰撞，从空气中分离出来沉到杯底，而微粒灰尘和雾状水气则由滤芯 2 滤除。为防止旋转的气体卷起存水杯中积存的污水，在滤芯下部设有挡水板 4。此外，存水杯中的污水应通过手动排水阀 5 及时排放。在某些人工排水不方便的场合，可采用自动排水式空气过滤器。图 9-13（b）所示为空气过滤器的图形符号。

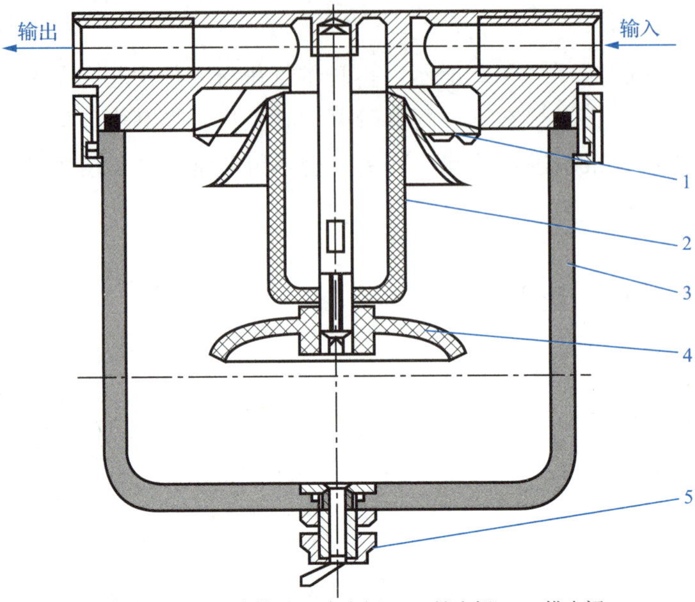

1—旋风叶子；2—滤芯；3—存水杯；4—挡水板；5—排水阀。

（a）结构原理　　（b）图形符号

图 9-13　空气过滤器

空气过滤器通常垂直安装在气动设备入口处，进、出气孔不得装反，使用中应注意定期放水、清洗或更换滤芯。选型时，主要考虑系统所需的流量、过滤精度和允许压力等参数。

（2）减压阀

气动三联件所用的减压阀起减压和稳压作用，工作原理与液压系统中的减压阀相同。

（3）油雾器

油雾器是一种特殊的注油装置，它以压缩空气为动力，将润滑油喷射成雾状并混合于压缩空气中，使该压缩空气具有润滑气动元件的能力。目前，气动控制系统中的控制阀、气缸和气动马达主要是靠带有油雾的压缩空气来实现润滑的，其优点是方便、干净、润滑质量高。

油雾器的工作原理如图 9-14（a）所示。当气流经过节流小口时，压力为 p_2，当输入压力 p_1 和 p_2 的压力差大于位能 ρgh 时，油液被吸上，并被节流处的高速气流射散，雾化后从输出口流出。图 9-14（b）所示为油雾器的图形符号。

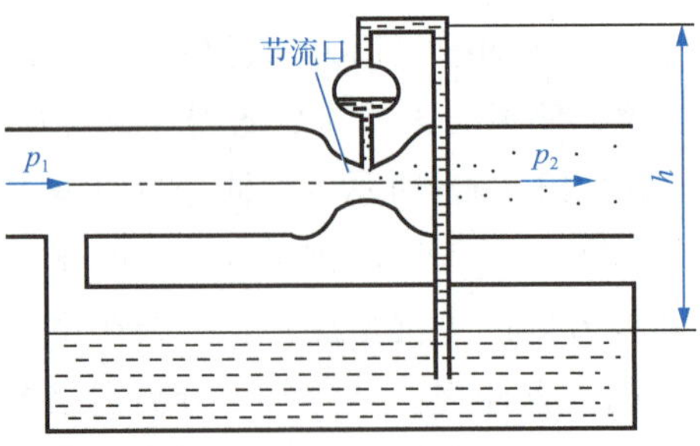

（a）工作原理　　（b）图形符号

图 9-14　油雾器

（4）气动三联件的安装与使用

气动系统中气动三联件的连接顺序如图 9-15（a）所示，依进气方向分别为空气过滤器、减压阀和油雾器。在使用中可以根据实际要求采用一件或两件，空气过滤器和减压阀组合在一起可以称为气动二联件，还可以将空气过滤器和减压阀集装在一起，称为过滤减压阀。有些场合不允许压缩空气中存在油雾，则需要使用油雾分离器将油雾过滤掉。总之，这几个元件可以根据需要进行选择，并组合起来使用。

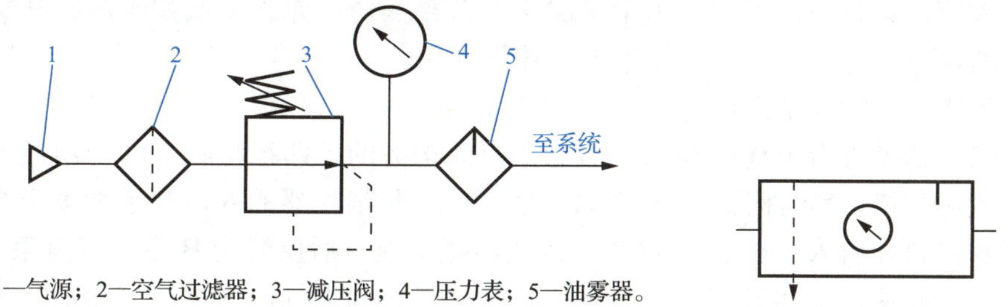

1—气源；2—空气过滤器；3—减压阀；4—压力表；5—油雾器。

（a）连接顺序

（b）简化图形符号

图 9-15　气动三联件

使用气动三联件的注意事项如下：

① 过滤器排水有压差排水与手动排水两种方式。手动排水时，在水位达到滤芯下方之前必须排出。

② 转动压力调节旋钮前需先拉起再旋转，调节完毕再压下。调节压力时应逐步均匀地调至所需压力值，不应一步调节到位。

5. 消声器

气压传动与液压传动不同，气动回路没有回气管道，在执行机构中完成做功任务的压缩空气从换向阀的排气口排入大气。由于阀内气路复杂且十分狭窄，压缩空气以接近声速的流速从排气口排向大气时，较高的压差使气体体积急剧膨胀，产生涡流，引起气体的振动，发出强烈的噪声。噪声强弱随排气速度、排气量和换向阀前后空气通道的形状而变化，一般为 100～120dB。排气噪声使工作环境恶化，影响工作人员的工作效率，长期在噪声环境中还会危害人体健康。为消除和减弱排气噪声，应在气动装置的排气口安装消声器。消声器通过对气流的阻尼或增加排气面积等方法来降低排气速度和排气功率，从而达到降低噪声的目的。

消声器主要有 3 种型式：吸收型消声器、膨胀干涉型消声器和膨胀干涉吸收型消声器。

（1）吸收型消声器

吸收型消声器主要利用吸声材料（玻璃纤维、毛毡、泡沫塑料、烧结金属、烧结陶瓷及烧结塑料等）来降低噪声。吸声材料在气体流动的管道内固定或按一定方式排列，如图 9-16 所示。其工作过程是当气流通过消声罩 1 时，气流受到阻力，声能量被部

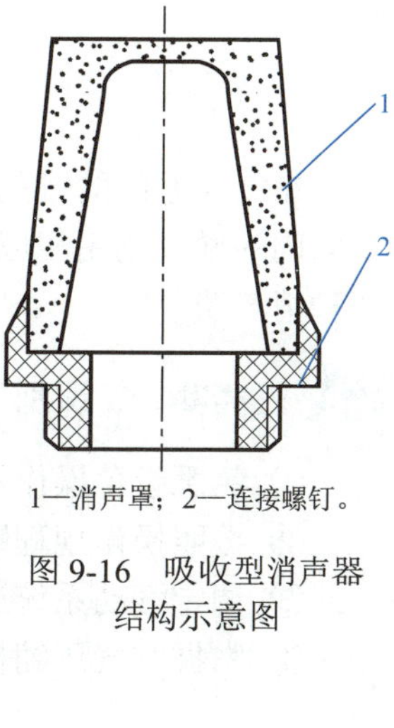

1—消声罩；2—连接螺钉。

图 9-16　吸收型消声器结构示意图

分吸收而转换为热能，可使噪声降低约 20dB。这种消声器结构简单，吸声材料的孔眼不易堵塞，具有良好的消除中、高频噪声的性能。由于气动噪声主要是中、高频噪声，尤其是刺耳的高频噪声较多，因而此种消声器在气动系统中广为应用。

（2）膨胀干涉型消声器

这种消声器结构很简单，相当于一段比排气孔口径大的管件，气流在管道里膨胀、扩散、反射、相互干涉，减弱了噪声的强度，最后经过非吸声材料制成的、开孔较大的多孔外壳排入大气。这种消声器主要用于消除中、低频噪声，尤其是低频噪声。其特点是排气阻力小、消声效果好，但结构不够紧凑，体积较大。

（3）膨胀干涉吸收型消声器

这种消声器是综合上述两种消声器的特点而构成的，即在膨胀干涉型消声器壳体的内表面敷设吸声材料，其结构如图 9-17（a）所示。这种消声器的入口开了许多中心对称的斜孔，气流通过斜孔引入，在 A 室扩散、减速、碰壁撞击后反射到 B 室，气流束互相冲撞、干涉、进一步减速，并通过消声器内壁的吸声材料排向大气。这种消声器消声效果好，低频可消声 20dB，高频可消声 45dB 左右。图 9-17（b）所示为消声器的图形符号。

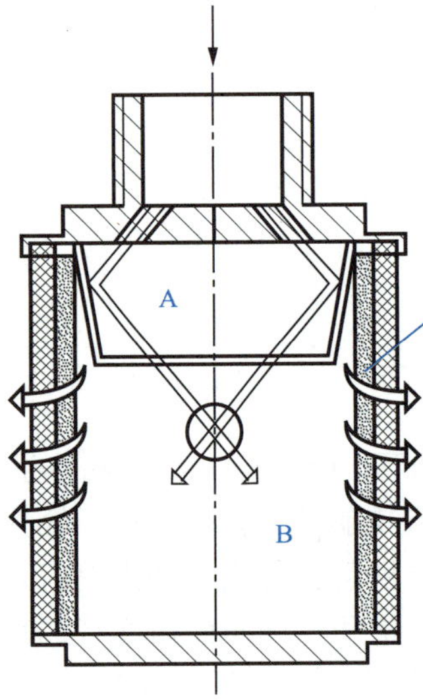

（a）结构原理

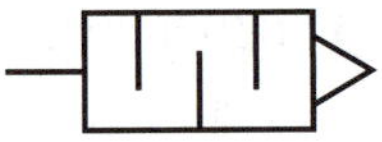

（b）图形符号

图 9-17　膨胀干涉吸收型消声器

在气动系统的排气口，尤其是在换向阀的排气口，应装设消声器。在一般场合，根据换向阀的通径选用相应型号的吸收型消声器即可。对消声效果要求较高的场合，可选用后两种消声器。

任务实施：识别气源装置及其组成

① 熟悉设备操作规程，理解操作要求事项。

② 按照操作规程顺序开启气源装置。

③ 调定气动系统进口压力。

④ 掌握空气压缩机的使用方法和保养规程。

思考与练习

1．气动系统主要依靠哪些设备保证气动系统的压缩空气质量？简述这些设备的工作过程。

2．气动三联件的连接顺序是怎样的？为什么这样连接？

3．在压缩空气站中，为什么既要用油水分离器去除压缩空气所含的油滴，又要用油雾器使压缩空气含有油雾？

任务 9.3　气动执行元件认知与选用

任务目标

1．能够说明气缸的类型；
2．能够描述薄膜式气缸、气-液阻尼缸、冲击气缸的工作过程；
3．能够分析气缸的工作特性；
4．能够正确选用气缸；
5．能够描述叶片式气动马达的工作过程。

任务描述

选择低压注胶机气动合模机构的执行元件。

相关知识：气动执行元件

气动执行元件是将压缩空气的压力能转换为机械能的装置，包括气缸和气动马达，它们的工作过程分别与液压缸和液压马达相类似。

1．气缸

气缸是气动系统的执行元件之一，可将压缩空气的压力能转换成机械能并驱动工作机构做往复直线运动或摆动。与液压缸比较，气缸具有结构简单、制造容易、工作压力低和动作迅速等优点，应用十分广泛。

（1）气缸的分类

气缸种类很多，结构各异，按不同方法可分为以下几种常用类型。

① 按压缩空气在活塞端面作用力的方向不同，气缸分为单作用气缸和双作用气缸。

② 按结构特点的不同，气缸分为活塞式、薄膜式、柱塞式和摆动式等。

③ 按安装方式的不同，气缸可分为耳座式、法兰式、轴销式、凸缘式、嵌入式和回转式等。法兰式和耳座式气缸的安装方式如图 9-18 所示。

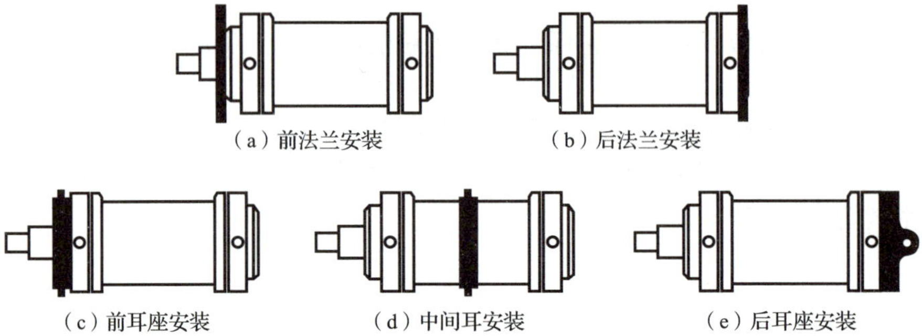

图 9-18　法兰式和耳座式气缸的安装方式

④ 按功能的不同，气缸可分为普通气缸和特殊气缸。普通气缸包括单作用气缸和双作用气缸，常用于无特殊使用要求的场合，如一般的驱动、定位、夹紧装置的驱动等；特殊气缸包括薄膜式、气-液阻尼式、冲击和步进气缸等。

（2）气缸的工作过程

大多数气缸的工作过程与液压缸相同，以下为几种具有特殊用途的气缸。

1）薄膜式气缸。薄膜式气缸是一种利用膜片在压缩空气作用下产生变形来推动活塞杆做直线运动的气缸。图 9-19 为薄膜式气缸的结构简图。它可以是单作用的，也可以是双作用的。它主要由缸体、膜片、膜盘和活塞杆等零件组成。薄膜式气缸的膜片有盘形膜片和平膜片两种，一般用夹织物橡胶制成，厚度为 5～6mm，也可用钢片、锡磷青铜片制成，但仅限于在行程较小的薄膜式气缸中使用。

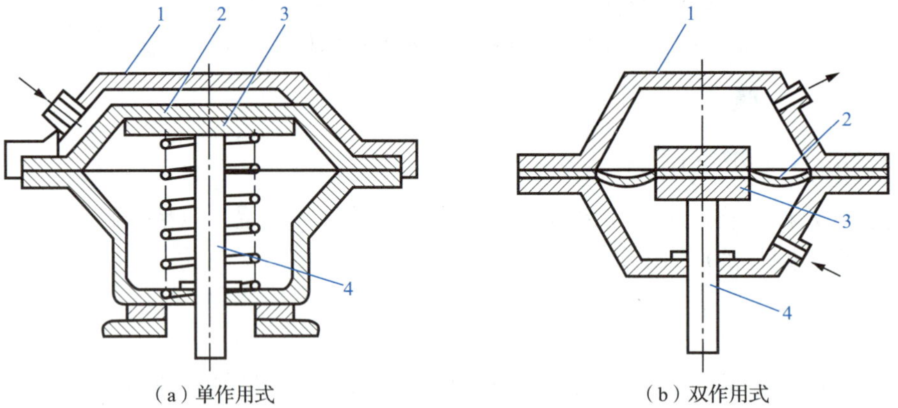

1—缸体；2—膜片；3—膜盘；4—活塞杆。

图 9-19　薄膜式气缸的结构简图

薄膜式气缸与活塞式气缸相比较，具有结构紧凑、简单、成本低、维修方便、寿命长和效率高等优点。但因膜片的变形量有限，行程较短，一般不超过 50mm，且活塞上的输出力随行程的加大而减小，因此应用范围受到一定限制，适用于气动夹具、自动调节阀等短行程工作场合。

2）气-液阻尼缸。气-液阻尼缸是由气缸和液压缸组合而成的，以压缩空气为能源，利用油液的不可压缩性和流量控制来获得活塞的平衡运动和速度调节。与普通气缸相比，气-液阻尼缸传动平稳、停止精确、噪声小；与液压缸相比，它不需要液压源，油液污染小，经济性好。由于气-液阻尼缸同时具有气动和液压的优点，因而应用广泛。

串联式气-液阻尼缸的工作原理如图 9-20 所示，液压缸和气缸串联成一个整体，两个活塞固定在同一根活塞杆上。当压缩空气从 A 口进入气缸左腔，气缸克服外载荷并推动活塞向右运动。与此同时，液压缸右腔排油，单向阀关闭，油液只能经节流阀缓慢流入液压缸左腔，起阻尼作用，调节节流阀的通流截面面积即可调节活塞的运动速度。反之，若压缩空气经换向阀从气缸 B 口进入，则液压缸左腔排油，此时单向阀开启，无阻尼作用，活塞快速向左运动。

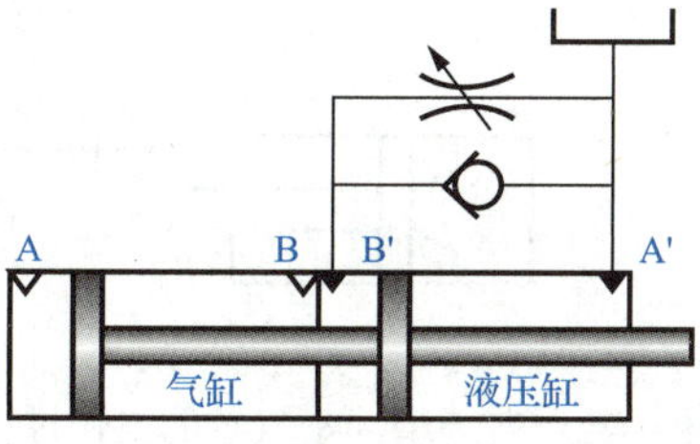

图 9-20　串联式气-液阻尼缸的工作原理

3）冲击气缸。冲击气缸是把压缩空气的压力能转换为活塞和活塞杆的高速运动，输出动能产生较大冲击力对工件击打做功的一种气缸。

图 9-21 所示为普通型冲击气缸的结构示意图。与普通气缸相比，其增加了储能腔及带有喷嘴和具有排气小孔的中盖。

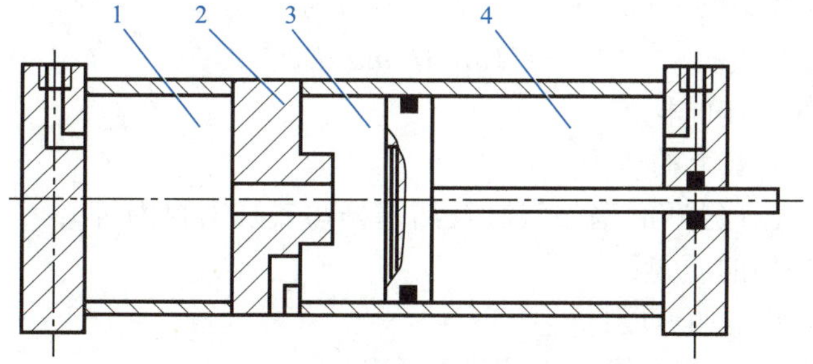

1—储能腔；2—中盖；3—尾腔；4—头腔。

图 9-21　普通型冲击气缸的结构示意图

它的工作过程可简述为以下 3 个阶段，如图 9-22 所示。

第一阶段如图 9-22（a）所示，气缸控制阀处于原始位置，压缩空气由 A 孔进入冲击气孔头腔，储能腔与尾腔通大气，活塞上移，处于上限位置，封住中盖上的喷嘴口，中盖与活塞之间的环形空间（即尾腔）经小孔口与大气相通。

第二阶段如图 9-22（b）所示，控制阀切换，储能腔进气，压力 p_1 逐渐上升，作用在与中盖喷嘴口相密封接触侧一小部分面积（通常设计为活塞面积的 1/9）上的力也逐渐增大，与此同时，头腔排气压力 p_2 逐渐降低，使作用在头腔侧活塞面积上的力逐渐减小。

第三阶段如图 9-22（c）所示，当活塞上、下两边的力不能保持平衡时，活塞即离开喷嘴口向下运动，在喷嘴打开的瞬间，储能腔的气压突然加到尾腔的整个活塞面上，于是活塞在很大的压差作用下加速向下运动，使活塞、活塞杆等运动部件在瞬间达到很高的速度（为同样条件下普通气缸速度的 10～15 倍），以很高的动能冲击工件。

图 9-22（d）为冲击气缸活塞向下自由冲击运动的 3 个阶段。经过上述 3 个阶段后，控制阀复位，冲击气缸开始另一个循环。

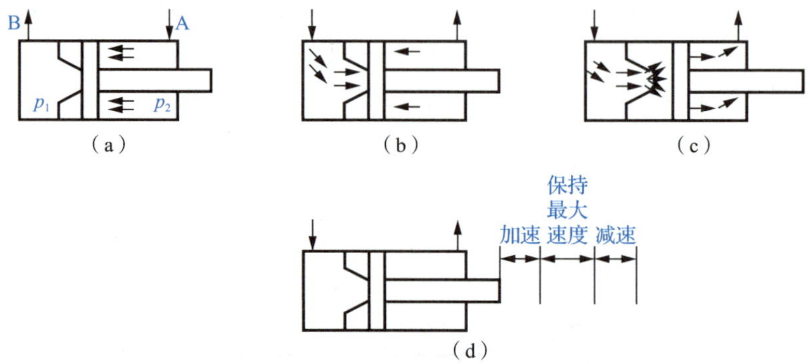

图 9-22　普通型冲击气缸的工作过程

（3）气缸的工作特性

气缸的工作特性是指气缸的输出力、气缸内压力的变化及气缸的运动速度等静态和动态特性。由于它们的影响因素很多，有很多问题尚在研究之中，因而在此仅做一些简单介绍。

1）气缸的输出力。

单作用气缸：如图 9-23（a）所示，输出推力为

$$F=A_1p_1-(f+ma+L_0k_s) \tag{9-2}$$

式中，A_1——活塞的工作面积；

p_1——作用于活塞上的压力；

f——摩擦阻力（包括活塞与气缸及活塞杆与气缸密封圈等）；

m——运动构件的质量；

a——运动构件的加速度；

L_0——活塞位移 L 和弹簧预压缩量的总和；

k_s——弹簧刚度。

双作用气缸：如图 9-23（b）所示，输出的推力为

$$F=A_1p_1-A_2p_2-(f+ma) \tag{9-3}$$

式中，A_1、A_2——输入侧和排气侧的面积；

p_1、p_2——输入侧和排气侧的气压。

一般在计算过程中，用下式求双作用气缸活塞上输出的推力，即

$$F=(A_1p_1-A_2p_2)\eta \tag{9-4}$$

式中，η——气缸的效率，一般取 0.8～0.9。

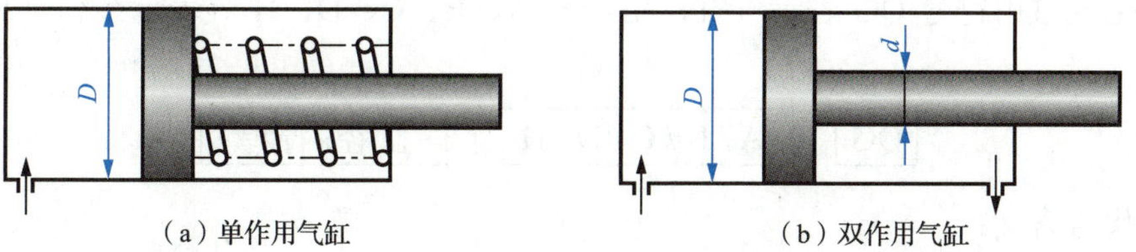

（a）单作用气缸　　（b）双作用气缸

图 9-23　气缸的工作原理简图

2）气缸的速度。由于活塞两侧压力 p_1、p_2 的变化比较复杂，因而推动活塞的力的变化也比较复杂，再加上气体的可压缩性，要使气缸保持准确的运动速度是比较困难的。通常，气缸的平均运动速度可按进气量的大小求出，即

$$v=\frac{q}{A} \tag{9-5}$$

式中，q——压缩空气的体积流量；

A——活塞的有效面积。

气缸在一般工作条件下，活塞的平均运动速度约为 0.5m/s。

3）气缸的耗气量。气缸的耗气量与气缸的活塞直径 D、活塞杆直径 d、活塞的行程 L 及单位时间往复次数 N 有关。以图 9-23（b）所示的单出杆双作用气缸为例，活塞杆伸出和退回行程的耗气量分别为

$$V_1=\frac{\pi}{4}D^2L \tag{9-6}$$

$$V_2=\frac{\pi}{4}(D^2-d^2)L \tag{9-7}$$

所以，活塞往复一次所耗压缩空气量为

$$V=V_1+V_2=\frac{\pi}{4}(2D^2-d^2)L \tag{9-8}$$

若活塞每分钟往返 N 次，则每分钟活塞运动的耗气量为

$$V'=NV=\frac{\pi}{4}(2D^2-d^2)LN \tag{9-9}$$

由式（9-9）计算的结果为理论耗气量，由于泄漏等因素，实际耗气量会更大些，可用式（9-10）进行估算：

$$V_s=(1.2\sim1.5)V' \tag{9-10}$$

式（9-9）和式（9-10）计算的是空气的消耗量，这是选择气源供气量的重要依据，未经压缩的自由空气的消耗量要比该值大些，当实际消耗的压缩空气量为 V_s 时，其自由空气的消耗量 V_{sz} 为

$$V_{sz}=V_s\frac{p+0.1013}{0.1013} \tag{9-11}$$

式中，p——压缩空气的工作压力，MPa。

（4）气缸的选用

我国具有生产标准化气缸的能力。标准化气缸是从结构到参数都标准化、系列化的，

在生产过程中应优先选用，以使产品具有互换性，给设备的使用和维修带来方便。

标准化气缸用符号 QG 表示气缸，用符号 A、B、C、D、H 等表示系列。具体的表示方法：

QG	A / B / C / D / H	缸径×行程

系列代号含义：

QGA——无缓冲普通气缸；　　QGB——细杆（标准杆）缓冲气缸；

QGC——粗杆缓冲气缸；　　QGD——气-液阻尼缸；

QGH——回转气缸。

例如，QGA80×100 表示气缸直径为 80mm、行程为 100mm 的无缓冲普通气缸。

标准化气缸的主要参数是缸径 D 和行程 S。缸径表明气缸活塞杆的输出力，行程表明气缸的作用范围。标准化气缸的缸径 D（单位：mm）有下列 11 种规格：40、50、63、80、100、125、160、200、250、320、400。标准化气缸的行程 S 的确定方法是：对于无缓冲气缸和气-液阻尼缸，取 $S=(0.5\sim2)D$；对于缓冲气缸，取 $S=(1\sim10)D$。

气缸选择的主要步骤：确定气缸类型，计算气缸内径及活塞杆直径，对计算结果进行圆整，根据圆整值确定气缸型号。

1）计算气缸内径。在一般情况下，根据气缸所使用的压力 p、轴向负载力 F 和气缸负载率 η 来计算气缸内径，p 应小于减压阀进口压力的 85%。

① 负载力的计算。负载力是选择气缸的重要因素，负载状态与负载力的关系如表 9-2 所示。

表 9-2　负载状态与负载力的关系

负载状态	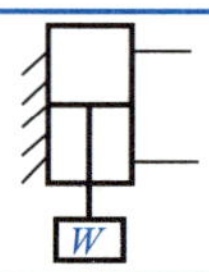	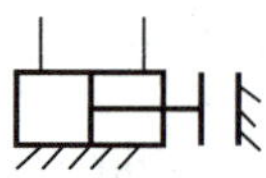	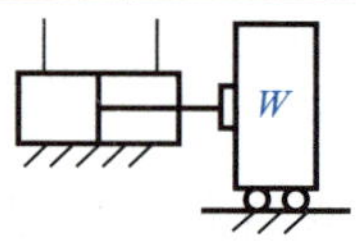	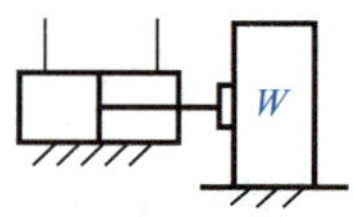
负载力	$F=W$（重力）	$F=K$（夹紧力）	$F=\mu W$ $\mu=0.1\sim0.4$	$F=\mu W$ $\mu=0.2\sim0.3$

② 气缸负载率 η 的计算与选择。气缸的负载率 η 是气缸活塞杆受到的轴向负载力 F 与气缸的理论输出力 F_0 之比。

$$\eta=\frac{F}{F_0}\times100\% \tag{9-12}$$

负载率可以根据气缸的工作压力选取，如表 9-3 所示。

表 9-3　气缸工作压力与负载率的关系

p/MPa	0.06	0.20	0.24	0.30	0.40	0.50	0.60	0.70～1
η/%	10～30	15～40	20～50	25～60	30～65	35～70	40～75	45～75

③ 气缸内径的计算方法。确定了 F、η、p 后，就可以根据气缸的理论输出力的计算方法来反推气缸的内径 D。

单出杆双作用气缸的计算公式如下：

活塞杆伸出时：

$$D=\sqrt{\frac{4F}{\pi p\eta}} \tag{9-13}$$

活塞杆返回时：

$$D=\sqrt{\frac{4F}{\pi p\eta}+d^2} \tag{9-14}$$

计算出 D 后，再按标准的缸径进行圆整。缸筒内径的圆整值如表 9-4 所示。

表 9-4　缸筒内径的圆整值　（单位：mm）

8	10	12	16	20	25	32	40	50	63	80	（90）	100
125	（140）	160	（180）	200	（220）	250	（280）	320	（360）	400	450	

2）活塞杆直径的确定。在确定气缸活塞杆直径时，一般按 d/D=0.2～0.3 进行计算，计算后再按标准值进行圆整。活塞杆直径的圆整值如表 9-5 所示。

表 9-5　活塞杆直径的圆整值　（单位：mm）

4	5	6	8	10	12	14	16	18	20	22	25
28	32	36	40	45	50	56	63	70	80	90	100
110	125	140	160	180	200	220	250	280	320	360	

选好气缸内径和活塞杆直径后，还要选用密封件、缓冲装置，确定防尘罩等。

2. 气动马达

气动马达是将压缩空气的压力能转换成旋转的机械能的装置，有叶片式、活塞式和齿轮式等多种类型，具有防爆、高速、过载保护等优点，但也有输出功率小、耗气量大、噪声大和易产生振动等缺点。

现以气压传动中使用最广泛的叶片式气动马达为例介绍气动马达的工作过程。图 9-24（a）所示为双向旋转叶片式气动马达的结构原理。压缩空气从 A 口进入气室后喷向叶片，作用在叶片的外伸部分，产生转矩带动转子逆时针转动，输出机械能。当叶片转到排气口 C 位置时，气室内的压缩空气进行一次排气，剩余压缩空气继续膨胀，直至转子转到 B 口位置进行二次排气。若通过控制阀使进、出气方向互换，则转子反转。转子转动的离心力和叶片底部的气压力、弹簧力使叶片紧贴在定子的内壁上，以保证密封，提高容积效率。叶片式气动马达主要用于风动工具、高速旋转机械及矿山机械等。图 9-24（b）所示为其图形符号。

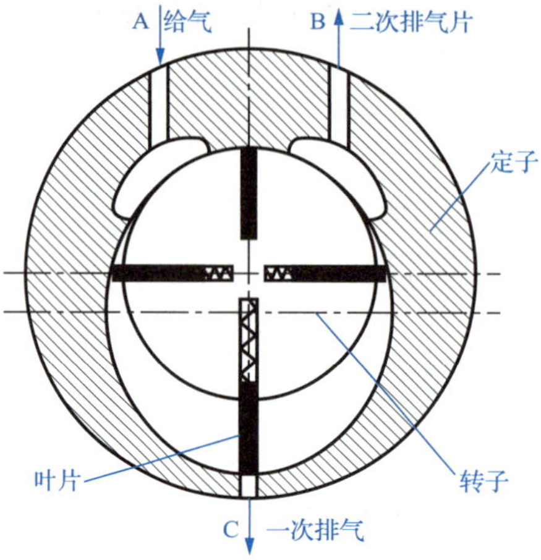

（a）结构原理

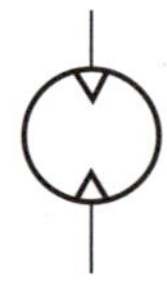

（b）图形符号

图 9-24　双向旋转叶片式气动马达

任务实施：选择低压注胶机气动合模机构的执行元件

低压注胶机的合模机构采用气缸作为动力装置，活塞杆伸出时上模向下模合拢，活塞杆退回时上模向上分离。该机构需要通过哪些元件实现以上动作？这些元件的类型是什么？如果所需的夹紧力为 12 000N，供气压力为 0.7MPa，合模行程为 150mm，试确定该气缸的类型、缸径及活塞杆直径。

选用步骤为：确定气动执行元件的类型→计算气缸内径及活塞杆直径→对计算的直径进行圆整→根据圆整值确定气缸型号。

因为该任务夹紧机构需要实现往复直线运动，所以选择气缸作为夹紧装置的气动执行元件。

由夹紧力 K=12 000N，供气压力 p=0.7MPa，气缸行程 L=150mm，根据表 9-2 得负载力 F=K=12 000N，再根据表 9-3 选用 η=60%。

根据式（9-13），缸径为

$$D=\sqrt{\frac{4F}{\pi p\eta}}\approx\sqrt{\frac{4\times 12\,000}{3.14\times 0.7\times 0.6}}\approx 190.8\ (\text{mm})$$

根据表 9-4 圆整值，取 D=200mm。

因为 d/D=0.2～0.3，所以活塞杆直径 d=(0.2～0.3)D=(0.2～0.3)×200mm=40～60mm，根据表 9-5 圆整值，取 d=50mm。

因所需工作行程较短，故选无缓冲普通气缸，气缸行程为

S=(0.5～2)D=(0.5～2)×200mm=100～400mm，取 S=200mm。

根据缸径 D 和气缸行程 S，选用标准气缸，标记为 QGA200×200，根据气缸参数选择某一厂家的具体型号即可。

思考与练习

1. 简述叶片式气动马达的工作过程。
2. 试分析为何煤矿钻机要求采用气动马达驱动。
3. 简述气-液阻尼缸的工作原理。
4. 选择气缸需确定哪几项参数？

任务 9.4 气动控制阀认知与气动回路的组建

任务目标

1. 能够说明气动方向控制阀阀芯的结构类型；
2. 能够描述单向型、换向型控制阀的工作过程；
3. 能够正确组建与分析换向回路；
4. 能够对比说明压力控制阀的工作过程并正确组建和分析压力控制回路；
5. 能够对比说明流量控制阀的工作过程并正确组建和分析速度控制回路；
6. 能够正确组建和分析气液联动、往复动作、安全保护、延时等回路。

任务描述

设计送料装置的气动控制系统。

相关知识：气动控制阀和气动回路

在气压传动系统中，需要有调节压缩空气压力、流量、流动方向和发送信号的元件，这些元件就是气动控制阀。利用它们可以组成各种气动控制回路，使执行元件按工作程序正常动作。

1. 气动方向控制阀的认知与换向回路的组建

(1) 气动方向控制阀的认知

与液压方向控制阀相同，气动方向控制阀也可分为单向型和换向型两大类。气流只能沿着一个方向流动的控制阀称为单向型控制阀，如单向阀、梭阀和快速排气阀等。可以改变气流流动方向的控制阀称为换向型控制阀，简称换向阀，如气控阀、电磁阀等。

气动换向阀按阀芯结构的不同可分为截止式、滑板式、锥阀式、滑阀式和膜片式等，如图 9-25 所示。

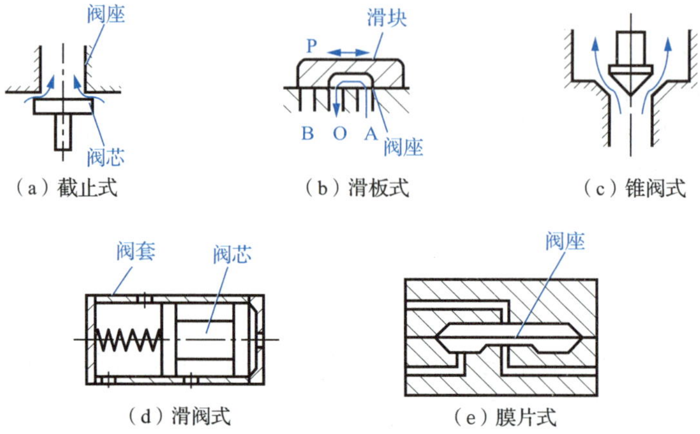

图 9-25　阀芯结构

图 9-25（a）所示为截止式，其特点是行程短、流通阻力小、结构尺寸小、阀芯始终受背压力作用，所以密封性好，适用于大流量场合，但换向冲击力较大。图 9-25（b）所示为滑板式，其特点是结构简单、易设计成多位多通路换向阀，应用广泛。图 9-25（c）所示为锥阀式，其特点是阀芯锥形部分与阀座的配合面积大，密封性能好，能有效防止泄漏，且结构简单，易于制造和维修，但一般只适用于中小口径管道。图 9-25（d）所示为滑阀式，其特点是作用在阀芯上的气压力保持周向平衡。阀容易实现记忆功能，且换向切换力小，通用性强，一般要求使用含油雾的压缩空气。图 9-25（e）所示为膜片式，通过气路改变膜片两侧的气压，使膜片向上或向下变形，进而改变阀座和阀杆的相对位置，实现调节功能。由于薄膜片具有良好的密封性能，因此在阀杆引出处不需要额外进行密封。但膜片不能承受高压。

（2）单向型控制阀

单向型控制阀包括单向阀、或门型梭阀、与门型梭阀和快速排气阀。其中，单向阀与液压单向阀类似。

1）或门型梭阀。在气压传动系统中，当两个通路 P_1 和 P_2 均与另一通路 A 相通，而不允许 P_1 与 P_2 相通时，就要用或门型梭阀，如图 9-26 所示。由于阀芯像织布梭子一样来回运动，因而称为梭阀，该阀相当于两个单向阀的组合。在逻辑回路中，它起到或门的作用。

微课：或门型梭阀的应用回路

如图 9-26（a）所示，当 P_1 进气时，阀芯被推向右边，通路 P_2 被关闭，于是气流从 P_1 进入通路 A。反之，气流则从 P_2 进入 A，如图 9-26（b）所示。当 P_1、P_2 同时进气时，哪端压力高，A 就与哪端相通，另一端就自动关闭。图 9-26（c）所示为该阀的图形符号。

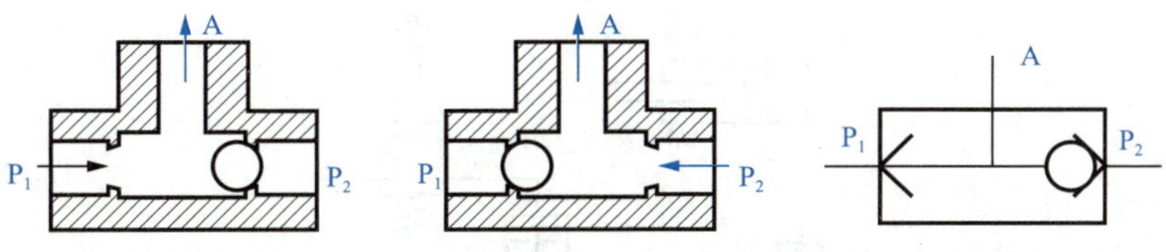

（a）$p_1>p_2$　　（b）$p_1<p_2$　　（c）图形符号

图 9-26　或门型梭阀

或门型梭阀在逻辑回路和程序控制回路中被广泛采用，图 9-27 所示为或门型梭阀的应用回路，实现手动和电动操作方式的转换。

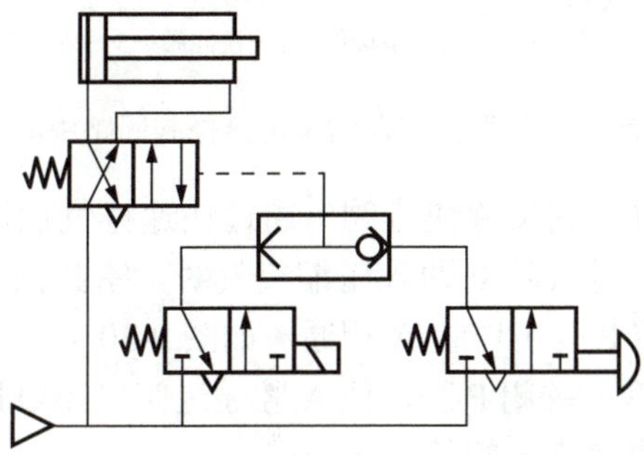

图 9-27　或门型梭阀的应用回路

2）与门型梭阀。与门型梭阀又称双压阀，如图 9-28 所示。P_1 或 P_2 单独输入时，A 口无输出，如图 9-28（a）、（b）所示。只有当 P_1 和 P_2 同时有输入时，A 口才有输出，如图 9-28（c）所示。若 P_1 与 P_2 气体压力不等，则气压较低一侧通过 A 口输出。图 9-28（d）所示为与门型梭阀的图形符号。

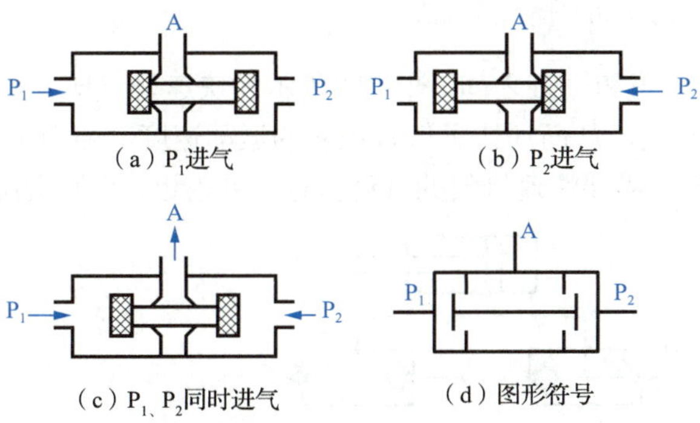

（a）P_1进气　　（b）P_2进气

（c）P_1、P_2同时进气　　（d）图形符号

图 9-28　与门型梭阀

微课：与门型梭阀在钻床进给控制回路中的应用

与门型梭阀应用广泛，图 9-29 所示为该阀在钻床进给控制回路中的应用。行程阀 1 用于表示工件定位信号，行程阀 2 用于表示夹紧工件信号。当两个信号同时存在时，与门型梭阀 3 才有输出信号，使换向阀 4 切换，钻孔气缸 5 进给，钻孔开始。

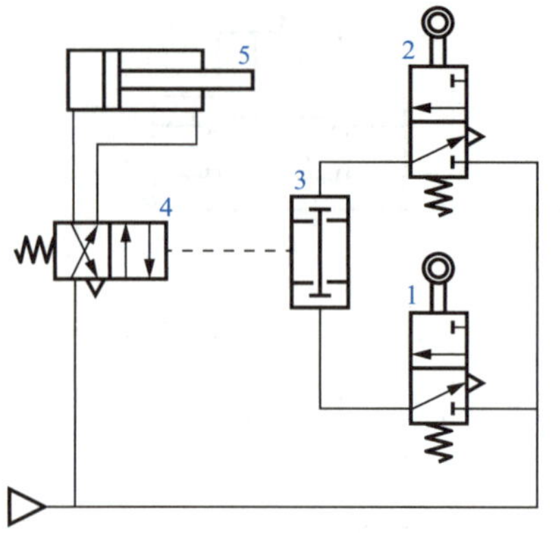

1、2—行程阀；3—与门型梭阀；4—换向阀；5—钻孔气缸。

图 9-29　与门型梭阀在钻床进给控制回路中的应用

3）快速排气阀。快速排气阀又称快排阀，通过快速排气加快气缸运动。快速排气阀的工作过程如图 9-30 所示。当进气腔 P 通入压缩空气时，密封活塞被推起，P 口开启，同时排气口 O 口关闭，使进气腔 P 与工作腔 A 相通，如图 9-30（a）所示；当 P 腔无压缩空气进入时，A 腔压力压下密封活塞，关闭 P 腔，使 A 腔通过阀口经 O 腔快速排气，如图 9-30（b）所示。图 9-30（c）所示为快速排气阀的图形符号。

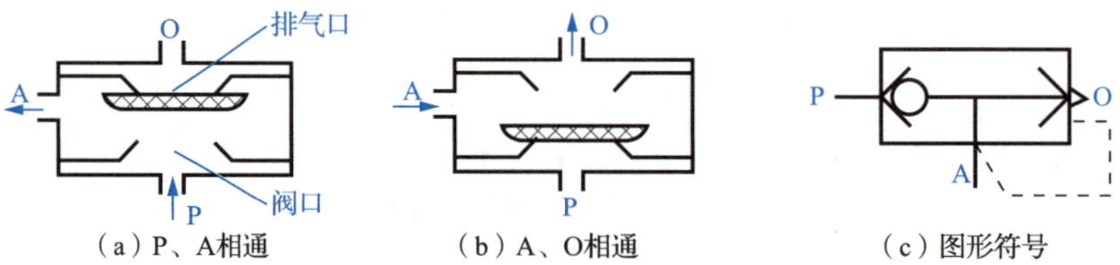

图 9-30　快速排气阀的工作过程

快速排气阀通常安装在换向阀和气缸之间。图 9-31 所示为快速排气阀在回路中的应用，气缸不用通过换向阀即可快速排气，从而加快了气缸往复的运动速度，缩短了工作周期。在实际使用中，快速排气阀应连接在需要快速排气的气动执行元件附近，否则会影响快排效果。

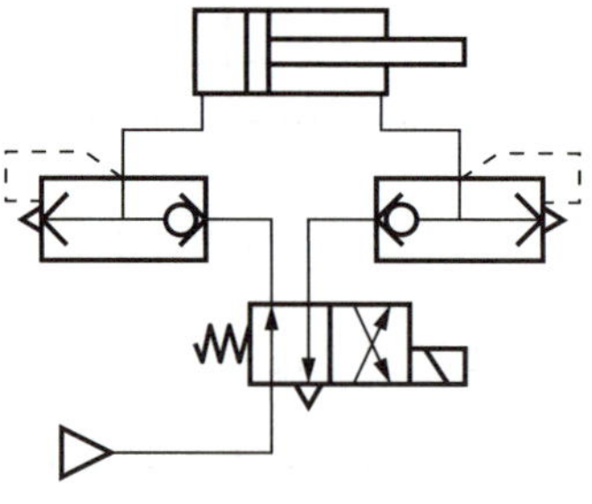

图 9-31　快速排气阀在回路中的应用

（3）换向型控制阀

换向型控制阀的功能与液压的同类阀相似，操作方式、切换位置和图形符号也基本相同。图 9-32 所示为二位三通电磁换向阀的结构原理及图形符号。

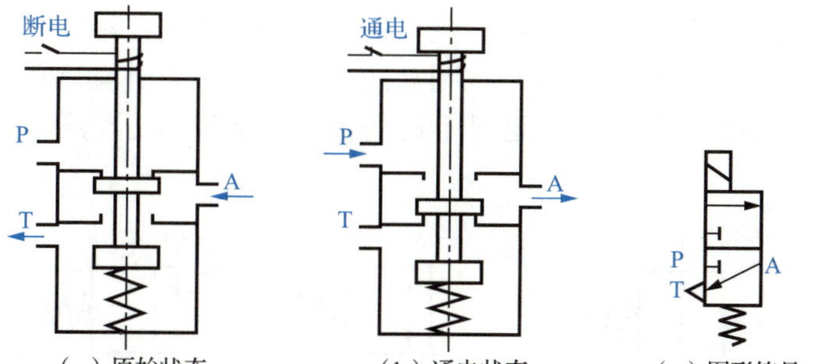

（a）原始状态　（b）通电状态　（c）图形符号

图 9-32　二位三通电磁换向阀的结构原理及图形符号

（4）换向回路的组建

1）单作用气缸换向回路。图 9-33 所示为单作用气缸换向回路。在图 9-33（a）所示回路中，当二位三通电磁阀的电磁铁得电时，活塞向上伸出；失电时，活塞在弹簧作用下退回。图 9-33（b）所示为三位四通电磁阀控制的单作用气缸进、退、停止回路。该阀在两电磁铁均失电时能自动对中，使气缸停于任意位置，但定位精度不高，且停留时间不长。

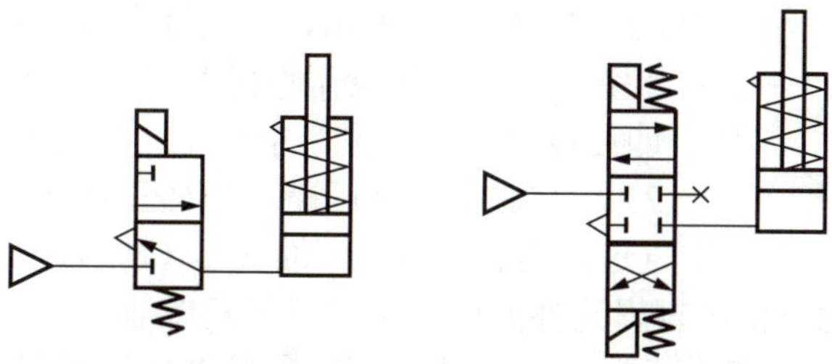

（a）　（b）

图 9-33　单作用气缸换向回路

2）双作用气缸换向回路。图 9-34 所示为几种常用的双作用气缸换向回路。图 9-34（a）是比较简单的换向回路；图 9-34（b）有中停位置，但定位精度不高；图 9-34（c）通过手动换向阀控制气控换向阀的工作位置。图 9-34（b）、（c）的两端控制线圈或按钮不能同时操作，否则将出现误动作。

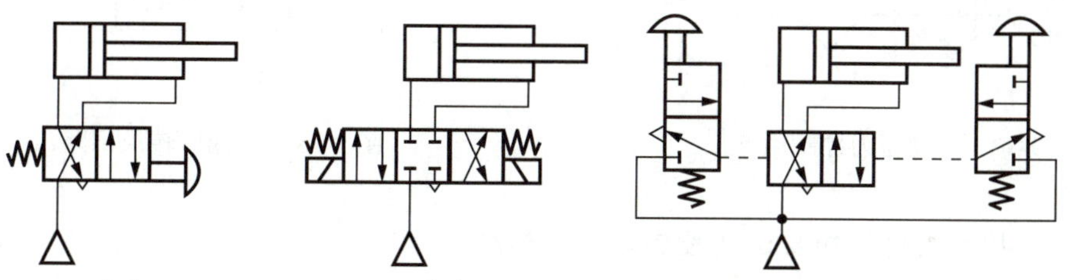

（a）　（b）　（c）

图 9-34　双作用气缸换向回路

2. 压力控制阀的认知与压力控制回路的组建

（1）压力控制阀的认知

在气压传动系统中，控制压缩空气的压力和依靠气压力来控制执行元件顺序的阀，统称为压力控制阀。这类阀的共同特点是：利用作用于阀芯上的压缩空气压力和弹簧力相平衡的原理来进行工作。压力控制阀按其控制功能可分为调压阀、顺序阀和安全阀，其工作原理、功能特点与同名液压阀相似，这里不再赘述。图 9-35 所示为压力控制阀（直动式）的图形符号。

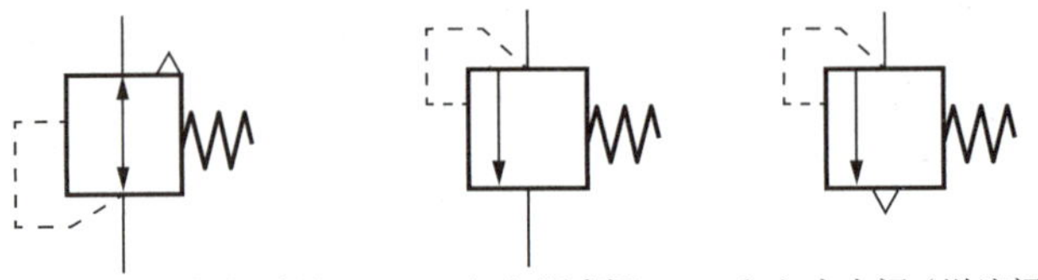

（a）调压阀（溢流减压阀）　（b）顺序阀　（c）安全阀（溢流阀）

图 9-35　压力控制阀（直动式）的图形符号

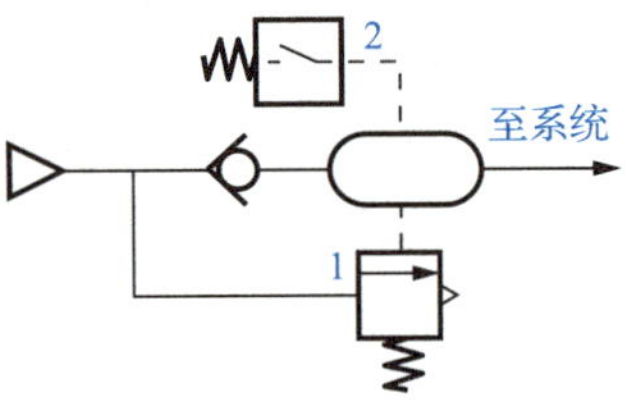

1—外控溢流阀；2—压力开关。

图 9-36　一次压力控制回路

（2）压力控制回路的组建

压力控制回路是使回路中的压力保持在一定范围内或使回路得到高、低压不同压力的回路。

1）一次压力控制回路。这种回路主要用于限制气罐内的气体压力。如图 9-36 所示，一旦罐内压力超过规定值，压力开关 2 就使空气压缩机断电而不再供气。外控溢流阀 1 起安全保护作用，即便压力开关失灵，空气压缩机也能通过溢流阀排气。

2）二次压力控制回路。二次压力控制回路主要对气源压力进行控制。图 9-37 所示是由空气过滤器、减压阀、油雾器（即气源调节装置）所组成的二次压力控制回路。注意，供给逻辑元件的压缩空气无须润滑油。

3）高低压转换回路。在气压传动系统中，有时需要以两种不同的压力驱动执行元件。图 9-38 所示的回路利用两个减压阀和一个换向阀来选择气源输出压力；若去掉换向阀，则可同时输出高、低压两路压缩空气。

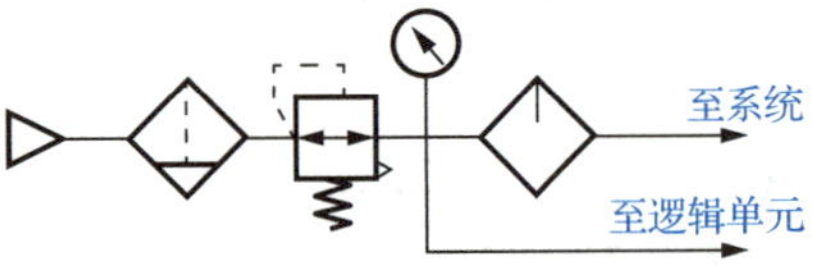

图 9-37　二次压力控制回路

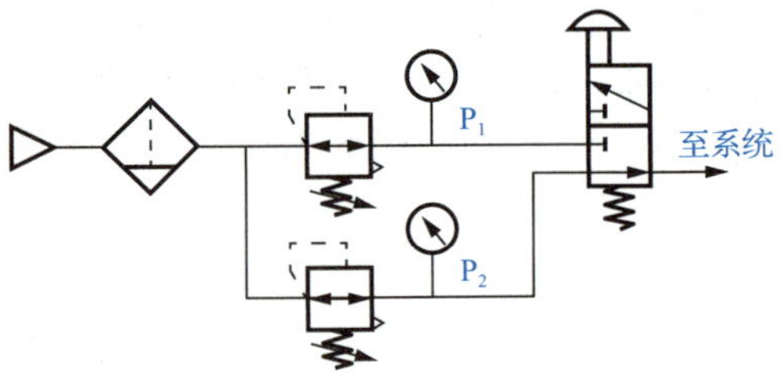

图 9-38　高低压转换回路

3. 流量控制阀的认知与速度控制回路的组建

（1）流量控制阀的认知

在气压传动系统中，经常要求控制气动执行元件的运动速度，这就要通过调节压缩空气的流量来实现。流量控制阀是通过改变阀的通流截面面积来实现流量控制的元件，包括节流阀、单向节流阀和排气节流阀等，其工作过程与同名液压阀相似，这里仅介绍排气节流阀。

排气节流阀与节流阀一样，也是靠调节通流面积来调节阀的流量的。排气节流阀不仅能调节执行元件的运动速度，通常还带有消声器件，可起降低排气噪声的作用，因此必须装在执行元件的排气口处。

图 9-39（a）所示为排气节流阀的结构原理，由节流口 1 节流后经由消声材料制成的消声套 2 排出。由于其结构简单、安装方便、能简化回路，故应用广泛。图 9-39（b）所示为排气节流阀的图形符号。

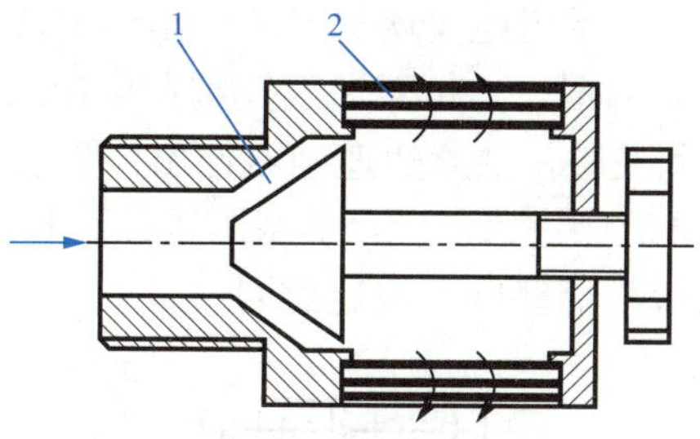

1—节流口；2—消声套。
（a）结构原理

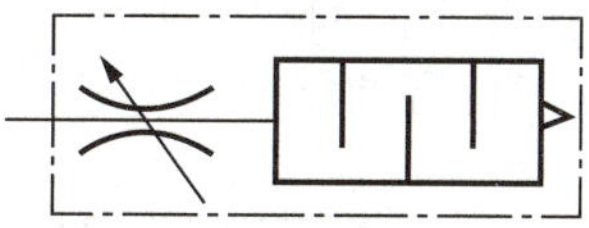

（b）图形符号

图 9-39　排气节流阀

（2）速度控制回路的组建

图 9-40（a）、（b）所示均为节流阀排气调速回路，分别控制气缸的进、退速度。双作用气缸采用排气节流调节气缸速度容易，活塞运行稳定，应优先选用。进气节流虽然也能控制流量变化，但速度稳定性较差，一般用于单作用气缸的速度控制。

图 9-41（a）所示为采用单向节流阀的双向节流调速回路。图 9-41（b）所示为采用排气节流阀的双向节流调速回路，由于此时进气路元件少，气缸进气阻力小，因而比单向节流阀调速效果好。

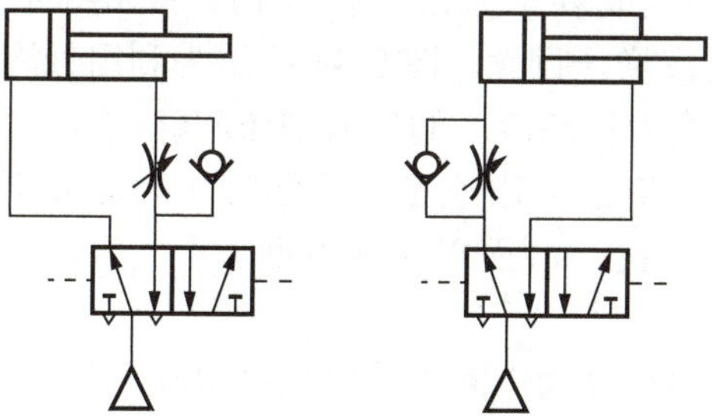

（a）　（b）

图 9-40　双作用缸单向调速回路

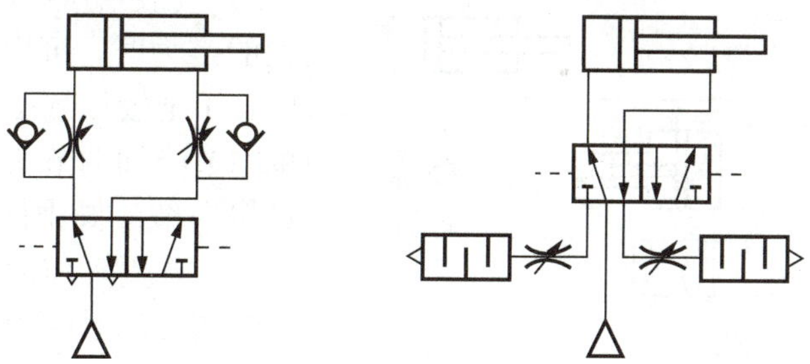

（a）　（b）

图 9-41　双作用缸双向调速回路

4. 其他气动回路的组建

（1）气液联动回路

1）采用气液转换器的速度控制回路。图 9-42 所示为采用气液转换器的速度控制回路，它利用气液转换器 1、2 将气压变成液压，利用液压油驱动液压缸 3。气液转换速度控制回路充分发挥了气动系统供气方便和液压系统速度平稳易控的特点。

2）采用气-液阻尼缸的速度控制回路。采用气-液阻尼缸时，可选用不同的回路方案来满足具体使用

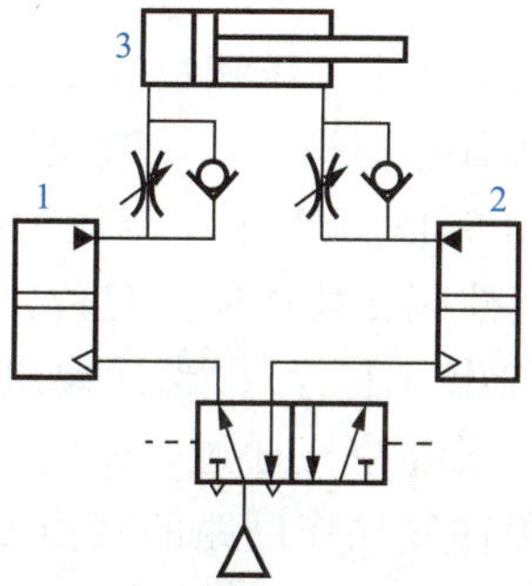

1、2—气液转换器；3—液压缸。

图 9-42　采用气液转换器的速度控制回路

要求。

① 慢进-快退回路。图 9-43（a）所示为慢进-快退回路，改变单向节流阀的开度，即可控制活塞向右伸出的速度；活塞向左返回时，气-液阻尼缸中液压缸左腔的油液通过单向阀快速流入右腔，因而返回速度较快，高位油箱仅起补充泄漏油液的作用。

② 快进-慢进-快退回路。图 9-43（b）所示为能实现机床工作循环中常用的“快进—工进—快退”的动作要求的回路。当 K_1 有信号时，二位五通气控阀左位接入系统，活塞向右运动，液压缸右腔中的油液通过 a 口进入左腔，活塞快速向右伸出；当活塞运行至 a 口以后，液压缸右腔中的油液被迫从 b 口经节流阀进入左腔，活塞工进；当 K_1 信号消失，而 K_2 有信号时，二位五通气控阀右位接入系统，活塞向左快速返回。

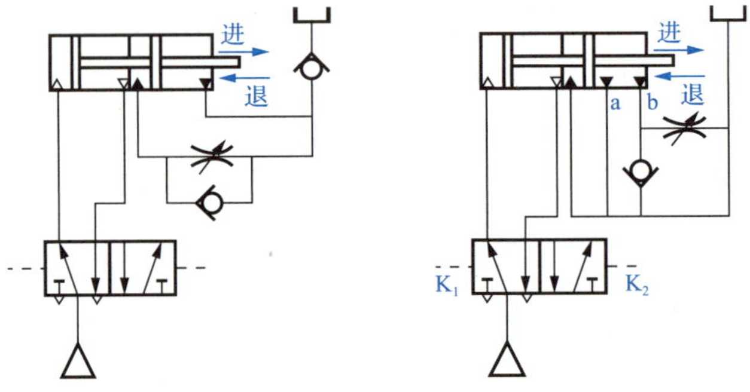

（a）慢进-快退回路　　（b）快进-慢进-快退回路

图 9-43　采用气-液阻尼缸的速度控制回路

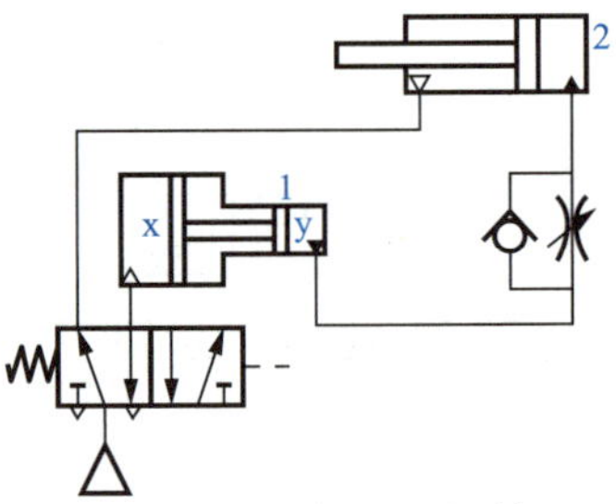

1—气液增压缸；2—气液缸。

图 9-44　气液增压缸增压回路

3）气液增压回路。当既要求气缸工作平稳，又要求有很大的推力时，可用气液增压回路。图 9-44 所示为利用气液增压缸 1 把较低气压转换为较高液压的气液增压回路。该回路用单向节流阀调节气液缸 2 的伸出速度，返回时，因油液不通过单向节流阀中的节流阀，故而能快速返回。

（2）往复动作回路

气压传动系统中采用往复动作回路，可提高自动化程度。常用的往复动作回路有单往复和连续往复两种。

1）单往复动作回路。图 9-45 所示为两种单往复动作回路，其中图 9-45（a）所示为行程阀控制的单往复动作回路。当按下手动阀 1 后，压缩空气使气控阀 2 切换至左位，活塞杆向右伸出（前进）；当活塞杆上的挡铁碰到行程阀 3 时，气控阀 2 又被切换到右位，活塞退回。

图 9-45（b）所示为压力控制的单往复动作回路。当按下手动阀 1 后，气控阀 2 被切换至左位，这时压缩空气进入气缸的无杆腔，使活塞杆伸出（右行）；当活塞到达终点后，无杆腔压力升高，顺序阀 4 开启，压缩空气通过，使气控阀 2 切换至右位，活塞杆退回（左行）。

微课：单往复动作回路

单往复动作回路的特点是，每按下一次按钮，气缸完成一次往复动作。

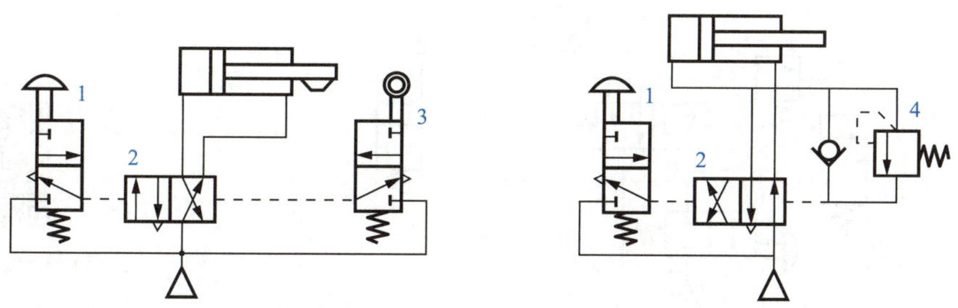

（a）行程阀控制的单往复动作回路　　（b）压力控制的单往复动作回路

1—手动阀；2—气控阀；3—行程阀；4—顺序阀。

图 9-45　单往复动作回路

2）连续往复动作回路。图 9-46 所示的回路为一连续往复动作回路，它能完成连续的动作循环。当按下手动阀 1 后，气控阀 2 左位接入，活塞杆伸出。这时行程阀 3 复位而将气路封闭，使气控阀 2 左边的气控接口保持压力而不能复位，活塞继续前进到行程终点压下行程阀 4，气控阀 2 左端控制气路排气，在弹簧作用下气控阀 2 复位，活塞杆向左退回，直至再次压下行程阀 3，在控制压力下气控阀 2 又被切换至左位，活塞杆再次伸出，如此循环往复。只有当提起手动阀 1 后，气控阀 2 复位，活塞杆退回后才停止运动。

微课：连续往复动作回路

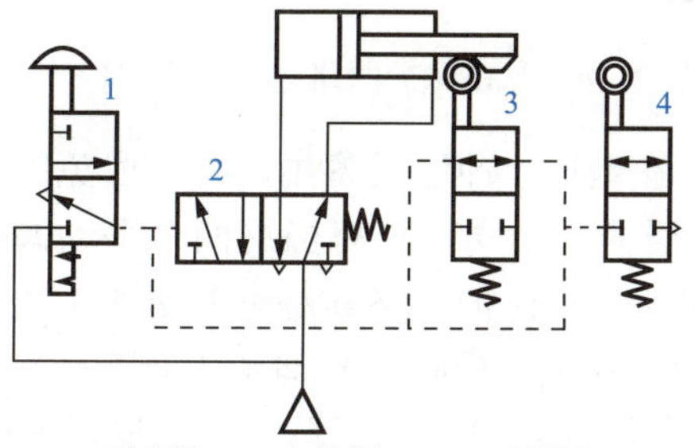

1—手动阀；2—气控阀；3、4—行程阀。

图 9-46　连续往复动作回路

（3）安全保护回路

气动执行元件的过载、误触、快速动作、气压突降等原因，都可能危及操作人员安全和设备正常工作。因此，需在气压传动系统中加入安全回路。另外，任何一种气动回路都不可缺少过滤装置和油雾器（逻辑元件除外）。

1）过载保护回路。图 9-47 所示为过载保护回路，当活塞杆在伸出过程中遇到故障或其他原因使气缸过载时，活塞能自动返回。按下手动阀 1 后，主控阀 4 切换至左位，气缸活塞右行（前进），当活塞杆上的挡铁碰到行程阀 5 时，主控阀 4 复位，活塞返回，这是正常工作情况时的工作循环。而当气缸活塞右行（前进）时，若过载（如遇到阻碍物 6），则无杆腔压力升高，打开顺序阀 3，使换向阀 2 上位接入，主控阀 4 随即复位，活塞退回。

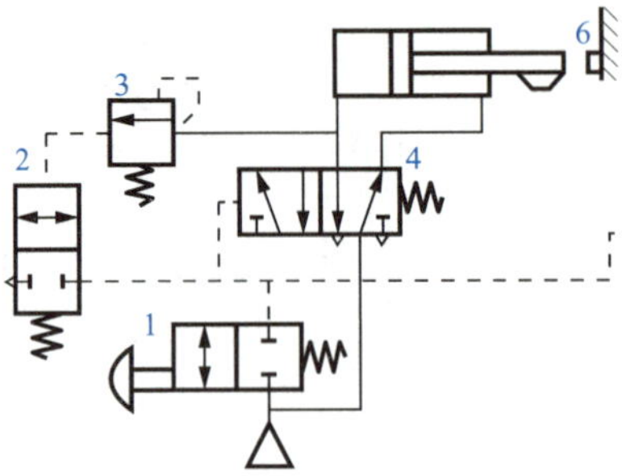

微课：过载保护回路

1—手动阀；2—换向阀；3—顺序阀；4—主控阀；5—行程阀；6—阻碍物。

图 9-47　过载保护回路

2）互锁保护回路。图 9-48 所示为互锁保护回路，在该回路中，二位五通气控换向阀受 3 个串联的机动三通阀控制，只有 3 个三通阀同时接通，主控阀才能获得控制信号而换向。

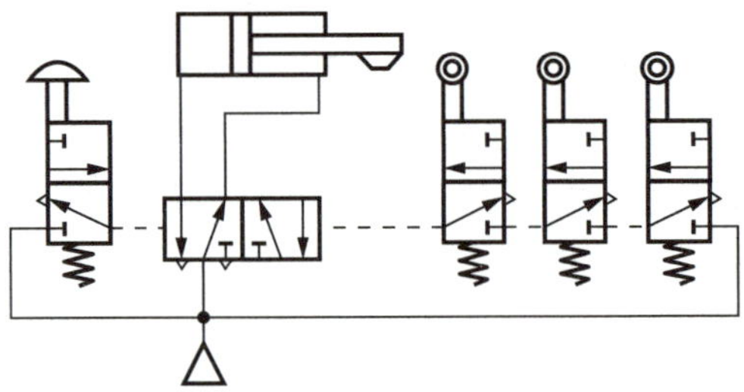

微课：互锁保护回路

图 9-48　互锁保护回路

3）双手操作保护回路。在锻压、冲压设备中，为了避免因误动作导致操作者及设备发生安全事故，使用两个启动用的手动阀，只有当这两个手动阀同时被按下时，执行机构才动作。图 9-49 所示为一种双手操作保护回路。为使主控阀 3 换向，必须同时按下手动阀 1、2。在操作时，任何一个手动阀弹起，控制信号即消失，主控阀复位而使活塞杆后退。这两个手动阀在安装时必须间隔足够的距离，确保单手无法同时操作。

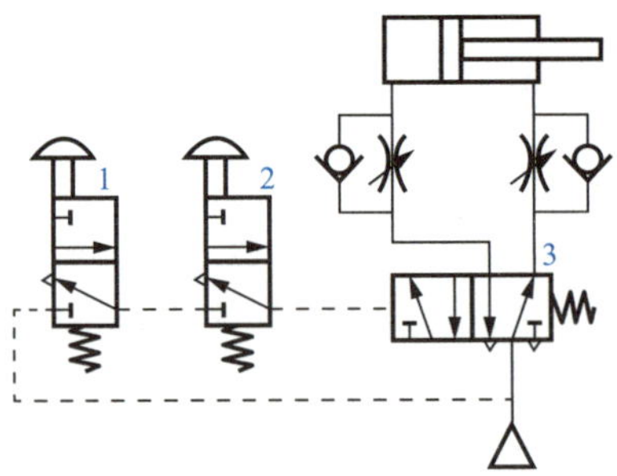

1、2—手动阀；3—主控阀。

图 9-49　双手操作保护回路

（4）延时回路

图 9-50 所示为利用阻容回路形成的延时控制回路。按下手动阀 1，气控阀 2 左位接入

回路，气缸活塞杆伸出；当压下行程阀 4 后，压缩空气经节流阀向气容 3 充气，达到足够压力才能使气控阀 2 切换到右位使活塞杆退回，从而实现延时功能。

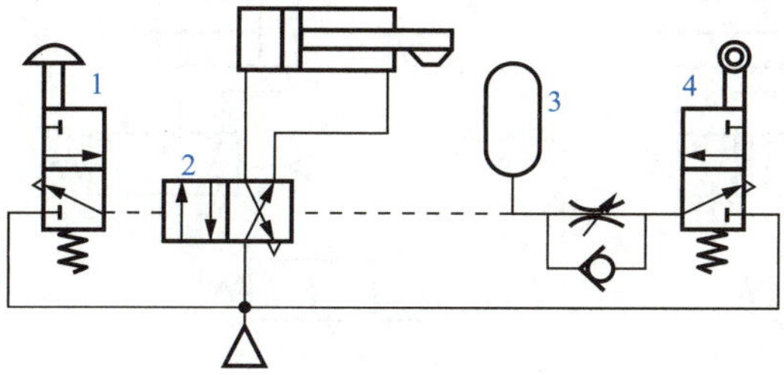

1—手动阀；2—气控阀；3—气容；4—行程阀。

图 9-50　延时回路

微课：延时回路

任务实施：设计送料装置的气动控制系统

对送料装置的工作要求是，当工件加工完成后，按下按钮，送料气缸活塞杆伸出，把未加工的工件送入加工位置；松开按钮，气缸活塞杆收回，以待把下一个未加工工件送到加工位置。试根据上述要求，设计送料装置的气动控制系统回路。

根据任务要求气缸活塞杆能伸出、收回到指定位置，就需要使用方向控制阀对该机构实行方向控制。

（1）设计送料装置的系统回路

采用气缸的直接控制，图 9-51 所示为根据送料装置的工作要求设计出的系统控制回路。现在分析该控制方法是否能满足送料装置的工作要求。

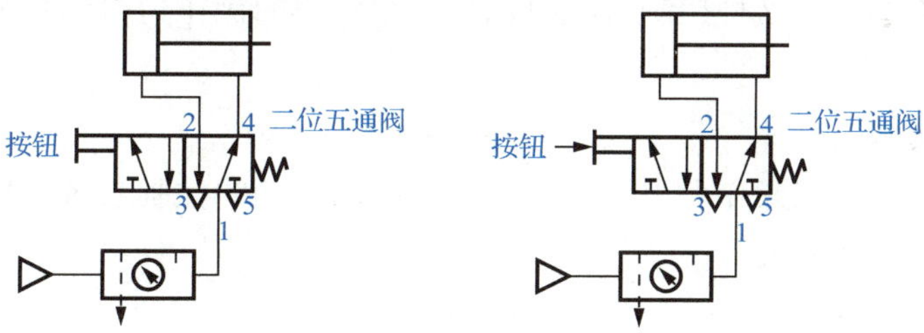

（a）　（b）

1—进气口；2～5—工作口。

图 9-51　送料装置直接控制回路

如图 9-51（a）所示，在初始位置时，在弹簧力的作用下，二位五通阀的右位接入系统，压缩空气经阀的进气口 1 到达工作口 4，进入气缸的右腔，活塞收回；如图 9-51（b）所示，当按下按钮后，二位五通阀左位接入系统，压缩空气从阀的进气口 1 到达工作口 2，压缩空气进入气缸的左腔，使活塞杆伸出；当释放按钮后，在弹簧力的作用下，二位五通阀右位接入系统，使活塞杆收缩回到初始位置。通过分析可以看出，如图 9-51 所示的控制方法可以满足送料装置的工作要求，这种由一个阀直接控制气缸动作的方法称为直接控制法，一般用于驱动气缸所需的气流较小、控制阀的尺寸及所需操作力也较小的场合。

若采用气缸的间接控制，则如图 9-52 所示。同样，分析该控制方法是否能满足送料装置的工作要求。

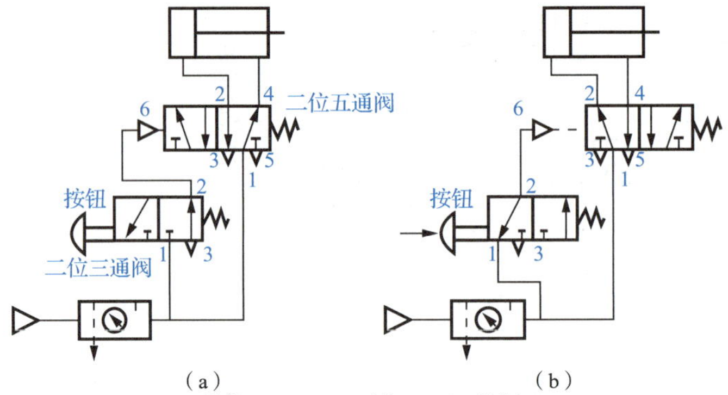

1—进气口；2～5—工作口；6—控制口。

图 9-52　送料装置间接控制回路

如图 9-52（a）所示，在初始位置时，二位五通阀右位接入系统，压缩空气经阀的进气口 1 到达工作口 4，进入气缸的右腔，活塞收回；当按下按钮后，如图 9-52（b）所示，压缩空气经二位三通阀的左位作用在二位五通阀上，使二位五通阀左位接入系统，压缩空气进入气缸的左腔，使得活塞杆伸出；当释放按钮后，在弹簧力的作用下，二位五通阀的右位接入系统，使活塞杆回到初始位置。

这种用一个较小的控制元件（二位三通阀）作为操作控制元件，利用压缩空气来克服口径大、流量大的主控元件（二位五通阀）开启阻力的方法称为间接控制法，一般用于控制高速或大口径的气缸。这种控制方法可以用一个较小的操作力得到较大的开启力，容易实现远程控制。

（2）连接控制系统

选定需要的元件，在操作台上合理布局，连接出正确的控制系统，检验气缸的动作是否符合送料装置的动作要求。

（3）问题分析

若将气缸按下一个极短暂的时间，然后立即释放，气缸会发生什么情况？

思考与练习

1. 气压传动系统中常用的压力控制回路有哪些？其功用有哪些？
2. 比较双作用缸的节流供气和节流排气两种调速方式的区别。

任务 9.5 典型气压传动系统分析

任务目标

1. 能够描述气压传动系统的基本分析方法；
2. 能够描述、分析气动夹紧系统；
3. 能够正确分析顶升机构气压传动系统。

任务描述

查阅资料，分析顶升机构气压传动系统。

相关知识：典型气压传动系统的分析方法

1. 气压传动系统的基本分析方法

（1）气动回路的符号表示法

在实际工程中，气压传动系统回路图是用气动元件图形符号绘制而成的，故应熟悉和了解前述所有气动元件的功能、图形符号与特性。用气动元件图形符号绘制的回路图可采用定位和不定位两种表示法。

定位回路图根据系统中元件的实际安装位置绘制，这种方法可使工程技术人员很容易地看出元件的安装位置，便于维修保养，如图 9-53 所示。

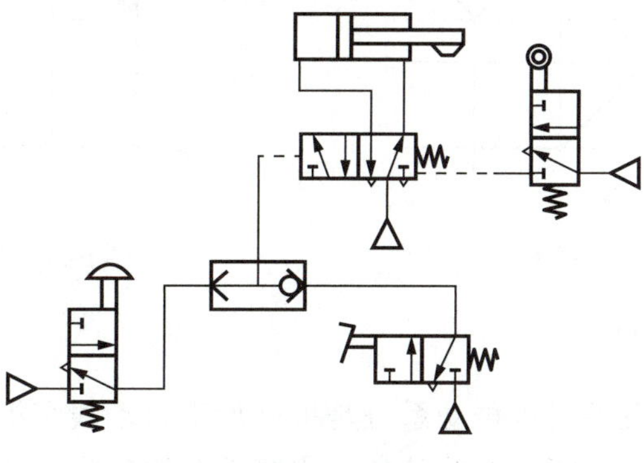

图 9-53　定位回路图

不定位回路图不按元件的实际安装位置绘制，而根据回路信号的流动方向，从下向上绘制，各元件按其功能分类排列，依次顺序为气源系统、信号输入元件、信号处理元件、控制元件和执行元件，如图 9-54 所示。人们主要使用此种回路表示法。

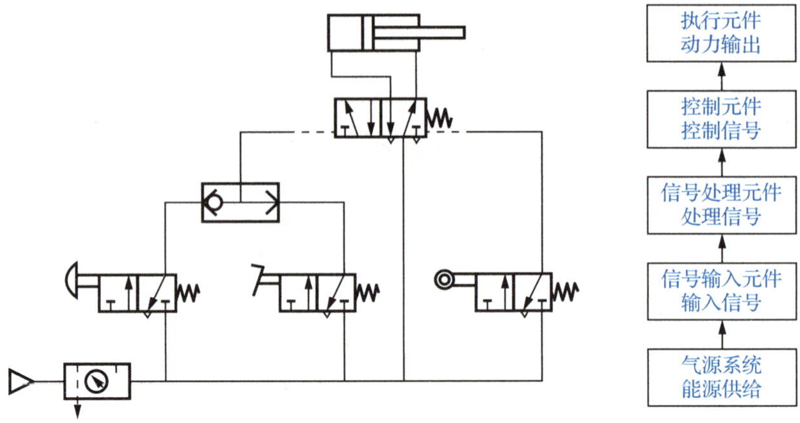

（a）回路示例　　（b）气动元件信号流

图 9-54　不定位回路图

（2）执行元件动作顺序的表示方法

1）位移-步骤图。位移-步骤图描述了控制系统中执行元件的状态随控制步骤的变化规律，如图 9-55 所示。图中横坐标表示步骤，纵坐标表示位移（活塞的动作）。例如，A、B 两个气缸的动作顺序为 $A^+ \to B^+ \to B^- \to A^-$（“+”表示活塞杆伸出，“-”表示活塞杆退回）。

2）位移-时间图。位移-步骤图仅表示执行元件的动作顺序，无法体现动作快慢。如果要求体现顺序的同时，描述执行元件的状态随时间的变化规律，则可采用位移-时间图。如图 9-56 所示，横坐标表示动作时间，纵坐标表示活塞杆位移，可清晰地看出执行元件的动作快慢。

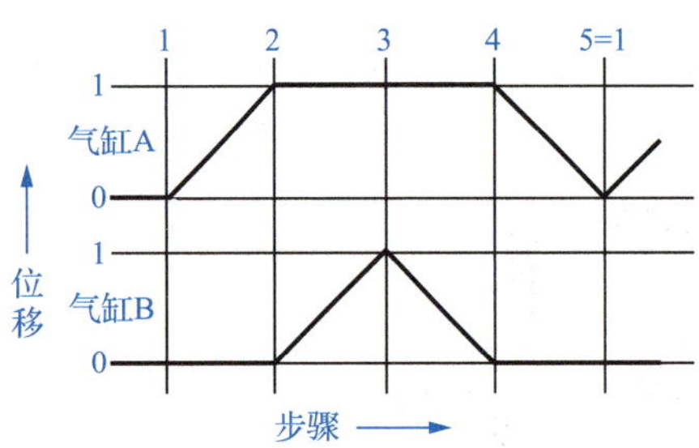

图 9-55　位移-步骤图

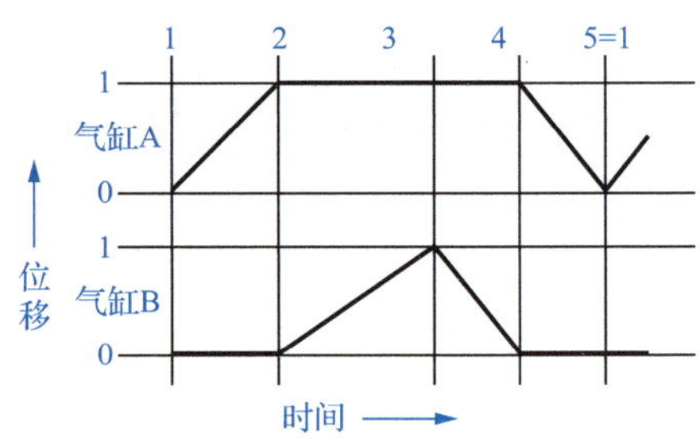

图 9-56　位移-时间图

2. 气动夹紧系统分析

工件自动定位夹紧设备气压传动系统是机械加工自动线和组合机床中常用的驱动系统。图 9-57 所示为一种气动夹紧系统的工作回路，其动作循环是，当工件运动到指定位置，气缸 A 活塞杆向下伸出对工件进行定位后，气缸 B 活塞杆向左伸出，从侧面对工件进行夹紧固定，而后可开始进行机械加工。加工完成后，气缸 B、气缸 A 依次退回，松开工件。在一个工作循环中，两个气缸的动作顺序为：$A^+ \to B^+ \to B^- \to A^-$。

微课：气动夹紧系统工作回路

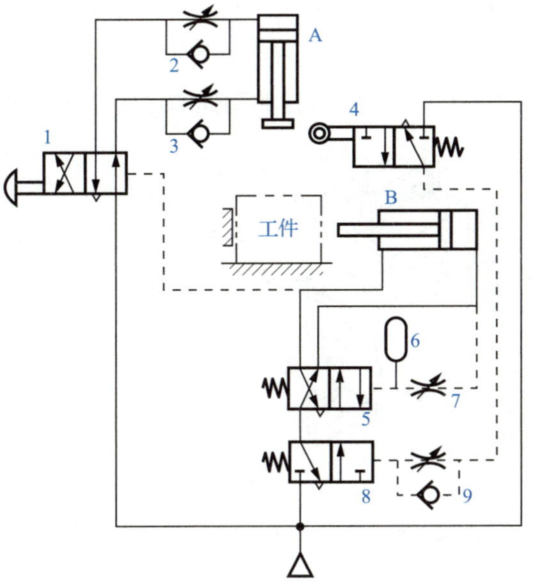

1—手动换向阀；2、3、9—单向节流阀；4—行程阀；5、8—气控换向阀；6—气容；7—节流阀；A、B—气缸。

图 9-57　气动夹紧系统的工作回路

分析该系统的工作原理如下：

来自气源的压缩空气分为 3 路进入系统：左路向上到达手动换向阀 1，中路向上到达气控换向阀 8，右路向上到达机动行程阀 4。

按下手动换向阀 1 的按钮开关，使其左位接入系统，启动工作循环。压缩空气经过手动换向阀 1 左位进入气缸 A 上腔，下腔排气受单向节流阀 3 控制，使活塞缓慢下降定位工件。活塞杆到达预定位置后压下机动行程阀 4 的滚轮，使其左位接入系统，压缩空气经单向节流阀 9 使二位三通气控换向阀 8 换向（调节节流阀的开口大小可控制气控换向阀 8 的延时接通时间），压缩空气通过气控换向阀 8 右位、气控换向阀 5 左位进入气缸 B 的无杆腔，使活塞杆向左伸出而夹紧工件，即可进行机械加工。

气缸 B 停止运动后，无杆腔压力增大，一部分压缩空气经过节流阀 7 作用于气控换向阀 5 右端气控接口，并对气容 6 充气。经过一段时间后（时长通过调节节流阀 7 的开口大小进行设定，应稍大于加工时长），气控换向阀 5 右位接入回路，压缩空气进入气缸 B 的有杆腔，于是活塞杆向右退回。虽然此时气缸 B 无杆腔通大气，但气容仍可使气控换向阀 5 的气控接口在一定时间内保持压力。气缸 B 复位后，有杆腔压力增大，使手动换向阀 1 右位接入回路，压缩空气进入气缸 A 下腔，使活塞向上退回原位。气缸 A 活塞杆上升时，机动行程阀 4 复位，使气控换向阀 8 的气控接口与气源断开，气控换向阀 8 回到左位。在气容释放压缩空气的过程中，压力越来越低，最终气控换向阀 5 的气控端因压力不足而回到左位。至此，一个工作循环完成，需再次按下手动换向阀 1 的按钮开关才能开始下一个工作循环。

任务实施：分析顶升机构气压传动系统

图 9-58 所示为双层传送带之间递送工件的气压传动顶升机构。其工作过程是，当工件

被下层传送带运送至托盘上时，气缸 A 伸出，将工件向上举升，与上层传送带齐平后，气缸 B 又伸出，将工件推到上层传送带上。随后，气缸 A、B 依次退回，等待下层传送带送来下一个工件。在一个工作循环中，两气缸的动作顺序为：$A^+ \rightarrow B^+ \rightarrow A^- \rightarrow B^-$。

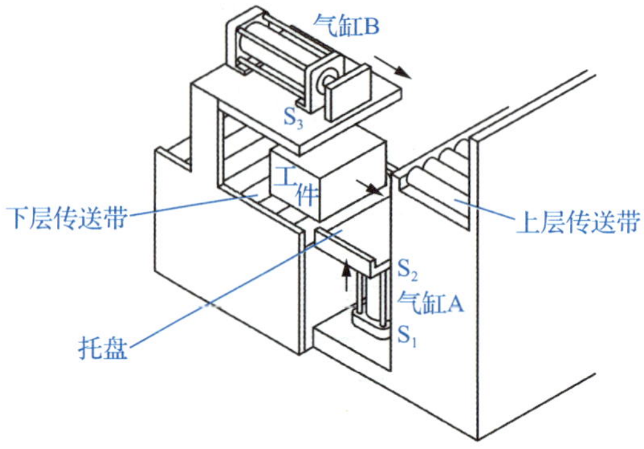

微课：顶升机构气压传动系统

图 9-58　顶升机构工作原理

图 9-59 所示为该顶升机构的气压传动系统回路图。第一个动作由工件触发，当工件到达等待举升的位置时，压下手动换向阀 2 的触发按钮，使其左位接入回路，于是气控换向阀 4 左侧气控接口获得信号而换向，压缩空气便通过气控换向阀 4 左位进入气缸 A 无杆腔，推动活塞杆缓缓伸出（伸出速度通过调节单向节流阀 5 的开口大小进行设定），对应图 9-58 中向上举升工件的动作。

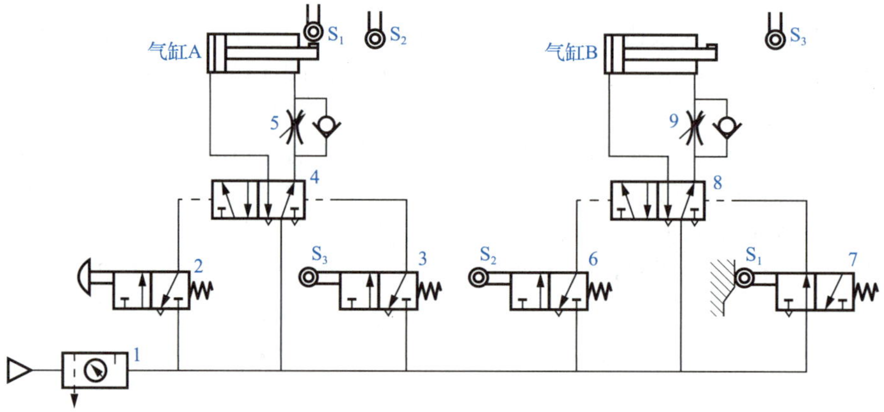

1—气动三联件；2—手动换向阀；3、6、7—机动行程阀；4、8—气控换向阀；5、9—单向节流阀。

图 9-59　顶升机构气压传动系统回路图（间接气控）

当气缸 A 的活塞杆伸至指定位置时，压下机动行程阀 6 的滚轮 S_2，机动行程阀 6 左位接入系统，向气控换向阀 8 左侧气控接口输出换向信号，随后压缩空气通过气控换向阀 8 左位进入气缸 B 无杆腔，活塞杆伸出。

气缸 B 的活塞杆伸出至指定位置时，压下滚轮 S_3，机动行程阀 3 左位接入系统，向气控换向阀 4 右侧气控接口输出信号，气控换向阀 4 右位接入系统，使气缸 A 活塞杆退回至起点。退回后，又压下滚轮 S_1，机动行程阀 7 左位工作，使气控换向阀 8 右位接入回路，于是气缸 B 活塞杆快速退回，一个工作循环结束。当下一个被运送过来的工件再次压下手动换向阀 2，又会开启下一轮工作循环。

该气压传动系统也可采用行程开关和电磁换向阀来实现，如图 9-60 所示。第一个动作仍由工件触发，当传感器（如压力传感器、红外线传感器、微波雷达等）检测到工件已达起始位置，将向电磁铁 1YA 输出电信号，使电磁换向阀 1 左位接入系统，从而使气缸 A 的活塞杆伸出。当行程开关 2ST 被活塞杆触发时，又会使电磁铁 3YA 得电，将电磁换向阀 2 切换至左位，使气缸 B 的活塞杆伸出。当行程开关 3ST 被压下时，对电磁铁 2YA 输出信号，又使电磁换向阀 1 右位接入系统，气缸 A 活塞杆退回。退回至起点后，压下行程开关 1ST，使 4YA 得电，再次将电磁换向阀 2 切换到右位，使气缸 B 的活塞杆退回，至此一个工作循环完成。

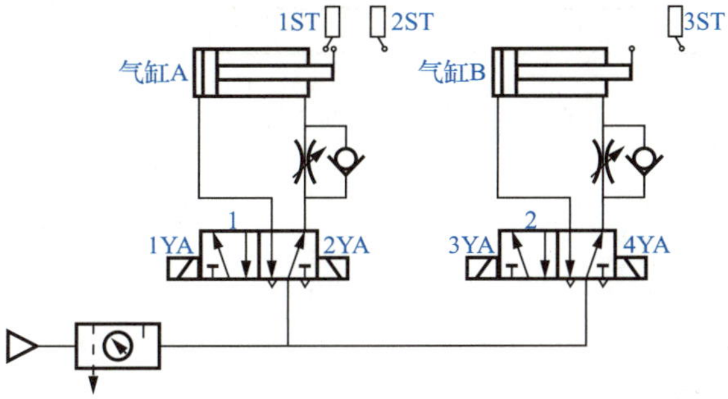

1、2—电磁换向阀；1ST、2ST、3ST—行程开关。

图 9-60　顶升机构气压传动系统回路图（直接电控）

与间接气控回路相比，采用直接电控的回路元件数量明显更少，阀与行程开关之间通过信号线连接，空间布置更加灵活。但如果气缸所需压缩空气流量较大，采用间接气控能保证大尺寸换向阀阀芯获得足够的推力实现换向，尤其在高温、潮湿、易燃易爆等特殊环境下，间接气控在安全性方面有明显优势。

思考与练习

1．图 9-61 所示为气动过载保护回路。活塞杆伸出过程中遇到障碍造成过载时，活塞能自动退回。试指出图中元件 1～6 的名称和作用，并说明系统正常工作和过载保护的原理。

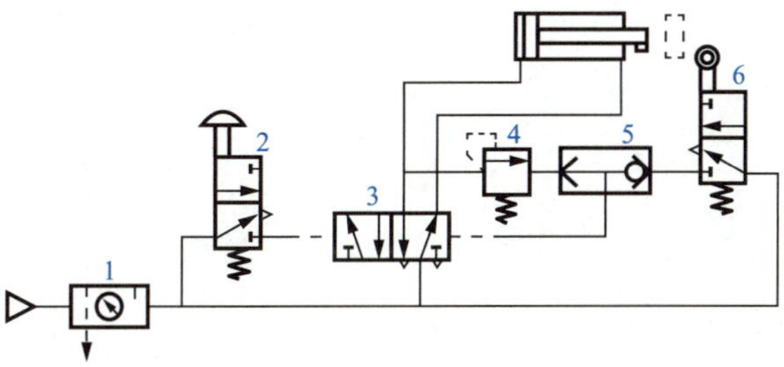

图 9-61　题 1 图

2．试分析图 9-62 所示的气压传动系统的工作原理。如果误用或门型梭阀代替了图中的与门型梭阀，系统运行时又会出现什么情况？

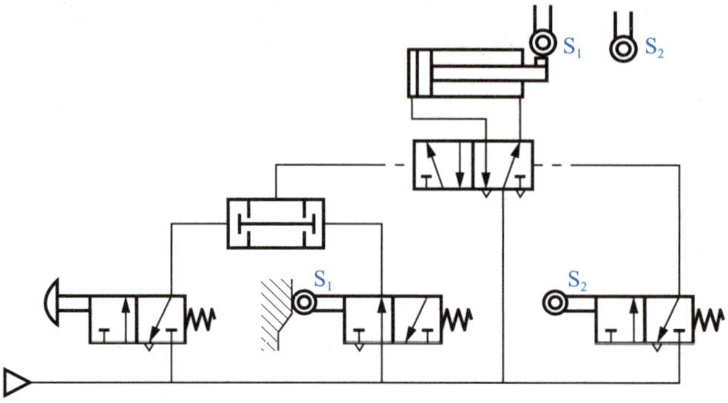

图 9-62　题 2 图

参 考 文 献

李永杰，2019．液压传动与气动技术[M]．3 版．北京：科学出版社．
潘玉山，2025．气动与液压技术[M]．3 版．北京：机械工业出版社．
赵波，王宏元，吴哲，2024．液压与气动技术[M]．6 版．北京：机械工业出版社．
赵增强，郑兆君，王宪栋，等，2021．液压闸式剪板机液压系统改进[J]．液压气动与密封，41（2）：50-52．
ROHNER P，1995．Industrial Hydraulic Control[M]．4th ed．Brisbane：John Wiley & Sons．